Lianyungang Shi Shuiwen Zhi

连云港市水文志

（1915—2021）

《连云港市水文志》编纂委员会 编

中国矿业大学出版社
·徐州·

图书在版编目(CIP)数据

连云港市水文志:1915—2021/《连云港市水文志》编纂委员会编. —徐州:中国矿业大学出版社,2022.11

ISBN 978-7-5646-5646-1

Ⅰ. ①连… Ⅱ. ①连… Ⅲ. ①水文工作—概况—连云港—1915—2021 Ⅳ. ①P337.253.3

中国版本图书馆 CIP 数据核字(2022)第 211484 号

书　　名　连云港市水文志(1915—2021)
编　　者　《连云港市水文志》编纂委员会
责任编辑　齐　畅
出版发行　中国矿业大学出版社有限责任公司
(江苏省徐州市解放南路　邮编 221008)
营销热线　(0516)83884103　83885105
出版服务　(0516)83995789　83884920
网　　址　http://www.cumtp.com　**E-mail**:cumtpvip@cumtp.com
印　　刷　苏州市古得堡数码印刷有限公司
开　　本　787 mm×1092 mm　1/16　**印张** 24.5　**彩插** 44　**字数** 465 千字
版次印次　2022 年 11 月第 1 版　2022 年 11 月第 1 次印刷
定　　价　258.00 元

连云港水文分局 (2004年摄)

连云港水文分局 (2021年摄)

赣榆水文监测中心（2020年摄）

东海水文监测中心（2020年摄）

黑林水文站 (2021年摄)

黑林水文站径流小区 (2021年摄)

石梁河水库水文站（2020年摄）

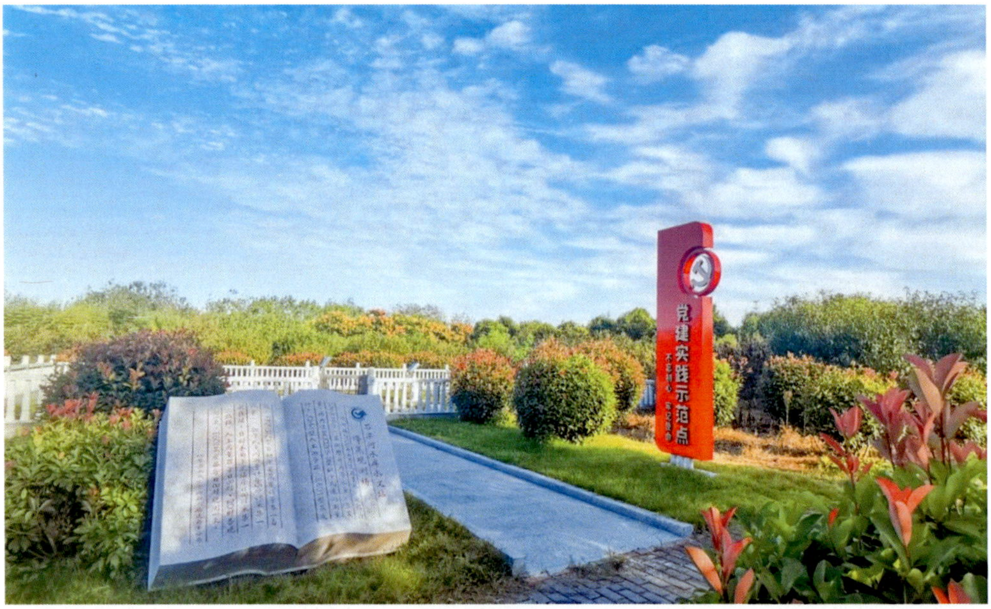

石梁河水库水文站观测场（2021年摄）

小塔山水库水文站（2014年摄）

大兴镇水文站（2018年摄）

1999年，省水利厅厅长助理黄莉新（左一）视察连云港分局

1999年，省水利厅副厅长陆桂华（左四）视察石梁河水库水文站

2006年9月18日，省水利厅厅长吕振霖（前排右三）视察连云港分局

2016年11月10日，省水文局局长袁连冲（右二）视察石梁河水文站

2017年11月10日，连云港市政协副主席方韬（左一）视察连云港分局

2019年8月14日，水利厅二级巡视员张春松（前排左一）视察防御台风“利奇马”测报一线

2020年8月15日，省水文局局长辛华荣（左一）指导新沭河流域特大洪水测报工作

2021年9月16日，省水利厅副厅长张劲松（左一）视察黑林水文站

2021年11月，连云港市委常委、政法委书记李振峰（右一）调研连云港分局

2019年，抗击台风“利奇马”暴雨洪水，新沂河特大桥 ADCP 桥测

2020年，抗击沂沭泗流域性洪水，临洪东站缆道走航式 ADCP 测流

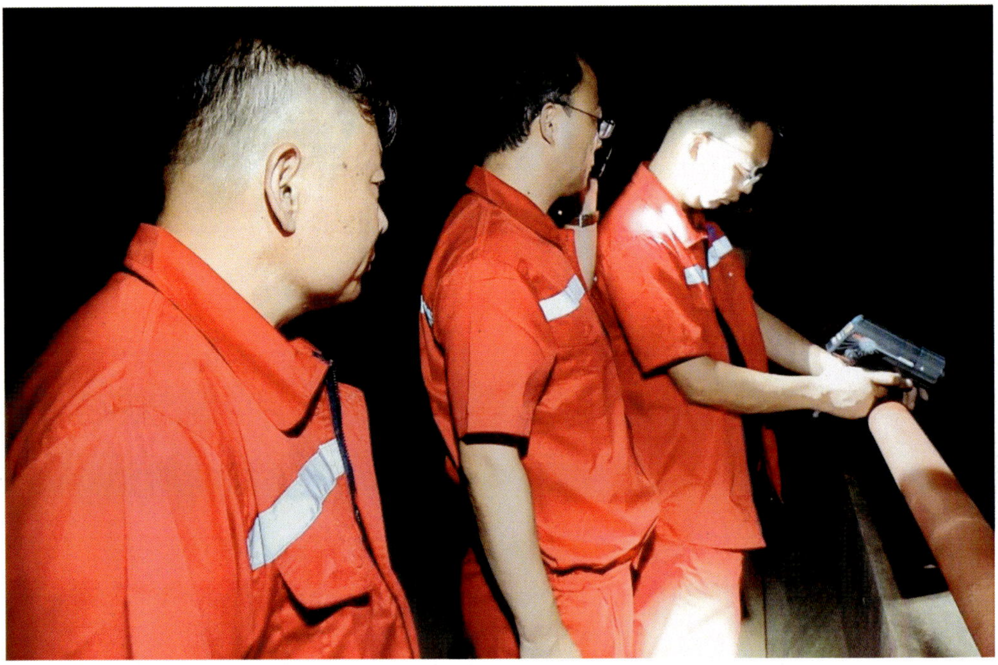

2020年，抗击沂沭泗流域性洪水，在大兴镇断面手持电波流速仪夜间测流

2020年，进行水准测量

2020年，抗击新沭河特大洪水，在大兴镇水文站缆道测流

2017年，水文基本站达标建设工地现场

2018年，参加江苏省首届水文情报预报技术竞赛

2018年，荣获江苏省首届水文情报预报技术竞赛团队三等奖

2019年，应急监测队伍参加连云港市防汛应急抢险演练

2019年，应急监测演练水准测量

2020年，荣获江苏省第六届水文勘测工技能竞赛优秀组织奖

2021年，与中国矿业大学共建校外实习基地

2021年，召开江苏省水环境监测中心连云港分中心设施及装备达标建设工程项目推进会

2014年，参加连云港市第二届水文化周拔河比赛

2017年，参加临洪湿地杯微型马拉松比赛

2020年，结对帮扶城头镇润河村

2021年，组织世界水日宣传活动

2021年，组织道德讲堂

2021年，黑林水文站庆国庆升旗仪式

2018年，组织延安党性学习教育活动

2019年，组织开山岛党性学习教育活动

2019年，组织党支部集体政治生日

2020年，组织党总支宣誓仪式

2020年，组织党总支宣誓仪式

2020年，参加省水文局系统“颂歌献给党”歌咏比赛

2020年，连云港市水利局组织“颂歌献给党”歌咏比赛

2020年，观摩锻铜非遗传承人周存玉锻党徽

2020年，组织赣榆抗日山主题党日活动

2020年，举办红色家书朗诵会

2021年，组织参观新四军纪念馆的党史学习教育活动

2021年，组织党史故事大家讲活动

2011年，进行城市暴雨积水深度调查

2017年，进行水质检测分析

2019年，进行埒子口海测

2019年，进行水质水生态取样

1996年，省水文局总工张锦灿到石梁河水库水文站指导工作

1998年，连云港分局宣传栏

1998年，召开水文工作会议

1998年，局长张泉荣陪同省局领导到东海监测中心基层测站检查工作

2011年，进行土壤墒情监测

2003年，连云港分局党支部荣获先进基层党组织

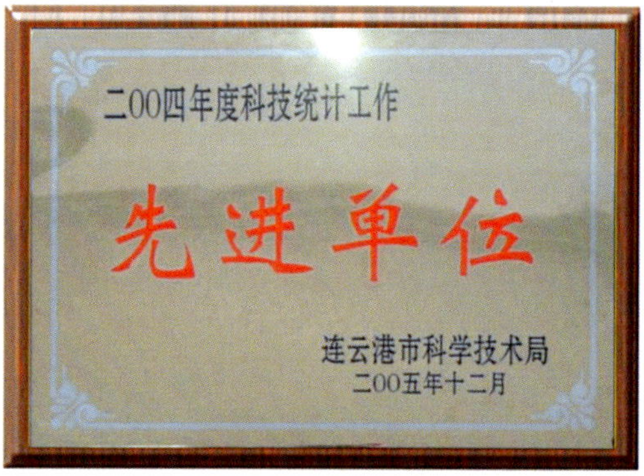

2004年，连云港分局荣获科技统计工作先进单位

2004年，连云港分局荣获爱国卫生先进单位

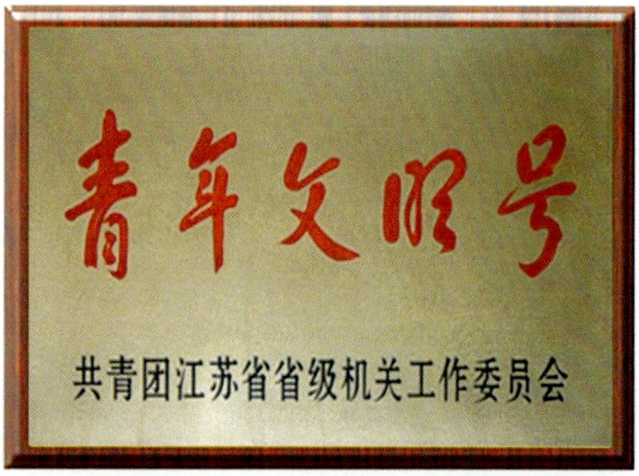

2005年，水质科荣获共青团江苏省省级机关青年文明号

2013年，水质科荣获共青团江苏省委青年文明号

2006年，连云港分局荣获全省水利工作先进单位

2012年，连云港分局荣获全省防汛防旱先进集体

2012年，连云港分局荣获防汛防台工作先进单位

2016年，连云港分局荣获江苏省文明单位

2020年，连云港分局荣获连云港市文明单位

2021年，刘沂轩被中共江苏省委、江苏省人民政府评为全省防汛抗洪工作先进个人

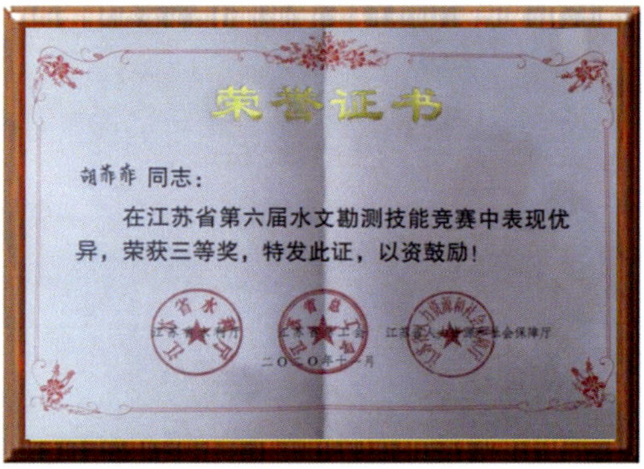

2020年，胡菲菲荣获江苏省第六届水文勘测技能竞赛三等奖

2021年，周云荣获 2020—2021年度省水利厅系统“优秀党务工作者”

2021年，彭晓丽、王崇任荣获 “建功‘十四五’ 奋进新征程”全省水利系统水质监测技能竞赛三等奖

连云港市河流水系及水资源分区图

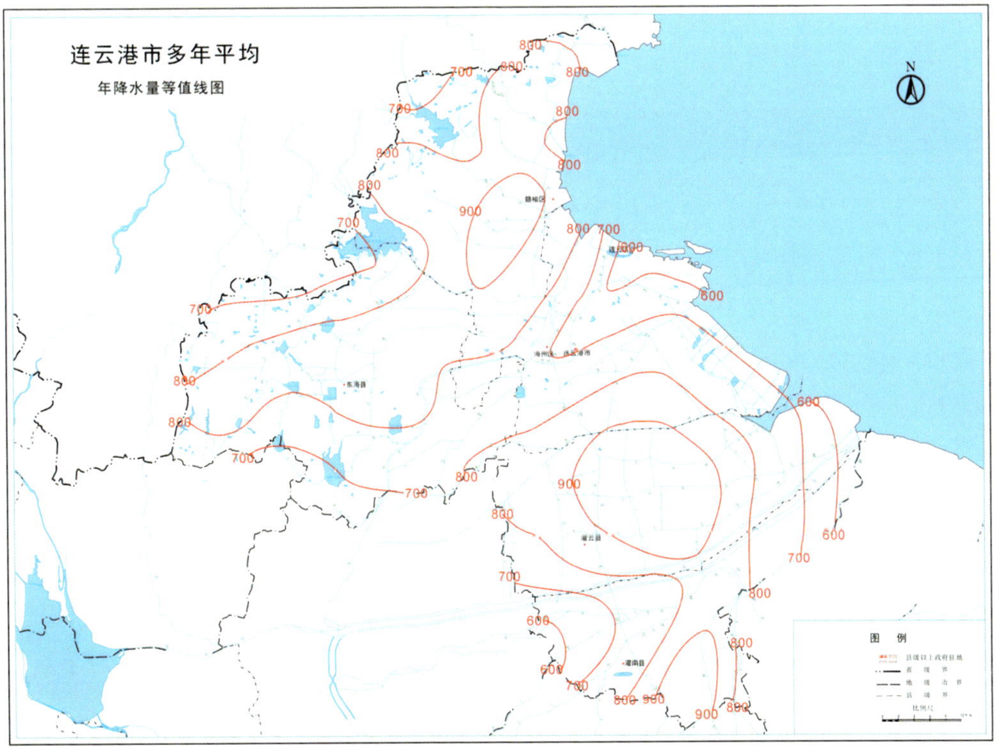

连云港市多年平均年降水量等值线图

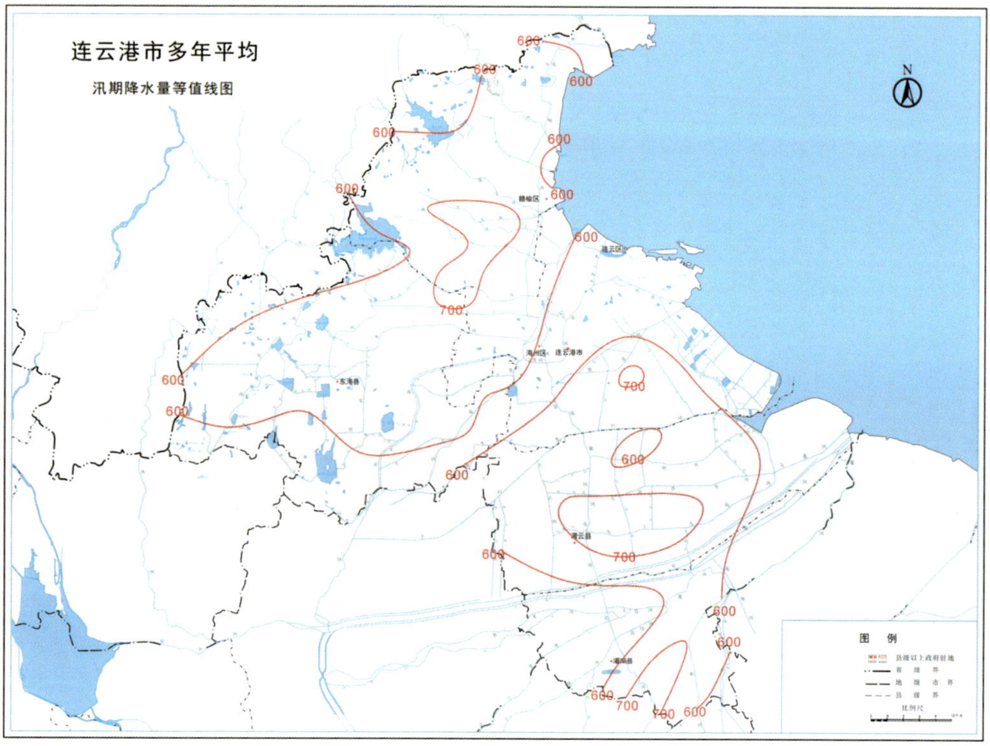

连云港市多年平均
汛期降水量等值线图

连云港分局站网图
国家基本水文水位站

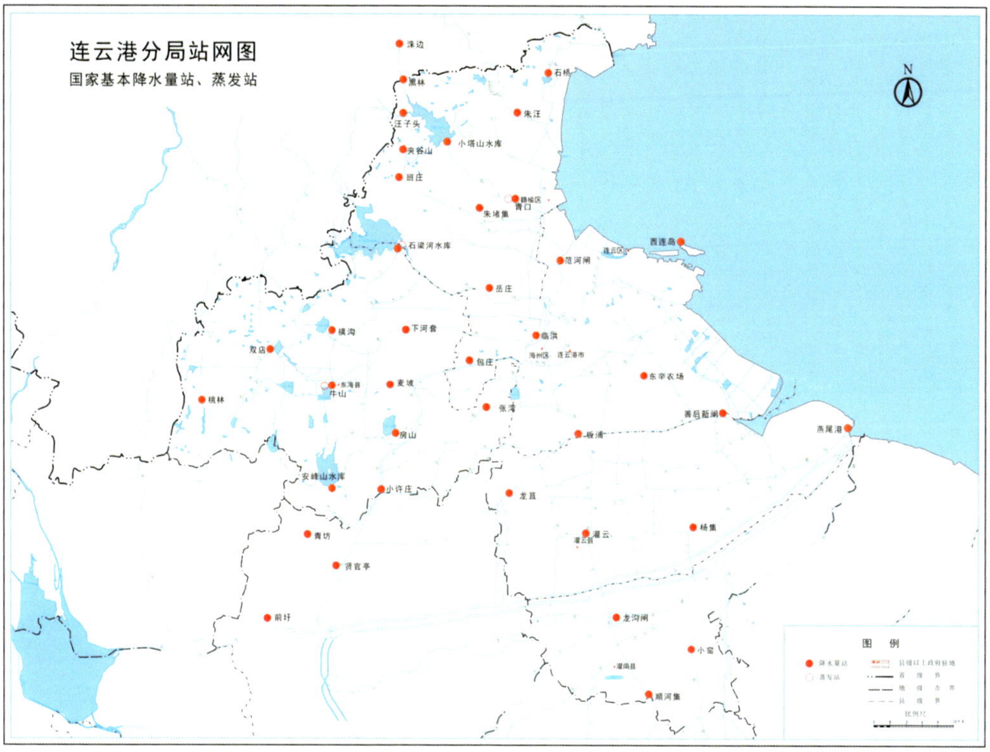
连云港分局站网图
国家基本降水量站、蒸发站
N
涞边
石桥
黑林
朱汪
汪子头
小塔山水库
夹谷山
班庄
赣榆区
青口
朱堵集
西连岛
石梁河水库
连云区
范河闸
岳庄
横沟
下河套
临洪
海州区
连云港市
双店
包庄
东辛农场
桃林
东海县
牛山
麦坡
张湾
善后新闸
燕尾港
房山
板浦
安峰山水库
小许庄
龙苴
杨集
青坊
灌云
灌云县
讲官亭
前圩
龙沟闸
小窑
灌南县
顺河集
图　例
降水量站
蒸发站
比例尺

连云港分局站网图
中小河流水文站、水位站
N
前石埠
赣榆区
范口附属
范口
连云区
开发区
贯庄桥
海州区
连云港市
竹墩闸
东海县
白塔
刘顶
新树
善后新闸
洪庄
陈蛮庄
四队大桥
四圩闸
燕门
光明大桥
杨集
戴庄
上庄
灌云县
盐河南闸南
东三岔
李集
灌南县
图　例
水文站
水位站
比例尺

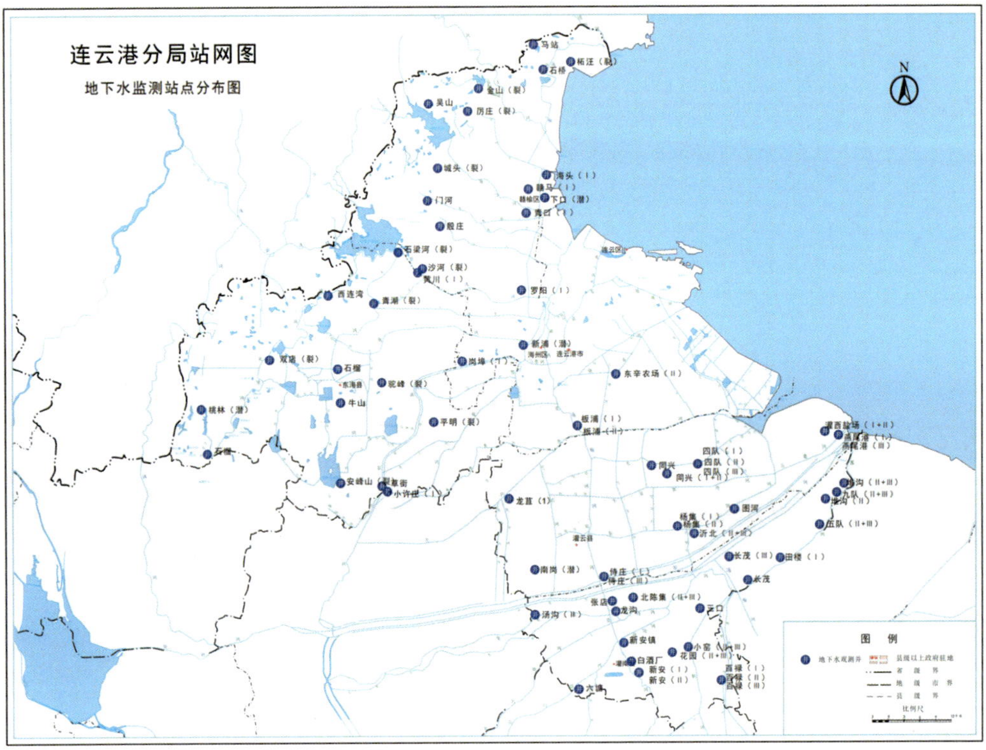
连云港分局站网图
地下水监测站点分布图
N
马站
柘汪（裂）
石桥
金山（裂）
吴山
厉庄（裂）
城头（裂）
海头（Ⅰ）
门河
赣榆区
下口（潜）
殷庄
石梁河（裂）
沙河（裂）
黄川（Ⅰ）
连云区
罗阳（Ⅰ）
西连湾
青湖（裂）
新浦（潜）
海州区
连云港市
双店（裂）
石榴
岗埠（Ⅰ）
东辛农场（Ⅱ）
东海县
驼峰（裂）
牛山
桃林（潜）
平明（裂）
板浦（Ⅰ）
石湖
安峰山（裂）
小许庄（Ⅰ）
龙苴（1）
四队（Ⅰ）
四队（Ⅱ）
四队（Ⅲ）
同兴
同兴（Ⅰ+Ⅱ）
灌西盐场（Ⅰ+Ⅱ）
燕尾港（Ⅲ）
九队（Ⅱ+Ⅲ）
圩河
杨集（Ⅰ）
杨集（Ⅱ）
伍队（Ⅱ+Ⅲ）
灌云县
南岗（潜）
侍庄（Ⅰ）
侍庄（Ⅲ）
长茂（Ⅲ）
田楼（Ⅰ）
长茂
张店
北陈集（Ⅱ+Ⅲ）
三口
汤沟（Ⅲ）
龙沟
新安镇
小窑（Ⅱ+Ⅲ）
花园（Ⅱ+Ⅲ）
白酒厂
新安（Ⅰ）
新安（Ⅱ）
百禄（Ⅰ）
百禄（Ⅱ）
百禄（Ⅲ）
六塘
图例
地下水观测井
比例尺

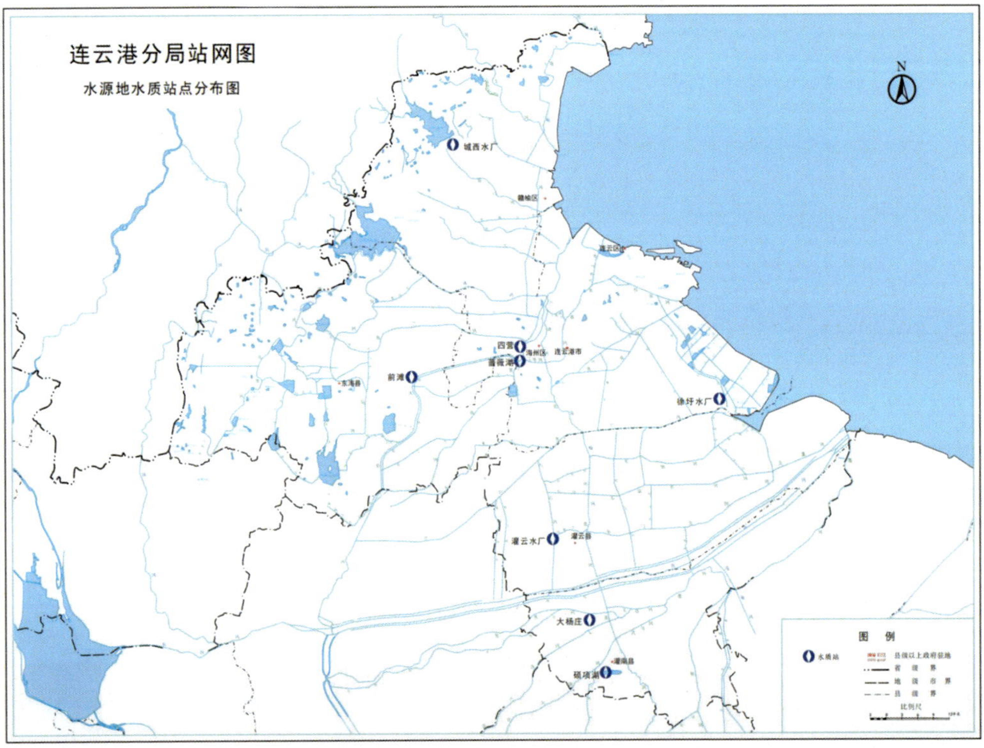
连云港分局站网图
水源地水质站点分布图
N
城西水厂
赣榆区
连云区
西墅
海州区
连云港市
蔷薇湖
前滩
东海县
徐圩水厂
灌云水厂
灌云县
大杨庄
灌南县
硕项湖
图例
水质站
比例尺

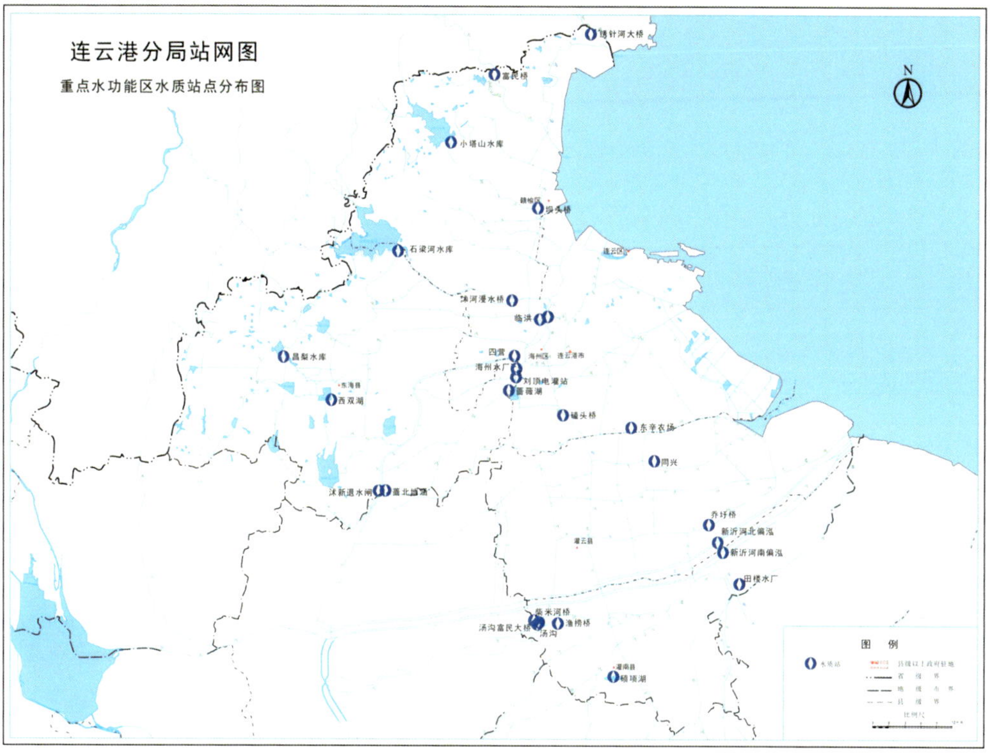
连云港分局站网图
重点水功能区水质站点分布图
N
绣针河大桥
小塔山水库
赣榆区
石梁河水库
连云区
临洪
四营
海州区
连云港市
海州水厂
刘顶电灌站
蔷薇湖
昌梨水库
东海县
西双湖
沭新退水闸
东辛农场
同兴
灌云县
新沂河北偏泓
新沂河南偏泓
田楼水厂
柴米河桥
汤沟富民大桥
汤沟
灌南县
硕项湖
图例
水质站
比例尺

《连云港市水文志》编纂委员会

《连云港市水文志》编纂人员

前　言

水，万物之本源。水文，水利之先行基础。连云港，地处沂沭泗流域下游，承接上游近八万平方公里的洪水，“洪水走廊”的惊心动魄因水而来。黄河夺淮、水系变迁在这片土地留下累累刻痕，治水兴水的历史横越千年。

《连云港市水文志（1915—2021）》作为连云港市首部地方水文专业志，在江苏水文发展70年之际付梓面世，不仅是对连云港水文工作的凝练和升华，也是对江苏水文70年征程的回望和献礼，更是对港城水利史研究的缀补和侧记。

探索与创新，水文融入了治水兴水的奋斗历程。水兴则民安。翻开连云港地区波澜壮阔的治水史，水文是不可或缺的精彩篇章。1915年，洋桥水文站设立运行，写下连云港地区水位系统观测记录的第一笔。中华人民共和国成立后，新沭河、新沂河建凿完工，水文人坚守监测一线，以系统精确的分析成果支撑着蓬勃火热的水利建设，连云港摘掉了“无岁不灾、无灾不酷”的帽子，见证了从“水害”到“水利”的完美嬗变。时至今日，在河流、在湖库、在海边……连云港水文工作者坚持开展多要素水文观测，深化智能感知、智慧应用，为实现“精准把脉江河，高效服务社会”愿景而不懈奋斗。

流变与坚守，水文人传续着兼收并蓄的精神文脉。区划调整、体制演变，造就了连云港开放包容的城市秉性；南北兼容、河海汇聚，增添了连云港水文工作的多元底色。连云港地区水文工作曾经隶属徐州地区、淮阴地区水文部门，直到1983年连云港市水文分站成立，机构和管理体制趋于稳定。光阴荏苒、物换星移，这片土地上孕育出石梁河水库、黑林水文站等全国文明水文站和新型典型示范站，涌现出江苏省防汛抗洪工作先进个人、江苏省水文系统先进个人等一批先进人物，取得了江苏省勘测技能大赛总分第一名等优秀成绩。时代在发展，开拓奋进的水文精神在历史长河的反复淘洗中焕彩生辉，恒久传续着激励人心的力量。

追赶与引领，水文人要顺应后发先至的时代大潮。2009年，习近平同志视察连云港时寄语:“孙悟空的故事如果说有现实版的写照,应该就是我们连云港在新的世纪后发先至,构建新亚欧大陆桥,完成我们新时代的‘西游记’。”牢记嘱托,服务建设人民期待的现代化新港城,水文人使命在肩。新形势,新要求,在推动行业水文发展的同时,更加注重推动社会水文发展;在提供精准数据的同时,更加注重提供精准服务;在强化传统水文监测的同时,更加注重科技赋能,以至真至稳的能力,提供至臻至善的服务,为涉水事务和经济社会发展提供坚实支撑。

《连云港市水文志(1915—2021)》内容横贯百年,资料翔实丰富,突出时代性和行业特点,翔实地记述连云港地区水文工作的方方面面,客观展现中华人民共和国成立后特别是改革开放以来连云港水文事业的历史脉络,具有独特的文化研究和学术参考价值。

历史是最好的教科书。连云港水文人将以史为鉴、面向未来,在“十四五”规划的新征程中逐浪扬帆,为江苏水文现代化的华章着墨添彩。

编　者

2022年10月

凡　例

一、本志以马克思列宁主义、毛泽东思想、邓小平理论、“三个代表”重要思想、科学发展观、习近平新时代中国特色社会主义思想为指导，遵循“求实存真”之宗旨，力求思想性、科学性、知识性和资料性之统一，注重反映时代特征、地域特色和专业特点。

二、本志遵照“统合古今、详今略古”的原则，记述时间上限为1915年，下限到2021年。本志记载的空间范围为2021年连云港市辖全境，以及周边与市境水文有关联的部分地区。区域内详述，区域外有关联者简述。

三、本志采用述、记、志、图、表、录等体裁，以志为主。图、表、照片相对集中。重要资料来源随文加注，不用节后注释，一般资料不注明出处。除图片、凡例、前言、概述、大事记、附录、编后记外，全志设12章48节，约46万字。

四、本志采用以事分类、横排纵写的传统修志方法，按水文业务属性，编排“章、节、目、子目”4个层次。除概述有适当议论外，其他一般述而不作、叙而不议。大事记以编年体为主，辅以纪事本末体。

五、本志为行文简略，将中华民国时期的机构简称“前某某机构”，如“前导淮委员会”等，将“中国共产党”简称“党”，人民政府简称“政府”，水利部治淮委员会简称“淮委”，“连云港市”简称“市”，“江苏省”简称“省”，江苏省水利厅简称“省厅”等，“江苏省水文总站”“江苏省水文水资源勘测局”统称“省局”或“省水文局”，“连云港水文分站”“连云港水文水资源勘测处”“江苏省连云港水文水资源勘测局”“江苏省水文水资源勘测局连云港分局”一般称为“连云港水文分局”或“连云港分局”。机构名在志中第一次出现用全称，后文多用简称，引文和引言除外。

六、本志采用公元纪年，历史纪年括注公元纪年。凡文中提到“××年代”而未注明“××世纪”的均指20世纪。

七、本志采用国务院公布的《汉字简化方案》中的简化字。数字的使用按国家语言文字工作委员会等部门联合制定的《出版物上数字用法》(GB/T 15835—2011)执行。计量单位以《中华人民共和国法定计量单位使用方法》为准,中华人民共和国成立前沿用旧制,照实记载,必要时用括号注明换算值;中华人民共和国成立后采用国家规定的计量单位,如长度用“米”,土方用“立方米”,流量用“立方米每秒”,机电设备功率用“千瓦”等。古籍资料、参考文献中仍沿用现行通用的计量单位,如公里、平方公里、里、尺等。计量单位用汉字,不用外文字母代号。

八、本志中的水文数值,均以水文年鉴刊印的数值为准,水文要素统计系列一般截至2021年,或见备注。本志中使用的地面和水位高程均为“废黄河口基面”以上米数,特殊的用括注说明。

九、水文要素具体数据的有效位数(含小数位数),执行水文专业规范规定,当表达等值数据或数值范围时一般取整数,其他要素的数据有效位数一般遵从引述文献原文。

十、因行政区划变革,机构名称、职官、地名多变,志中所记事物以当时名称为准,必要时用括注说明。古地名用原名,有准确地理范围的括注今地名。

十一、本志史料来源于江苏省水文水资源勘测局、连云港市档案馆、连云港市图书馆、连云港市水利局、江苏省水文水资源勘测局连云港分局等单位的业务文书档案、会议记录、技术资料和有关报刊、旧志等,少数为当事人的回忆资料,一般不注明出处。重要资料一般注明出处,交代参考文献。

目　录

概　述

一

连云港市位于江苏省东北端，地处淮沂沭泗水系尾闾，面向海州湾，居我国沿海脐部、陇海铁路东端，东濒黄海，北接山东，南临长江和淮河，与朝鲜、韩国、日本隔海相望。全市市域总面积为 7 616 平方公里。连云港市具有海运、水运、陆运相结合的优势，为全国 8 大港口和 45 个重要交通枢纽之一，是海滨旅游城市，也是江苏省“徐连经济带”和“海上苏东”发展战略中具有特殊地位和作用的中心城市，是江苏沿海经济带的重要组成部分。连云港市是中国的首批沿海开放城市、新亚欧大陆桥经济走廊首个节点城市、“一带一路”倡议支点城市、江苏沿海开发战略中心城市、长三角区域经济一体化城市、国家创新型试点城市、国家东中西区域合作示范区、中国重点海港城市、上合组织出海基地、中国水晶之都，也是中国自由贸易试验区的组成部分。

连云港市古称朐县、海州，行政建制始于秦代。历史上建制屡有更迭，自北朝东魏武定七年(549 年)置海州后，海州遂成为周边诸县的政治、经济、文化中心，素有“东海名郡”“淮口巨镇”之誉。1948 年 11 月，华东野战军解放海州，成立新海连特区行政专员公署，隶属山东省鲁中南行政公署；1949 年 11 月，成立新海连市；1953 年 1 月，新海连市和东海县、赣榆县划归江苏省管辖，隶属徐州专区；1954 年 11 月，新海连市改为省直辖市；1961 年 9 月，新海连市更名为连云港市。1983 年 1 月，江苏省实行市管县体制，赣榆县、东海县从由徐州专区管辖划归连云港市管辖，灌云县从由淮阴专区管辖划归连云港市管辖；1996 年 7 月，属于淮阴专区的灌南县划归连云港市管辖。目前，连云港市辖三区(海州区、连云区、赣榆区)和三县(东海县、灌云县、灌南县)。

连云港市地处鲁中南丘陵和淮北平原的接合部，境内地形地貌复杂多变，山海奇观、河渠纵横、岗岭遍布，平原、大海、高山齐全，河库、丘陵、滩涂、湿地、海岛俱全，境内地势由西、西北向东、东南递降。连云港地区历史上河流水系变迁的主要原因在于,黄河夺淮挤占淮河洪水出路。连云港市域分属三大水系:沂河水系、沭河水系和滨海诸小河水系,有 4 条流域性河道及 18 条区域性骨干河道、11 座大中型水库,承接着沂沭泗流域 7.96 万平方公里的下泄洪水,特别是新沂河、新沭河 2 条流域性大河穿过市境东流入海,使得连云港成为名副其实的"洪水走廊"。特殊的地理位置,形成连云港地区"头顶两盆水,腰缠三条河,脚蹬黄海潮,最怕三碰头"的防洪情势。连云港市同时还面临水质型缺水、水环境污染和水生态等问题。

二

连云港地区人类活动和生产历史悠久,除水害、兴水利过程必然伴生水文观测等相关工作,但缺乏久远的古代水文观测的文献记载或者实物志记。连云港地区古代和近代水文观测工作,主要围绕近海的海潮和洪涝水等水文要素展开。

历史上,连云港地区有很多有关海潮、洪水等的记载。北魏郦道元的《水经注》:去海百五十步,潮水至,加其上三丈,去则三尺。唐开元十四年(726 年),七月初三,海潮暴涨,百姓漂溺。明景泰三年(1452 年),五月,大雨逾旬,黄河泛滥,安东、海州、临洪场被淹,漂人畜,倒房屋。明隆庆五年(1571 年),黄淮沭并涨,海州大水,平地行舟。明万历元年(1573 年),七月,海州大风雨,海啸,漂溺人畜无数。明万历十九年(1591 年),夏、秋阴雨,黄淮泛滥,海、沭、赣等 8 州县平地水深丈余,漂溺无数。明万历二十年(1592 年),河决徐州狼旋、磨脐二口,马陵山水发,沂沭并涨,海潮亦大涨,邳、宿、安、海一带悉沉釜底。明万历三十四年(1606 年),海州、赣榆、沭阳淫雨,平地水深丈余。明天启元年(1621 年),五月,淫雨,黄、淮、运诸河俱决,蔷薇河大水。清顺治十六年(1659 年),五月至七月初,赣榆淫雨 60 日,诸河皆溢。以上这些记载,或反映洪水对水系河流的破坏、人畜灾情,或反映淫雨、海潮等害稼情况,亦是对潮水、洪水、涝水的粗略的水文估算记录。

清乾隆十年(1745 年),知州卫哲治上奏,建议在盐河武障、义泽、六里等河口建滚水石坝,设测水标志,以解决盐、农水利矛盾。这是古代有文献记载的在连云港地区开展水文观测工作建议的奏折。

清道光元年(1821 年),正月,挑海州盐河,设草坝水志,修复项冲滚石坝。这是连云港地区古代有记载的设立水志的水文观测。

清宣统三年(1911 年),《淮系年表》载,从张謇议,设江淮水利测量局于清江浦(今淮阴),为导淮之预备。同年起,在江苏境内淮、沂、沭、泗、运诸水系的各河湖，开展水道断面地形和水位、流量、含沙量、雨量气象等测量。六月二十四日，青口河泛滥，上林镇汪子头村前一片汪洋，水深齐腰。七月十九日，青口河大水，土城乡大庄段洪峰流量 140 立方米每秒。这是近代史上开展多种水文要素监测的记载文字，河流洪峰流量的记载尤其可贵。

民国元年（1912 年），设置“废黄河口零点”，以此年的 11 月 11 日下午 5 时废黄河口的潮水位为零，作为起算高程，称“废黄河口零点”。

民国初期至中华人民共和国成立前，连云港市境内陆续设立水位站、雨量站和水文站等观测站点，并采用近代水文观测方法开展系统水文观测和记载。

民国四年（1915 年），连云港地区设立洋桥站观测潮水和内水。民国六年（1917 年），前江淮水利局设立蔷薇河海州潮水位站。前导淮委员会于民国十八年（1929 年），设立灌河口燕尾港潮位站。民国十九年（1930 年）设立北六塘河汤沟、龙沟和武障河 3 处潮位站。民国二十四年（1935 年）设立蔷薇河张湾、临洪河大浦 2 处潮位站。民国二十五年（1936 年）设立连云港验潮站。抗日战争期间，连云港境内水文测站全部停测。民国三十七年（1948 年），由前淮河水利工程总局复设海州潮水位站，各水文站点正常开展业务，测验雨量、水位等水文要素。总的来看，中华人民共和国成立前，连云港水文观测站点少，测验技术原始，观测项目和测次不多，水文资料断断续续，缺乏系统性。

连云港水文工作逐渐兴起，并伴随着全市经济社会发展，特别是水利建设的不断发展而发展。中华人民共和国成立后，随着经济社会发展的需要，水文事业有了较快发展，服务对象和工作重点也发生显著变化。1983 年，连云港水文分站成立，区域已具备骨干的防洪站网，为开展水文测验、水文情报预报和水文水利计算打下了较好的基础。20 世纪 80 年代，设立小河实验站，探究湿润区小流域降雨径流关系。随着水资源紧缺问题日趋尖锐，人类活动影响水循环，特别是水源污染使水环境问题日益突出，水文工作面临的基本任务是为水资源开发利用、水旱灾害防治和水环境保护提供科学依据和实时信息。20 世纪末，连云港水文分局成立水质化验室，开展污染物的分析工作，为工业、农业、交通、国防等建设提供水文服务。计算机的普及应用，使得水文测验、水文资料整编、水文预报、水文科技研究、水情信息传输效率和质量大幅提升。省政府文件“工程带水文”政策的出台、国家防汛指挥系统连云港示范区的建设，加快水文工作向着自动化、现代化方向迈进。一系列新设备的运用和测报方式的改革，使连云港水文事业如虎添翼。2013 年，水文事业进入新时代中国特色社会主义征程，习近平总书记倡导的“绿水青山就是金山银山”、江苏省水利厅提出的“六大水利”,为连云港水文工作指明了努力方向和奋斗目标。

三

从中华人民共和国成立至1983年的大部分时间里,连云港地区水文工作分别隶属徐州地区(新海连市、东海县、赣榆县)、淮阴地区(灌云县、灌南县)水文部门。其中,1952年之前,当时的新海连市及徐州部分地区属山东省管辖,连云港境内东徐圩、大浦曾先后设立二等站就近管理周边站点水文工作,东徐圩二等站、大浦二等站隶属于新安(今新沂市新安)一等站。1957年5月,大浦水文站作为江苏省水利厅水文总站9个派出机构之一,短暂管理所辖水系水文工作。1983年3月,连云港水文分站成立,管理市区、东海县、赣榆县、灌云县范围水文工作。

中华人民共和国成立后,国家经济建设逐步恢复和发展,大规模兴修水利工程,水利事业进入飞速发展时期,各地水文站网得到迅速恢复和发展。

中华人民共和国成立伊始,华东军政委员会水利部主管华东区水文工作,先后在南京、上海等地招聘和培训水文技术人员,规划水文工作,按流域水系划定水文测区,设置水文机构,恢复和新设各类水文测站,为大规模水利建设做好前期工作。1951年5月,毛泽东发出“一定要把淮河修好”的号召,治淮工程蓬勃开展,各地区水文工作也随之迅速发展。

1953年,苏南、苏北行署合并建省后,省水利厅设水文分站,徐州一等水文站由水利部直辖,改称沂沭汶运水文分站。1954年,沂沭汶运水文分站撤销,其站网按行政区划划归江苏、山东两省治淮指挥部管理。1949年10月,华东水利部组织南京实验处、长江水利工程总局和淮河水利工程总局成立水文资料整编委员会,开展长江、淮河流域历史水文资料整编工作,对淮河、长江两流域1949年以前的水文资料进行系统整理,并以水文年鉴形式汇编刊印。1950年后,淮河流域水文资料统一由治淮委员会组织整编,并刊印水文年鉴。1951年,华东水利部测验处组织进行沂沭汶运区行水测验。1955年,水利部颁发《水文测站暂行规范》,水文测验工作走向规范化。从1958年起,水文资料汇编按流域水系划分卷册,连云港地区水文资料划入淮河下游及沂沭泗区水文年鉴,由江苏省水利厅和山东省水利厅分别负责汇编、刊印。

1955年,水文行业修订水位观测规范时,采取将首次测量的水准点高程值所对应的基面加以冻结的办法,1959年修订规范时,确定其名称为冻结基面。

1956年,为了解决当时水文测站地理分布不均衡、设站原则不统一等问题,探究获得更为准确的水文基本特征和变化规律的途径,使水文工作为国民经济带来更重要的意义，全国进行第一次基本站网规划，水利部布置各流域、省(区)全面开展水文基本站网规划工作，同时制定水文基本站网布设原则。

1956年春，省水利厅水文分站改称水文总站；同年12月，省治淮总指挥部水文科并入省水利厅水文总站。1957年5月，全省按流域、水系设立运河、大浦、淮阴、泗洪、盐城、扬州、南通、镇江、苏州等9个中心水文站，建立统一完整的水文省管体制。新海连市大浦中心水文站作为省水利厅水文总站派出机构之一，管理所辖水系的水文工作。1958年9月20日，省水利厅根据水利电力部关于水文测站管理体制下放的精神，将各水文站下放专区管理，在专署水利局内设立水文科(股)。

1958年，全国掀起规模空前的水利建设。1959年初，全国水文工作会议提出"以全面服务为纲，以水利、电力和农业为重点，国家站网和群众站网并举，社社办水文，站站搞服务"的水文工作方针。由于水文管理体制下放及三年经济困难等原因，水文工作陷入困境，水文管理过于分散带来的问题明显暴露，匆忙建立的群众站点大批下马，国家基本水文测站裁撤，径流、泥沙站停测，水文技术骨干外流，测报质量下降，水文工作受到严重挫折。

1962年5月，水利电力部召开全国水文工作座谈会，提出"巩固调整站网，加强测站管理，提高测报质量"的水文工作方针。是年10月，中共中央、国务院批转水利电力部党组《关于当前水文工作存在问题和解决意见的报告》，同意将国家水文基本站网规划、设置、调整和裁撤的审批权收归水利电力部；同意将基本水文站一律收归省、自治区、直辖市水利厅(局)直接领导；同意将水文测站职工列为勘测工种。1963年7月，江苏省人民委员会通知将国家水文站网收归省管。是年9月，江苏省编委批复同意省水利厅恢复成立水文总站，恢复各专区中心水文站作为水文总站的派出机构。至此，水文站网收归省水利厅统一管理，水文工作逐步扭转下滑局面。

1964年，经国务院批准，全国水文管理体制收归水利电力部建制，各地区按照水利电力部通知精神和江苏省水文总站部署，合理调整基本水文站网，大力整顿水文基础设施，建立健全各项规章制度，加强测站管理，使水文测报质量快速恢复和提高，水文工作重新走上健康发展的道路。1965年，按照江苏省水文总站统一部署，各地区对以区域代表站为重点的基本流量站网开展布站方法验证和调整充实工作。同时，对水文测站的测验设施进行大力整顿，开展技术革新，先后建成一批水文测流缆道，测验逐步由船测过渡到缆道测流；增建安装一批自记水位计和虹吸式自记雨量计，人工观测逐步向自记化发展；统一更换

E601型水面蒸发器等,有效地提高水文测洪能力和测报质量。为加强测站管理,按照江苏省水文总站的统一部署,先后制定和颁发《水文测站任务书》《水文站网工作暂行条例》《站网财务管理暂行办法》等,建立岗位责任制,推行检查员制度,使各项工作有章可循。1966年5月,水文工作遭到全面冲击,各级水文部门领导干部、大批水文技术骨干被迫停止工作,水文管理体制层层下放,水文机构撤销,技术规范和规章制度被打乱,测报工作无章可循,水文测报质量急剧下降。

1970年11月28日,省革委会生产指挥组通知,将各专区水文分站及所属水文测站下放给所在地区水电局领导。1973年12月,江苏省革命委员会水电局批准成立各地区水文分站,通过全面贯彻水利电力部制定的《水文测验试行规范》《水文测验手册》等,水文部门恢复制定各项规章制度,开展以水文测流缆道为重点的水文测验设施整顿,水文测报质量逐渐提升。同时,根据全国和江苏省水文工作及水资源保护会议提出的"水文工作要当好水利尖兵,还要当好水资源保护哨兵"要求,普遍开展水质污染监测,为水污染防治提供服务,并增设地下水观测井,开展地下水动态观测。1978年,根据水利电力部部署和江苏省水文总站要求,全区开展水文站网调整充实规划工作,增设配套水位、雨量站点,以适应水利建设和国民经济发展的需要。

1950—1978年,随着国民经济恢复与建设,大规模兴修水利工程,水利事业进入飞速发展时期,水文站网、水质站网得到迅速恢复和发展,水文队伍扩大,测验项目大幅增加,水文测验、水文资料整编和水情拍报等技术规范逐渐成熟。1951年,汇编刊印1912—1949年淮河流域水文资料。1950年后,连云港地区各类水文测站的资料经过整编、审查、复审、验收,列入水文年鉴刊布;测站资料列入区域水文分析计算,成果先后编入地区水文统计、水情手册等,为水利建设、防汛抗旱及工业、农业、交通、城建等基本建设工程规划设计服务。

1978年12月,中共十一届三中全会召开,我国进入改革开放新的历史时期。水文事业立足改革,开拓进取,拓宽工作领域,增强服务功能,积极为防汛减灾、水利工程规划设计、水资源的开发利用和管理、水环境治理和保护服务,坚持水量、水质并重,加强行业管理,提高测报质量。水文工作进入新的发展阶段。

四

1980年6月,江苏省机构编制委员会根据水利部关于水文管理体制的意见,批复同意全省水文站网及各地区(市)水文分站恢复由省水利厅统一管理,省设水文总站，各地区（市）设水文分站。1983 年 3 月，连云港水文分站成立。

从 1983 年 3 月起，国家基本水文站网隶属省水利厅领导，江苏省水文总站统一管理，派出市级水文分局管理辖区水文工作，连云港地区水文工作进入全新的发展时期。1996 年 9 月，省水利厅下发《江苏省水利厅关于加强水文工作的决定》，在明确水文部门行业管理职能、改善水文管理体制、建立多渠道的水文投入机制、强化水文内部管理、提高水文服务功能等方面均提出明确要求和规定，推进全省各地水文工作的健康发展。2012 年，党的十八大召开，中国特色社会主义进入新时代。2014 年，习近平总书记提出“节水优先，空间均衡，系统治理，两手发力”治水方针，突出强调水资源短缺、水生态损害、水环境污染三大新问题。省水利厅提出“六大水利”目标，即“安全水利、环境水利、生态水利、节水水利、智慧水利、法治水利”，为连云港水文业务开展指明方向。近年来，河长制在保护水资源、防治水污染、修复水生态、保护水域岸线等方面发挥了重要作用，给连云港地区水文工作带来了新的挑战，也给水文工作发展带来了新机遇。

管理机构和体制保持稳定。1983 年 3 月，连云港市水文分站成立，核定连云港市水文分站事业编制 25 人。东海、赣榆、灌云县内各水文站划归连云港市水文分站，由省水利厅领导，省水文总站管理，此后相应的机构和管理体制趋于稳定。1984 年 3 月，江苏省水利厅水文总站改称江苏省水文总站，为水利厅直属处级事业单位。1991 年 12 月，连云港市水文分站更名为江苏省连云港水文水资源勘测处，下设 3 个副科级水文中心站。1996 年 7 月，灌南县水文工作划归连云港水文水资源勘测局管理。1997 年 3 月，江苏省连云港水文水资源勘测处更名为江苏省连云港水文水资源勘测局。1998 年 5 月，各市水文水资源勘测局明确为相当于副处级全民事业单位。2002 年 5 月 8 日，连云港水文水资源勘测局编制数调整为 50 人。2004 年 7 月 13 日，连云港水文水资源勘测局更名为江苏省水文水资源勘测局连云港分局。这一时期，虽然上下级水文管理机构名称常有变化，但在行政和人事等方面的垂直管理始终保持稳定，地区水文工作的事业经费列入省级财政预算，保障性强，这是 1983 年以来水文工作取得良性发展的重要保证。

在省局领导下，新时期水文业务全面遵从水利部水文司（局）的行业管理，主要体现在遵从水文行业管理的政策、法规、规范、水文事业发展规划、水文测报通信信息化建设规划、国家基本水文站网的管理规定，以及遵从水文水资源监测工作、重大突发水污染、水生态事件水文应急监测等工作方面的指导等。

水文站网全方位布局。连云港水文分站建站初期，水文站网基本围绕“两盆水”“三条河”“黄海潮”而布设，功能以防汛测报为主。至1985年，连云港共有水文站8个、泥沙站2个、水位站8个、降水量站41个、蒸发量站1处。1985年，国家第四次调整水文站网发展规划，根据水电部水文司颁发的《关于编制水文站网发展规划的几点意见》的文件精神，省水利厅要求编制水利中长期规划。省水文总站组织进行水文站网情况调查，并在征求有关部门意见的基础上，进一步开展全省水文站网规划工作。该规划总的要求是：坚持服务方向，贯彻改革方针，力求使水文站网布局做到点、线、面相结合，地表水与地下水、水量与水质测验相结合，一站多用，具有江苏特色。1986年10月，省水利厅向部水文司报送《江苏省水文站网发展规划》。1985年以后，经过合理调整增撤，国家基本站网相对保持稳定。至2021年，连云港分局管辖的国家基本水文站网计水文站6个、泥沙站2个、水位站8个、降水量站34个、蒸发量站3个。从80年代起，各项专用站网获得大力扩充建设：一是中小河流站网建设。2010年10月10日，国务院颁布《国务院关于切实加强中小河流治理和山洪地质灾害防治的若干意见》，明确要求完善防洪非工程措施，加强水文测站基础设施建设密切监控河流汛情。连云港分局在2011—2013年期间，经过两期工程建设，在全市建成中小河流预警水文站7个、水位监测站16个。二是通榆河北延工程站网建设。2009年，通榆河北延系统工程建设4个水质水量自动监测站。三是水文实验站网建设。1982—1989年间，先后建设湿润区小河径流站6个，这些径流站在完成监测任务后陆续停测。2016年6月，在市区设立3个专用径流小区，探求小流域降雨径流关系，为修订《江苏省水文手册》参数提供水文数据。四是报汛专用监测站网建设。2016年，建成3个自动遥测墒情站。2009年，建成新沭河报汛专用水位站2个，中型水库水位站8处。另外，水行政主管部门设立的133个小型水库水位监测站点也纳入连云港水情分中心传输。五是省界断面站网建设。2013年5月29日，水利部组织召开省界断面水资源监测站网建设工程前期工作会议，部署开展省界断面水资源监测站网建设。2019年，连云港2处省界断面（基本水文站兼省界断面）投入运行。六是苏北供水监测站网建设。2001年，江苏省苏北供水局委托省水文局进行计量监测，连云港市承担江水北调桑墟枢纽工程站点共3处。七是水土保持监测站建设。2007年，水利部水土保持监测中心启动全国水土保持监测网络和信息系统建设二期工程。2010年12月，建设完成赣榆水土保持监测站，共建成2组观测场，每组包括5块标准径流小区。另外，全面建设涵盖深层、浅层的地下水监测站网。1980年3月，水利电力部下发《关于进一步开展地下水观测研究工作的意见》《地下水观测暂行规定》等有关文件，经过合理调整和增撤，至2021年，建成国家地下水专用监测井45眼、省级地下水专用监测井21眼、连云港市水利局委托井9眼，共计75眼。水质水生态站网全面铺开，至2021年，设立各种专用水质监测站点273处（其中，集中式饮用水水源地、应急备用水源地监测断面13处，水功能区监测断面111处，规模以上入河排污口监测断面39处，浅层地下水质监测井38眼，国控地下监测井45眼，水生态监测站5处，水质水量同步自动监测站3处，以及其他各类专用站19处）。以上站网覆盖面广，涵盖地表和地下的立体站网、水量和水质水生态的量质同步、防汛防旱和水资源管理及供水安全的全方位服务、市境内控制和区界控制相结合等，功能齐全，监测要素涵盖水位、流量、降水、蒸发、土壤墒情、地下水、水质、水生态、水土保持等，实现了流域性河道、区域骨干河道、大中型水库的全覆盖。

水文基础设施明显改善。1983年，连云港水文分站成立之初，水文测验生产、生活设施受当时的社会经济条件所限，总体简易落后。1983—1991年，基础设施建设主要围绕新成立分站和中心站以及迁建站的生产生活用房展开，水文测验基建投资多是零星维修养护，修修补补，维持正常生产，水文观测设施建设整体较落后。进入90年代，省水利厅认识到水文工作的重要性，同时认为水文基础设施建设滞后，严重影响防汛水文测报、水资源管理，不能满足水利现代化建设、防汛防旱的需求。为此，1991年，省厅提出加快水文事业发展的思路和措施，在全国率先发布《关于新建水利工程有关水文观测设施、用房等问题的通知》，制定“工程带水文”政策。1996年，省厅出台《关于加强水文工作的决定》，明确规定新建、改建、扩建和加固水利工程应包含水文观测基础设施的投资，其主要措施有：在编制水利建设综合规划或其他专项规划时，将水文站网建设和更新改造列入相应的建设计划，同步实施；已经建立且承担大中型水利工程前期工作任务的水文测站，在工程前期经费中安排一定的水文测站运行费；防洪保安资金用于河道工程维修、管理部分，安排一定比例的资金用于水文设施更新、改造、维修和管理；在特大防汛费、防汛维修和急办工程经费中列出专项经费，用于水文测报设施的修复和通信手段的改造和建设；在地方统筹基本建设中，安排4%的比例用于水文站网建设，逐步增加到5%。“工程带水文”政策效益初步显现，连云港水文基础设施建设迎来了蓬勃发展的时期，水文基础设施得到改善与提高。典型的“工程带水文”4大工程，包括新沂河整治工程、新沭河治理工程、通榆河北延送水工程和中小河流预警工程，分别列支106.0万元、445.81万元、1 387.69万元和2 810.63万元，改造了工程沿线的水文站，新建了一些工程节点水文站。这一时期，水情分中心、水环境分中心、水文监测中心的生产生活用房、观测场、基本水文站和水位站的水尺、水位计台、测流缆道、生产生活用房等，均得到改造，测报标准提高，工作环境改善。2019 年，省发改委批复江苏省水环境监测中心连云港分中心设施及装备达标建设工程经费为 3 194.8 万元，该工程已于 2021 年 6 月起进入实施阶段。

基本水文业务能力显著提升。在流量监测方面，先后有 3 个流量测验断面安装了自动测流系统，均达到自动测报一体化，其中，小许庄水文站二线能坡法自动测流系统于 2021 年测得历史最大流量 304 立方米每秒。重要的基本水文站配备了超声波流速剖面仪 ADCP，作为流速仪缆道测流的备用方案，2020 年大兴镇水文站、石梁河水库水文站分别测得历史最大流量 6 080 立方米每秒、4 790 立方米每秒。以连云港分局年轻技术骨干为基础的应急监测队伍建设持续加强，每年汛前集中实战演练，并注重在汛期实战中提高应急监测能力。截至 2021 年，连云港水文分局始终保持 3 个应急监测小组的人员安排，统配超声波流速剖面仪 ADCP 多台套、超声波测速雷达枪多台套等，每个小组在汛期人员和装备随时保持待发状态。在水质监测方面，常规室内监测仪器设备齐全，水平先进，发生水质水生态紧急事件时，水质应急监测车可施行现场应急采样和监测。在水文资料整编方面，从 80 年代早期的手工、算盘作为计算工具、初编成果采用复写纸复写、刊印使用铅字排版印刷，到 1992 年起全部实行电算整编，并逐步完善和发展到今天全部采用现代化计算机进行水文资料整编，是这一时期社会科学技术进步带动水文技术发展的客观写照。对历史水文资料，已经完成大部分数据录入，并形成历史资料数据库，目前连云港分局建设有水情数据库、遥测数据库、整编数据库。水情数据库与遥测数据库为实时库，按照《实时雨水情数据库表结构与标识符标准》(SL 323－2011)建设，数据库软件采用oracle，整编数据库按照《基础水文数据库表结构及标识符标准》(SL 324－2005)建设，数据库软件采用 SQL SERVER2000。在水文情报预报方面，1995 年，省水文局对全省水情电报传送方式进行重大变革，在省与市、市与市之间采用计算机网络进行水情传输。2001 年，国家防汛指挥系统示范区连云港水情分中心通过验收投入运行，实现水文信息采集、存储、传输、处理和转发的自动化及信息数字化，截至 2021 年，水位遥测终端站点 69 处，雨量遥测站 80 处，蒸发遥测站 2 处，墒情遥测站 3 处，地下水遥测站 56 处，水土保持遥测站点 16 处。90 年代末，随着计算机的普及和信息处理技术及预报技术的发展，洪水预报进入“现代洪水预报”新阶段。2016 年，省局组织开发的江苏省雨水情分析评价系统面向全省推广使用。2017年，连云港水文开始利用潮位预报系统开展燕尾港、连云港台风期间沿海潮位增水预报。

科学研究有亮点。无论是基本业务工作还是科学研究工作，都离不开素质过硬的人才队伍。自2003年，连云港分局招聘人员学历全部为本科以上，研究生居多。至2021年年底，连云港分局在编49人，具备高级技术职称人员共19人，占比38.8%，其中1人具备正高级职称。

科研成果。2005年以来，连云港分局技术人员参加各级科研课题18项，完成区域综合性规划、水文事业发展规划等课题25项，参编行业规范1项。1985—2019年，连云港分局共获得12项科技成果奖项，其中，水利水电部松辽委员会东北水利科学技术奖三等奖1项，内蒙古自治区科学技术进步奖三等奖1项，中国水利学会大禹水利科学技术奖三等奖1项，省水利科技进步一等奖2项、二等奖3项、三等奖1项，中国煤炭协会和中国煤炭工业协会科技进步二等奖2项、三等奖1项。2019年以来，连云港分局职工自主研究课题并出版著作5部，分别为《地下水监测井钻探工艺与施工技术》《连云港市2019年新沭河暴雨洪水及下游段行洪能力分析》《连云港市2019年暴雨洪水分析》《通榆河北延送水工程2019年生态输水水文情势分析》《连云港市历史典型暴雨洪水分析》。连云港分局职工自1987年6月发表第一篇论文始，至2021年，共发表论文176篇，其中获奖论文15篇，尤其是2000年以后，连云港分局职工积极开展各类学术研究，研究内容大多紧扣水文行业发展热点、时代关注主题，研究成果丰硕。在发明专利和软件著作权方面，连云港分局的技术人员在工作中学、在工作中思考，努力解决技术难点。2018年以来，连云港分局职工共取得实用新型专利20项，外观设计专利1项，软件著作权2项，文字作品著作权登记1项。

技术全面服务社会。立足水文本业，发挥行业优势，对水文资料进行精加工，用科技咨询方式，输出业务技术，服务地区社会经济发展，全面提升技术队伍业务水平和综合素质，助力水文事业发展。因水文行业自身发展需要寻求社会支持，社会经济发展对水文技术有新的需求，从80年代起，连云港水文分局逐渐开展面向社会的科学技术咨询服务，部分为水利决策提供技术支撑，部分为有偿社会服务。有偿服务所得款项大部分用于加强水文基础设施建设、工作和交通条件改善等，部分按照政策用于非全额拨款的补充经费，如解决职工的福利、改善生活条件等，逐渐缩小与社会其他行业的收入差距等，对本地水文行业发展发挥了较强的推动作用。科技咨询服务项目的开展促进了水文行业从业人员扩大学习面，依托水文优势实现一专多能。在数十年的服务过程中，与社会各行各业产生了广泛的联系和技术工作交流,提高了水文专业的社会竞争力和社会知名度。连云港水文专业技术咨询服务,包括简报公报类专业技术报告、规划、水资源调查评价、综合水文测验、水文分析计算、测绘、水土保持、防洪影响评价、水资源论证、排污口设置论证、方案类和水事司法鉴定共计 12 个类别。

党建工作有特色。1985 年 8 月,连云港水文分站党支部成立,党群组织关系隶属市水利局。2017 年 12 月,江苏省水文局党委正式将全省水文系统各分局党群组织关系上收,统一管理。随着水文事业的不断发展,水文党员队伍迅速发展壮大,从党支部到党总支,连云港水文的党组织建设不断增强。2019 年 12 月,连云港水文局党总支成立。2020 年 6 月,为充分发挥支部战斗堡垒作用和党员先锋模范作用,连云港水文局实行"科室+监测中心"的方式,组建成立 3 个党支部,密切机关与基层关系,强化党建引领。第一党支部主要由办公室、赣榆中心组成;第二党支部主要由水质科、东海中心组成;第三党支部主要由站网科、水资源科、城区中心组成。1985 年 8 月党支部成立时党员仅为 9 人。截至 2021 年年底,连云港水文分局共有 34 名党员,其中在职党员 27 人(其中预备党员 1 人),退休党员 7 人。通过系列专题教育等各项活动,连云港分局不断加强干部职工思想教育,大力宣传党的政策、方针、理论,思想建设取得实实在在的效果。2017 年,建立标准党员活动室,创建"SOUL"党建工作法,以学习型单位建设为基础,以"争先、创新、创优"为目标。2019 年,创立"五个一"(每天学一组党的理论知识、每周办一次主题学习活动、每月温一堂党的章程准则、每季看一部警示教育电影、每年做一次思想检视剖析)学习教育模式。2020 年,构建"五个一学习、四个先锋、三个水文、两个目标、一个核心",即"54321"党建工作五步走模式,完成"党员之家"标准化建设。2021 年,党总支坚持政治统领,党建先行,以品牌培育为抓手推动党建工作高质量发展,创建"连心哨・水先锋"党建品牌,打造"N+X+3"模式主题党日和理论学习中心组"363"学习模式,推动党建工作和业务工作高位对接,深度融合。第一党支部创建"心连心"党建工作法,第二党支部创建"四线"党建工作法,第三党支部创建"先锋+"党建工作法。2019 年 6 月起,连云港水文分局开展"不忘初心、牢记使命"主题教育活动。2021 年 3 月起,连云港水文分局开展党史学习教育,通过专题学习、专题培训、专题宣讲、专题组织生活会、专题组织生活会、连云港水文公众号每日推送"百年党史・天天读"等形式,加强党史学习教育。连云港水文分局党总支以党建为引领,促进主体业务发展,推动单位文明创建工作,用自己的品牌特色,促进争先创优效果显著。

回顾连云港地区水文历史，水文事业从无到有，特别是连云港水文分站成立以来，在省局的领导下，水文事业从小到大，从弱到强，呈现全面持续的发展态势。

总结过去，展望未来，连云港水文人肩负着继往开来的重任，特别是新一代水文人，在新的历史条件下，更应进一步解放思想，坚持改革开放，不断开拓进取，努力创新拼搏，从而创造水文事业更加美好的明天！

大 事 记

清乾隆十年(1745 年)

知州卫哲治上奏,建议在盐河武障、义泽、六里等河口建滚水石坝,设测水标志,以解决盐、农水利矛盾。(此是古代有文献记载的在连云港地区开展水文观测工作建议的奏折,其建议后来是否实施则无考。)

清道光元年(1821 年)

正月,挑海州盐河,设草坝水志,修复项冲滚石坝。(此为连云港地区古代有记载的设立水志的水文观测。)

清宣统三年(1911 年)

据《淮系年表》载:宣统三年,从张謇议,设江淮水利测量局于清江浦(今淮阴),为导淮之预备。

是年,在江苏境内淮、沂、沭、泗运诸水系的各河湖,开展水道断面地形和水位、流量、含沙量、雨量气象等测量。

六月二十四日,青口河泛滥,上林镇汪子头村前一片汪洋,水深齐腰。

七月十九日,青口河大水,土城乡大庄段洪峰流量 140 立方米每秒。

民国元年(1912 年)

设置"废黄河口零点",以民国元年(1912 年)11 月 11 日下午 5 时废黄河口的潮水位为零,作为起算高程,称"废黄河口零点"。

民国四年(1915 年)

设立灌云洋桥水位站、河口洋桥水位(潮)站。

民国六年(1917 年)

设立海州水位(潮)站。

民国十四年(1925 年)

全国水利局发布《治淮计划》,同意淮河由江海分疏,并提出沂、沭河导治方案。主张沂河洪水大部分出周家口、骆马湖入六塘河;其余由窑湾及二道口分入中运河,至刘老涧后仍入六塘河,会流东下,经灌河入海。沭河主干由大小沙河,经蔷薇河出临洪口入海,余水仍经前沭河、后沭河入海。

民国十八年(1929 年)

7 月 1 日,国民政府在南京成立导淮委员会,下设工程、总务、土地三处,所属机构还有测量队、水文站等。淮河流域的水文工作交由导淮委员会续办。

是年,设燕尾港水位(潮)站。

民国十九年(1930 年)

设武障河、汤沟、龙沟水位站。

民国二十年(1931 年)

设龙沟坝(灌)、龙沟坝(盐)水位站,设海州、灌云、赣榆雨量站。

民国二十四年(1935 年)

设大浦、张湾水位站。

民国二十五年(1936 年)

设连云港水位站、墟沟降水量、连云降水量站。

民国二十六年(1937 年)

7 月 7 日,日军发动卢沟桥事变,抗日战争全面爆发。江、淮流域水利机构随国民政府西迁四川,江苏大部分地区沦陷,水文测站相继停测。

1949 年

10 月,新海连特区行署更名为新海连市。

10月,华东军政委员会水利部(简称“华东水利部”)决定将原长江水利工程总局、淮河水利工程总局等单位积存的历年水文资料集中,由该三机构共同组成水文资料整编委员会,分长江和淮河两大流域进行整编,其中包括江苏各水文测站历年的资料,并于1951—1953年先后刊印出版。

1950年

4月29日12时,新沂河小潮河坝合龙成功。该坝于当年1月初开工,4次合龙失败。华东水利部副部长钱正英亲莅工地指导,李广仁司令员驻工地指挥,终于合龙。

5月1日,新海连市与东海县合并为新海县,是年12月分署。

8月25日至9月11日,在周恩来的领导下,水利部在北京召开治淮会议。10月14日,政务院作出关于治理淮河的决定,成立治淮委员会,确定了“蓄泄兼筹”的治淮原则。11月7日,治淮委员会在蚌埠成立。

是年,设立小潮河闸水位站,设立大夫厅、武障河、潮河坝潮水位站,复设燕尾港、龙沟、汤沟潮水位站。

1951年

1月,沂沭汶运区水文工作改由华东水利部直接领导。

2月,华东水利部第二次沂沭汶运治导会议确定导沭经沙入海河段为新沭河,确定新沭河分泄沭河洪水2 800立方米每秒,加原大沙河流域600平方公里来水1 000立方米每秒,新沭河按3 800立方米每秒设计。

4月30日,华东水利部颁发“报汛办法”,省内各级报汛站均按“报汛办法”改用密码电报。

5月,毛泽东发出“一定要把淮河修好”的号召。

是年,设立东徐圩、堆沟、杨集、板浦、新浦潮水位站;复设海州潮水位站;设立大兴镇流量站、沙河、南庄水位站、麦坡地下水位站;大夫厅站迁至张湾,更名为张湾潮水位站。

1952年

5月,华东军政委员会水利部新安一等水文站迁至徐州,改称华东军政委员会水利部徐州一等水文站。1953年1月,改为中央水利部直接管辖,改称沂沭汶运水文分站。

是年，设立岳庄水位站。

1953 年

1月1日，原属山东省的新海连市、东海县、赣榆县划入江苏省，归徐州专区管辖。

夏，中央决定将沂沭泗河流域纳入淮河流域治理系统。

10月，赣榆县在夹谷山区进行水土保持试点。1956年2月，成立夹谷山水土保持试验站，总结1953年经验，提出“捆山腰、挖水平沟、建梯田、绿化与灌溉并举”的措施，成功解决了夹谷山区的水土保持。1958年，夹谷山水土保持工作荣获国务院和水利部嘉奖。

是年，设立新河口水位站。

1954 年

2月，中央水利部将沂沭汶运水文分站及所属测站，分别移交山东省沂沭汶泗治淮指挥部和江苏省治淮总指挥部领导。

是年，设立石梁河、董家湾、第一沟、刘庄、门楼、城头、青口水位站，设立小东关、范口、三阳港、马湖、善后闸（东徐圩上迁更名）潮水位站，设立黄圈、朱孟、朱堵集、新庄、营庄、石榴树水文站。

1955 年

7月，设立营庄水位站。

是年，水文行业修订水位观测规范时，采取将首次测量的水准点高程值所对应的基面加以冻结的办法。1959年修订规范时，确定其名称为“冻结基面”。

1956 年

设立小许庄（黄）、小许庄（厚）水文站，设立麦坡地下水位站，设立双店降水量站。

1957 年

5月，全省按流域、水系设立9个水文站，大浦水文站作为省水利厅水文总站派出机构，管理所辖水系内的水文站。

5月，新浦中心水文站成立。

是年，设立青口、灌云地下水位站，增设板浦(坝上)水位站，设立陈蛮庄水文站。

1958 年

9 月 20 日，省水利厅根据水利电力部关于水文测站管理体制下放的精神，将各中心水文站下放专区管理，在专署水利局内设立水文科(股)，为专区主管水文的业务部门，水文测站亦同时下放各县水利局管理。

是年，设立欢墩埠、半路村降水量站。

是年，进行高流河陈蛮庄站人类活动调查，记录清宣统元年(1909 年)六月二十六日洪水痕迹一处。是年 9 月，调查青口河两岸洪水痕迹 4 处，调查赣榆县塔山下游店子村洪水痕迹调查 4 处。

1959 年

1 月 6 日，省水利厅将原省水文总站直接领导的徐州地区境内的各水文测站人员(共 62 人)，全部下放给地区水利局。

7 月，受徐州专署水利局委托，华东水利学院水文调查队对兴庄河流域河道特征、历史洪水、地下水等进行水文调查。记录民国三年(1914 年)9 月洪水痕迹两处、1956 年 9 月 5 日洪水痕迹 8 处。是年 7 月，受省水利厅委托，华东水利学院水文调查队对赣榆县夹谷山水利综合试验站流域自然地理、河道水文特征、水利工程等进行水文调查。记录民国三年(1914 年)7 月 19 日洪水痕迹两处。是年 8 月，受徐州专署水利局委托，华东水利学院水文调查队完成陈蛮庄流量站水文调查，调查北起高流河上游南至陈蛮庄站，集水面积 110 平方公里范围内的干支河流及水库、水文情况。记录 1955 年 6 月洪水痕迹 5 处。

是年，徐州、淮阴、盐城、扬州、南通和镇江专署水利局水文科先后建立水化学分析化验室，进行河湖水化学成分和地下水化学成分的化验分析工作。

是年，设立安峰山水库、小塔山水位站，复设岳庄水位站，复设小许庄水文站，增设善后闸地下水位，设立西大坊流量站，增设岳庄(南泓)、岳庄(北泓)流量站。

是年，在东海县设东海径流站，探求山丘区河网化降雨径流关系。

1960 年

7 月 28 日，安峰山水库(坝上)站测得建站以来最高水位 18.22 米。

是年，设立石梁河、兴庄闸、范河闸、临洪闸(当年资料未刊印)水位站，复设潮河坝、营庄水位站，设立马庄、小兴庄水文站，增设青口水位站。

1961年

10月1日，新海连市更名为连云港市，仍隶属徐州地区专员公署。

是年，设立石门头小河水文站，安峰山水库改级为流量站，撤销马庄、小兴庄水文站。小许庄水文站下迁，在厚镇河汇入后施测流量，减少一个厚镇河测流断面。设立贺庄水库、城南、大石埠水库、房山水库、大村水库、富安水位站；武障河水位站恢复观测；岳庄水文站停测；善后闸水位站停测闸上水位，降级为降水量站；青口水位站停测水位，降级为降水量站。设立古城、蒋庄闸、八条路、万赤涧、洙边、吴山、昌梨水库、西双湖水库、石桥、黑林降水量站，双店降水量站停测。

1962年

6月2日，连云港市升为江苏省直辖市。

9月10日，省水利厅下达《关于签发江苏省水文站网暂行工作条例(草案)的通知》。9月22日，专署水利局向各县水利局、各流量站、实验站等有关管理单位转发此通知。

是年，新设张桥闸流量站，复设小半路流量站、武障河水位站，撤销大石埠、富安、兴庄闸、范河闸、城南水位站，连云港、灌云水位站降级为降水量站，设立墩尚降水量站。撤销大村、房山、横沟、西双湖、贺庄、古城、蒋庄闸、八条路、万赤涧降水量站，昌梨、石桥、吴山降水量站停测。

1963年

8月8日，江苏省水利厅向各专署水利局及有关单位下达《关于国家水文站网收归省管的通知》。

9月，徐州专区中心水文站成立，为省水利厅水文总站派出机构。

是年，小塔山水库降水量站改级为流量站，新设桃林、欢墩埠降水量站，石桥、吴山、临洪闸、昌梨降水量站恢复观测。

1964年

3月，徐州专区水文分站改称江苏省水文总站徐州专区分站。

11月,完成大兴镇水文站上游11.5公里至下游5.5公里的水文调查,记录1954年洪水痕迹一处。

是年,新设夹谷山、碱场降水量站,撤销小半路流量站、西大坊水位站、吴山降水量站,临洪闸降水量迁至临洪站观测。

1965年

是年,新设善后新闸水位站,新设东潘、班庄、城头降水量站,双店降水量站恢复观测,撤销欢墩埠、昌梨降水量站。

1966年

5月,"文化大革命"开始,水文工作遭到全面冲击,技术规范和各项规章制度被打乱,水文资料整编、审查和汇刊工作不能正常进行,一些测验项目被停测,水文测报和资料质量明显下降。

10月24日,小塔山水库(坝上)站测得建站以来最低水位21.60米。

是年,撤销黄洼流量站、善后闸水位站、碱场降水量站;张桥闸站降级为降水量站并迁至下河套,同时更名为下河套;横沟降水量站恢复观测;新设顺河集、东辛农场、杨集降水量站。

1967年

是年,新设朱汪流量站,石梁河水库站增设北干渠站,撤销潮河坝水位站,张湾水位站停测,停测安峰山水库流量站之水位、流量,停测板浦、善后新闸、龙沟之水位、地下水位。

1968年

是年,板浦水位站停测降水量,善后新闸、东三岔水位站停测,燕尾港水位站停测降水量,安峰山水库站复测水位,安峰山水库、临洪、小许庄无流量资料刊印,东辛农场降水量站停测。

1969年

是年,板浦水位站复测降水量,东三岔水位站、龙沟水位站复测,安峰山水库、临洪、小许庄无流量资料刊印。

1970 年

11 月 22 日，临洪水文站测得建站以来最低水位为河干。

11 月 28 日，省革委会生产指挥组发文通知，将各专区水文分站及所属水文测站下放给所在地区水电局领导。徐州专区水文分站下放至水利部门领导。

是年，撤销石门头流量站、东三岔水位站、东潘降水量站，大浦水位站迁至临洪闸观测，安峰山水库流量站复测。

1971 年

是年，新设张疃流量站，复设岳庄、范河闸水位站，安峰山水库流量站降级为水位站。

1972 年

是年，新设破桥、马河闸流量站，新设朱稽副闸水位站，新设灌南、石门降水量站，马河闸当年资料未刊印，燕尾港、龙沟水位站恢复降水量观测，连云港水位站水位恢复摘抄刊印。

1973 年

是年，撤销临洪闸水位站，撤销平明、石榴树降水量站，张疃流量站降级为降水量站。

1974 年

8 月 11 日至 13 日，受 12 号台风倒槽与冷空气结合影响，沂沭河流域平均降雨量为 300.0 毫米，临沂站洪峰流量为 12 000 立方米每秒，沭河大官庄站新沭河洪峰流量为 4 250 立方米每秒，骆马湖水位上涨至 25.25 米。8 月 15 日，石梁河水库水位为 26.82 米，泄洪流量为 3 490 立方米每秒。8 月 16 日，新沂河最大洪峰流量为 6 900 立方米每秒。灌云县动员 1.31 万人、灌南县动员 2 万余人抢修加固堤防，安全通过洪峰。

8 月 14 日，小塔山水库水文站测得建站以来最大流量 373 立方米每秒；临洪水文站测得建站以来最高水位 5.93 米；小塔山水库（坝上）站测得建站以来最高水位 34.00 米。

8 月 15 日，大兴镇水文站测得建站以来最高水位 27.21 米；石梁河水库（坝上)站测得建站以来最高水位 26.82 米。

12 月,徐州专区水文站委托华东水利学院水文调查队对蔷薇河流域当年 8 月的洪水痕迹进行调查,包括陇海铁路以南到小许庄段,以及淮沭新河左堤(洪水造成左堤决口 6 处)。

是年,撤销破桥、马河闸流量站。

1975 年

是年,新设盐河南闸、小潮河闸水位站。连云港降水量站迁至西连岛观测,站名更名为西连岛。

1976 年

是年,新设汪子头流量站;黑林降水量站改级为流量站;新设二涧、清水涧、石谷岭降水量站,张疃降水量站迁至蛟龙观测,并更名为蛟龙站;石梁河水库流量站撤销输沙率测验。

1977 年

6 月 13 日,黑林水文站测得建站以来最低水位为河干;黑林水文站测得建站以来最小流量为 0 立方米每秒。

1978 年

3 月,徐州地区水文站领导班子做重大调整,内部管理系统作重大改革。

5 月 13 日,大兴镇水文站测得建站以来最低水位为河干。

8 月 8 日,安峰山水库(坝上)站测得建站以来最低水位为库干。

是年,石梁河中心站副站长为茅定(主持)、张振松、郇明锦;小塔山中心站副站长为张彬(主持)。

是年,善后新闸流量站降级为降水量站,新设七道沟、前圩、庙头、青坊、孟中、东海、包庄、王野疃降水量站,复设东辛农场、张湾、房山、平明、石榴树降水量站,横沟降水量站更名为埝河站,范河闸水位站停测降水量。

1979 年

是年,新设同兴、龙苴、小窑、驼峰降水量站,张疃水文站恢复测验,朱汪、朱堵集水文站降级为降水量站,撤销范河闸水位站。

1980 年

1 月，因龙沟闸建成，新设龙沟闸上游水位，原龙沟潮水位改名为龙沟闸下游水位。

3 月，水利电力部下发《关于进一步开展地下水观测研究工作的意见》《地下水观测暂行规定》等有关文件。

6 月，江苏省机构编制委员会根据水利部关于水文管理体制的意见，同意全省水文站网及各地区（市）水文分站恢复由省水利厅统一管理，省设水文总站，各地区（市）设水文分站。徐州专区水文分站负责徐州地区的水文工作。

1981 年

5 月 1 日，范河闸站恢复降水量观测（汛期站）。

11 月 13 日，省水文总站发布《站队结合试点协作组会议纪要》，并决定在徐州、盐城、苏州地区进行“站队结合”试点，区分平原区、水网区、水利工程地区等不同情况下，实施“站队结合”和巡测方案的研究。

是年，东风降水量站更名为贤官亭降水量站，撤销二涧、石家崖、王野疃、石谷岭降水量站，东海降水量站迁至气象站。

1982 年

5 月，在东海县牛山镇设立专用湿润区小河径流站小陆庄站，1983 年 5 月设立和堂站，大区套小区，探求小汇水面积丘陵区降雨径流关系，和堂站观测至 1988 年 9 月 30 日，小陆庄站观测至 1991 年 9 月 30 日。

7 月，在赣榆县设专用湿润区小河径流站郑园站，探求朱稽河平原坡水区降雨径流关系，郑园站观测至 1983 年 9 月 30 日。

1983 年

3 月 12 日，省编委下发《关于同意调整省水文站网体制的批复》，增设无锡、常州、连云港 3 个市水文分站，负责管理所在市辖各县的水文测站。将隶属于徐州的东海县、赣榆县和隶属于淮阴的灌云县内各水文测站划归连云港市水文分站，分站共有职工 25 人，隶属省水利厅领导，省水文总站管理。

是年，撤销朱稽副闸水位站。

是年，东海降水量站迁至东海水文中心观测，更名为牛山站。

1984 年

1 月 12 日,省水利厅下发《关于无锡、常州、连云港市水文站网交接工作的通知》,要求新老分站于 1984 年 2 月底前办理好交接工作。3 月 1 日起,水文业务、经费、人员、劳动工资、劳保福利等工作,均按调整后的隶属关系办理。

是年,徐坚任连云港市水文分站副站长。

1985 年

1985 年起,全国进行第四次调整水文站网发展规划,根据水电部水文司发布的《关于编制水文站网发展规划的几点意见》,省水利厅要求编制水利中长期规划。省水文总站组织进行水文站网情况调查,并在征求有关部门意见的基础上,进一步开展全省水文站网规划工作。此规划总的要求是:坚持服务方向,贯彻改革方针,力求使水文站网布局做到点、线、面相结合,地表水与地下水、水量与水质测验相结合,一站多用,具有江苏特色。1986 年 10 月,省水利厅向部水文司报送《江苏省水文站网发展规划》。

9 月,连云港港区局部大暴雨,24 小时降水量达到 599.1 毫米。连云港水文分站派员进行暴雨调查。

11 月,是嘉兴研制的 E601 型蒸发器防冻裂装置,获得水利电力部松辽水利委员会东北水利科学技术进步三等奖。

是年,宋光徐任连云港水文分站业务股股长。汪嘉夫任赣榆水文中心站站长,李庆善任副站长。胡剑敏任新浦水文中心站副站长。郇明锦任东海水文中心站站长。

是年,沈珏明任连云港水文分站党支部书记,徐坚、汪嘉夫为委员。

1986 年

是年,汪嘉夫任连云港市水文分站副站长。

是年,撤销庙头降水量站。

1987 年

2 月 15 日,燕尾港潮位站测得建站以来最低水位为−2.76 米。

11 月,是嘉兴研制的 E601 型蒸发器防冻裂器,获内蒙古自治区科学技术进步三等奖。

是年,汪子头水文站改级为降水量站,青口站增测蒸发量,牛山站增刊蒸发量。

是年,水文资料不再汇刊成水文年鉴,改为整编审查后送山东省水文总站,并由江苏省水文总站联网调出汇编建立水文数据库储存起来。自1992年起连云港的水文资料不再参加邻省汇刊,全部在省内组织复审、验收、汇编后建立各卷册的江苏分册。

1988 年

2月,经省水利厅职称改革领导评审通过并报省职改办批准,是嘉兴被评定为高级工程师。他是连云港水文技术队伍中、也是连云港市水利系统中的第一个高级工程师。

4月17日,省水文总站核定连云港市水文分站事业编制控制数49人。

12月17日,连云港水文分站设综合股,负责分站的人事、行政、后勤工作。

1989 年

5月16日,由徐坚、汪嘉夫、宋惠民组成连云港水文分站支部委员会,徐坚任支部副书记,主持支部工作。

5月25日,黑林水文站被评为全省水文系统先进集体。

是年,撤销灌南降水量站。

1990 年

8月4日,黑林水文站测得建站以来最高水位37.97米。

8月29日,徐坚任连云港水文分站站长。

11月,连云港水文分站赣榆水文中心站被水利部评为全国水文系统先进集体。

是年,阴平站迁至沭阳县阴平乡潘湖村,站名、站码不变,调整为淮安分局管辖。

是年,省局制定《江苏省地下水观测井网规划报告》,要求规划布设的观测井尽可能与水文站、水位站、雨量站、水质站相结合,以便进行综合分析。

1991 年

4月17日,龙沟闸(上)水位站测得建站以来最低水位0.96米。

12 月 7 日,为适应水文事业的发展,省水利厅同意连云港等 11 个省辖市水文分站更名为“江苏省××水文水资源勘测处”。更名后,机关性质、级别、隶属关系和人员编制均不变。

是年,新设石梁河水库站(古城翻水站)、石梁河水库站(磨山翻水站)。

是年,连云港水文分站被省水利厅评为全省水文系统先进集体。

1992 年

6 月 27 日,原各市水文站正副站长任各水文水资源勘测处正副主任。

8 月 31 日,燕尾港潮位站测得建站以来最高水位 3.90 米。

10 月 1 日,连云港水分站原勘测处机关设置的各股一律改为科,级别不变,仍为股级。

10 月 9 日,冉四清参加江苏省第一届水文勘测工技术比赛,获得省水文系统水文勘测工(甲组)技术比赛第五名。

是年,全省水文资料全部实行电算整编。

是年,连云港勘测处东海水文中心站被省水利厅评为抗洪测报先进集体。

1993 年

是年,连云港水文站原综合股改为办公室,业务股改为业务科,咨询服务部改为经营管理科。

是年,岳庄水位站改级为降水量站;石梁河水库北涵洞废弃,站名、站码取消;范河闸降水量站停测。

是年,连云港市地下水观测基本井调整为 39 眼,其中逐日井 21 眼,五日井 18 眼;观测地下水温项目的有 13 处,观测地下水质项目的有 9 处。

1994 年

4 月 28 日,连云港水文分站下发《关于将部分水文水资源勘测队、水文中心站定为副科级单位的通知》。

是年,撤销同兴、七道沟、孟中、平明、石榴树、驼峰、城头雨量站,蛟龙降水量站停测,范河闸降水量站恢复观测。

1995 年

2 月 27 日,省水利厅要求:各级水行政主管部门要充分利用各地水文机构现有站网、设备、资料和技术优势做好监测工作；水文部门现有的水环境监测中心作为同级水行政主管部门水资源监测机构，实行双重领导。自4月10日起，镇江、苏州、南通、盐城、扬州、淮阴、徐州、无锡、常州、连云港先后成立"××市水资源监测中心"，中心设在各市水文水资源勘测处内，由各市水利局副局长任中心主任、各水文水资源勘测处主任任副主任。

7月21日，省水利厅批复同意连云港市水文水资源勘测处水环境监测中心在计量认证时采用"江苏省水环境监测中心连云港市分中心"之名。

7月，马安成任连云港水文水资源勘测处副主任。

10月17日，省水利厅批复，同意将临洪水文中心站定为副科级单位。

是年，大兴镇站停测输沙率，蛟龙站降水量站恢复观测。

是年，连云港勘测处新浦水文中心站被省水利厅评为全省水文系统先进集体。

1996 年

7月19日，江苏省行政区划调整，经过国务院批准，将原属于淮阴市的灌南县改由连云港市行政代管，灌南县境内水文站网归连云港分局管理。

1997 年

4月8日，省水利厅批复，同意连云港水文水资源勘测处更名为水文水资源勘测局。更名后，原机构级别、人员编制不变。

8月19日，连云港潮位站测得建站以来最高水位3.77米。

是年，连云港勘测局石梁河水文站被省水利厅评为全省水文系统先进集体。

1998 年

6月1日，省机构编制委员会批复，同意省水文水资源勘测局所属连云港等11个水文水资源勘测局为相当于副处级全民事业单位，其隶属关系、经费渠道、人员编制等均不变。

7月17日，省水利厅批复，同意人员编制在65人以上的徐州、淮宿、扬泰、盐城、苏州、南京、南通等7个水文水资源勘测局内设综合科、测验科、水情水资源科、水质监测科。综合科负责人设一正二副，其他设一正一副，正职为副科级干部；同意镇江、常州、无锡、连云港等4个水文水资源勘测局内设综合科、业务科、水质科,业务科负责人设一正二副,其他设一正一副,正职为副科级干部。

是年,受连云港市水利局委托,连云港市共布设深层地下水监测井 39 眼,其中市区 1 眼,为基岩裂隙水;赣榆县 9 眼,主要为基岩裂隙水;东海县 11 眼,主要为基岩裂隙水;灌云县 7 眼,主要为(Ⅱ+Ⅲ)承压水;灌南县 11 眼,主要为(Ⅱ+Ⅲ)承压水。监测项目包括水位、埋深、水温、水质,监测井多为生产井,采用人工观测;由于某些生产井井况稳定性差及城镇化建设,深层地下水井或淤积,或封填,每年根据实际情况进行删减或寻找替代井,深层监测井维持在 30 眼。2018 年,结合连云港市地下水超采区及各县地下水压采工作,补充地下水监测井到 39 眼,同时为避免监测数据受生产生活用水的影响,保证监测数据真实反映地下水位变化情况,先后在重点区域选择 11 眼监测井安装地下水位自动监测仪器,并纳入省级站网。2020 年,结合连云港市地下水资源利用保护与管理,对监测点进行适当加密,采用 29 眼专用监测井替代 20 眼生产生活用井,至此,市级地下水站网调整为 49 眼,其中人工井 9 眼,遥测井 40 眼。

是年,小许庄水文站业务用房拆除重建;新建东海中心办公楼;东海中心宿舍楼建成。

1999 年

2 月 2 日,张泉荣任连云港水文水资源勘测局局长。

是年,连云港勘测局赣榆水文中心站被省水利厅评为全省水文系统先进集体。

2000 年

4 月 22 日至 26 日,省水文局组织开展第一期中、里运河及不牢河、淮沭新河、灌溉总渠等七河段输水干线输水损失水文测验工作,以便掌握沿程输水损失时空变化情况,从而为制定各县市用水计划、监督用水及水价改革提供科学依据。连云港水文局承担淮沭河沭阳闸上游部分河段的水位和流量测验工作。

8 月 31 日,板浦水位站测得建站以来最高水位 3.57 米,龙沟闸(上)水位站测得建站以来最高水位 4.57 米,小许庄水文站测得建站以来最高水位 7.07 米。

是年,浮子式遥测水位计开始在观测中试点使用。2005 年后,遥测水位计在重点水文站、水位站全面投入使用。到 2009 年,地表水水位基本实现遥测。2012 年,所有水位测站实现水位遥测遥报。

2000—2003 年,西连岛站降水量资料未从气象部门摘抄刊印。

2001 年

2001—2002 年，在石梁河水库扩大泄量工程时重建石梁河水库水文站，配套建设坝上水位计台、降水量蒸发量观测场等测验设施，以及 590 平方米生产用房等。石梁河水库溢洪闸除险加固工程完成后，石梁河水库（溢洪闸）站改名为石梁河水库（北溢洪闸）站，站码不变，石梁河水库新建南溢洪闸工程完成；新设石梁河水库（南溢洪闸）站。

7 月 18 日，为进一步加强纪检监察工作，省水利厅批复，同意徐州、连云港等 11 个水文水资源勘测局设立监察室，与综合科合署办公。

9 月，李太民任连云港水文水资源勘测局局长（副处级），试用期一年。

9 月，国家防汛指挥系统示范区连云港水情分中心通过验收投入运行，实现部分国家重要水文站的水位和降水量站的自动遥测。从 2007 年开始实现遥测资料用于报汛和资料整编。

是年，连云港勘测局水环境监测中心被省水利厅评为全省水文系统先进集体。

2002 年

4 月 15 日，连云港水文水资源勘测局综合科更名为办公室。

2002 年，经过单位申请，江苏省水文水资源勘测局连云港分局列入江苏省人民法院委托鉴定机构名录，鉴定类别为水文调查评价。这是当年省水文 10 件大事之一。

2003 年

2 月 22 日，石梁河水库水文站测得建站以来最小流量为－18.2 立方米每秒。

是年，水利部水文局、淮河水利委员会编著《2003 年淮河暴雨洪水》，连云港分局洪光雨、李传利、李泰民、陈必奎参与编写工作。

是年，沂沭泗水水利管理局编著《2003 年沂沭泗暴雨洪水分析》，连云港分局李泰民、陈必奎、李传利为参编人员，洪光雨参与编写工作。

是年，连云港勘测局赣榆水文中心站被省水利厅评为全省水文系统先进集体。

2004 年

7 月 19 日,省水文水资源勘测局连云港水文水资源勘测处更名为省水文水资源勘测局连云港分局。

是年,连云港分局投资 279 万元建成综合楼,现为连云港分局办公楼及水情中心。

是年,连云港水文局取得水文、水资源调查评价资质证书(乙级)。

是年,连云港勘测局石梁河水文站被省水利厅评为全省水文系统文明水文站。

2005 年

是年,连云港勘测局石梁河水文站被水利部评为全国文明水文站,连云港水文分局新浦水文中心站被省水利厅评为全省水文系统先进集体。

是年,连云港分局被连云港市人民政府评为防汛防旱先进单位。

2006 年

6 月 28 日,水利厅批复,同意省水文水资源勘测局连云港分局等 6 个单位成立科技开发科。

6 月 28 日,原 27 个水文中心站(含勘测队,不含汉王实验站)统一更名为"××水文水资源监测中心",即高淳、六合、镇江湖西、句容、武进、溧阳、宜兴、江阴、吴江、常熟、南通通启、邵伯、盐城第一、盐城第二、盐城第三、沭阳、泗洪、盱眙、丰县、沛县、睢宁、邳州、新沂、铜山、新浦、赣榆、东海等 27 个水文水资源监测中心,更名后仍为副科级建制。

7 月 14 日,启用水文水资源监测中心印章。

10 月 30 日,水质科被评为省级机关青年文明号。

12 月 22 日,连云港分局被评为全省水利先进单位。

是年,蛟龙降水量站迁至张疃站观测,更名为张疃站,站码未变。

是年,连云港分局水情中心建成移交。

是年,重建东海中心办公楼。

是年,江苏省水文水资源勘测局恢复水文年鉴刊印工作。

是年,连云港分局被评为连云港市 2005—2006 年度文明单位。

2007 年

5 月 17 日，连云港分局陈必奎被评为省水文局 2006 年度先进个人。

12 月 24 日，连云港分局被评为 2007 年度连云港市爱国卫生先进单位。

是年，水利部水土保持监测中心启动全国水土保持监测网络和信息系统建设二期工程。江苏省共设 3 个监测点，分别位于常州市，南京市和连云港市。连云港市的监测点为黑林水土保持监测点，位于赣榆县黑林镇邵埠地村，属丘陵山区；监测点类型为径流场，在同一坡面上并排布设 5 个标准径流小区，规格均为宽 5.0 米、长 20.0 米、坡度为 6 度；下垫面采用不同的耕作方式，进行不同的植物配置。该工程于 2010 年 12 月建设完成。2013 年开始，为全国水土流失动态监测与公告项目提供监测数据。

2008 年

8 月 6 日，连云港分局撰写的连云港港疏港航道水文及梯级设置专题研究获连云港市科学技术进步三等奖。

11 月，陈必奎任省水文水资源勘测局连云港分局局长(试用期一年)。

12 月 1 日，连云港分局被省水利厅评为 2007—2008 年全省水利系统文明单位及标兵单位。

12 月 18 日，连云港分局被评为 2008 年度连云港市爱国卫生先进单位。

是年，新建三洋港闸、太平庄闸水位(报汛)站。

2009 年

1 月 13 日，连云港潮位站测得建站以来最低水位为－3.16 米。

1 月 23 日，核定连云港分局编制数为 50 人。

4 月 2 日，李炜和李海军被评为 2007—2008 年度全省水文系统先进个人。

是年，连云港水文局取得水土保持方案编制资质。

是年，通榆河北延系统工程站网建设完成，共 4 个水质水量监测站，具体站点为灌北泵站、新沂河北堤涵洞、凤凰嘴、刘顶(通榆河)。

2010 年

1 月 12 日，连云港分局被省爱卫会评为第十一批江苏省爱国卫生先进单位。

3 月 16 日,“科学论证,服务徐圩新区开发建设”服务灌南饮用水安全服务被市水利局评为优秀服务案例。

3 月 30 日,连云港分局被市委、市政府评为 2007—2009 年度连云港市文明单位。

4 月 14 日,连云港分局成立妇女工作委员会,设主任一名(张翠红),委员两名(周佳华、周云)。

5 月 6 日,小许庄水文站测得建站以来最小流量为 0 立方米每秒。

6 月 15 日,水利部水文局余达征处长莅临连云港分局检查指导工作。

7 月 21 日,连云港分局召开党支部换届选举征求意见会,推荐王震、杨慧、陈必奎、雷智祥为新一届支委会委员。

9 月 9 日,省级机关团工委青年文明号检查组刘维部长一行,在厅机关党委尹宏伟处长及省水文局张凯副书记的陪同下,检查指导了连云港水环境监测中心的“青年文明号”创建工作。

10 月 18 日,连云港分局党支部换届选举党员大会召开,水利局胡顺波、张月军参加,大会选举陈必奎、王震、雷智祥为新一届支部委员,陈必奎任书记,王震任宣传委员、纪检委员,雷智祥任组织委员。

12 月 12 日,省水利厅陆桂华副厅长在省水文局张春松局长的陪同下,莅临连云港分局检查指导工作。

12 月 21 日,连云港分局水质科荣获省级青年文明号称号。

12 月 24 日,连云港分局被市爱卫会评为 2010 年度连云港市爱国卫生先进单位。

12 月 28 日,连云港分局荣获 2009—2010 年度全省水利系统文明单位称号。

12 月 29 日,连云港分局召开工会委员会改选会议,张海石、李海军、张翠红当选新一届工会委员。张海石为工会主席。

2011 年

1 月 7 日,由省水利厅吴泽毅副巡视员任组长的考核小组莅临连云港分局,对连云港分局领导班子及成员进行检查考核。会议由张凯副书记主持,机关全体职工、各监测中心负责人共 40 余人参加。

2 月 20 日,连云港分局被评为 2010 年度支持连云港市水利事业发展有功单位。

3月1日，王根山兼任东海水文水资源监测中心副主任。

3月2日至3日，省水文局副局长孙永远一行来连云港检查通榆河水文设施工程进展情况，并主持召开通榆河工程水文基础设施建设工作会议，对工程进度提出明确计划。通榆河建设处、盐城水文分局、连云港水文分局、施工单位及监理单位参加会议。

4月20日至24日，通榆河北延送水工程水文与通信设施工程档案整理汇总暨验收准备工作会议在连云港分局召开，省通榆河建设处、各施工单位、各监理单位参加会议。

5月10日，通榆河北延送水工程水文设施工程质量监督会议在连云港分局召开，省质监站、省建设处及各建设单位参加会议。

6月20日，连云港分局取得水土保持方案编制乙级资格证书。

6月22日，连云港分局党支部被市委市级机关工委评为先进基层党组织。

7月6日，连云港分局正式印发中层干部职务调整及部门人员调整的通知，完成机关人员岗位调整。

7月28日至29日，全省水文系统办公室主任及人事干部培训班在连云港市委党校举办。

8月7日至18日，淮河流域2010年度水文年鉴资料汇编审查及验收工作会议在连云港顺利召开。

10月11日至13日，省水文局副书记张凯、监察室主任王永长、组织人事科陈小梅，对连云港分局贯彻落实党风廉政“5＋1”文件情况进行专项检查。

10月22日，连云港分局编制完成的《东海县水土保持规划》通过专家审查。东海县是江苏省第一个完成规划工作的县级城市。

11月8日，连云港分局中小河流水文监测系统工程建设项目部成立。领导班子成员任正、副主任，下设工程组、综合组，与省建设处对应。

12月6日，《科技咨询服务工作管理办法（试行）》在职工大会通过，赞成比例为60％。

12月13日，水利部水文局陈树娥处长一行来连云港市视察防汛设施和水情中心工作等。陪同视察的有沂沭泗管理局水情中心孔祥光主任、省水文局董家根科长以及连云港分局领导等。视察组一行先后视察了石梁河水库水文站、三洋港工程处、连云港市水情中心、连云港水环境监测中心等处，陈树娥对连云港分局水文陈列室表示十分赞赏。

12月15日，水质科被共青团江苏省省级机关工作委员会评为省级机关青年文明号。

12 月 19 日，连云港分局被评为 2011 年度连云港市爱国卫生先进单位。

是年，张疃水文站停测水位流量，降级为降水量站。

是年，连云港市建成中小河流预警系统一期 15 处水位站。2014 年补充建设了 1 处水位站。2012—2013 年，全市建成 7 处中小河流预警水文站。

2012 年

1 月 13 日，遥测系统改造完成后，锦屏山遥测中继站拆除。

2 月 6 日，连云港分局被水利局评为 2011 年度支持连云港市水利事业发展有功单位。

3 月 18 日，连云港分局召开部门副职竞争上岗大会。全局共有 16 名符合条件的人员报名参加 8 个岗位的竞聘。

4 月 20 日，江苏省中小河流水文监测系统(2011 年度)土建及附属设施工程连云港标段合同项目开工申请通过监理机构审核，同意按计划安排开工。

4 月 25 日，连云港分局被新浦区委、区政府评为 2010—2011 年度新浦区文明单位。

5 月 5 日，连云港市财政局副局长陆效虎、市审计局副局长郑厚明在市水利局副局长戴振伟陪同下，来连云港分局调研。

5 月 22 日，连云港分局内设机构调整为：办公室(监察室)、站网科、水质科、水情科、规划建设科。

6 月 16 日，连云港市水利局党组书记、局长孙宗凤应邀为分局全体干部职工讲题为“对基层党建工作创新的几点思考”的党课。省局党委书记、局长张春松参加了党课后的座谈讨论，并就下一阶段工作提出明确要求。

7 月 8 日 4 时至 9 日 4 时，连云港市突降特大暴雨，暴雨以连云港市区为中心，市区临洪站 24 小时最大累计雨量为 304.2 毫米，市区凤凰嘴站 24 小时最大累计雨量为 420.0 毫米，气象部门大桅尖站 24 小时最大累计雨量为 418.6 毫米。暴雨中心在市区云台山东南侧的凤凰嘴至大桅尖一线，300 毫米等值线基本涵盖连云港市区，200 毫米等值线涵盖赣榆县东南部、东海县东部、连云港市区及灌云县北部少部分区域。连云港市区大部地区严重滞涝。7 月 9 日，连云港分局及时组织两个暴雨洪水调查小组，分头调查市区主要河流、街道、低洼片区等的滞涝情况、洪水痕迹等。从 7 月 9 日至 8 月 24 日，仅走访、标记洪痕、洪痕测量等外业工作就出动技术人员 18 人，总计 97 个工日，调查包括当时的新浦区、海州区、连云区、东海县的岗埠农场等区域滞涝痕迹，市区的几条主要河流大浦河、龙尾河、东盐河、排淡河、烧香河重要节点洪水痕迹，市区 18 座小型水库及塘坝等洪水痕迹等。

7 月 10 日，黑林水文站测得建站以来最大流量 583 立方米每秒。

11 月 20 日，因连云港分局在当年防御“7・8”强降雨和第 10 号台风“达维”工作中表现突出，被市委、市政府评为全市防汛防台工作先进集体，陈必奎被评为防汛防台工作先进个人。

11 月 21 日，《连云港市暴雨强度公式研究报告》通过市级专家组评审。

是年，《2012 年沂沭泗暴雨洪水分析》由沂沭泗管理局付印，连云港分局陈必奎、洪光雨为参编人员，胡必要、刘亚文、徐霞晴参与编写工作。

是年，李刚参加“江苏省水文自动测报系统数据传输规约研究及应用”项目研究，并获得省水利科技进步二等奖。

2013 年

1 月 10 日，江苏省水土保持生态环境监测总站站长、江苏省水文水资源勘测局总工程师黄利亚一行，来连云港检查中国水土保持监测江苏省赣榆县黑林径流场，并要求该径流场观测工作即日启动。

1 月 11 日，省水利网络数据中心副主任柏屏率中小河流水文监测系统建设项目专项检查组一行 3 人，对连云港项目部中小河流水文监测系统建设项目进行专项检查。检查组先后检查了狮树水位站和条河水位站的遥测设备安装完成及试运行情况。

1 月 14 日，石梁河水库水文站被评为 2011—2012 年度全国水情工作先进报汛站。

3 月 1 日，连云港市人民代表大会常务委员会副主任董恕娟一行，到连云港水文局就城市防洪和水源地建设进行调研。

3 月 12 日，连云港分局向市委、市政府领导提交《关于利用沭新渠作为蔷薇河复线向蔷薇湖送水的建议》。此建议被市委、市政府领导采纳，并将其纳入蔷薇湖工程一并实施。

3 月 27 日，连云港分局荣获 2011—2012 年度全省水利系统文明单位称号。

3 月 30 日，连云港分局被评为 2012 年度支持连云港市水利事业发展有功单位。

4 月 26 日，连云港分局在 2012 年度防汛防旱工作中，被江苏省防汛防旱指挥部评为全省防汛防旱先进集体。

5月8日，水利部水文局副局长刘学峰携相关处室人员，莅临石梁河水库水文站检查指导水文测报和安全生产工作。淮委水文局钱名开局长、沂沭泗水利管理局孔祥光局长、省水文局张春松局长及连云港分局领导陪同检查。

6月26日，赣榆水文水资源监测中心被赣榆县人民政府评为2012年度防汛防旱防台工作先进单位；李海军被评为先进个人。

6月28日，连云港市机关工委组织召开迎“七一”纪念表彰大会，表彰了一批先进基层党组织、优秀共产党员和优秀党务工作者。连云港分局李庆善被评为优秀共产党员。此次全市水利系统共有5人被表彰，其中优秀共产党员4名。

8月8日，水质科荣获2011—2012年度省级机关青年文明号称号。

9月3日，连云港水环境监测分中心被部水文局评为优秀实验室，总评成绩全国第13名，全省第2名。

9月29日，连云港分局职工餐厅装饰改造工程正式开工，工期50天，工程款29.7万元。职工餐厅于12月1日试运行。

10月24日，省水利厅副厅长陆桂华就如何服务水资源管理及推进江苏水文现代化发展专题，到连云港水文分局调研。省水利厅水资源处处长季红飞，省局局长张春松、办公室副主任黄林霞陪同调研。

11月26日至30日，水利部稽查组到连云港市对中小河流水文监测系统工程进行现场稽查。

11月，连云港水环境监测分中心被水利部水文司评为优秀实验室。

12月6日，由连云港市水利局、连云港水文分局编制的《连云港市水文事业发展规划》获连云港市政府批复。

2014年

1月，临洪水文站设立临洪(东)站断面、临洪(总)站断面，临洪(总)站是临洪站和临洪(东)站断面流量的合成。

1月20日，侍晓易荣获省级机关首届孝星称号。

2月8日，连云港水文分局被连云港市委、市政府评为2013年度重大事项重点工程优秀服务单位。

4月17日，《中国水利报》在第三版“专题水文”栏目刊发《连云港水文分局防汛准备一丝不苟》。

5月5日，省局张春松局长一行到连云港黑林水文站调研。

5 月 28 日，住房和城乡建设部、中国气象局联合发布《城市暴雨强度公式编制和设计暴雨雨型确定技术导则》。连云港分局洪光雨参与编写第 3 章和第 5 章。

7 月 2 日，连云港水文分局成立江苏省水文基本站达标工程建设处连云港项目部。

7 月 9 日，连云港水文分局荣获 2012—2013 年度新浦区文明单位荣誉称号。

12 月 25 日，连云港水文分局召开工会换届选举大会。大会选举产生第八届工会委员会，委员包括李海军、伏开文、周佳华、乔本荣、张翠红，李海军任副主席，主持工会工作。

是年，陈必奎、洪光雨参与研究的项目“通榆河北延送水工程联合调度研究”获得当年省水利科技进步三等奖。

是年，李刚参与研究的项目“水文自动测报系统集成与整合关键技术研究与应用”“水利数据中信息数据汇集共享及应用服务技术研究”，均获得当年省水利科技进步一等奖。

2015 年

2 月 5 日，水文专业委员会被市水利学会评为先进集体，张翠红、吴晓东被评为优秀会员。

3 月 13 日，省水文局副局长孙永远带队调研连云港水文分局基建工作。

4 月 7 日，省水文局副局长马倩一行到连云港水文分局调研工作。

4 月 7 日，连云港水文分局领导陪同水利部水资源管理中心专家调研连云港石化产业基地。

5 月 20 日，南京林业大学教授到连云港市考察调研水土流失情况。

8 月 18 日，淮委水文局领导到大兴镇水文站检查省界断面建设情况。

9 月 7 日，郦息明被任命为连云港水文分局局长。

9 月 9 日，省界断面大兴镇改造项目工程全部完工。

9 月 29 日，龙沟闸(下)潮位站测得建站以来最高水位 4.04 米。

11 月 12 日，连云港水文分局党支部进行换届选举，郦息明、王震、雷智祥当选为新一届支部委员会成员，郦息明任支部书记，王震任宣传委员兼纪检委员，雷智祥任组织委员。

12 月 8 日，水情科职责并入站网科，撤销水情科，增设水资源科。

是年,小许庄站建成二线能坡法在线测流系统,经缆道流速仪法测流率定,大、中、小流量测次均匀,点据数量、精度满足规范要求。

是年,李刚参与研究的“水文自动测报系统集成整合关键技术研究与应用”,获得中国水利行洪协会颁发的大禹水利科学技术奖三等奖。

2016 年

1 月 7 日,连云港城区监测中心正式成立,洪光雨(正科级)任中心主任,潘元全(副科级)、周云(股级)任副主任。

2 月 1 日,东海监测中心、赣榆监测中心、城区监测中心启用新印章,原印章作废。

2 月 26 日,连云港市水利学会 2015 年年会暨学术报告会在市政务服务中心召开,水文专业委员会被评为 2015 年度水利学会先进集体一等奖,张海石、洪光雨被评为优秀会员,论文《连云港市蔷薇河流域非点源污染模型研究》《蔷薇河流域水污染治理研究》《不同种植方式对水稻灌溉需水量的影响研究》分别获得优秀论文一、二、三等奖。

3 月,启动国家地下水监测工程(水利部分)江苏省监测井建设工程第 2 标段连云港项目建设。2017 年 12 月,连云港水文分局完成 45 眼新建监测井建设,均为自动监测站。2018 年 9 月,国家地下水监测工程通过水利部项目办组织的单项工程验收。连云港地区建设国家地下水监测井共计 45 眼,其中基岩裂隙井 11 眼、潜水监测井 4 眼、Ⅰ承压监测井 17 眼、Ⅱ承压监测井 8 眼、Ⅲ承压监测井 5 眼。2019 年,45 眼国家井正式启用,代替原 39 眼监测井中的 31 眼。

3 月 14 日,连云港市防办在连云港组织召开“海州湾(秦山岛)潮位站选址方案”专家咨询会。

4 月 15 日,连云港水文分局党组织关系由市级机关工委转至省局党委,党组织关系由属地管理改为省局党委管理。

6 月,在市区设立乌龙河平原区、花果山山丘区、二涧水库山丘区专用径流小区,探求小流域降雨径流关系,为修订《江苏省水文手册》提供水文数据。

9 月 28 日,连云港水文分局被江苏省精神文明建设指导委员会评为 2013—2015 年度江苏省文明单位。

12 月 29 日,连云港水文分局获评档案工作三星级,并获得档案三星级标准证书。

12 月,江苏省水文基本站达标建设工程开工建设 10 眼省级运营维护潜井,均为自动监测站。该工程于2017年12月完工。2020年,该工程列入省级站网,并正式启用,代替8眼人工井。

是年,对1987—2005年期间未曾刊印的水文年鉴陆续进行汇编、审查及复刊刊印,其中,1987—1988年的水文资料由江苏省水文水资源勘测局完成汇编、刊印(流域内水文年鉴没有进行复刊),1989—2005年的水文年鉴(5卷5册)由连云港分局牵头进行汇编、审查及复刊刊印。该工作于2018年基本完成。

2017年

5月10日,赣榆监测中心办公地点由赣榆区青口镇镇海路10号搬迁至赣榆经济开发区永安路16号。

5月22日,江苏省中小河流水文监测系统工程(二期)赣榆水文巡测基地业务及附属用房工程完工。

6月19日,小许庄水文站测得建站以来最低水位1.55米。

8月17日,省水利厅宣布尤迎华代理连云港分局局长职务,行使法人职责。

8月28日,唐春生任连云港分局副局长(挂职)。

9月28日,省水利厅批复连云港水文分局内设机构调整为正科级。核定内设机构5个科室,核定办公室科级职数为一正二副,其余为一正一副。

11月30日,省局发布连云港分局各测站"测站任务书",包含6个水文站、7个水位站、34个降水量站,一站一书。

12月19日,小许庄水文站站房改造项目完工。

12月19日,东海水文水资源监测中心附属设施改造项目完工。

年底,黑林站测流断面下游建成约1.5米高(主槽部分)的挡水堰,挡水堰近似人工跌水坎。

是年,刘沂轩参与研究的项目"哈密煤田隐伏古湖床控水机制及防治水关键技术研究",获得中国煤炭工业学会、中国煤炭学会颁发的中国煤炭工业科学技术三等奖。

是年,连云港水文分局站网科启动《江苏省水文精细化管理连云港水文测站操作手册》编制工作。2021年年底,文本编制工作完成,待审查。

是年,连云港水文分局水资源科负责组织编制《江苏省水文精细化管理赣榆水土保持监测站操作手册》。2021年年底,文本编制工作完成,待审查。

2018年

3月14日,连云港水文分局被市水利局评为2017年度支持全市水利发展有功单位。

3 月 15 日，连云港水文分局被市政府评为 2017 年创建全国文明城市工作先进单位。

6 月 7 日，江苏省水文基本站达标建设工程连云港土建及附属设施工程完工。

7 月 5 日，王文辉代理连云港水文分局局长，兼任连云港水文分局党支部书记。

7 月 24 日，唐春生任连云港水文分局党支部副书记。

7 月 27 日，连云港水文分局被省水利厅评为首届水文情报预报技术竞赛团队三等奖。

11 月，临洪站、临洪（东）站断面各建 1 套座底式 ADCP 自动测流系统。

11 月 14 日，小吴场枢纽市际供水测流断面自动测流系统技术改造项目完工。

是年，江苏省水文水资源勘测局批复小许庄站在流量小于 80.0 立方米每秒的应用范围内，该站二线能坡法在线测流自动流量可在线报汛及直接用于流量资料整编。该函同时批复黑林站在断面水位 33.23～34.23 米之间时，采用量水堰开展在线推流，数据成果可用于报汛与整编。

是年，连云港分局刘沂轩参与研究的项目“徐州矿井水综合生态治理技术及开发利用模式研究与应用”，获得省水利厅科技成果二等奖。

是年，刘亚文、周佳华参与研究的项目“江苏省水文资料匮乏山丘区的产汇流模型研制”，获得江苏省水利科技成果二等奖。

2019 年

3 月 6 日，省水利厅通报 2018 年度目标管理考核情况，连云港分局考核结果为“完成年度目标任务好”（第一方阵）。

3 月 25 日，王震任办公室副主任（主持工作），胡必要任站网科副科长（主持工作），杨慧任水质科副科长（主持工作），程建敏任水资源科副科长（主持工作），任职时间自原任副科级时间起算。

5 月 14 日，连云港水文分局在全省水文系统安全生产知识竞赛中获第一名。

5 月 30 日，刘沂轩任连云港水文分局局长，试用期一年。

6 月 4 日，省局批复连云港分局工会委员会换届选举结果，张海石、吴晓东、王欢、周佳华、钱晶晶组成新一届工会委员会，张海石任工会主席；周云、武宜壮、屠金良组成经费审查委员会，周云任主任。

6 月 10 日，省局工会批复同意连云港分局工会组织关系转入省水文局工会。

6 月 17 日，连云港黑林坡面径流场改造项目顺利完工，并投产运行。

6 月 28 日，洪光雨、乐峰任连云港水文分局副局长。

6 月 28 日，刘沂轩任连云港水文分局党支部书记。

8 月 10 日，受台风“利奇马”影响，沂沭泗流域普降大暴雨、特大暴雨。连云港市区域最大点雨量为麦坡站，8 月 10 日降水量为 303.0 毫米。同日周边多站点日降水量超 200 毫米。东海县中部较大区域形成滞涝。连云港水文分局及时安排调查小组，至现场调查洪涝水情况。

8 月 10 日至 14 日，连云港水文分局圆满完成台风“利奇马”应急防汛测报工作。小许庄水文站测得建站以来最大流量；大兴镇水文站测得历史第二大流量；蔷薇河、新沭河首次发布蓝色预警，测得新沂河海口控制工程建成以来最大洪峰流量 5 500 立方米每秒，为 5 000 立方米每秒以上海口工程枢纽安全行洪调度、安全设计提供第一手实测水文资料。

8 月 12 日，盐河南闸水位站测得建站以来最高水位 6.90 米；临洪(东)站测得建站以来最高水位 4.79 米。

8 月 14 日，小潮河闸水位站测得建站以来最高水位 5.71 米。

6 月至 12 月，连云港出现 60 年一遇旱情，连云港水文分局圆满完成通榆河北延送水工程建成以来第一次输水抗旱调水监测工作。

9 月 25 日，连云港水文分局成立“测报技术与应用”“水资源与水生态监测评价”“测绘与地质工程技术”研究科技创新攻关小组。

10 月 24 日至 11 月 22 日，省水利厅第二巡察组进驻连云港分局开展巡察工作。12 月 25 日，宣布巡察反馈意见。

10 月，刘沂轩被评定为正高级工程师，成为连云港水文技术队伍中的第一个正高级工程师。

10 月，《连云港市 2019 年暴雨洪水分析》由中国矿业大学出版社出版，主编为刘沂轩、洪光雨、王德维、朱振华、吴晓东，连云港分局其他部分技术人员参与编写工作。

10 月，《2019 年新沭河暴雨洪水及下游段行洪能力分析》由中国矿业大学出版社出版，主编为刘沂轩、王欢、王德维、乐峰、崔恩贵，连云港分局其他部分技术人员参与编写工作。

10月,《通榆河北延送水工程2019年生态输水水文情势分析》由中国矿业大学出版社出版,主编为刘沂轩、张海石、王桂林、唐春生、王震,连云港分局其他部分技术人员参与编写工作。

11月14日,连云港分局党支部与江苏省水利工程质量监督中心站党支部开展结对共建活动,签订结对共建协议书。

12月9日,《连云港日报》专版报道连云港水文分局《水文"大数据"服务港城生态经济大发展》。

12月20日,石梁河水库水文站降蒸观测场及站房改造项目建设完成。

12月25日,石梁河水库水文站及赣榆巡测基地青口站自动蒸发项目改造完成。

12月27日,省水文局党委批复连云港分局党总支委员会成立,刘沂轩当选为党总支书记,乐峰为纪检委员,王震为宣传委员,洪光雨为组织委员,王桂林为青年委员。

12月,《连云港市历史典型暴雨洪水分析》由中国矿业大学出版社出版,主编为刘沂轩、胡必要、颜秉龙、唐春生、洪光雨,连云港分局其他部分技术人员参与编写工作。

是年,刘沂轩参与研究的"淮北煤田隐伏富水体电磁波场井上下立体探测技术及应用项目",获得中国煤炭工业学会、中国煤炭学会颁发的中国煤炭工业科学技术二等奖。

是年,刘沂轩参与研究的项目"城郊矿区高承压太灰水动态引流疏降关键技术研究",获得中国煤炭工业学会、中国煤炭学会颁发的中国煤炭工业科学技术二等奖。

2020年

1月1日,中小河流专用站善后新闸水文站调整为基本水位站,站名为善后新闸,水位断面站名为善后新闸(闸上游),降水量站名为善后新闸(上)。

4月30日,省水利厅通报2019年度目标管理考核情况,连云港分局考核结果为"完成年度目标任务好"(第一方阵)。

4月,连云港水文局水质科启动江苏省水文精细化管理连云港市水环境监测分中心《实验室精细化管理工作手册》编制工作。该工作手册于2020年12月22日通过省水文局组织的专家审查。

6 月 28 日，临洪(东)站测得建站以来最低水位 1.10 米。

7 月 13 日，临洪水文站测得建站以来最大流量 893 立方米每秒。

7 月 30 日，连云港市政府办公室出台《关于进一步加强水文工作的意见》。

8 月 13 日至 15 日，连云港水文分局圆满完成沂沭泗流域 1960 年以来最大洪水应急测报工作，其间共发送水情信息 29 000 条。

8 月 15 日，大兴镇水文站测得建站以来最大流量 6 080 立方米每秒；石梁河水库水文站测得建站以来最大流量 4 790 立方米每秒。

8 月 27 日，王德维获 2020 年连云港市最美水利人提名奖。

12 月 3 日，江苏省第六届水文勘测技能竞赛闭幕，王德维获第一名，胡菲菲获三等奖，连云港分局获“优秀组织奖”。

是年，江苏省水文水资源勘测局启动江苏省水土保持监测与管理信息系统建设，计划在黑林新建 5 个标准径流小区，规格均为宽 5.0 米、长 20.0 米、坡度为 3 度。同时，对原有径流小区进行改造。该工程于当年 12 月竣工。黑林站是全省 16 个水土保持监测站之一。

是年，连云港水文分局每月向地方提供《河长制月报》。

是年，连云港水文分局被评为 2018—2019 年度连云港市文明单位。

是年，连云港水文分局编制完成《新沭河 2020 年洪水调查报告》。

2021 年

1 月 28 日，学习强国平台对连云港水文分局第三党支部创新开展主题党日活动进行报道:《连云港水文局:探索“主题党日＋”实现党建与业务工作深度融合》。

2 月，党总支构建“N＋X＋3”模式主题党日活动，具体分步实施党总支统筹活动、支部创新主题活动、党支部细化活动三个环节。

3 月，连云港水文分局对连云港水土保持监测站黑林水保监测 1 号径流小区进行高标准改造，并于 4 月改造完成，监测设施最低处高程达到 37.60 米，监测能力可以提升至十年一遇洪水水平。江苏省水文水资源勘测局正式启用全省水土保持监测站网。连云港水土保持监测站正式命名为赣榆水土保持监测站，属于国家级综合观测场，包括两组径流小区和一处控制站。

5 月，通过水毁项目经费，大兴镇站安装了流量自动监测侧扫雷达系统 1 套。

5 月，刘沂轩被中共江苏省委、江苏省人民政府评为全省防汛抗洪工作先进个人。

6 月,连云港水文分局党总支确定党建品牌“连心哨 · 水先锋”。

6 月,连云港水文分局研究成立“水先锋”党员突击队和“水文红”志愿服务队。

6 月,周云被中共江苏省水利厅党组评为省水利厅系统优秀党务工作者。

6 月,江苏省水环境监测中心连云港分中心设施及装备达标建设工程,江苏省发展和改革委员会批复经费 3 194.8 万元,与房地产开发方签订部分房屋购置合同。

7 月 29 日,小许庄水文站测得建站以来最大流量 304 立方米每秒。

7 月 30 日,学习强国平台对连云港水文分局“水先锋”党员突击队进行报道:《连云港水文分局:“水先锋”肩并肩严守安全防线》。

7 月,省水文局批复临洪水文站 V-ADCP 自动测流系统在代表流速 0.15～1.17 米每秒范围内、临洪(东)站在代表流速 0.077～0.83 米每秒范围内,可采用率定的 V-ADCP 代表流速与断面流速关系开展流量计算,应用范围内流量资料可用于报汛与资料整编。

10 月,王崇任、彭晓丽在“建功‘十四五’奋进新征程”全省水利系统水质监测技能竞赛中荣获三等奖。

是年,江苏省水文水资源勘测局批复小许庄站大于 80.0 立方米每秒的应用范围内,该站二线能坡法在线测流自动流量可在线报汛及直接用于流量资料整编。

是年,连云港水文分局每月向市政府提供《水文服务月报》。

第一章 自然环境

连云港市位于江苏省东北端，东濒黄海，北部、西北部与山东为界，南部、西南部与本省盐城、淮安、宿迁、徐州相邻。连云港市地处淮沂沭泗水系尾闾，南宋以前水系畅通，从南宋绍熙五年(1194年)黄河夺淮后，水系多次变迁。至清咸丰九年(1859年)黄河在铜瓦厢决口后，结束了黄河夺泗夺淮661年的历史，但沂沭泗河下游原有水系全被破坏，河道失修，排水不畅，洪水出路很小，境内水旱灾害严重。中华人民共和国成立后，开辟新沭河、新沂河，沂、沭河及泗水，有了排洪专道。

第一节 地理地貌

一、位置面积

连云港市位于江苏省东北端，面向海州湾，居我国沿海脐部、陇海铁路东端，介于东经118度24分至119度54分、北纬33度58分至35度8分之间，东濒黄海，北接山东，西与山东省临沂市和江苏省徐州市毗邻，南连江苏省宿迁市、淮安市和盐城市，与朝鲜、韩国、日本隔海相望，具有海运、陆运相结合的优势，为全国8大港口和45个重要交通枢纽之一，是海滨旅游城市，也是江苏省"徐连经济带"和"海上苏东"发展战略中具有特殊地位和作用的中心城市，是江苏沿海经济带的重要组成部分。连云港市是中国首批沿海开放城市、新亚欧大陆桥经济走廊首个节点城市、"一带一路"倡议支点城市、江苏沿海开发战略中心城市、长三角区域经济一体化城市、国家创新型试点城市、国家东中西区域合作示范区、中国重点海港城市、上合组织出海基地、中国水晶之都，也是中国自由贸易试验区的组成部分。

连云港市总面积7 616平方公里,占江苏省总面积的7.1%。

二、地形地貌

连云港市地处鲁中南丘陵和淮北平原的结合部,境内地形地貌复杂多变,山海奇观、河渠纵横、岗岭遍布,平原、大海、高山齐全,河库、丘陵、滩涂、湿地、海岛俱全,境内地势由西、西北向东、东南递降。干支河流大多顺地势东流入海,是有名的"洪水走廊"。地貌以平原为主,兼有山地、丘陵、岗地等。云台山区属于沂蒙山的余脉,有大小山峰214座,其中云台山主峰玉女峰海拔为624.4米(1985国家高程基准),为江苏省最高峰。东部滨海区海岸类型齐全,大陆标准岸线为204.82公里,曲折悠长,其中40.2公里深水基岩海岸为江苏省独有。江苏省境内大多数海洋岛屿分布在连云港境内。

三、水文地质

根据水文地质条件,连云港可分为低山丘陵、岗地和平原。低山丘陵,分布在市境西部、北部、东部沿海云台山地及灌云县内诸山。岗地分为高岗地和缓岗地,高岗地主要分布在东海县西北部与山东临沭、郯城以及省内与新沂市等接壤的地方,约占岗地的三分之一;缓岗地处于高岗地与平原过渡地带,主要分布在龙梁河以东及灌云县西部,约占岗地的三分之二。平原,连云港市境内以平原为主,是淮北平原的组成部分,按其成因主要分为剥蚀堆积平原、河湖相冲积平原和海积平原。

根据含水介质划分,连云港市地下水可划分为松散岩类孔隙水和基岩裂隙水。松散岩类孔隙水根据其埋藏条件,可细分为孔隙潜水、微承压水、Ⅰ承压水、Ⅱ承压水和Ⅲ承压水;基岩裂隙水根据其含水地层的时代、成因、岩性,可细分为前震旦系变质岩裂隙含水岩组和火成岩含水岩组。

四、海域

连云港市海域属于南黄海的一部分,称海州湾,为一敞口形海湾。海岸线长204.82公里,海域面积6 677平方公里,毗连区、专属经济区面积2.5万平方公里。

(一)海岸、滩涂

连云港市海岸线东起燕尾港镇,西北延伸到板桥镇,沿连云港港北上至绣针河口,2009 年年底,测得海岸线长 204.82 公里。以 1979 年海岸线为基线,1987 年时平均海岸线向海洋推进 101.5 米,2000 年时平均海岸线向海洋推进 148.5 米。在连云港海岸带,人类活动频繁区域的海岸线向海洋推进,而人类活动较少区域的海岸线向陆地后退。因此,相比于自然因素对海岸线的影响,人类因素对海岸线的变化影响更大。

砂质海岸 从绣针河口至兴庄河口为缓慢蚀退型海岸,海岸线走向近于南北。赣榆区的海头湾,连云区的田湾、黄窝、西墅、后大门、连岛、庙前湾、庙后湾、白沙、苏马湾也分布有基岩海岸间的零星砂质海岸。

基岩海岸 从西墅至烧香河北口为基岩海岸,标准海岸线长 40.25 公里,多由花岗岩、玄武岩、石英岩、石灰岩等山岩组成,岸线曲折,岬湾相间,岩质坚硬,变化幅度较小,为江苏省仅有。

淤泥质海岸 从兴庄河口至西墅为淤泥质增长型海岸,属于持续推进型海岸;烧香河北口至灌河口之间为泥质后退型海岸。

滩涂 市境北自绣针河口、南至灌河口的滨海沿岸有多处滩涂地和潮间带。2005 年,东部沿海地区有盐田 700 平方公里、滩涂 1 100 平方公里。

(二)海岛

江苏省大多数海岛分布在连云港市境内,有东连岛、西连岛、达山岛、达山南岛、华石礁、达东岛、平岛、平岛东礁、车牛山岛、牛尾岛、牛角岛、牛犊岛、竹岛、鸽岛、羊山岛、开山岛、秦山岛、小孤山、大狮礁、船山等 20 个,总面积为 693.7 公顷。

(三)潮汐、波浪

潮汐 按照目前我国采用的潮汐类型划分标准,连云港市沿海多为正规半日潮,平均潮差为 3.08~3.34 米,最大潮差为 5.5 米。潮流为西南—东北向往复潮,涨潮历时 3 小时 40 分至 5 小时 40 分,落潮历时 7 小时 20 分至 8 小时 20 分;流速大体相当,为 1~2 节。这一类型海域的潮汐特征是:每个潮汐日(大约为 24.8 小时)有两次高潮和两次低潮,两次高潮或两次低潮的高度非常接近,日潮不等现象并不显著。

灌河涌潮 灌河是连云港市境内最大的入海河流,也是苏北地区未建挡潮闸的区域骨干河流。灌河潮汐受大海潮汐影响,为不规则的半日潮,每日两涨两落,全潮历时 12 小时 45 分左右。各河段涨、落潮历时不一。燕尾港涨潮历时

5小时45分左右,落潮历时7小时30分左右;响水口涨潮历时4小时45分左右,落潮历时8小时左右;龙沟涨潮历时3小时30分左右,落潮历时9小时15分左右。灌河时有涌潮发生。涌潮俗称虎头潮,涨潮时潮水涌进内河,遇河床断面缩窄,引起潮水位暴涨,潮头壁立,来势凶猛。东北风越大,河面越窄,涌浪越高。农历每月初三或十八更易发生涌潮。东三岔至武障河闸河段,涌潮尤为明显。

波浪 海州湾波浪运动能量主要来自西北太平洋,受南海无潮点(北纬34度30分,东经120度10分)为中心的左旋潮波系统控制,潮波为正规半日潮。平均浪高为0.6～1.2米,最大浪高为5.0米。受季风影响,连云港全年盛行北东向浪。波形以混合浪为主,东向为以风浪为主的混合浪,北东向为以涌浪为主的混合浪,东南东向和西向以风浪为主。

滨海潮汐、波浪以及潮汐河流的客观存在,使连云港这个“洪水走廊”在承受上游泄洪压力的同时,还面临高潮位顶托的考验。连云港在台风季节需防风暴潮。

第二节 气候、土壤、植被

一、气候

连云港市处于暖温带向北亚热带的过渡地带,属暖温带南缘湿润性季风气候,兼有暖温带和北亚热带气候特征。四季分明,气候温和,光照充足,雨量适中,雨热同季。全市年平均气温为13.2～14.0摄氏度,无霜期为206～223天。极端最低气温为－21摄氏度,最高气温为40摄氏度(1959年8月20日),年均日照时数为2 450.2小时。年平均风速为3.1米每秒,最大风速为29.3米每秒。因处于海洋与陆地、低纬与高纬、温带与亚热带交界处,全市盛行偏东风,主要风向为东南风,具有春旱多风、秋旱少雨、冬寒干燥的特点。同时,灾害性气象相对较多,主要有旱涝、冰雹、台风、暴雨和低温等。

连云港市多年平均年降水量为895.9毫米(1956—2021年系列),年最大降水量为1 308.0毫米(2005年),年最小降水量为588.0毫米(1988年),最大与最小年降水量之比约为2.2。降水量年内分配不均,主要集中在汛期,多年平均汛期降水量约占全年总降水量的69.5%。降水量空间分布不均,由南向北递减。连云港市多年平均年径流量为19.78亿立方米,多年平均径流深为264.9毫米,多年平均水面蒸发量为847.5毫米。

二、土壤

连云港市境内的土壤受成土母质、水文、海拔、海陆变迁及人类活动的影响,在残积、洪积、冲积和沉积等因素作用下,形成棕壤土、紫色土、潮土、砂礓黑土、盐土5个土类、14个亚类、21个土属、63个土种。连云港市土壤呈现垂直、水平双重分布规律。垂直分布表现为,从高海拔至低海拔依次分布棕壤类土壤的生草棕壤、粗骨棕壤、酸性棕壤、白浆化棕壤和潮棕壤。水平分布表现为紫色土类、潮土类、砂礓黑土类及盐土类的区域性特点。

棕壤土类 占土壤总面积的四分之一强,耕垦系数为66%。主要分布在赣榆区、东海县的西、西北部,灌云县的西部,云台山及其他裸石山间。根据地形、母质、植被、水文发育程度和土壤属性,分为生草棕壤、粗骨棕壤、酸性棕壤、白浆化棕壤和潮棕壤5个亚类;生草棕壤、酥石岭砂土、酸性棕壤、白浆土、包浆土、板土6个土属,20个土种。多为旱作土壤,水利条件好的地段可种植水稻。

紫色土类 分布于东海县马陵山东侧海拔40～90米的坡麓,是地域性分布最集中的土类。土地面积较小,占土壤总面积的0.5%,耕垦系数为57.62%。由紫砂岩残积物发育而成,是一种跑水、跑肥、地产旱作土壤。

潮土类 分为棕潮土、黄潮土盐潮土3个亚类;黄沙土、黄土、老黄土、淤土、黏质盐潮土5个土属,14个土种,分布于赣榆区、东海县河流两侧的狭长地带,以及海州区、连云区、灌云县和灌南县排水良好的地段。土地面积占全市土壤总面积的四分之一,耕垦系数为76%。成土母质为片麻岩、砂页岩风化物,在河流搬运、沉积及地下水活动的影响下,经耕作熟化而成,是境内主要高产耕作土壤之一。

砂礓黑土类 分为砂礓黑土和盐碱化砂礓黑土2个亚类;有黑土、湖黑土、盐黑土3个土属,13个土种。土壤面积占全市土壤总面积的六分之一,耕垦系数为92%。分布于潮湿、低洼平原处及局部岗岭低坡地。成土母质来源于黄土性古河流相沉积物,经沼泽草甸化和旱耕熟化发育而成,有黑土层和砂礓层次发育。地下水位较高,土壤质地黏重、耕性差。适宜于稻麦两熟及稻、棉轮作耕种,是连云港市主要耕作土壤之一。

盐土类 分为潮盐土、滨海盐土和潮间盐土3个亚类;有沙质盐潮土、壤质盐潮土、黏质盐潮土、黏质草甸盐土、沙质潮甸盐土、黏质潮甸盐土6个土属,13

个土种。主要分布于灌云县、灌南县及市区的滨海低平原地区。成土母质为黄淮冲积物，成陆后经淡水冲淋而成，是开发利用历史较短的农用土壤。虽然适耕性较差，但一般土壤肥力较高，具有较大的增产潜力。

三、植被

连云港市植被属暖温带湿润季风气候下的地带性植被，植被有南北兼容的特征。植被水平分布南北差异不大，东西变化明显。山地植被垂直分布有明显差异。

云台山地带性植被 云台山地带性植被类型原为落叶阔叶林，经历史上诸多自然和人为因素的干扰破坏，绝大部分为赤松林所代替，只在高公岛柳河、凰窝、宿城固后大沟以及花果山等处的沟谷中还保存着次生的落叶阔叶林和竹林，成片状和零星状分布。至 2005 年年底，江苏省境内仅在云台山分布的植物种类有 40 多种，如海边铁角蕨、骨碎补、烟台百里香、小野珠兰、腺齿越橘、朝鲜槐、狭叶太行铁线莲、大叶胡颓子、紫草、卷茎蓼、山东万寿竹、滨海前胡、楼斗菜、山文竹、兴安天门冬、鹿药、珊瑚菜、辽吉侧金盏花等。

云台山木本植物有 69 科、140 属、240 多种，主要建群种有栓皮栎、麻栎、短柄枹树、白栎、盐肤木、黄连木、黄檀、枫香、乌桕、化香、楸树、苦树、刺楸、山合欢、金镶玉竹等。常见的灌木有扁担杆子、圆叶鼠李、茶条、野蔷薇、化香、崖椒、牡荆、山胡椒、算盘子、野山楂、小叶女贞、刚竹等；藤本植物有木通、菝葜、野葛、木防己、海金沙、爬山虎、南蛇藤等。人工栽培的植被有油桐、油茶、茶、火炬松、湿地松、女贞等，毛竹、杉木也逐渐成林；板栗、柿、苹果、梨、桃、李、杏、石榴等果树亦大面积栽培。

丘陵岗地植被 东海县、赣榆区的丘陵岗地人工栽培的树种主要有黑松、赤松、火炬松、湿地松等常绿针叶林等，经济果林一般有板栗、苹果、葡萄、蓝莓、黑莓、山楂等；灌木有野蔷薇、花椒等；草本植物以禾本科的野古草、黄背茅、香茅、马唐、狗尾草为主，还有地榆、结缕草、射于、白茅、荩草、鸡眼草、胡枝子、山豆花等。

盐生植被 市境东部的盐土地区，一般植被难以立苗，仅有少数耐盐碱的植物在此落脚，组成一种特殊的盐生植被，主要由藜科、禾本科、菊科等组成。

黏质盐土植被 排水不良、表层不积水的低洼地以盐蒿、獐茅草、荸荠草等为主，伴生有盐云草、苦蒿草等；排水良好的盐田梗、堤岸等处植被以羊角草、盐蒿、萹蓄等为主；积水地区以芦苇、野西瓜苗、竹叶菊等为主；潮间带引种大米草。

砂质盐土植被　砂质盐土上除具黏质盐土的植被类型外，还有天门冬、虫实、野豌豆、小麦门冬等植物生长。

其他植被　波状平原人工栽培植被有意大利杨、沙兰杨、健杨、白毛杨、加拿大杨、柳树、中国槐、侧柏等。沂沭河冲积平原植被有人工栽培的洋槐、中国槐、柳树、杨树、水杉、泡桐、苦楝、白榆、臭椿等；野生草本植物有马唐、狗尾草、鸡眼草、野艾蒿、蒲公英、飞蓬和耐涝的漂浮草、球柱草、荆三棱等莎草科植物。湖沼相堆积平原植被有耐盐碱的榆树、天津白蜡及野生的盐蒿等。主要农作物有水稻、小麦、花生、山芋、玉米、大豆及蔬菜、瓜果等。

第三节　水系、河流、水库

一、水系

（一）水系的历史变迁

市境地处淮河流域沂沭泗水系。南宋以前，沂沭泗水排水通畅，泗水入淮，沂水入泗，沭水入泗入淮。境内古游水和唐垂拱四年（688 年）开挖的官河（又称漕河，后称盐河），横贯南北。自然河道经沿海诸浦下泄境内洪涝水入海。

沂、沭、泗水系诸河均位于废黄河以北，跨越山东、江苏两省，河源都在山东省沂蒙山区。泗水（泗河）是这个水系最主要的河流，发源于山东新泰太平顶，原来是循今南四湖流路进入江苏，经徐州、宿迁、泗阳到淮阴市入淮河，是淮河下游最大的支流。沂水（沂河）发源于沂蒙山区的沂源县，向南经郯城县、邳州市，在睢宁县古邳镇汇入泗水，是泗水主要支流。沭水（沭河）亦发源于沂蒙山区的沂水县，与沂水平行南流，过郯城在宿迁汇入泗水再入淮河。南宋建炎二年（1128 年），黄河南徙夺徐州以下泗水和淮阴以下淮河干流入海。南宋绍熙五年（1194 年）黄河夺淮后，河床抬高，沂沭泗洪水受阻。明万历年间杨一魁分黄导淮后，泗水沂水主要由六塘河经灌河口入海；沭水原经涟水入淮河道淤塞阻断，加之沂水洪水干扰，最终由蔷薇河经临洪口入海。清康熙二十七年（1688 年），为防沭水侵沂和减轻骆马湖洪水负担，总河王新命在禹王台筑竹络坝，迫使沭水全流南下，其北支由分水沙河入青伊湖，经蔷薇河从临洪口入海；其南支的后沭河入青伊湖，经古泊阳河由埒子口入海，南支的前沭河经沭阳城东流入硕项湖，由灌河口入海。清嘉庆末年，境内主要水系为：沂水入海通道六塘河、北潮河，沭水入海通道灌河、蔷薇河，赣榆区境内的大沙河、小沙河、朱稽河、龙王河及横贯古海州境的盐河。清咸丰九年（1859 年）黄河在铜瓦厢决口后，结束了黄河夺泗夺淮 661 年（从南宋绍熙五年黄河夺淮算起）的历史，但沂沭泗河下游原有水系全被破坏，河道失修，排水不畅，洪水出路很小，境内水旱灾害严重。

中华人民共和国成立后，开辟新沭河、新沂河，沂、沭河及泗水有了排洪专道。

（二）水系划分

连云港市地处淮河流域、沂沭泗水系最下游，境内河网发达。按照自然水系划分，市境分属淮河流域的沂河、沭河、滨海诸小河三大水系。两条流域性行洪河道新沂河、新沭河从境内穿过，承泄上游汇水面积 7.96 万平方公里的大部分洪水，是著名的“洪水走廊”。从市域洪涝治理的角度，新沂河、新沭河水系，干河属于流域性河流，而新沂河、新沭河、蔷薇河又将全市水系划分为沂南、沂北、沭南、沭北四大片区。

1. 新沂河水系

新沂河西起骆马湖出口嶂山闸，东流经新沂、宿迁、沭阳、灌云、灌南 5 县市，至堆沟会灌河于燕尾港南灌河口入海。新沂河从嶂山闸向东，左岸依次有湖东自排河、总沭河、岔流新开河汇入，右岸依次有山东河、路北河、柴沂河汇入，流域面积为 1.48 万平方公里。新沂河在沭阳城西北与淮沭新河十字相交，在灌云县城以南与盐河相交，至燕尾港镇南与灌河汇合入海。

2. 新沭河水系

新沭河是中华人民共和国成立前开挖的入海河道，1953 年修成干河。从大官庄闸起，东行经石梁河水库，于连云港市境内新沭河口入海。

大官庄（新沭河泄洪）闸以下，上游左岸有牛腿沟、夏庄河汇入，右岸有石门河、观音堂河汇入。新沭河至石梁河水库入连云港市境。石梁河水库左侧有朱范河汇入，有一级截水沟向东北通小塔山水库；右侧有龙梁河向西南通大石埠水库。出水库后，右岸有磨山河汇入；太平庄闸以下，右岸有蔷薇河、大浦河、乌龙河、公兴港河、元宝港河汇入，左岸有范河、朱稽河向新沭河相机排洪。新沭河过三洋港闸入海。

新沭河大官庄以下区间流域面积为 2 850 平方公里，其中苏鲁界以下流域面积为 2 135 平方公里。

3. 滨海诸小河水系

该水系为新沭河以北独流入海的区域水系，主要河流有 17 条，绣针河为省界河流，其他河流有龙王河、青口河、范河、朱稽河、朱稽副河、兴庄河等。河流大多呈西北东南方向，独流入海。

4. 沂南片区水系

沂南片区，即新沂河以南区域，连云港市境内主要为灌南县域。沂南诸河属于灌河水系。灌河西起东三岔，东至燕尾港入海，河口无控制，为天然港口。上游主要支流有盐河以东的武障河、龙沟河、义泽河，盐河以西南的六塘河、北六塘河、柴米河、沂南河等。灌河中游支流主要有一帆河、唐响河和甸响河，以及灌河两岸的诸多排涝支河及大沟。两岸各支河口均建有挡潮闸，排涝蓄淡。

5. 沂北片区水系

沂北片区，即新沂河、蔷薇河之间的区域，包括灌云县全部和连云港市区大部分。片区西部为岗岭，主要河道有滂沟河、西护岭河、叮当河等，其下游平原区干河为善后河。善南水系实行平原梯级河网化建设，以南北向的叮当河、官沟河为西部，中部、东部梯级水位控制，主要包括车轴河、牛墩界圩河、东门五图河、五灌河等骨干河道构成的平原河网水系。市区主要有烧香河、龙尾河、大浦河、大浦副河、排淡河、排淡河调尾、开泰河等骨干河道。

6. 沭南片区水系

沭南片区，即新沭河、蔷薇河之间的区域，主要包括东海县和连云港市区部分。龙梁河南连大石埠水库，北接石梁河水库，等高截洪，洪水既可分向龙梁河东部、南部，亦可进入石梁河水库，石安河南端连接安峰山水库、北至石梁河水库，等高截水，洪水可向东从鲁兰河泄洪，亦可从磨山河向新沭河泄洪。其他主要河流，如乌龙河、鲁兰河、淮沭新河、马河、民主河、蔷薇河等属蔷薇河水系，从蔷薇河口流入新沭河。以上河流除石安河、龙梁河为南北向外，其余河流大多为东西向。

7. 沭北片区水系

沭北片区，即新沭河以北的区域，主要为赣榆区，其河流水系属于滨海诸小河水系。

二、河流

连云港市作为著名的“洪水走廊”，全市共有 82 条河道列入江苏省骨干河道名录,其中流域性河道4条,包括新沂河、新沭河、沭河和通榆河;区域性骨干河道18条;重要跨县河道16条;重要县域河道44条。另外,有605条县乡河道,其中县级河道86条,乡级河道519条,总长度2 425公里,正常水位下河道蓄水面积约为265平方公里。以下详细介绍4条流域性河道和18条区域性骨干河道。

(一)流域性河道

1. 新沂河

新沂河是在中华人民共和国成立后,为解决沂河因黄河夺淮导致的洪水出路狭小、行洪不畅问题,中下游采取两岸筑堤、开挖主槽、漫滩行洪方案,人工开挖的流域性的行洪河道。

沂河源出山东沂蒙山区的鲁山南麓,南流经今沂水县西、临沂市东、郯城县西,进入江苏后,沂水南流过良城(今邳、新之间),至下邳(今睢宁古邳)西南入泗。黄河夺泗和运河东移,使沂水最终失去入泗出路,滞积于骆马湖。明末,骆马湖渐淤。为解决沂洪出路问题,清顺治元年(1644年),于五花桥(今宿迁北井儿头)凿断马陵山脊,开拦马河(总六塘河),引水东注硕项湖。清康熙十九年(1680年),靳辅创建拦马河减水坝6座,因坝下冲成塘,又称六塘河。康熙中期硕项湖淤废,又在其南北开挖南、北六塘河,上接总六塘河,东流过盐河注灌河入海。至此,沂洪虽有入海通路,但标准甚小,而且与沭水常常交侵互扰。沂水于临沂、邳州市境内有两个分支,即江风口和芦口坝,既为引沂济运水口,又兼杀沂洪奔趋骆马湖之势。沂河洪水入骆马湖,非汛期沂河水可经武河、城河入运河。江风口下接武河,在沟上集入城河;芦口坝下接城河,在沟上集会武河,于滩上附近入运河。

中华人民共和国成立后,对沂河进行大规模治理。至2018年,沂河由邳州入境贯穿新沂市中西部地区,最终入骆马湖,全长333公里,骆马湖以上总集水面积为11 820平方公里,主要支流有白马河、浪清河、新戴运河。

新沂河西起骆马湖的出口嶂山闸,向东流经新沂、宿迁、沭阳、灌云、灌南5县市,至堆沟会灌河于燕尾港南灌河口入黄海,全长146.7公里,在连云港市境内河段西起沭阳大陆湖与灌云县境交界,长66.0公里,是1949年苏北“导沂整沭”开挖的排洪入海河道。新沂河开成后,经多次续建加固,初期设计流量为6 000立方米每秒,争取行洪7 000立方米每秒。1999年,在新沂河与灌河汇口以上距离燕尾港镇3公里处,开建新沂河海口控制工程,包括南深泓闸、北深泓闸、南橡胶坝、中橡胶坝、北橡胶坝等，使小潮河闸以下下游河段免受潮汐侵扰。目前，新沂河全线防洪标准为 50 年一遇，南北大堤为一级堤防，设计行洪流量为 7 800 立方米每秒，且在河道内开挖了排污专道。

新沂河在沭阳县城以西由淮沭新河与淮河相沟通，在淮沂洪水不遭遇的情况下，设计分泄淮河洪水 3 000 立方米每秒入新沂河下泄入海。

新沂河河道沿线主要控制工程有：嶂山闸、南偏泓闸、北偏泓闸、盐西控制闸、盐河地涵、涝子河闸、小潮河滚水坝、南深泓闸、中深泓闸、北深泓闸等。

新沂河河道两岸主要控制工程有：沭阳闸、沭新闸、叮当河南闸、叮当河涵洞、盐河南套闸、盐河北套闸、盐西控制闸、新沂河北堤涵洞、疏港航道南套闸、疏港航道北套闸、小潮河闸、小潮河涵洞、新沂河南堤涵洞、东友涵洞、团结涵洞等。

嶂山闸至沭阳城的上游河段，河道比降较大，水流湍急，流势不稳；沭阳城至小潮河的中游河段，河道比降减小，河面渐宽，风浪增高；小潮河至入海口的下游河段，河道平缓，河面开阔。

新沂河除沭阳以西部分地势高的河段在南岸未筑堤外，其余河段两岸均平地起堤，宽滩行洪。两岸堤距自西向东渐宽，嶂山闸下为 500 米，口头为 920 米，沭阳为 1 260 米，盐河为 2 000 米，到小潮河闸以下增至 3 150 米。

2. 新沭河

新沭河的前身为大沙河，系老沭河的支流。沭河原名沭水，俗名茅河，发源于山东省沂水县西北的沂山（海拔 1 032 米），向南流至临沭县大官庄分为两支：一支向南流至新沂市口头入新沂河，称老沭河；一支为人工凿开马陵山，开挖引河，在大沙河、临洪河旧道基础上，筑堤行洪，向东流经石梁河水库继续向东南流、东流，由临洪口（今新沭河口）入黄海，称新沭河。

新沭河为跨省河流，是中华人民共和国成立前人工开挖的流域性入海河道。起于山东省临沭县石门镇大官庄新沭河左岸，流经山东省临沭县，江苏省东海县，连云港市海州区、赣榆区、连云区，至连云区三洋港，河道长 80.0 公里，其中苏鲁界以下为 53.1 公里。

1949 年，鲁中南行署开始实施导沭经沙入海工程，在山东省临沭县大官庄拦沭河建设人民胜利堰，由胜利堰以上向东凿开马陵山，下游大沙河至临洪河旧道按两岸堤距 800～1 000 米筑堤，束水漫滩行洪，开辟新河道至临洪口入海，较老沭河入海河道路线缩短 130 公里。

新沭河初建设计行洪能力为 3 800 立方米每秒，其中分泄老沭河洪水为

2 800 立方米每秒,自排原沙河流域600余平方公里来水1 000立方米每秒。由于新沭河连云港市境内部分利用大沙河修建,河道比降大,弯曲多,沙性土质,初建时河道多未挖中泓,依靠两堤束水漫滩行洪,水流混乱,严重冲刷两岸堤防。之后经过多次加固、改善、扩建和沂沭泗河东调南下续建工程对新沭河进行治理。1958年12月,在新沭河中游开工兴建总库容5.26亿立方米的石梁河水库,使新沭河形成"一河一库控制"的防洪格局。2007年,新沭河治理工程使新沭河整体防洪标准提高到50年一遇,新沭河泄洪闸分泄沂沭河为6 000立方米每秒,陈塘桥—石梁河水库段河道行洪流量提高到6 640～7 590立方米每秒,石梁河水库—太平庄闸段设计流量为6 000立方米每秒,太平庄闸下设计流量为6 400立方米每秒。

新沭河河道沿线主要控制工程有大官庄(新沭河)泄洪闸、石梁河水库北溢洪闸、南溢洪闸,蒋庄闸,太平庄闸,三洋港闸等。

新沭河河道两岸主要控制工程有磨山翻水站、磨山闸、古城翻水站、山岭房退水涵洞、石安河退水闸、石梁河水库翻水站、南涵洞、电站、孟曹埠干渠渠首涵洞、北干渠渠首涵洞、东西赤金、前赤金、李曹埠、张庄4座电排站、磨山河桥闸、沭南涵洞、沭北涵洞、沭南通航闸、沭北通航闸、太平庄排碱涵洞、临洪闸、大浦闸、临洪东翻水站、东翻水站自排闸、临洪西翻水站(乌龙河)、乌龙河自排闸、大浦翻水站、大浦翻水二站、公兴港闸、公兴港地涵、左堤下游排碱涵洞、海孚涵洞、范河闸、朱稽河排涝通航闸、元宝港闸、元宝港地涵等。

3. 沭河

沭河发源于沂蒙山沂水县沂山南麓,向南流经山东省沂水、莒县、莒南、河东、临沭和郯城,以及江苏省徐州市的新沂市、连云港市的东海县,至沭阳口头入新沂河。河道全长为300公里,其中大官庄人民胜利堰闸以上长为196.3公里,以下长为103.7公里。苏鲁界以下的江苏省内河道长为44.7公里,流经连云港市的东海县、徐州市的新沂市和宿迁市区。流域面积为6 400平方公里,大官庄枢纽以上流域面积为4 519平方公里,大官庄以下流域面积为1 881平方公里。沭河在大官庄处与分沂入沭水道分泄的沂河洪水汇合后,向南由人民胜利堰闸控制入老沭河,流经山东省郯城县老庄子至江苏省沭阳口头入新沂河;向东由新沭河泄洪闸控制入新沭河。

在漫长的历史发展中,沭水不断变迁。北魏正光年间(520—524年),在郯城东北筑堤,遏水西南流。公元6世纪南北朝时,齐王萧宝夤镇守徐州,截断入泗河道。此后,沭水主要经游水入淮。明正德年间(1506—1521年),郯城县令黄琮拆毁禹王台(相传大禹治水时障沭水西侵而修),取石筑城,沭河重新向西南汇白马河等注沂河入骆马湖。明万历二十三年(1595 年),杨一魁分黄导淮,自桃源(今泗阳)向东开黄坝新河,从灌河口入海。沂沭泗下游水系遭到严重破坏,沭水经游水入淮被阻断,被迫改经蔷薇河由临洪口(今新沭河口)入海。清康熙二十七年(1688 年),为防止沭水侵沂、减轻骆马湖洪水负担、保运道安全,河总王新命建竹络坝于禹王台,阻沭水西出害运,迫使沭水全流再次南下:由郯城红花埠入江苏境,经新安镇至口头折向东,至沭阳龙堰分为两支:北支称为分水沙河入青伊湖。南支东行又分两支,北支为后沭河,北流亦入青伊湖,与分水沙河共出青伊湖,分由临洪口、埒子口入海;南支为前沭河,经沭阳城南流会砂礓河、大涧河(两河后统一开挖成柴米河)等辗转入海。

中华人民共和国成立后,经过多年治理,沭河上已建成 5 个梯级控制建筑物,新沂城区内末端建有塔山闸,城区以下建有王庄闸、邵店壅水坝、广玉壅水坝和口头壅水坝,有效地保障城区的防洪安全和供水安全。沭河省界至塔山闸区间城区段河道长度为 14.7 公里,城区段河道宽为 200～1 200 米,河底高程为 25.00～21.00 米;塔山闸至王庄闸段长为 14.0 公里,河底高程为 20.60～18.50 米,塔山闸以南 1 公里处河床中有一小岛,称中和岛,面积为 12.5 平方公里;王庄闸至口头长度为 17.1 公里,河底高程为 17.50～5.00 米。河道满足 50 年一遇防洪标准,设计流量为 2 500～3 000 立方米每秒。沭河连云港市段建有龙门翻水站。

4. 通榆河

通榆河为流域性河道,跨市人工开挖河道,功能为行洪、排涝、供水、航运,是饮用水水源。

通榆河起点为南通市海安县海安镇三塔三塘村,流经南通市的海安县,泰州市的兴化市,盐城市的东台市、大丰区、亭湖区、建湖县、阜宁县、滨海县、响水县,连云港市的灌南县、灌云县、海州区、赣榆区,讫点为连云港市赣榆区柘汪镇响石村,全长为 375 公里,集水面积为 1 537 平方公里,其中通榆河北延段(响水引水闸—柘汪工业园)长为 163 公里。

通榆河南起长江北岸,北至江苏省东北角,是江苏省沿海地区最重要的调水工程,破除了江苏省沿海地区严重缺水制约经济社会发展的瓶颈。

通榆河工程从 1958 年开工建设,历经艰难,数十年建成。通榆河北段工程(响水大套翻水站—赣榆柘汪段)于 2009 年开工,2010 年全线告竣。通榆河中段以上河底宽为 50.0 米,河面宽为 100 米,设计引水流量为 100 立方米每秒,进入连云港地区的流量从灌北泵站50.0立方米每秒，至蔷薇河南堤涵洞30.0立方米每秒，至乌龙河调度闸15.0立方米每秒。

通榆河干流引江水控制工程为泰州市高港区引江河枢纽工程高港翻水站，是南水北调东线源头工程之一。通榆河北段送水控制工程主要有滨海县大套翻水站、响水县穿灌河地涵、灌南县灌北泵站、灌南县穿新沂河南堤涵洞、灌云县穿新沂河北堤涵洞、灌云县善南泵站、灌云县穿善后河地涵、海州区八一进水闸、海州区穿蔷薇河南堤涵洞、海州区乌龙河调度闸、海州区沭南闸、赣榆区沭北闸、赣榆区青口河引水闸、赣榆区青龙大沟进水闸、赣榆区大温庄泵站等。

（二）区域性骨干河道

1. 龙梁河

龙梁河为区域性骨干河道，人工等高截水河道，功能为行洪、排涝、供水。龙梁河位于东海县西部山丘区，西南—东北走向，起点为连云港市东海县桃林镇东石埠村大石埠水库，东海县境内河流，南北流向，流经桃林镇、石湖乡、双店镇、温泉镇、李埝乡、青湖镇、石梁河镇等乡镇，讫点为连云港市东海县石梁河镇西山后村磨山翻水站，全长为65.5公里，流域面积为123平方公里。

龙梁河从大石埠水库至羽山水库沿着地面高程49.00～50.00米开挖，羽山水库以北再以地面高程43.00～44.00米开挖至石梁河水库。1959年，计划从龙门水库经大石埠、陈栈、昌梨、磨山等中小型水库开挖至石梁河水库，故当时规划名称为龙梁河。后因龙门水库未建，只从大石埠水库开挖至石梁河水库。

龙梁河，1959年开工，60年代停建，1972年复工，1980年全线开通。沿线建成控制闸5座、进库涵洞11座、桥20座、翻水站3座。河道挖通后，经沿途中小型水库调蓄水，多余洪水下泄石梁河水库经新沭河入海。

到1990年年底，堤顶高程：大石埠水库至羽山水库节制闸段为54.00米，羽山水库节制闸下至石梁河水库为47.00米。河底高程：大石埠水库至羽山水库节制闸段为46.00米，平底河羽山水库节制闸下至石梁河水库为41.00米。河底宽度：大石埠水库至石梁河水库为20.0～15.0米，其中陈栈水库至竹墩闸段为30.0米。控制最高水位：大石埠水库至羽山水库节制闸段为50.40米，羽山水库节制闸下至石梁河水库为45.00米。汛期限制水位：大石埠水库至羽山水库节制闸段为48.00米，羽山水库节制闸下至石梁河水库43.00米。

2. 石安河

石安河为区域性骨干河道，人工等高截水河道，功能为行洪、排涝、供水。

起点为连云港市东海县曲阳乡薛埠村安峰山水库，东海县境内河流，南北流向，流经曲阳、牛山、石榴、青湖、石梁河等乡镇，讫点为连云港市东海县石梁河镇王埠村石梁河水库，全长为55.8公里，流域面积为213平方公里。

石安河是沿着地面高程18.00米等高线开挖的人工河道。从1959年12月开工，至1975年，共进行8期工程，计开凿土山、袁湖、凤凰墩、伍湖、亭埠、东安、贯庄、车庄、葛宅、张庄等十余处高岭，最大挖深为14.0米，共截断树墩、磨山、张桥、伍湖、河口、埝河、汤河、石榴、望烟、白沙河等十余条河流。沿线建泄洪闸(兼灌溉)4座、水力发电站5座、灌溉渠首工程23座、拦沙坝20余座、公路桥10座、生产桥21座等。

石安河设计防洪标准50年一遇，最高洪水位为19.96米，正常灌溉水位为18.00米，设计河底宽为20.0～40.0米，河底高程为14.00米，边坡比为1∶2，滩面宽为10.0～15.0米，平槽泄水量为100立方米每秒，最大排泄流量为660立方米每秒。

石安河于1975年开通，部分河段河底高程不够，河底宽度不足。80年代，经过几次疏浚和拓宽后，石安河的防洪能力有所提高。

1990年，石安河河底高程为14.00～16.50米，河底宽为20.0～30.0米，边坡比为1∶2，滩面宽为20.0～30.0米，平槽泄水量为50.0立方米每秒，堤顶高程为21.00～22.00米，最高洪水位为19.70米，正常水位为18.00米，防洪标准达到20年一遇。

石安河具有双向供水功能，一是从石梁河水库南涵洞及电站向沭南灌区供水，还可在安峰山水库低水时对其进行补水；二是将引江水从房山翻水站翻水至芝麻翻水站，由芝麻翻水站翻水至石安河，向沭南灌区供水，还可由石梁河翻水站向石梁河水库补水。

3. 沭新河

沭新河为区域性骨干河道，人工等高截水河道，功能为行洪、排涝、供水、航运。

沭新河起点为新沂河，流经沭阳县、东海县、连云港市海州区，讫点为连云港市海州区海州街道城区蔷北截水沟口，全长为75.7公里，流域面积为250平方公里。沭新河连云港段又名蔷北截水沟，起点为房山镇吴场村蔷北进水闸，讫点为连云港市海州区海州街道城区蔷北截水沟口，长为44.3公里。蔷北截水沟平交蔷薇河，通过蔷北进水闸从蔷薇河引水，因蔷薇河从桑墟电站等口门引江水，因而蔷北截水沟实质上与沭阳—桑墟段河流形成连接，将淮沭河水送到新浦地区，成为沭(沭阳)—新(新浦)河的重要一段。沭新河承担新沂河以北沭阳、东海、连云港市区的工农业用水。

蔷北截水沟沿地面高程5.00米等高线开挖，1958年开工，1965年全部开通。河底高程为0.00～2.50米，底宽为10.0～30.0米，堤顶高程为8.00米。

沭新河沿线主要控制工程有沭新闸、桑墟电站、沭新河退水闸、沭新北船闸、蔷北地涵、蔷北进水闸等，河口无控制工程，入蔷薇河。

沭新河两岸控制工程主要有水坡古泊河船闸、房山翻水站、白塔水厂取水口等。

4. 蔷薇河

蔷薇河为区域性骨干河道，跨市河道，功能为行洪、排涝、供水，是饮用水水源，是江水北调对连云港地区供水的重要河道。海州区锦屏镇刘顶以下至乌龙河调度闸河段，是通榆河向赣榆送水的并用河道。

蔷薇河上游发源于新沂市的马陵山、踢球山、塔山、宋山等山区，向北流经新沂、沭阳、东海、海州，于临洪闸下3.0公里处入新沭河，经新沭河口入海。

蔷薇河干流起点从宿迁市沭阳县桑墟镇蔷薇河村(连云港市东海县房山镇吴场村)蔷北地涵计算，至连云港市海州区浦南镇太平村新沭河止，全长为53.4公里。蔷薇河河口以上主要支流有沭新河、友谊河、新伍河、黄泥河、民主河、马河、鲁兰河、乌龙河等，流域面积为1 819平方公里。

明洪武二十七年(1394年)，在州西2里蔷薇河上建洪门闸，外挡潮防淤，内蓄水济运。清康熙六年至七年(1667—1668年)，黄河漫溢，水由境内入海，地区河道淤塞。从清康熙十三年起(1674年)，至民国，多次挑浚蔷薇河。1952年，下游裁弯取直；1955年、1958年、1959年，多次疏浚；1960年，疏浚和新开挖富安至临洪闸段。其中，1958年，建成安峰山、昌梨、横沟、房山等大中型水库及临洪闸，挡潮防淤，控制蓄泄；1959年2月，建成临洪闸，设计流量为2 320立方米每秒；1960年，建成西双湖水库。60—70年代，先后开挖建成沭新河、石安河、龙梁河等等高截水河流，截高水分流。1963—1965年，开挖建成十米截水沟(又称驼峰截水沟)。1978年，启动建设临洪东翻水站，至2000年建成，装机12台，排水流量为360立方米每秒，时为江苏省装机流量最大的翻水站。2003年，建成大浦翻水站，强排大浦河涝水。2009年，建成临洪西翻水站，强排乌龙河涝水。2014年，建成大浦翻水二站，大浦河强排涝水能力得到提高。

1984年和1988年，蔷薇河洪门桥至临洪闸段复堤、加高培厚，使东堤堤防达到20年一遇防洪标准。

2011 年，新沭河治理工程对因洪致涝区域进行相应治理，建成富安调度闸，使鲁兰河高水高排从临洪闸排洪，建成东站自排闸排泄蔷薇河涝水，新沭河高水时由东翻水站对蔷薇河涝水实施强排。原连云港市区水厂取水口于 2013 年改从蔷北地涵下游沭新渠渠口取水，经加压后用管道直接输水进厂，在沭新河沭阳至桑墟段不排洪的情况下，市区饮用水为北调江水。此后，连云港市区饮用水供水水质，不再受蔷薇河流域化肥、农药等的面源污染影响。

蔷薇河河底宽为 50.0～100 米，河口宽为 250 米，高水时滩面行洪。河道为 5～7 级航道。

蔷薇河流域内有两个大型灌区，即沭南灌区和沭新渠灌区。

蔷薇河流域内水库工程有安峰山大型水库，昌梨、横沟、房山、西双湖等中型水库，以及数量众多的小型水库。

蔷薇河干流沿线主要控制工程有富安调度闸、临洪闸、临洪东站、东站自排闸等。

蔷薇河支流和两岸主要控制工程有沭新退水闸、桑墟电站、沭新北船闸、友谊闸、沭新进水闸、蔷北地涵(倒虹吸穿河地涵)、穿南堤涵洞(通榆河)、马河闸、民主河闸、电厂闸(玉带河)、乌龙河调度闸、临洪西翻水站、乌龙河自排闸、大浦翻水站、大浦翻水二站、大浦闸等。

蔷薇河两岸排水、取水口众多，除农业用水排灌口门外，主要的取水口有核电淡水取水口、新海发电有限公司取水口、铁路水厂取水口等。

5. 绣针河

绣针河为区域性骨干河道，跨省河流，功能为行洪、排涝。

绣针河发源于山东省日照市岚山区黄墩镇黑家沟村，流经山东省日照市岚山区、江苏省连云港市赣榆区；讫于连云港市赣榆区柘汪镇响石村。河道全长为 47.0 公里，市境内为 7.6 公里；流域面积为 370 平方公里，市境内为 5.70 平方公里。

绣针河在 1956 年、1961 年、1975 年发生过 3 次洪水泛滥，5 次修复堤防，并筑丁坝保滩。

绣针河源头高程为 260 米，平均坡降为 2.34‰，洪水暴涨暴落。10 年一遇洪峰流量为 1 250 立方米每秒。绣针河河底宽为 185～300 米。

绣针河流域建有多个中小型水库，干流沿线建有多处拦河漫水坝，用于蓄水供水。绣针河下游无控制工程，河口感潮。

6. 龙王河

龙王河又称龙河、朱汪河，为区域性骨干河道，跨省河道，排洪、排涝河道。

龙王河发源于山东省临沂市莒南县文疃镇石河峪村五莲山南麓，自北向南经相邸、壮岗流入赣榆区境内，经石堰闸转向东南，流经朱汪、龙王庙至海头镇东南朱蓬口入黄海。全长为71.0公里，流域面积为555平方公里。连云港市境内河长为24.3公里，流域面积为124平方公里。

龙王河流域内上段多高山丘陵。十堰以下河底比降均为1/1 000左右，河底宽为300～400米，河口宽为455米。河流弯多且大，排水不畅，尾闾受海水顶托，源高流急，洪水暴涨暴落。河口无挡潮工程，入海口段朱蓬口为天然渔港（海头港），可停泊50～400吨级渔船。

河道沿线主要控制工程有上游的56座中小型水库、中游的石堰漫水闸等。

龙王河下游与通榆河立交，有地下涵洞一座。

7. 青口河

青口河为区域性骨干河道，跨省河道，排洪、排涝河道。青口河发源于山东省临沂市临沭县朱苍乡上石河村，讫于江苏省赣榆区青口镇下口村。河流全长为70.0公里，流域面积为493平方公里。连云港市境内长34.8公里，流域面积为267平方公里。

青口河旧称小沙河，亦称洙边河。上游有东西两主源，东出莒南洙边河，西出临沭县马家峪河，东南流至莒南县崖子庄汇合；再南流入赣榆区经小塔山水库南流，东南至东流，到下口村南入黄海。

青口河支流众多，流域内山峦重叠，岗岭起伏，河道宽窄悬殊，河床比降大，汛期洪水暴涨暴落。河底宽为30.0～95.0米，河口宽为140米。

河道沿线上游有诸多中小型水库，中游有大型小塔山水库及沙河子漫水闸、青口漫水闸、青口河控制闸、青口挡潮闸等。河道行洪设计流量为400立方米每秒。青口挡潮闸（通航）以上左岸有青口渔港。

青口河与通榆河平交，右岸有通榆河引水闸控制，与青龙大沟平交；左岸有通榆河进水闸控制，与原沭北干渠平交，右岸有朱北闸控制。

8. 古泊善后河

古泊善后河为区域性骨干河道，跨市人工开挖河道，功能为排涝、供水、航运。

古泊善后河西起宿迁市沭阳县桑墟镇元兴村沭阳水坡，东至连云港市灌云县圩丰乡善后新闸，流经沭阳县、东海县、灌云县以及连云港市的海州区和连云区，全长为89.9公里。

古泊善后河是新沂河以北、蔷薇河以南的重要排水干河，担负沭阳、东海、灌云三县和连云港市区共1 471平方公里的排涝任务，其中盐河以西为1 189平方公里。该河司家荡以上为新挖河道，下接古涟河的一段，至新坝东接泊阳河尾间，穿盐河，下接1963年开挖盐河至大新河头的善后河。

中华人民共和国成立后，分别于1953年、1954年、1957年、1959年、1960年、1963年、1967年、1971年、1975年对善后河进行多次、大规模修浚。至1990年，善后河河道排涝标准达5年一遇。

善后河闸下出埒子口引河较长，每次放水冲淤水头未至海口便已涨潮，因此引河淤积有增无减，严重影响洪涝水下泄。

善后河干流沿线主要控制工程有上游的古泊河船闸和下游的善后新闸。

善后河两岸大小控制工程众多。与叮当河平交，右岸建有叮当河北闸；与通榆河（盐河）平交，建有穿善后河地涵，右岸建有通榆河善南泵站、善南套闸、交通善南套闸，左岸建有善北套闸、疏港航道云善河套闸；与埃子河斜交，左岸建有埃字河闸。另外，在善后新闸右岸近侧建有车轴河闸，左岸近侧建有烧香河老闸。

9. 五灌河

五灌河为区域性骨干河道，人工开挖河道，功能为排涝、供水、航运。

五灌河西起灌云县圩丰镇大兴村，上接界圩河；迄点为灌云县燕尾港镇燕尾社区燕尾挡潮闸。河流全长为16.2公里，流域面积为1 012平方公里。

五灌河于1972年人工开挖，目的是解决善南地区排涝困难问题；当年建成燕尾港挡潮闸。

五灌河上游的东门河、五图河、牛墩界圩河、车轴河涝水全部由五灌河入海。

五灌河河底宽为80.0米。河流沿线上游控制工程有东门河闸、东门闸，下游控制工程有燕尾港挡潮闸、五灌河挡潮闸。

10. 灌河

灌河为区域性骨干河道，跨市感潮河道，每年入海水量为数十亿至上百亿亿立方米。因入海口未建挡潮闸，全河段感潮，其潮汐受大海潮汐影响，为不规则的半日潮。灌河时有涌潮发生。涌潮俗称虎头潮，涨潮时潮水涌进内河，遇河床断面缩窄，引起潮水位暴涨，潮头壁立，来势凶猛。东北风越大，河面越窄，涌潮越高。农历每月初三或十八更易发生涌潮。灌河上游支流武障河、义泽河的河床更窄，涌潮更为明显。

灌河亦称大潮河，是古海湾潟湖海相冲积平原基础上发育起来的潮流作用显著的、苏北最大的一条入海天然河道。

灌河西起东三岔，东至燕尾港镇入黄海，全长为62.5公里，流域面积堆沟以上为7 273平方公里。

南宋绍熙五年(1194年)黄河侵淮夺泗以后，黄水夹带的大量泥沙淤积了淮河下游河床。明清时期，由于黄河在宿迁以下经常泛滥，从明万历至清康熙年间，在宿迁至清口之间共建减水坝13座，所减黄水均经古硕项湖穿盐河汇入大潮河出海，此大潮河即为灌河前身。黄水夹带的大量泥沙，淤平了硕项湖，黄泛冲积平原不断向东扩展，大潮河也随之向东延伸。至清咸丰五年(1855年)黄河北徙时，灌河口已抵开山。黄河北徙后，泥沙来源断绝，海岸线不断蚀退，现开山已远离陆地7.5公里，成为海中孤岛。

灌河口为喇叭形河口，两岸地面平坦，有大片淤滩。无重要屏障，口外风浪较大，开山附近最大波高可达5.0米以上，河口内燕尾港最大波高仅为1.5米，堆沟港波高只有0.5米。

灌河水面开阔，东流至河口处与新沂河交汇并流至灌云县重镇燕尾港，是扼守灌河的第一港，港口水深河宽，是海河联运的重要港口。燕尾港因附近的海岸像海燕的尾巴而得名。

11. 义泽河

义泽河为区域性骨干河道，灌河上游支流，感潮河道。

义泽河原名涌洋河。史载源自硕项湖，直入黄海，系天然河流。后演变为盐河以东、下入灌河的一大支流。

义泽河西起盐河，东至东三岔，全长为10.9公里，流域面积为2 383平方公里。

义泽河上游建有义泽河闸、义泽河船闸，功能为挡潮、行洪、排涝、蓄淡，以利盐河灌溉、航运。

12. 武障河

武障河为区域性骨干河道，灌河上游支流，感潮河道。

武障河古称五丈河，是古代注入黄海的天然河流。黄河全流夺泗夺淮后，淮河及沂、沭、泗尾闾均遭淤塞，黄、淮、沂、泗洪水注入武障河，下泄灌河入海。至清康熙年间，硕项湖淤积成陆，武障河退至盐河以东。

武障河西起盐河，东至东三岔，全长为12.4公里，流域面积为1 411平方公里。

武障河上游建有武障河闸，其功能为挡潮、行洪、排涝、蓄淡，以利盐河灌溉、航运。

13. 一帆河

一帆河为区域性骨干河道，跨市河道，功能为排涝、供水。

一帆河古称景济河，又称忆帆河。一帆河形成于元初，为筑捍海堰而挖。当时一帆河是荡、灶分界沟，北起伊芦山，南至海场口，和安东的十字河、东涟河相通而南入淮。明代时，特别是明万历以后，黄河屡泛，海岸东移，莞渎河以南的水系均遭黄水沙淤，一帆河亦遭湮塞，但今灌南县大圈乡向北尚有一帆河旧迹。到清朝时，曾将一帆河改于头图口入莞渎河，河线已东移数十里。

清嘉庆十八年(1813 年)、道光九年(1829 年)两次修浚一帆河。同治九年(1870 年)，淮安知府章仪林修浚一帆河，南接民便河，北至海州境周家沟(今灌南县小窑乡境内)，宽七至八丈，深八尺至一丈，较旧河深阔，下接潮河入海。这是一帆河的一次重要改道。清光绪三十三年(1907 年)至中华人民共和国成立前，一帆河经历 6 次疏浚，弃向北旧道，从嵇桥向东北循遏蛮河旧迹入大冲子，再转至响水口入潮河。

中华人民共和国成立后，政府分别于 1950 年、1956 年和 1965 年对一帆河进行多次、大规模修浚。

今一帆河南起淮安市涟水县徐集乡许官营村，东至连云港市灌南县三口镇窑河村窑河口入灌河，流经涟水县、灌南县、响水县，全长为 61.4 公里。连云港市境内自赵八河至窑河口长为 26.7 公里，流域面积为 480 平方公里。

一帆河下游建有一帆河闸。

14. 盐河

盐河为区域性骨干河道，跨市河道，人工开挖河道，以航运为主，结合排灌。根据连云港市河道名录，盐河南起江苏省淮安市淮阴区王营镇杨庄村盐河闸，上接京杭运河，流经淮安市淮阴区、涟水县，连云港市灌南县、灌云县、海州区；北讫于海州区新浦闸下，全长为 151 公里，其中连云港市境内长 43.1 公里。

盐河原名官河，为唐垂拱四年(688 年)所开漕河，自沂密达州(海州)至涟水县城东三里入淮河。黄河夺淮后，常经盐河分泄洪水，故在盐河筑堰捍潮、蓄水济运、加筑遥堤，以保护农田。清康熙二十六年(1687 年)，总河靳辅开中河(即中运河)，自中河尾向东开河，经清河县北向东，经安东县(涟水)城北，至平旺河与漕河相接，名下中河。中河与下中河连接处建双金闸，分泄黄河涨水兼利盐运，下中河后称盐河。历史上盐河几经变迁，2009 年实施通榆河结合盐河送水工程，新沂河南偏泓至八一河闸的盐河段，为通榆河与盐河并有河段。盐河河面宽为 60.0～70.0 米。

盐河河道沿线主要控制工程有杨庄盐河闸、杨庄船闸、朱码节制闸、盐河南闸、疏港航道南船闸、盐河北闸、新沂河北堤涵洞、疏港航道北船闸、善南套闸、善南泵站、善后河地涵、疏港航道善南船闸、善北套闸、狮树套闸、新浦闸等。

盐河在灌南县境,与南六塘河、北六塘河、柴米河、沂南小河平交,在盐河东侧分别建盐东控制四闸即武障河闸、北六塘河闸、龙沟闸和义泽河闸,该四闸合称为盐东控制工程,用以挡潮、蓄淡水以利灌溉和航运。在灌云县及连云港市区境内,与东门五图河、牛墩界圩河、车轴河、八一河、烧香河、玉带河平交,并在盐河东侧分别建有东门河闸、界圩河闸、车轴河闸、烧香河闸、玉带河闸,与盐河平交的其他较小沟河上,也分别在临近盐河沟河口建有闸站。这些节制工程能够保障盐河输水、灌溉、航运等功能得到有效发挥。在灌云县与连云港市界,与善后河平交,节制工程建在盐河上。

15. 柴米河

柴米河为区域性骨干河道,跨市河道,人工开挖河道,功能为行洪、排涝、航运。

清康熙二十七年(1688 年),沭水至沭阳龙堰分为两支,北支称为分水沙河,入青伊湖;南支东行又分两支,北支为后沭河,南支为前沭河,经沭阳城南流会砂礓河、大涧河等辗转入海。清康熙十七年(1678 年)后,硕项湖逐渐淤积,水系大变,前沭河中下游淤积严重,排水困难,经常泛滥成灾,无法通航。清乾隆二十五年(1760 年),沭阳知县钱汝恭开柴米河以通食货,才有柴米河的名称。

柴米河西起宿迁市沭阳县沭城镇项荡居委会柴米河地涵,东至连云港市灌南县新安镇相庄村盐河,流经沭阳县、灌南县,河流全长为 61.9 公里,市境内长为 18.0 公里,流域面积为 1 260 平方公里。

柴米河上游建有柴米闸、柴米河地涵,下游建有龙沟闸。

16. 柴南河

柴南河为区域性骨干河道,跨市河道,人工开挖河道,功能为排涝、航运。

新沂河建后,为解决柴米河以南地区的排涝,1951 年,将原有的大蒲荡小河、二道涧、武河、徐桥河、港河、东洋河、西洋河等横向贯通于葛口处入柴米河,此河称柴南河。

柴南河西起宿迁市沭阳县沭城镇项荡居委会淮沭公路,东至连云港市灌南县孟兴庄镇东韩村白皂沟,流经沭阳县、灌南县,河流全长为 44.8 公里,市境内长为 6.5 公里,流域面积为 511 平方公里。

17. 南六塘河

南六塘河为区域性骨干河道,古称南股河,跨市河道,人工开挖的河道,主要功能为排涝。南六塘河上起淮安市淮阴区徐溜镇徐溜村，下至连云港市灌南县新安镇闸北村盐河，流经淮安市淮阴区、涟水县，连云港市灌南县，全长为44.2公里。连云港市境内自灌南县沈三圩至盐河长为12.5公里，流域面积为958平方公里。

历史上安东、海州、沭阳交界处有一硕项湖。硕项湖西通桑墟湖，东南有关头河、白头河、盐场河、平明河分泄入海。硕项湖上承海、沭、宿迁诸水，汇入湖内，终年不涸。清康熙十七年(1678年)，黄河缺口泛滥，硕项湖大部淤为陆地。清康熙二十四年(1685年)，总河靳辅对淤平的硕项湖兴垦，在湖的南侧和北侧各开一条河，分泄西部宿迁六塘河下泄的洪水，故南为南六塘河，北为北六塘河。

新沂河建成后，南六塘河不再承泄沂沭泗洪水，成为区域性排涝干河。

南六塘河下游建有武障河闸。

18. 北六塘河

北六塘河为区域性骨干河道，古称北股河，跨市河道，人工开挖河道，主要功能为排涝。1975年5月，北六塘河上建成北六塘河船闸，实现了北六塘河与淮沭新河之间的通航。上起于淮安市淮阴区徐溜镇涵洞村，下至小三岔，流经淮安市淮阴区，宿迁市沭阳县，连云港市涟水县、灌南县，全长为62.5公里，市境内自灌南王行至小三岔为15.8公里，流域面积为804平方公里。

1964年以后，北六塘河不再承泄沂沭泗洪水，成为区域性排涝干河。

北六塘河上游建有钱集闸、北六塘河地涵、北六塘河船闸，下游建有北六塘河闸。

三、水库

截至2021年年底，连云港市全境拥有在册大型水库3座、中型水库8座、小型水库156座，总库容达12.5亿立方米。在东海县，多座大中型水库串联成群，形成了集防洪、供水、灌溉等多种功能的水库群。大(2)型水库有石梁河水库、小塔山水库和安峰山水库，其中石梁河水库是江苏省最大的人工水库。以下详细介绍3座大(2)型水库和8座中型水库的情况。

1. 石梁河水库

石梁河水库位于新沭河中游，苏鲁两省的赣榆区、东海县、临沭县三县区交界处，大(2)型水库。1958年开工兴建，1962年建成。1999—2003年，进行除险加固。水库承泄新沭河上游和沂河、沭河部分东调洪水，担负沂沭泗流域洪水调蓄任务。沂沭河洪水东调工程实施后，水库以上总集水面积为 15 365 平方公里。水库防洪设计标准为 100 年一遇，设计洪水水位为 26.81 米；校核为 2 000 年一遇，校核洪水水位为 27.95 米，总库容为 5.26 亿立方米，调洪库容为 3.18 亿立方米，兴利库容为 2.34 亿立方米，设计灌溉面积为 6.0 万公顷（目前水库汛期限制水位为 23.50 米，汛前汛后控制水位为 24.50 米，灌溉面积为 5.33 万公顷），是江苏省最大的人工水库。枢纽工程主要有主坝一座，副坝两座，为均质土坝。主坝长为 5 200 米，坝顶高程为 31.50 米，坝顶宽度为 10.0～12.0 米，最大坝高为 22.0 米。老副坝长为 3 600 米，坝顶高程为 31.50 米，坝顶宽度为 10.0 米，最大坝高为 7.5 米。新副坝长为 3 750 米，坝顶高程为 29.00 米，坝顶宽度为 6.0 米，最大坝高为 5.0 米。泄洪闸有两座，南泄洪闸（新闸）10 孔，单孔净宽为 10.0 米，一级消能，设计流量为 4 000 立方米每秒，校核流量为 5 131 立方米每秒，闸门型式为弧形钢闸门，液压式启闭系统；北泄洪闸（老闸）30 孔，单孔净宽为 4.0 米，二级消能，设计流量为 3 000 立方米每秒，校核流量为 5 000 立方米每秒，闸门型式为实腹梁式平板钢闸门，卷扬式启闭系统。灌溉输水涵闸有 4 座，设计灌溉流量为 106 立方米每秒，灌溉翻水站两座，引江水入库翻水站一座，发电站一座。该水库是一座具有防洪、灌溉、供水、发电、水产养殖、旅游等综合功能的大（2）型水库，既是沂沭泗洪水东调南下工程的重要组成部分，又是连云港市重点防洪保安工程。

2. 小塔山水库

小塔山水库位于赣榆区西北部，距离赣榆城区 17.0 公里，是江苏省第二大水库。1958 年 10 月 20 日开工，1959 年 9 月 30 日竣工。2002—2007 年对水库进行除险加固。小塔山水库是一座以防洪为主，结合农业灌溉、城镇供水等综合利用的大（2）型水库，集水面积为 386 平方公里，总库容为 2.8 亿立方米，兴利水位为 32.80 米，兴利库容为 1.16 亿立方米。水库设计灌溉面积为 2.0 万公顷，实际灌溉面积为 1.73 万公顷。水库枢纽防洪设计标准为 100 年一遇，设计洪水水位为 35.37 米；校核为 2 000 年一遇，校核洪水水位为 37.31 米。水库有主坝一座，坝顶长为 2 303 米，坝顶高程为 38.50 米，顶宽为 9.6 米，最大坝高为 22.5 米；副坝两座，坝顶总长为 2 060 米，最大坝高为 11.2 米；溢洪闸一座，4 孔，闸孔净宽为 8.0 米，设计流量为 400 立方米每秒。主坝溢洪闸、涵洞按 2 级水工建筑物设计，抗震设防烈度为Ⅷ度。溢洪闸采用钢筋混凝土开敞式结构，采用两级消能方式，一、二级消力池间通过实用堰型滚水堰连接。一级消力池落差为 12.9 米，号称江苏第一堰。2007 年 4 月，省水利厅批复小塔山水库为省级水利风景区。2010年12月,水利部将小塔山水库列为国家级水利风景区。

3. 安峰山水库

安峰山水库位于东海县安峰镇和曲阳乡境内,蔷薇河支流厚镇河上游,集水面积为175.6平方公里,总库容为1.13亿立方米,是一座以防洪、灌溉为主,结合水产养殖和城乡生活供水等综合利用的大(2)型水库。水库建于1957年10月,1958年6月建成。2005年3月至2008年4月,进行除险加固。水库防洪设计标准为100年一遇,设计洪水水位为18.00米;校核为2 000年一遇,校核洪水水位为18.67米。水库枢纽建筑物有主坝一座,坝顶长为2 330米,坝顶宽为6.5米,坝顶高程为20.80米,挡浪墙顶高程为21.80米,最大坝高为10.3米;副坝一座,坝顶长为4 406米,坝顶宽为5.5米,坝顶高程为20.00米,挡浪墙顶高程为21.00米,最大坝高为5.0米;溢洪闸一座,3孔,总净宽为24.0米,底板高程为12.50米,设计下泄流量为50.0立方米每秒、校核下泄流量为335立方米每秒;主坝灌溉涵洞两座,均为单孔箱式涵洞,底板面高程为12.0米,洞身断面尺寸为1.2米×1.8米,设计流量为5.00立方米每秒;副坝灌溉涵洞一座,2孔,每孔净宽为2.4米,净高为1.8米,设计流量为38.0立方米每秒;副坝节制闸一座,单孔,底板面高程为15.00米,洞身断面尺寸为3.0米×3.3米,设计流量为5.00立方米每秒;薛埠调度闸一座,3孔,每孔净宽为5.0米,底板高程为14.00米,设计流量为210立方米每秒;薛埠排涝涵洞一座,底板面高程为15.0米,洞身断面尺寸为2.0米×2.0米,设计流量为2.00立方米每秒。

4. 大石埠水库

大石埠水库位于东海县桃林镇境内,高流河支流桃林河下游,集水面积为78.0平方公里,总库容为2 217万立方米,是一座以防洪、灌溉为主,结合水产养殖等综合利用的中型水库。水库建于1958年7月,1961年5月建成。2004年4月至2005年5月,进行除险加固。水库防洪设计标准为50年一遇,设计洪水水位为52.00米;校核为1 000年一遇,校核洪水水位为52.75米。水库枢纽建筑物有主坝一座,坝顶长为881米,坝顶宽为6.0米,坝顶高程为55.10米,最大坝高为12.8米;泄洪闸一座,5孔,总净宽为30.0米,底板高程为47.00米,设计下泄流量为200立方米每秒、校核下泄流量为400立方米每秒;调度闸一座,3孔,总净宽为21.0米,堰顶高程为46.00米,设计流量为100立方米每秒;灌溉涵洞一座,为钢筋混凝土箱涵,底板高程为44.7米,洞身断面尺寸为1.0米×1.2米,设计流量为1.00立方米每秒。

5. 八条路水库

八条路水库位于赣榆区西北部低山丘陵区的谢湖河下游。水库于1957年

2 月开工，1958 年竣工蓄水。2009—2010 年，进行除险加固。八条路水库是一座以防洪为主，结合农业灌溉、供水、水产养殖等综合利用的中型水库，集水面积为 32.0 平方公里，总库容为 2 143 万立方米，兴利水位为 32.00 米，兴利库容为 1 473 万立方米。设计灌溉面积为 0.15 万公顷，实际灌溉面积为 0.11 万公顷。水库枢纽防洪设计标准为 50 年一遇，设计洪水水位为 32.37 米；校核为 1 000 年一遇，校核洪水水位为 33.13 米。水库枢纽工程有大坝一座，坝顶长为 930 米，坝顶高程为 34.60 米，顶宽为 5.45～6.49 米，最大坝高为 13.3 米；溢洪闸一座，3 孔，闸孔净宽为 7.0 米，设计流量为 165 立方米每秒，校核流量为 235 立方米每秒。挡水主要建筑物有大坝、溢洪闸、涵洞，按 3 级水工建筑物设计，抗震设防烈度为Ⅶ度。溢洪闸采用开敞式钢筋混凝土结构，采用两级消能方式。

6. 横沟水库

横沟水库位于东海县横沟乡境内，鲁兰河支流埝河上游，集水面积为 42.2 平方公里，总库容为 2 459 万立方米，是一座以防洪、灌溉为主，结合水产养殖、城乡供水等综合利用的中型水库。水库建于 1957 年 10 月，1958 年 6 月建成。2009 年 10 月至 2011 年 11 月，进行除险加固。水库设计防洪标准为 50 年一遇，设计洪水水位为 28.08 米；校核为 1 000 年一遇，校核洪水水位为 28.87 米。水库枢纽建筑物有主坝一座，坝顶长为 1 950 米，坝顶宽为 5.1～5.3 米，坝顶高程为 30.40 米，挡浪墙顶高程为 30.70 米，最大坝高为 12.4 米；溢洪闸一座，3 孔，总净宽为 24.0 米，底板高程为 25.00 米，设计下泄流量为 212 立方米每秒、校核下泄流量为 365 立方米每秒；非常溢洪道一座，堰顶宽为 110 米，堰顶高程为 28.35 米；灌溉涵洞一座，为钢筋混凝土箱涵，涵洞底板高程为 22.80 米，洞身断面尺寸为 1.2 米×1.4 米，设计流量为 5.80 立方米每秒。

7. 昌梨水库

昌梨水库位于东海县双店镇境内，鲁兰河支流石榴树河上游，集水面积为 35 平方公里，总库容为 2 111 万立方米，是一座以防洪、灌溉为主，结合水产养殖等综合利用的中型水库。水库建于 1957 年 4 月，1958 年 6 月建成。2009 年 3 月至 2010 年 11 月，进行除险加固。水库防洪设计标准为 50 年一遇，设计洪水水位为 49.23 米；校核为 1 000 年一遇，校核洪水水位为 50.04 米。水库枢纽建筑物有主坝一座，坝顶长为 1 850 米，坝顶宽为 5.5～6.0 米，坝顶高程为 52.00 米，挡浪墙顶高程为 52.65 米，最大坝高为 15.0 米；副坝一座，坝顶长度为 650 米，坝顶宽为 3.0 米，坝顶高程为 51.00～52.00 米，最大坝高为 4.4 米；

溢洪闸一座，3 孔，总净宽为 9.0 米，底板高程为 45.70 米，设计下泄流量为 96.7 立方米每秒、校核下泄流量为 132 立方米每秒；昌西进水闸一座，3 孔，总净宽为 27.0 米，堰顶高程为 45.00 米，设计流量为 330 立方米每秒；灌溉涵洞两座，均为钢筋混凝土箱涵，南涵洞底板高程为 40.50 米、洞身断面尺寸为 1.2 米×1.4 米、设计流量为 4.48 立方米每秒，北涵洞底板高程为 42.00 米、洞身断面尺寸为 1.2 米×1.4 米、设计流量为 4.48 立方米每秒。

8. 贺庄水库

贺庄水库位于东海县石湖乡境内，竹墩河上游，集水面积为 57.0 平方公里，总库容为 2 654 万立方米，是一座以防洪、灌溉为主，结合供水、水产养殖等综合利用的中型水库。水库建于 1958 年 11 月，1959 年 5 月建成。2004 年 3 月至 2006 年 6 月，进行除险加固。水库防洪设计标准为 50 年一遇，设计洪水水位为 39.18 米；校核为 1 000 年一遇，校核洪水水位为 40.26 米。水库枢纽建筑物有主坝一座，坝顶长为 3 680 米，坝顶宽为 6.0 米，坝顶高程为 42.30 米，最大坝高为 8.3 米；泄洪涵洞一座，3 孔，单孔净宽为 3.0 米，底板高程为 32.50 米，设计下泄流量为 134 立方米每秒、校核下泄流量为 152 立方米每秒；尤塘调度洞一座，单孔，洞身断面尺寸为 3.5 米×3.5 米，底板高程为 34.00 米，设计流量为 45.0 立方米每秒，尤塘调度洞下游跃进河上有尤塘闸一座，设计流量为 112 立方米每秒；灌溉涵洞两座，均为钢筋混凝土箱涵，东涵洞底板高程为 34.50 米、洞身断面尺寸为 1.4 米×1.6 米、设计流量为 5.70 立方米每秒，西涵洞底板高程为 34.50 米、洞身断面尺寸为 1.0 米×1.2 米、设计流量为 4.80 立方米每秒。

9. 房山水库

房山水库位于东海县房山镇境内，白沙河上游，集水面积为 54.6 平方公里，总库容为 2 561 万立方米，是一座以防洪、灌溉为主，结合水产养殖、供水等综合利用的中型水库。水库建于 1957 年 10 月，1958 年 6 月建成。2009 年 2 月至 2011 年 11 月，进行除险加固。水库防洪设计标准为 50 年一遇，设计洪水水位为 10.61 米；校核为 1 000 年一遇，校核洪水水位为 11.51 米。水库枢纽建筑物有主坝一座，坝顶长为 1 700 米，坝顶宽为 6.0～6.6 米，坝顶高程为 13.45 米，最大坝高为 8.7 米；副坝一座，坝顶长为 1 800 米，坝顶宽为 7.0 米，坝顶高程为 12.62～13.94 米，最大坝高为 4.0 米；溢洪闸一座，3 孔，总净宽为 24.0 米，底板高程为 7.50 米，设计下泄流量为 201 立方米每秒、校核下泄流量为 312 立方米每秒；灌溉涵洞两座，主坝涵洞为钢筋混凝土箱涵，涵洞底板高程为 7.45 米，洞身断面尺寸为 1.2 米×1.4 米，设计流量为 4.70 立方米每秒，副坝涵洞为内径为 1.0 米钢管，涵洞底板高程为 7.00 米，设计流量 3.77 立方米每秒。

10. 西双湖水库

西双湖水库位于东海县城西郊，跃进河的下游，集水面积为 22.3 平方公里，总库容为 1 760 万立方米，是一座以防洪、灌溉、城镇工业和民用供水为主，结合水产养殖等综合利用的中型水库。水库建于 1958 年 3 月，1960 年 6 月建成。2006 年 12 月至 2007 年 12 月，进行除险加固。水库防洪设计标准为 50 年一遇，设计洪水水位为 32.19 米；校核为 1 000 年一遇，校核洪水水位为 32.75 米。水库枢纽建筑物有主坝一座，坝顶长为 9 700 米，坝顶宽为 8.0～12.0 米，坝顶高程为 34.50～34.90 米，最大坝高为 11.9 米。南泄洪闸一座，单孔，净宽为 9.0 米，底板高程为 29.00 米，设计下泄流量为 82.5 立方米每秒、校核下泄流量为 100 立方米每秒。东泄洪闸一座，单孔，净宽为 3.0 米，底板高程为 29.50 米，设计下泄流量为 20.5 立方米每秒、校核下泄流量为 27.0 立方米每秒。灌溉涵洞 4 座，南坝两座涵洞洞身为直径 1.0 米的钢筋混凝土压力管，1 号涵洞底板高程为 29.00 米，2 号涵洞底板高程为 29.40 米，设计流量均为 1.00 立方米每秒；北坝两座涵洞为钢筋混凝土箱涵，3 号涵洞底板高程为 27.00 米、洞身断面尺寸为 0.8 米×1.4 米、设计流量为 1.50 立方米每秒，4 号涵洞底板高程为 25.00 米、洞身断面尺寸为 0.8 米×1.4 米、设计流量为 2.00 立方米每秒。进库桥两座，老桥为 3 孔拱桥，新桥为 1 孔 9 米净跨的预应力钢筋混凝土板桥。水库及周边已经建设成为风景区。

11. 羽山水库

羽山水库位于东海县横沟、温泉两乡镇交界处的羽山南麓，鲁兰河支流埝河上游，集水面积为 7.00 平方公里，总库容为 1 225 万立方米，是一座以防洪、灌溉为主，结合水产养殖等综合利用的中型水库。水库建于 1977 年 11 月，1979 年 4 月建成。2012 年 10 月至 2014 年 4 月，进行除险加固。水库防洪设计标准为 50 年一遇，设计洪水水位为 49.28 米；校核为 1 000 年一遇，校核洪水水位为 49.68 米。水库枢纽建筑物有主坝一座，坝顶长为 2 870 米，坝顶宽为 7.0～9.0 米，坝顶高程为 52.00～52.20 米，最大坝高为 16.5 米；泄洪涵洞一座，2 孔，洞身断面尺寸为 2.0 米×2.5 米，底板高程为 41.00 米，设计、校核下泄流量均为 48.0 立方米每秒；进库闸一座，3 孔，总净宽为 12.0 米，底板高程为 45.50 米，设计流量为 113 立方米每秒、校核流量为 179 立方米每秒；灌溉涵洞一座，为钢筋混凝土箱涵，底板高程为 41.00 米，洞身断面尺寸为 1.5 米×1.8 米，设计流量为 2.91 立方米每秒。

第二章 水文特征

连云港市处于暖温带向北亚热带的过渡地带，属暖温带南缘湿润性季风气候，兼有暖温带和北亚热带气候特征，四季分明，气候温和，光照充足，雨量适中，雨热同季。因处于海洋与陆地、低纬度与高纬度、温带与亚热带交界处，全市盛行偏东风，主要风向为东南风，具有春旱多风、秋旱少雨、冬寒干燥的特点，灾害性气象主要有旱涝、冰雹、台风、暴雨和低温等。

连云港市降水量年内分配不均，主要集中在汛期，多年平均汛期降水量约占全年总降水量的69.5%。全市水旱灾害以洪涝为主，兼有旱灾、旱涝逆转等。降水量空间分布不均，由南向北递减。由于地处淮河下游，过境水量比较丰沛，流域洪水对连云港威胁较大。全市蒸发量年内分配很不均匀，夏季气温高、蒸发量大，冬季气温低、蒸发量小。多年平均最小月蒸发量为1月的22.9毫米，占全年的2.7%；多年平均最大月蒸发量为5月的107.6毫米，占全年的12.7%，最大月蒸发量约是最小月蒸发量的4.7倍。全市多年平均干旱指数为1.01，说明连云港市属于湿润与半湿润过渡带；全市历年最大干旱指数为1.66，历年最小干旱指数为0.58，最大值约是最小值的2.86倍，年际变化较大，整体呈现先变小后变大的趋势。

80年代以前，连云港市主要河流和水库的水质相对较好。改革开放以后，尤其是90年代之后，农业种植过程中大量使用化肥、农药，其残留随地表径流汇入河流，加之全市工业、第三产业迅速发展，大量工业废水、城市生活污水、农村生活污水、畜禽养殖污水等大量污水未经处理直排入河库，水质受到了不同程度的污染，且日趋严重。2017年之后，连云港市开展水生态文明建设工作，通过强化水资源管理顶层设计，严格落实最严格水资源管理制度，推行“河湖长制”等管理措施，以及改扩建城市集中式污水处理厂、新建乡镇污水处理厂，实施水功能区达标整治工程等水环境综合治理工程措施，连云港市河湖水质得到明显改善。

连云港天然水资源量先天不足且分布不均衡，人均占有地表水资源仅为436.0立方米，为全国人均占有量的1/6强，是全国40个严重缺水地区之一。水作为一种资源，严重制约连云港经济的可持续发展。

第一节　降水、蒸发

一、降水

（一）降水量空间分布

连云港多年平均降水量呈现南向北、西北递减的空间分布的总体趋势，但灌河口至连岛沿海有低值区存在。

截至2021年，连云港市全市多年平均降水量为895.9毫米，行政区中多年平均降水量最高的是灌南县，为924.7毫米；最低的是东海县，为837.7毫米。

（二）降水量年内分配

连云港多年平均降水量年内分配极不均匀，7月降水量最多，占年降水量的26.9%；1月降水量最少，仅占年降水量的1.8%。6—8月降水量占全年的59.3%，汛期（6—9月）降水量占全年的69.6%。

（三）降水量年际变化

连云港多年平均降水量为895.9毫米，最大值为2005年的1 308.0毫米，最小值为1988年的588.0毫米，最大年降水量约是最小年降水量的2.2倍，年际降水量变化较大。

以1956—2020年降水量系列为基准，连云港市21世纪前十年平均降水量最多，其次是20世纪70年代，再次是20世纪60年代和50年代，均比基准系列偏大；2010—2019年平均降水量最小，其次是20世纪80年代，再次是20世纪90年代，均比基准系列偏小。降水量总体呈现先增、后减、再增、再减的趋势。1956—1965年间，没有出现偏枯年份和枯水年份，整体处于偏丰年份；1966—1981年间，丰枯年份交替出现；1982—1997年间，除了1990年是丰水年外，其他年份都是平水、偏枯、枯水年份，整体呈平枯交替出现；1998—2008年间，整体呈丰枯交替出现;2009—2019年间,没有出现偏丰和丰水年份,整体呈平枯交替出现,降水量呈明显减少趋势;2020年,降水量明显偏丰,年降水量比多年平均年降水量增加28.2%。

2021年,连云港市降水量为1 254.0毫米,属丰水年,年降水量比多年平均年降水量增加40.0%。

(四)暴雨

夏季,连云港处于太平洋副热带高气压控制时,由于副热带高气压的进退,加上北方小股冷空气的切入,时常酿成暴雨。连云港地区的暴雨兼有南北方的特性,雨强大、时间短、突发性强,天气变化剧烈,降水集中,例如1974年、1975年、2000年、2012年等。当江淮梅雨雨带偏北时,可能造成沂沭河流域的连云港地区出现类似梅雨的天气,降水量大,降水历时长,时间空间上分布相对均匀。

据资料统计,按照日雨量50.0～99.9毫米为暴雨标准,连云港地区多年平均年暴雨日数约为3.5天;按照日雨量100.0～249.9毫米为大暴雨标准、大于等于250毫米为特大暴雨标准,连云港地区多年平均年大暴雨和特大暴雨日数约为0.8天。

连云港暴雨一般发生在5—9月,7月发生频次最多,最早起始日期为4月22日(1988年),最迟终止日期为10月16日(1994年)。

连云港地区历史上典型暴雨、大暴雨情况如下。

1974年8月10日至14日,受当年12号台风倒槽和冷空气结合的影响,从洪泽湖向北到沂沭河流域出现南北向大片雨区。12日,暴雨中心位于徐州老濉河刘圩站,日降水量为553.6毫米;13日,暴雨中心移至沂沭河上游。1974年8月12日,连云港市小许庄站一日降水量为209.9毫米。三日(8月11日至13日)降水量为313.7毫米;夹谷山站三日(8月11日至13日)降水量为355.0毫米;石梁河水库站三日(8月11日至13日)降水量为338.4毫米。

1975年8月14日,一日降水量石门站为299.3毫米,石梁河水库站为249.9毫米,岳庄站为239.5毫米,石桥站为233.1毫米,朱稽副闸站为225.7毫米,临洪站为210.2毫米。

1990年8月4日,青口站一日降水量为200.8毫米,三日(8月2日至4日)降水量为322.2毫米。本次降水过程中,产生年最大1小时至12小时时段降水量,其中,最大1小时降水量为90.0毫米,最大12小时降水量为193.7毫米。

1991 年 7 月 14 日,一日降水量岳庄站为 194.6 毫米(最大 24 小时降水量达 259.3 毫米),下河套站为 185.6 毫米(最大 24 小时降水量达 218.6 毫米),石门站为 184.6 毫米(最大 24 小时降水量达 200.4 毫米),大兴镇站为 183.8 毫米(最大 24 小时降水量达 205.2 毫米),石梁河水库站为 170.6 毫米(最大 24 小时降水量达 209.2 毫米),驼峰站为 165.1 毫米(最大 24 小时降水量达 201.6 毫米)。

2000 年 8 月 30 日,受当年 12 号台风"派比安"北移过程中遭遇东移的西风槽影响,连云港、盐城部分地区遭遇一场特大暴雨。杨集站一日降水量为 517.6 毫米,三日(8 月 28 日至 30 日,下同)降水量为 672.9 毫米;善后新闸站一日降水量为 486.0 毫米,三日降水量为 534.5 毫米;顺河集站一日降水量为 377.0 毫米,三日降水量为 573.4 毫米;东辛农场站一日降水量为 352.2 毫米,三日降水量为 404.6 毫米;小窑站一日降水量为 347.9 毫米,三日降水量为 571.6 毫米。范河闸站一日降水量为 340.6 毫米,石梁河水库站一日降水量为 337.6 毫米,大兴镇站一日降水量为 300.5 毫米。本次降水被称为 2000 年"8·30"大暴雨,暴雨中心位于连云港市长茂乡、盐城市响水县城一带,其中长茂乡一日降水量为 812.0 毫米;响水站一日降水量为 563.1 毫米(最大 1 小时降水量达 105.8 毫米,最大 12 小时降水量达 591.0 毫米,最大 24 小时降水量达 825.0 毫米),三日降水量为 877.4 毫米。2000 年"8·30"大暴雨造成响水县境内及连云港市境内城市、农村大面积、长时间深度滞涝,灾害严重,成为当地洪水灾害的重要历史记录。

2012 年 7 月 8 日,连云港市突降特大暴雨,暴雨中心在市区云台山东南侧的凤凰嘴至大桅尖一线,300 毫米等值线基本涵盖连云港市区,200 毫米等值线涵盖赣榆区东南部、东海县东部、连云港市区及灌云县北部少部分区域。凤凰嘴站(中小河流站点)最大 24 小时降水量为 420.0 毫米;大桅尖站(气象站点)最大 24 小时降水量为 418.6 毫米;临洪站最大 24 小时降水量为 304.2 毫米。本次特大暴雨的成因主要是副热带高压外围强盛的西南暖湿气流和北方冷空气持续交汇于连云港地区,形成上干冷下暖湿的不稳定层结,从而产生强烈的上升运动。本次特大暴雨造成连云港市区低洼区大面积被淹、长时间滞涝。

2019 年 8 月,受"利奇马"台风影响,沂沭泗流域普降大暴雨、特大暴雨。连云港市区域最大点雨量为麦坡站,该站 8 月 10 日降水量为 303.0 毫米。同日,牛山站降水量为 256.0 毫米,房山站降水量为 223.3 毫米,双店站降水量为 220.0 毫米,顺河集站降水量为 204.5 毫米,张湾站降水量为 195.0 毫米,贤官亭站降水量为187.0毫米，龙沟闸站降水量为185.0毫米，小许庄站降水量为183.0毫米，青坊站降水量为177.0毫米，大兴镇站降水量为172.5毫米，前圩站降水量为170.5毫米，小窑站降水量为156.5毫米。

二、蒸发

根据1987—2021年资料，连云港市多年平均蒸发量为847.6毫米(E601型蒸发器)，最大年蒸发量为974.4毫米，发生在1988年；最小年蒸发量为729.1毫米，发生在2003年，最大值约是最小值的1.34倍，明显小于降水量的年际变化(2.2倍)。

蒸发量的年内分配很不均匀，夏季气温高、蒸发量大，冬季气温低、蒸发量小。

全市多年平均干旱指数为0.97，接近于1.0，说明连云港市属于湿润与半湿润过渡带；全市最大干旱指数为1.66，最小干旱指数为0.58，最大值约是最小值的2.86倍，年际变化较大。

第二节 水 位

一、地表水水位

连云港市为滨海城市，是著名的沂沭河“洪水走廊”，各河库水位受水系、地形、降雨和闸站调节的影响，最高水位一般高于当地地面。

1974年8月中旬，受当年12号台风倒槽和冷空气综合影响，淮河流域沂河、沭河水系发生特大暴雨，区域内大部分河流、水文站点出现历年最高水位记录。8月14日，蔷薇河临洪站出现历史最高水位5.93米，青口河小塔山水库站出现历史最高水位34.00米。8月15日，新沭河大兴镇站出现历史最高水位27.21米，新沭河石梁河水库站出现历史最高水位26.82米。

2000年“8·30”大暴雨，导致新南、沂北、沭南片区多站出现历史最高洪水位。8月31日，板浦站出现历史最高水位3.57米，龙沟闸(上)出现历史最高水位4.57米，小许庄站出现历史最高水位7.07米。

2019年，沂沭河上游遭遇大暴雨，导致下游泄洪通道新沂河、新沭河大流量行洪，沿线多站点出现历史最高水位记录。8月12日，新沂河盐河南闸站出现历史最高洪水位6.90米,新沂河小潮河站闸出现历史最高洪水位5.71米。

连云港市主要水文测站水位特征值见表2-1。

表2-1 连云港市主要水文测站水位特征值 基面:废黄河口

水系	河名	站名	最高		最低		资料系列/年
			水位/米	发生日期	水位/米	发生日期	
沂河	善后河	板浦	3.57	2000年8月31日	−0.45	1965年5月31日	1957—1966,1968—2021
	新沂河	盐河南闸	6.90	2019年8月12日			1975—2021
	新沂河	小潮河闸	5.71	2019年8月14日			1975—2021
	北六塘河	龙沟闸(上)	4.57	2000年8月31日	0.96	1991年4月17日	1980—2021
	北六塘河	龙沟闸(下)	4.04	2015年9月29日			1951—1966,1970—2021
	灌河	燕尾港	3.90	1992年8月31日	−2.76	1987年2月15日	1951—2003
沭河	厚镇河	安峰山水库(坝上)	18.22	1960年7月28日	库干	1978年8月8日	1959—1960,1964—1966,1968—1974,1976,1980—2021
	新沭河	大兴镇	27.21	1974年8月15日	河干	1978年5月13日	1951—1955,1961—2021
	新沭河	石梁河水库(坝上)	26.82	1974年8月15日	15.24	1965年7月9日	1963—2021
	蔷薇河	小许庄	7.07	2000年8月31日	1.55	2017年6月19日	1987—2021
	蔷薇河	临洪	5.93	1974年8月14日	河干	1970年11月22日	1963—2021
	东站引河	临洪(东)	4.79	2019年8月12日	1.10	2020年6月28日	2014—2021
滨海诸小河	黄海	连云港	3.77	1997年8月19日	−3.16	2009年1月13日	1958—1961,1972—2021
	青口河	黑林	37.97	1990年8月4日	河干	1977年6月13日	1976—2021
	青口河	小塔山水库(坝上)	34.00	1974年8月14日	21.60	1966年10月24日	1959—2021

注:资料系列指水文测站刊印资料系列(下同)。

二、地下水水位

80年代前,连云港市开始开发利用地下水,地下水逐步成为工农业生产和城市生活用水的主要水源。随着经济的迅速发展,地下水开发量逐年增加,到90年代中期达到峰值。由于地下水过度开发,地下水位持续下降,灌南县和灌云县超采区面积达599平方公里,超采区域出现地下水降落漏斗,并引发地面沉降、水质变差等一系列环境地质问题。灌云县燕尾港—灌南县堆沟港一带成为严重超采区,漏斗面积表现出受降雨补给、水资源管理和地方经济发展等多重因素影响的特征。

2003 年，连云港市水资源实现由水利部门统一管理，逐步实施地下水压缩限采。2014—2018 年，全市加快地表水厂建设，新建东海县城北水厂一期工程，赣榆区第二水厂一期工程和莒城湖水厂项目一期工程，灌南县硕项湖水厂一期工程和田楼水厂一期工程，区域供水范围不断拓展。到 2018 年年底，全市各地均实现以地表水为主、地下水为辅的供水格局，地下水主要作为应急、战略用水。

2014 年，连云港市按照地下水压采方案，开始有计划地开展地下水压采，灌南县和灌云县超采区地下水埋深全面回升。

至 2021 年年末，超采区地下水位埋深均在 43.0 米禁采线以上，平均埋深为 24.96 米，中心埋深从 51.01 米(2017 年)回升至 33.47 米。

第三节 流量、径流、泥沙

一、流量

连云港市主要河道流量受本地降雨径流、过境水影响明显，年最大流量常出现在主汛期(7—9 月)，最小流量一般出现在当年 10 月至次年 4 月。

新沂河、新沭河历史最大流量受沂沭泗流域上游下泄流量以及下游区间径流混合影响产生；本地区域河道多由当地暴雨形成的洪水产生。

连云港西北部山丘区河道比降大，致使洪水暴涨暴落，过程自然连续。滨海平原区河道洪水主要受流域内洼地滞蓄、河口潮水位顶托等影响，河口有闸门控制的入海河道，洪水下泄，需在中低潮时段开闸排水，在高潮时段关闸，河道则似半日河川水库，出口洪水流量过程断续、变形。

1974 年 8 月中旬，受当年 12 号台风倒槽和冷空气综合影响，淮河流域沂河、沭河水系发生特大暴雨，区域内青口河小塔山水库站出现历史最大流量 373 立方米每秒。

2000 年“8·30”大暴雨，区域内青口河黑林站出现历史最大流量 583 立方米每秒。

2020 年 8 月中旬，受副高边缘暖湿气流和蒙古气旋南部的冷空气共同影响，8 月 13 日至 14 日，沂、沭河流域上中游区域普降大暴雨、特大暴雨，100 毫米以上暴雨笼罩面积为 10 700 平方公里，几乎笼罩了沂河临沂站及沭河重沟站以上所有区域;200 毫米以上暴雨笼罩面积为 5 000 平方公里,笼罩了沂河临沂站及沭河重沟站以上核心区域。降水中心最大点雨量出现在沭河上游张家抱虎站,24 小时降水量为 497.0 毫米;其次为沂河的和庄站,24 小时降水量为 490.0 毫米。本次沂沭河上中游大暴雨、特大暴雨在连云港市基本无同步降水,但连云港市位于沂沭河下游区域,是沂沭河"洪水走廊",本次行洪导致境内新沭河沿线多个水文站点出现历史最大行洪流量,大兴镇水文站出现历史最大行洪流量 6 080 立方米每秒,石梁河水库水文站出现历史最大行洪流量4 790 立方米每秒,区域内蔷薇河临洪(总)站出现历史最大行洪流量 893 立方米每秒。

2021 年 7 月 29 日,小许庄水文站出现历史最大行洪流量 304 立方米每秒。

连云港市主要水文测站流量特征值见表 2-2。

表 2-2 连云港市主要水文测站流量特征值

水系	河名	站名	最大		最小		资料系列
			流量/立方米每秒	发生日期	流量/立方米每秒	发生日期	
沭河	新沭河	大兴镇	6 080	2020.8.15	−0.31	1965.6.9	1951—2021
	新沭河	石梁河水库	4 790	2020.8.15	−18.2	2003.2.22	1963—2021
	蔷薇河	小许庄	304	2021.7.29	0	(2010.5.6)	1987—2021
	蔷薇河	临洪	893	2020.7.13	−80.0	1965.9.1	1963—2021
滨海诸小河	青口河	黑林	583	2012.7.10	0	1977.6.13	1976—2021
	青口河	小塔山水库	373	1974.8.14	0	1965.11.14	1959—2021

注:1. 1963—2013 年临洪站系列,2014—2021 年临洪(总)站系列,视为同一个站挑选历史特征流量。

2. 表格中加括号数据表示统计资料不全,下同。

二、径流

地表径流由大气降水补给,经地表汇流入河网称为河川径流。连云港市 1956—2021 年多年平均径流量为 256.7 毫米,降雨径流主要集中在汛期。最大月径流量一般出现在 7 月,占年径流量的 26.8%左右;最小月径流量多出现在 12 月,占比不足年径流量的 2%。

2021 年,全市地表水资源量为 38.01 亿立方米,相当于年径流深 499.1 毫米,比多年平均地表水资源量增加 94.4%。

连云港市主要水文站月、年径流量见表 2-3。

表 2-3 连云港市主要水文站月、年径流量 单位:万立方米

河名	站名	项目	各月实测径流量												实测年径流量
			1	2	3	4	5	6	7	8	9	10	11	12	
新沭河	大兴镇	2021 年	5 544	4 209	2 705	3 059	3 375	5 443	73 120	32 940	85 800	8 919	2 877	1 867	229 900
		多年平均	826.7	627.1	638.2	644	1 258	2 797	22 750	26 910	10 130	2 836	1 757	1 404	72 580
新沭河	石梁河水库	2021 年	5 651	4 984	5 759	3 758	3 268	13 270	91 600	35 620	99 270	7 633	4 510	4 794	280 100
		多年平均	1 267	890.1	1 255	1 565	3 027	10 200	15 600	25 770	10 190	2 861	1 328	1 170	75 120
蔷薇河	小许庄	2021 年					4 419	7 620	17 010	16 100	14 620				(59 770)
		多年平均					4 799	6 867	8 165	8 510	6 256				(34 600)
蔷薇河	临洪	2021 年	811.6	1 432	1 942	1 550	1 187	2 748	39 370	38 030	33 180	8 892	5 365	999	135 500
		多年平均	2 264	1 789	2 465	2 311	2 130	4 550	20 260	16 280	9 771	4 088	2 932	2 389	71 230
青口河	黑林	2021 年					50.62	339.6	4 205	3 187	2 436				(10 220)
		多年平均					107.9	205.2	1 669	1 303	445.4				(3 731)
青口河	小塔山水库	2021 年	0	0	0	0	113.3	658.4	5 169	3 803	4 692	0	0	57.32	14 490
		多年平均	43.37	91.41	143.7	328.8	452.1	1 959	1 322	1 897	805.9	242.9	79.43	102	7 468

注:小许庄站从 1987 年 5 月 1 日起统计;临洪站 2014 年 1 月 1 日起改用临洪(总)站系列资料参与统计;小许庄站、临洪站数据为测站监测断面流出水量;小塔山水库水文站、石梁河水库水文站分别以小塔山水库站、石梁河水库站逐日平均流量表为计算依据。

三、泥沙

连云港市悬移质泥沙测验站点在新沭河上,一是石梁河水库干流入库站大兴镇水文站,二是石梁河水库站。

大兴镇站多年平均含沙量为 0.563 千克每立方米,最大断面平均含沙量出现在 1968 年,为 11.5 千克每立方米;石梁河水库站多年平均含沙量为 0.082 千克每立方米,最大断面平均含沙量出现在 1965 年,为 1.68 千克每立方米。

从新沭河来看,悬移质含沙量具有极其明显的年际、年内变化特征,与测站断面通过的水量及其年、季分配关系密切。一般来说,丰水年含沙量较大,枯水年含沙量较小;汛期含沙量较大,非汛期含沙量较小。

第四节 水 质

一、地表水水质

水质是水体质量的简称,它标志着水体的物理(如色度、浊度、臭味等)、化

学(无机物和有机物的含量)和生物(细菌、微生物、浮游生物、底栖生物)的特性及其组成的状况。河湖水质取决于流经地区的岩土类型及补给源。

1. 河湖水质

90 年代以后,由于工业发展和城市化进程加快,连云港市地表水污染日趋严重,河湖水质变差。根据 1995 年对连云港市蔷薇河、青口河、石安河、玉带河等 6 条主要河流的监测资料分析,Ⅲ类水及以上的河流占比仅为 33.3%,其中石安河、玉带河水体中有机污染严重。石安河氨氮最大监测值为 4.11 毫克每升,硝酸盐氮最大监测值为 1.33 毫克每升;玉带河高锰酸盐指数最大监测值为 30.0 毫克每升,氨氮最大监测值为 6.54 毫克每升,挥发酚最大监测值为 0.083 毫克每升。

1996—1999 年,连云港地区河湖水质污染严重,全指标评价为:Ⅲ类水及以上河流占比基本在 20%以下(1999 年稍高,为 26.3%),Ⅴ类至劣Ⅴ类水占比基本维持在 40%以上,主要超标项目为高锰酸盐指数、氨氮、挥发酚、五日生化需氧量等。

20 世纪 90 年代末至 21 世纪初,除西双湖、新沭河、石梁河水库、小塔山水库等水质较好外,其他河库水质均存在不同程度的污染。据 2000 年河流水质监测资料,符合Ⅱ类水标准的占总评价河段水域的 4.0%,Ⅲ类水占 24.4%,Ⅳ类水占43.8%,Ⅴ类水占 1.1%,劣Ⅴ类水占 26.7%。全市以有机污染为主,主要超标项目有高锰酸盐指数、化学需氧量、氨氮、溶解氧和五日生化需氧量等,重污染河道为大浦河、石门头河、排淡河、沙旺河、车轴河、玉带河等。

2011 年中央 1 号文件及中央水利工作会议明确要求实行最严格水资源管理制度。2012 年 1 月,《国务院关于实行最严格水资源管理制度的意见》发布,明确提出水资源管理“三条红线”“四项制度”,为促进水资源合理开发利用和节约保护,保障社会经济可持续发展提供根本遵循。党的十八大明确提出“大力推进生态文明建设,扭转生态环境恶化趋势”,把生态文明建设放在突出位置。2013 年 1 月 2 日,国务院办公厅发布《实行最严格水资源管理制度考核办法》,为贯彻落实最严格水资源管理制度提供考核依据。为进一步落实最严格水资源管理制度,推进河湖系统保护与水生态环境整体改善,保障河湖功能永续利用,维持河湖健康生命,2016 年 12 月,中共中央办公厅、国务院办公厅印发《关于全面推行河长制的意见》。伴随着水资源管理与保护相关政策、制度不断出台,连云港市水生态文明建设,水功能区达标整治,城市污水处理厂扩建、提标改造,乡镇污水处理厂全覆盖建设,河库生态净化等水环境保护治理工程相继实施，连云港市入河污染物排放量逐年减少，湖库水质明显改善，河湖生态系统逐步恢复。根据2017年入河排污口普查资料统计，连云港市入河排污口废污水排放总量为1.16亿吨每年，化学需氧量入河排放量为0.66万吨每年，氨氮入河量为0.1万吨每年。

2. 水功能区水质

全市共有108个地表水功能区，其中有29个省级重点水功能区、10个国家级水功能区，省级重点水功能区及国家级水功能区每月施测一次。水功能区监测项目为水温、pH值、溶解氧、高锰酸盐指数、化学需氧量、五日生化需氧量、氨氮、总磷、总氮、铜、锌、氟化物、硒、砷、汞、镉、六价铬、铅、氰化物、挥发酚、石油类、阴离子表面活性剂、硫化物、叶绿素a、硫酸盐、氯化物、硝酸盐、铁和锰等29项，省级重点水功能区及国家级水功能区达标考核采用双指标（氨氮、高锰酸盐指数）评价。

根据2016—2019年资料，连云港市31个省级重点水功能区按测次法（80%达标）评价，2016年达标率为38.7%，2017年达标率为65.6%。2018年，省级重点水功能区名录进行优化调整，由原先的31个调整为29个，2018年连云港市重点水功能区达标率为74.0%，2019年为78.0%。随着城市污水管网和污水处理厂的建设运行，工业和生活污水污染物入河排放量逐年减少。

根据2020年资料，按测次法（80%达标）评价，连云港市29个省级重点水功能区达标率为86.2%，10个国家考核水功能区达标率为70.0%。

根据2021年资料，按测次法（80%达标）评价，连云港市29个省级重点水功能区达标率达到93.1%，10个国家考核水功能区达标率为70.0%。水生态环境得到进一步改善。

3. 集中式饮用水源地水质

截至2021年，连云港市共有8个集中式地表水饮用水源地，分别为连云港市蔷薇湖（蔷薇河）水源地、连云港市沭新渠四营水源地、连云港市徐圩新区善后河水源地、赣榆区小塔山水库塔总干渠水源地、东海县沭新渠（沭新河）白塔水源地、灌云县叮当河伊山水源地、灌南县北六塘河李集水源地、灌南县硕项湖水源地。根据2020年集中式饮用水源地监测结果，按年均值法评价，水源地达标率为100%；按测次法评价，水源地达标率为62.5%，其中连云港市徐圩新区善后河水源地达标率为91.7%，灌云县叮当河伊山水源地达标率为91.7%，灌南县北六塘河李集水源地达标率为95.8%，其余5个水源地达标率为100%。

2021年，连云港市集中式地表水饮用水源地站点未做调整，根据2021年集中式饮用水源地监测结果,按年均值法评价,水源地达标率为100%;按测次法评价,水源地达标率为97.9%,其中连云港市徐圩新区善后河水源地达标率为87.5%,灌南县北六塘河李集水源地达标率为95.8%,其余6个水源地达标率为100%。

二、地下水水质

(一)水质监测

连云港地区地下水水质监测始于90年代初,在连云港市区及各县城区均设有代表站点,共布设地下水质井16眼,其中浅层、深层井各8眼,监测指标涵盖水温、pH值、高锰酸盐指数、氨氮、铜、锌、氟化物、硒、砷、汞、镉、铬(六价)、铅、氰化物、挥发酚、阴离子表面活性剂、硫酸盐、氯化物、硝酸盐氮、铁、锰、电导率、磷酸盐、色、嗅和味、浑浊度、肉眼可见物、总硬度、溶解性总固体、亚硝酸盐氮、碘化物、滴滴涕、六六六、总大肠菌群、细菌总数、总碱度、重碳酸盐、碳酸盐、矿化度等39项。为进一步掌握全省浅层地下水水质状况,2015年,省水文局对地下水监测站网进行优化调整,新增草街、石榴、麦坡、驼峰等39眼浅层地下井,2016年开始监测,监测指标涵盖pH值、总硬度、溶解性总固体、硫酸盐、氯化物、铁、锰、铜、锌、挥发性酚、高锰酸盐指数、氨氮、硫化物、总大肠菌群、硝酸盐氮、亚硝酸盐氮、氰化物、氟化物、汞、砷、硒、镉、六价铬、铅等24项,以及K^+、Na^+、Ca^{2+}、Mg^{2+}、$CO_3{}^{2-}$、$HCO_3{}^-$、$SO_4{}^{2-}$、Cl^-等8个离子。2018年,国家地下水监测工程全面完成。为及时掌握流域地下水水质状况和变化过程,了解生态环境退化、地下水污染等一系列问题,从而为科学、合理地开发利用和保护地下水资源提供技术支撑,为生态环境的恢复、地下水资源合理配置、生态保护等提供决策依据,2018年,省水文局决定实施江苏省国家地下水工程水质监测工作,其中连云港地区省级测井30眼,流域测井8眼,共计38眼,监测指标涵盖色、嗅和味、浑浊度、肉眼可见物、pH值等5项现场参数,以及总硬度、溶解性总固体、硫酸盐、氯化物、铁、锰、铜、锌、挥发性酚、阴离子表面活性剂、耗氧量、氨氮、硫化物、钠、亚硝酸盐氮、硝酸盐、氰化物、氟化物、汞、砷、硒、镉、六价铬、铅等24项实验室参数。为落实最严格水资源管理制度,全面掌握江苏省地下水资源质量状况,2021年8月,省水文局优化站点布局,决定对全省现有地下水监测井实施全覆盖水质监测,涉及连云港全市站点共计66眼,监测指标涵盖色、嗅和味、浑浊度、肉眼可见物、pH值、总硬度、溶解性总固体、硫酸盐、氯化物、铁、锰、铜、锌、挥发性酚、阴离子表面活性剂、耗氧量、氨氮、硫化物、钠、亚硝酸盐、硝酸盐、氰化物、氟化物、汞、砷、硒、镉、六价铬、铅、总大肠菌群、菌落总数等 31 项，同时根据分局监测能力选测铝、碘化物、三氯甲烷、四氯化碳、苯、甲苯等 6 项实验室参数。

（二）水化学特性

1. pH 值

连云港市浅层地下水 pH 值介于 6.5～7.8 之间，平均值为 7.1，最低值为 6.5，出现在赣榆区朱汪村；最高值为 7.8，出现在沂北区灌云县城区。

2. 矿化度

连云港市浅层地下水矿化度监测值范围为 0.27～6.62 克每升，平均值为 1.44 克每升。

全市所有山丘区矿化度均小于 1 克每升。平原区矿化度等于 1 克每升的等值线走向从北向南大致为海头、青口、城南、浦南、锦屏东、伊山东、张店、新安西，平原区矿化度等于 2 克每升的等值线走向大致为海头东、青口东、城南东、浦南东、海州西、板浦西、白蚬东、响水西，平原区矿化度大于 5 克每升的范围是大浦—南城—同兴—杨集—长茂一线以东。2 克每升、3 克每升、5 克每升的矿化度等值线走向基本平行，2 克每升、5 克每升的矿化度等值线区间为一狭长条带状，为半咸水地带。越靠近海边矿化度越高，由西向东矿化度从小于 1 克每升递增至 5 克每升以上。但浅层地下水与地表水交换频繁区域，一般埋深在 3～5 米以浅的水体已淡化。

3. 总硬度

连云港市浅层地下水总硬度监测值范围为 137.0～2 002.0 毫克每升，平均值为 402.0 毫克每升。总硬度最低值为 137.0 毫克每升，出现在灌南县新安镇龙沟村；最高值为 2 002.0 毫克每升，出现在海州区浦南镇。

连云港市大部分地区为大于 350.0 毫克每升的高硬度浅层地下水，仅在青口—墩尚—青湖—西连湾—双店以北地区和以伊山为中心的局部地区出现低于 350.0 毫克每升的浅层地下水。

4. 氟化物

连云港市浅层地下水氟化物监测值范围为 0.15～2.38 毫克每升。氟化物最高值为 2.38 毫克每升，出现在东海县房山镇草街村。氟化物主要分布在赣榆区海头—青口—城南—墩尚—沙河一线和东海县黄川—牛山—房山一线，呈东北向条带状分布，含量一般大于1.0毫克每升。另外，在东海县桃林、赣榆区柘汪、灌云县伊山、河崖等地也有含氟化物较高的地下水分布。

东海县、赣榆区中部地区氟含量超标，与地质条件、地形、地貌等有一定关系。该地区以西，地貌属低山丘陵及缓岗地，地势高爽，基岩浅埋或裸露，风化剥蚀作用强，构造裂隙发育，有利于大气降水补给地下水，而后顺地势形成向平原区的地下径流，由于水力坡度大，径流速度也大。该区水化学作用以风化淋滤为主，矿物在氧化、溶解或水解作用下风化解体，导致氟离子进入地下水，并随地下径流迁移。当这种含氟地下水迁移至东海赣榆中部地势低洼、径流不畅地区时，地下水被蒸发消耗，而氟离子则汇集浓缩，含量升高，富集超标。

（三）水化学成分

地下水的水化学类型选用钾、钠、钙、镁、重碳酸根、氯根、硫酸根、碳酸根等监测项目，采用舒卡列夫分类法确定地下水化学类型。

监测资料显示，连云港市浅层地下水A型居多，A型浅层水在55个监测因次中出现了32次。其中，Ca-HCO_3型占34.4%，Ca+Mg+Na-Cl型占25%，Ca+Mg+Na-HCO_3+Cl型占15.6%，Na-Cl型占15.6%，其他占9.4%。B型浅层水在55个监测因次中出现了23次。其中，Na-Cl型占34.8%，Ca+Na-HCO_3型占30.4%，Mg+Na-HCO_3+Cl型占26.1%，Ca-SO_4+Cl型占8.7%。

结合矿化度监测数据分析可知，水化学类型为*-HCO_3+Cl型的地区矿化度较高，水化学类型为*-Cl型的地区尤为明显。这与连云港市东部地层多次遭受海侵的历史状况相符合。

（四）水质状况

2010年8眼浅层地下水监测结果显示，连云港浅层地下水水质总体较差，水质级别“极差”的占75%，“良好”的占25%，主要超标项目为高锰酸盐指数和硝酸盐氮，个别地区氯化物、硫酸根、总硬度、氟化物超标；深层地下水总体较好，“良好”的占75%，“极差”的占25%，主要超标项目为氨氮。

2020年在测的37眼浅层地下井监测结果显示，连云港市浅层地下水水质以Ⅳ类为主，Ⅲ类占5.4%，Ⅳ类占56.8%，Ⅴ类占37.8%。主要超标项目为浊度、硝酸盐氮、总大肠菌群以及细菌总数，其中浊度超标的占48.6%；硝酸盐氮超标的占37.8%，主要分布在东海和赣榆地区；受人类活动影响，总大肠菌群、细菌总数超标比较严重，占比分别为88.2%、83.8%。总硬度、氯化物、氟化物、氨氮、高锰酸盐指数等指标个别站点也有不同程度超标，其中总硬度超标的占13.5%，主要分布在东海的麦坡、驼峰、平明、海州区包庄以及赣云县的常青地区；氯化物超标的占13.5%，主要分布在东海地区，最大值出现在安峰，浓度达1 182.1毫克每升；氟化物超标的占10.8%，主要分布在海州区的包庄、东海县的安峰、赣榆区的城南以及灌南县的龙沟地区，最大值出现在东海安峰，浓度达1.12毫克每升；硫酸盐超标的占5.4%，主要分布在东海地区，最大值出现在东海安峰，浓度达512.8毫克每升；氨氮超标的占5.4%，主要分布在海州古城以及赣榆朱圩村；高锰酸盐指数超标的占20.6%；钠离子超标的占27.0%。

2020年在测的39眼深层地下井监测结果显示，连云港市深层地下水水质以Ⅴ类为主，Ⅳ类占7.7%，Ⅴ类占92.3%。主要超标项目为总硬度、溶解性总固体、氯化物、高锰酸盐指数、铝、总大肠菌群、菌落总数、钠离子，其中总硬度超标的占61.5%，溶解性总固体超标的占74.4%，氯化物超标的占59.0%，高锰酸盐指数超标的占28.2%，铝超标的占41.0%，总大肠菌群全部超标、菌落总数超标的占84.6%，浊度超标的占74.4%，铝超标的占28.2%、钠离子超标的占59.0%；个别地区氟化物、硫酸盐、氨氮、硝酸盐氮超标。

2021年在测的37眼浅层地下井监测结果显示，连云港市浅层地下水水质以Ⅴ类为主，Ⅳ类占24.3%，Ⅴ类占75.7%。主要超标项目为浊度、总大肠菌群以及细菌总数，其中浊度超标的占45.9%，主要分布在东海和赣榆地区；受人类活动影响，总大肠菌群、细菌总数超标比较严重，占比分别为83.8%、73.0%。硝酸盐氮、氯化物、氟化物、氨氮、高锰酸盐指数、溶解性总固体及硫酸盐等指标个别站点也有不同程度超标，其中硝酸盐氮超标的占29.7%，主要分布在东海的牛山、驼峰(浅层)、双店以及灌云县的常青地区；氯化物超标的占16.2%，主要分布在东海及赣榆部分地区，最大值出现在青口，浓度达755.7毫克每升；其余氟化物、氨氮、高锰酸盐指数、溶解性总固体及硫酸盐超标占比分别为2.7%、8.1%、2.7%、5.4%及8.1%，全市各处均有分布。

2021年在测的66眼深层地下井监测结果显示，连云港市深层地下水水质以Ⅴ类为主，Ⅳ类占3.1%，Ⅴ类占96.9%。主要超标项目为总硬度、溶解性总固体、氯化物、砷、总大肠菌群、菌落总数、钠离子以及氟化物，其中总硬度超标的占27.2%，溶解性总固体超标的占63.6%，氯化物超标的占45.1%，砷超标的占41.0%，总大肠菌群全部超标、菌落总数超标的占93.9%，钠离子超标的占48.1%，氟化物超标的占9.1%；个别地区氟化物、硫酸盐、氨氮、硝酸盐氮、亚硝酸盐氮、高锰酸盐指数超标。

综合分析资料可以看出,连云港市地下水污染主要受人为因素和自然因素影响。由于连云港在历史上受到多次海侵作用以及低山丘陵地区浅埋基岩和裸露岩石的风化作用,导致大量矿物溶解到地下水体,使地下水中的总硬度、溶解性总固体、氯化物、氟化物等指标超标。随着人类开发活动范围的扩大,城市工业化程度的提高,农业施用化学肥料量的增大,大量污染物质渗入地下水中,导致硝氮、高锰酸盐、总大肠菌群、细菌总数等指标超标。

第五节　水　资　源

一、降水

按照全国水资源综合规划的统一分区,连云港市属于淮河区(一级区)的沂沭泗河区(二级区)的沂沭河区和日赣区(三级区),其中灌南县属于沂沭河区的沂南区(四级区),灌云县、东海县和海州区、连云区属于沂沭河区的沂北区(四级区),赣榆区属于日赣区的赣榆区(四级区)。水资源分区总面积为 7 616 平方公里。连云港市水资源分区情况见表 2-4。

表 2-4　连云港市水资源分区

一级区	二级区	三级区	四级区	所属县级行政区	分区面积/平方公里
淮河区	沂沭泗河区	沂沭河区	沂南区	灌南县	1 028
淮河区	沂沭泗河区	沂沭河区	沂北区	连云区	798
淮河区	沂沭泗河区	沂沭河区	沂北区	海州区	701
淮河区	沂沭泗河区	沂沭河区	沂北区	灌云县	1 538
淮河区	沂沭泗河区	沂沭河区	沂北区	东海县	2 037
淮河区	沂沭泗河区	日赣区	赣榆区	赣榆区	1 514
合计					7 616

降雨时空分布特点为:降水是连云港市水资源的主要来源,降水的分布特性一般能反映地表水资源的分布特性。降雨的时空分配极不均匀,在空间分布上呈自南向北递减趋势。降水量年内、年际分配不均,汛期(5—9 月)降水约占全年的 76.7%,7—8 月的降水量约占汛期的 61.6%,且降水往往集中在几次较大的暴雨中。年内旱涝急转、年纪丰枯变化频繁现象突出。

连云港市 1956—2021 年多年平均降水量为 895.9 毫米,略高于淮河流域多年平均降水量876.3毫米及沂沭泗水系多年平均降水量789.2毫米。

二、调水

连云港市外调水主要是江水北调进入连云港地区的引江淮水。引江淮水的主要通道有东、西两线:东线是通榆河引江水,西线为洪泽湖引江淮水。2021年,连云港市引江淮水水量约为19.28亿立方米,其中由东海吴场入境8.00亿立方米,由新沂河南偏泓入境7.23亿立方米,由灌南殷渡入境2.49亿立方米,由钱集闸入境1.56亿立方米。

据2004—2021年资料统计,江水北调向连云港地区多年平均引水量约为18.98亿立方米。2021年,江水北调向连云港地区供水量约为19.28亿立方米。

三、入境和入海水量

连云港市入境水来自山东省以及本省的徐州、宿迁、淮安、盐城等地,主要是沂沭泗流域的入境水量。2021年,连云港入市境总水量为236.18亿立方米。其中,山东省入市境水量为27.12亿立方米(沭北区为3.53亿立方米,沂北区为23.59亿立方米);本省入市境水量为209.06亿立方米(沂北区为127.01亿立方米,沂南区为82.05亿立方米)。

连云港市的入海水量,主要为灌河(新沂河、五灌河)、新沭河(蔷薇河、范河)、善后河、烧香河、排淡河、东盐河、开泰河、朱稽河、青口河、沙汪河、兴庄河、龙河、石桥河、柘汪河、绣针河等河流的入海水量,其他还有徐圩新区独流入海河流、北云台山北麓的独流入海涧沟等入海水量。2021年,连云港市入海水量为259.2亿立方米。

四、地下水

连云港市地下水划分为松散岩类孔隙水和基岩裂隙水两大类。

(一)松散岩类孔隙水

松散岩类孔隙水根据埋藏条件,可细分为孔隙潜水、微承压水、Ⅰ承压水和Ⅱ承压水、Ⅲ承压水。基岩裂隙水根据其含水地层的时代、成因、岩性,可细分为前震旦系变质岩裂隙含水岩组、火成岩含水岩组。

1. 浅层孔隙水

孔隙潜水与微承压水、Ⅰ承压水联系非常紧密,在进行地下水资源分析评价时,将其作为整体进行统一评价,并称之为浅层孔隙水。

(1) 潜水、微承压水含水岩组

滨海平原区(灌云、灌南一带)为全新世浅海相沉积,含水层分布局限,只在海相沉积的淤泥质黏土中夹有不连续的粉砂薄层及团块状透镜体,粉砂总厚度亦不超过1.0米,富水性差,一般民井单井涌水量只有10.0~20.0立方米每天,矿化度大于3克每升,不具供水意义。但是,局部地区如灌云县板浦附近、下车乡沙行、东辛乡及东辛农场等地段3.0~5.0米以浅水质已淡化,为微咸水或淡水。灌云县、灌南县的许多民井多开采这种类型的淡化潜水。

赣榆区青口河、龙王河中下游河床附近潜水、微承压水含水岩组主要由粉细砂、亚砂土组成,厚度由5.0米左右变为边缘数十厘米,水量不均,富水性变化较大(数百立方米每天至数立方米每天),主要受岩性和含水层厚度的影响,一般近河者水量大,远河者水量小,水质良好,水位埋深浅,一般为2.0米左右,可作为当地农村生活用水及少量农田灌溉水源。沿海一带,因受海水渗压和潮汐作用的影响,水质变差。

山丘周围的坡脚处及波状平原之谷部分布有第四系残坡积、坡洪积亚砂土、亚黏土夹碎石,一般厚度为2.0~5.0米,地下水矿化度小于1克每升,富水性差,旱季水量极贫乏,只能作为分散居民生活用水。

另外,在东海海滨一带咸水区内分布有5条(30余处)与海岸平行、相间排列、断续分布的古沙堤,含有淡水,水位、水量、水质受季节影响明显,一般水量为20.0~30.0立方米每天,可作为当地部分居民生活用水水源。

(2) Ⅰ承压水含水岩组

东南滨海平原灌云县、灌南县一带Ⅰ承压水含水岩组岩性为灰黑色粉砂,局部地段为细砂,砂层厚度一般为20.0~40.0米,含水层顶板埋深为10.0~20.0米,底板埋深为50.0~70.0米,水位埋深为0.5~3.0米,该层水矿化度多大于3克每升,水质极差,无供水意义。

北部赣榆区平行现今海岸有北窄南宽的Ⅰ承压含水岩组,主要属洪冲积相,次为海相,岩性为棕黄色或灰色粉砂、细砂、中砂、淤泥质粉细砂和亚砂土等,结构松散,饱水。

西部(主要指东海)一带,Ⅰ承压含水岩组由冲洪积中粗砂夹砾石组成冲洪积物,构成冲洪积裙,大致沿石埠—后大放—白塔埠一线呈弧形分布,在鲁兰河洼地亦有分布,顶板埋深为5.0~20.0米,底板多为基岩,水位埋深一般为1.0~3.0米,水质较好,局部受海侵影响,地下水被咸化,富水性较均匀。

2. 深层承压水

深层地下水系统通常具有明显的承压性质，接受补给与上部地下水有明显的不同。补给方法主要有：从含水层的出露部分接受降雨；再以径流方式补给，通过构造或越流从上覆含水层得到补给，并呈现出地下水动态变化周期相对大气降雨的“迟后”现象，地下水的动态起伏频率较小。连云港市深层承压水主要分布于灌云县、灌南县，主要为Ⅱ、Ⅲ承压水，埋藏深度为80.0～180.0米。

(1) 中层承压含水岩组

中层承压含水岩组仅分布在灌云县、灌南县一带，含水层厚度为30.0～40.0米；顶板埋深一般为50.0～100.0米，由西向东逐渐加深；富水性明显受砂层厚度控制，砂层厚度小则富水性亦小，反之，富水性大。

(2) 深层承压含水岩组

深层承压含水岩组主要分布在灌云县的南岗—洋桥一线以南地区，北部含水层不发育，含水层厚度达50.0米，含水层顶板埋深一般为90.0～120.0米，水量较丰富，矿化度小于1克每升。

(二) 基岩裂隙水

基岩裂隙水含水岩组主要为碎屑岩类构造裂隙含水岩组，其中泥盆系石英砂岩和侏罗系长石英砂岩、凝灰岩岩性硬脆，构造裂隙较为发育，在有利的张性断裂带中往往赋存较丰富的地下水，单井涌水量为300.0～1 000.0立方米每天；以页岩、砂质泥岩、泥质粉砂岩为主的地区，岩性软弱，构造裂隙不发育，富水性较差，单井涌水量一般小于100立方米每天，其分布区可视为贫水地区。

1. 云台山低山丘陵裂隙水含水岩组

该类水分布于前后云台山、棺材山及大伊山至东陬山一线的岛状剥蚀残丘地带，赋存于元古界片麻岩构造、风化裂隙之中。地层为云台岩群，岩性以白云斜长片麻岩为主，次为各种片岩、浅粒岩等。云台山为单斜构造，倾角为25～40度，含水岩组为变质岩，经历次构造运动破坏，裂隙较为发育，但由于长期裸露地表，遭受风化剥蚀，裂隙多被填充，没有较好的贮水构造，地下水并不丰富。水量大小受岩石风化强度、构造裂隙发育程度及充填物性质和充填程度控制，单井涌水量一般为10.0～50.0立方米每天，局部(朝阳镇)大于100.0立方米每天。

2. 东海、赣榆低山丘陵裂隙水含水岩组

该含水岩由坪上组和泶边组的白云钾长片麻岩、二云钾长麻岩，或斜长角闪岩、黑云变粒岩等夹大理岩透镜体组成，主要分布在赣榆区西北部及西南欢墩镇—大岭镇—沙河镇一线。水量主要与大理岩分布范围、体积大小、溶洞发育程度相关。溶洞发育较好的,涌水量可超过500立方米每天;溶洞发育不好的,涌水量则不足100立方米每天。

(三)局部富水地段

1. 沙河—墩尚富水地段

沙河、墩尚富水地段位于新沭河两侧,赣榆区沙河、墩尚、东海黄川一带,该地段是晚更新世地层中发育较多的冲洪积扇,地下水主要赋存于冲洪扇沉积物中,含水层岩性以中细砂、含砾中粗砂为主,厚度为5.0～15.0米,透水性好,渗透系数为3.69～27.6米每天,导水系数为29.32～240.64平方米每天,单井涌水量大于500立方米每天。该地段砂层厚度、粒度自西向东由薄变厚、由粗变细。水源地淡水区主要富水地段分布面积为163平方公里,其中水量极丰富区(标准单井涌水量大于1 000立方米每天)分布面积为88.0平方公里。

2. 山前或山谷松散沉积物地下水

该地段呈带状环形分布于低山丘陵周围坡脚处及山坳冲沟地带,赋存于第四系残坡积、坡洪积、冲洪积松散沉积物中,含水层岩性为亚黏土、亚砂土夹砂、砾石层,岩性变化大,在同一地段含水层由数层沙砾层构成,微具承压性。受古地形、汇水面积等因素的影响,含水层的埋深、分布、厚度、富水性等因地而异,共同之处是沟谷中心含水层厚度大、层次多、颗粒粗、水量丰富;沟谷边缘则相反。

含水层顶板埋深一般为0.0～10.0米,厚度一般为3.0～15.0米,汇水面积较大的山坳处厚度可超过20.0米。如前云台山北麓山坳内的朝阳镇,汇水面积约为14.0平方公里,含水层为第四系冲洪积相亚黏土夹砂、砾石层,厚度为15.0～25.0米;又如前云台山南麓的山东庄、东磊村一带,汇水面积约为15.6平方公里,含水层由第四系冲洪积相亚黏土、亚砂土及砾石层组成,厚度为10.0～40.0米。

(四)地下水开采

连云港市地下水开发利用历史悠久,城镇以深井开采深层承压水和裂隙水为主,农村则以分散的手压井开采为主,主要开采浅层孔隙水。随着工农业生产的发展和人民生活水平的提高,地下水的需求量日渐增大,从60年代对深层地下水几眼、几十眼的零星开采,增长到现在较大规模开采。由于长期过量开采地下水，导致（Ⅱ＋Ⅲ）主采层地下水水位大幅下降。依据《省水利厅 省发展改革委 省国土资源厅关于印发〈江苏省地下水超采区划分方案〉的通知》，2012年连云港市出现分别以燕尾港—堆沟、灌南县新安镇为漏斗中心的（Ⅱ＋Ⅲ）承压水超采区，涉及燕尾港、李集、新集、三口、长茂、田楼、五队、堆沟港等乡镇，面积为599平方公里，其中燕尾港—堆沟为严重超采区。全市地下水规模以上多年平均开采量为2 890万立方米，其中浅层孔隙水为1 520万立方米，占全市规模以上地下水取水量的52.6%；深层承压水为1 239万立方米，占全市规模以上地下水取水量的42.87%；裂隙水为131.0万立方米，占全市规模以上地下水取水量的4.53%。

五、水资源总量

2021年，连云港市水资源总量为47.48亿立方米，其中地表水资源量为38.01亿立方米，地下水资源量为9.47亿立方米。全市平均产水系数为0.50，平均产水模数为62.34万立方米每平方公里。

2021年，全市地表水资源量为38.01亿立方米（年径流深为499.1毫米），比2020年地表水资源量增加15.2%，比多年平均地表水资源量增加94.4%。

2021年，全市地下水资源量（矿化度小于等于2克每升）为9.47亿立方米，其中，平原区年地下水资源量为6.54亿立方米，山丘区年地下水资源量为3.33亿立方米，重复计算量为0.40亿立方米。

第三章 水文站网

水文测站是指为收集水文监测资料，在江河、湖泊、渠道、水库等水体设立的各种水文观测场所的总称。历史文献有孔子观洪记载，“悬水三十仞，流沫九十里”。这是对水位的高低、水流的速度和水量多少等细致的观察、描述、记录，是早期人们对水的认知和水文观测活动。北魏郦道元的《水经注》中，“去海百五十步，潮水至，加其上三丈，去则三尺”，是古代典籍中对连云港地区沿海潮差现象的粗略叙述。连云港水系发达、滨海临潮，水旱潮灾害频发。清道光元年(1821 年)，“正月，挑海州盐河，设草坝水志，修复项冲滚水坝”，开始用水志(又称志桩)观测水位。民国四年(1915 年)，连云港地区就设立了洋桥站观测潮水和内水，这是连云港境内近代最早设立的水文测站。民国六年(1917 年)，前江淮水利局设立蔷薇河海州潮水位站。前导淮委员会于民国十八年(1929 年)设立灌河口燕尾港潮位站，民国十九年(1930 年)设立北六塘河汤沟、龙沟和武障河 3 处潮位站，民国二十四年(1935 年)设立蔷薇河张湾、临洪河大浦 2 处潮位站，民国二十五年(1936 年)设立连云港验潮站。抗日战争期间，连云港境内水文测站全部停测。民国三十七年(1948 年)，由前淮河水利工程总局复设海州潮水位站。中华人民共和国成立后，随着国民经济的恢复，大规模兴修水利工程，水利事业进入飞速发展时期，对水文资料的需求非常紧迫，各地水文站网得到迅速恢复和发展。1956 年，根据全国统一规划部署，将测站性质分为国家基本水文测站和专用水文测站。基本水文测站为实现公用目的、经统一规划设立，是能获取基本水文要素值多年变化资料的水文测站。基本水文测站应保持相对稳定，并进行较长期连续观测。专用水文测站是为实现特定目的设立的水文测站。专用水文测站设站年限和测验资料的整编、保存由设立单位确定。随后，为配合基本水文测站正确控制水文情势变化设立了辅助水文测站。连云港水文测站包括国家基本水文站、专用水文测站、地下水监测站、水质监测站和水土流失监测站等。由水文测站组成的有机集合体称为水文站网。相关部门分别在 1964 年、1977 年和 1985 年对全国水文站网进行 3 次大规模的规划调整，逐步建成能掌握境内水位、流量、降水量、蒸发量、水质等水文变化的各类水文基本站网，形成地表水、地下水观测相结合，水量、水质相结合，点、线、面相结合的水文站网布局。至 2021 年，连云港市有国家基本水文站 6 处，分别为大兴镇、石梁河水库、黑林、小塔山水库、小许庄、临洪，其中大兴镇、石梁河水库、临洪 3 站为国家重要水文站，其他为区域代表站。另外，有国家基本水位站 8 处，基本降水量站 45 个，以及其他各种专用水文站网等。

第一节　重要测站沿革

一、基本水文站

（一）大兴镇站

1. 测站位置及历史沿革

大兴镇站位于山东省临沭县大兴镇境内新沭河左岸，是江苏省最大人工水库石梁河水库的新沭河干流入库控制站，属连云港水文管辖，东经 118 度 43 分，北纬 34 度 46 分，国家重要水文站，大河控制站。1951 年，由华东军政委员会水利部设立，1956 年 1 月 1 日撤销。1961 年 7 月 1 日，由江苏省水文总站复设为水文站，观测至今。1979 年 6 月 1 日，断面上迁 40.0 米。1985 年 1 月 1 日，确定断面以上流域集水面积。大兴镇站为常年站。

2. 设站目的及任务

（1）目的：为控制新沭河干流径流积累资料，分析水文特性，探求流域水文规律，为流域防洪调度提供水文情报预报，为省界水资源管理、生态环境保护、工程管理等提供数据信息，为区域提供水资源监测信息和考核评价依据，为下游（主要为石梁河水库）防汛防旱和水利工程调度等提供水文情报服务等。

（2）任务：监测水位、流量、降水量、含沙量和水质等水文要素，收集基本水文信息，开展报汛等。

3. 测验河段及断面概况

测流断面在大兴镇南新沭河上，测验河段顺直长度约为 1 100 米，上游 500 米处有弯道，较大洪水时水流流向不正，河床冲淤变化较大，中泓左右摆动，沙质河床,左岸为风化岩石,右岸为沙壤土,有坍塌现象。下游 13.0 公里处有石梁河水库,水库水位较高时,该站受变动回水影响,上游 20.0 公里处有大官庄闸控制洪水下泄量。

(二)石梁河水库站

1. 测站位置及历史沿革

石梁河水库站位于江苏省东海县石梁河镇石梁河水库新沭河右岸,东经 118 度 52 分,北纬 34 度 46 分,国家重要水文站,水库控制站。1954 年 8 月,由治淮委员会设立为河道汛期水位站,1954 年 9 月撤销。1960 年 6 月 1 日,由江苏省水文总站复设为水库水位站(当时水库在建),增测降水量项目。1961 年 7 月,升级为水文站,增测流量、输沙率、含沙量、水化学、蒸发量、气象等测验项目。1962 年 12 月,水库全面建成。1985 年 1 月 1 日,确定断面以上流域集水面积。石梁河水库站为常年站。2020 年 3 月,降蒸观测场向东迁移 282 米。

2. 设站目的及任务

(1) 目的:为控制新沭河干流径流积累资料,分析水文特性,探求流域水文规律,为流域防洪调度提供水文情报预报,为水资源管理、生态环境保护、工程管理等提供数据信息,为区域提供水资源监测信息和考核评价依据,为下游防汛防旱和水利工程调度等提供水文情报服务等。

(2) 任务:监测水位、流量、降水量、蒸发量、含沙量、水温、水质、墒情等水文要素,收集基本水文信息,开展报汛等。

3. 测验河段及断面概况

石梁河水库于 1962 年 12 月建成,是江苏省最大的人工水库,有正副坝各一处,均为梯形土坝,正坝长为 5 200 米,副坝长为 3 600 米。正坝上现有南、北溢洪闸各一座,南溢洪闸于 2001 年 6 月建成,北溢洪闸在老溢洪闸的基础上于 2000 年 6 月加固改造并更名为北溢洪闸,南北溢洪闸总设计流量为 10 100 立方米每秒。灌溉涵洞 4 座,分别为南涵洞、孟曹埠干渠涵洞、北干渠涵洞和副坝涵洞。电站一座,3 孔,装机容量 3×400 kW。翻水站 3 座,石梁河翻水站,为水库补水;古城翻水站和磨山翻水站,从水库提水灌溉。水电站、南涵洞、孟曹埠干渠涵洞、北干渠涵洞共 3 个灌溉涵洞出口下游均设有测流断面,南北溢洪闸出口汇流后设有溢洪道测流断面。各测验河段均为人工开挖,河道平整顺直,河底为风化岩,无冲淤变化。至 2021 年,水库库区主要出(入)库口门仅副坝涵洞尚未设站监测流量。

（三）黑林站

1. 测站位置及历史沿革

黑林站位于江苏省连云港市赣榆区黑林镇邵埠地村青口河左岸，东经 118 度 53 分，北纬 35 度 2 分，区域代表站，小塔山水库青口河干流入库控制站。1961 年 6 月 1 日，由江苏省水文总站设立为雨量站。1976 年 7 月 20 日，改级为汛期水文站。1977 年 1 月，雨量观测场迁移。2018 年 1 月 1 日，调整为常年站。

2. 设站目的及任务

（1）目的：为控制青口河干流径流积累资料，为国家长期积累基础信息，分析水文特性，探求流域水文规律，为流域防洪调度提供水文情报预报，为省界水资源管理、生态环境保护、工程管理等提供数据信息，为区域提供水资源监测信息和考核评价依据，为下游（主要为小塔山水库）防汛防旱和水利工程调度等提供水文情报服务等。

（2）任务：监测水位、流量、降水量、水质等水文要素，收集基本水文信息，开展报汛等。

3. 测验河段及断面概况

测验河段上、下游顺直长度约为 200 米，右岸滩地宽约 330 米，水位达到 38.00 米时开始漫滩，滩地有部分杂树，无堤防。左岸为岭坡。河床土质为黄沙土，冲淤变化较大，断面上游左岸 50.0 米有风力提水站一座，下游约 3.0 公里处为小塔山水库。

（四）小塔山水库站

1. 测站位置及历史沿革

小塔山水库站位于江苏省连云港市赣榆区小塔山水库青口河左岸，东经 118 度 58 分，北纬 34 度 56 分，省级重点站，区域代表站，水库控制站。1959 年 7 月 18 日，由江苏省水文总站设立为水位站。1960 年 1 月 10 日，增测蒸发量。1963 年 7 月 16 日，改级为水文站。1964 年 1 月 1 日，停测蒸发量。1971 年1 月 1 日，核实断面以上流域面积。1974 年 1 月 1 日，核实新增截入朱稽河上游面积。小塔山水库站为常年站。

2. 设站目的及任务

（1）目的：为控制青口河干流径流积累资料，为国家长期积累基础信息，分析水文特性，探求流域水文规律，为流域防洪调度提供水文情报预报，为水资源管理、生态环境保护、工程管理等提供数据信息,为区域提供水资源监测信息和考核评价依据,为下游防汛防旱和水利工程调度等提供水文情报服务等。

(2) 任务:监测水位、流量、降水量和水质等水文要素,收集基本水文信息,开展报汛等。

3. 测验河段及断面概况

小塔山水库站建于1959年10月,有正坝一座,长为2 303米,迎水坡为块石护坡,正坝东首建有方形发电灌溉(东)涵洞一座,平底、平板闸门。2003年改建,底高为23.00米,孔宽为2.5米。溢闸一处,2003年改建为实用堰弧形闸门,共4孔,每孔宽为8.0米,未建测流缆道。东副坝长为1 060米,西副坝长为1 000米。1965年,副坝中央建一孔灌溉(西)涵洞一座,平底、平板闸门,底高为24.00米,孔径为1.9米×1.9米,洞下为人工开挖渠道,上下顺直,渠底为砂礓土。东干渠测流断面设在洞下90.0米,上游河段顺直,下游河段呈弧形,为人工开挖,两岸及河底均为片麻岩。

(五) 小许庄站

1. 测站位置及历史沿革

小许庄站位于江苏省东海县房山镇吴场村蔷薇河左岸,东经118度50分,北纬34度22分,省级重点区域代表站。1956年7月1日,由治淮委员会设立为汛期水文站。1957年6月,由江苏省水文总站改级为雨量站。1959年6月1日,改级为水文站,水位为常年站,流量为汛期站,测验小许庄(黄)、小许庄(厚)两个流量断面。1961年6月1日,断面下迁900米,只保留小许庄黄泥河测流断面。1968年1月1日,改级为水位站。1970年6月1日,改级为水文站,水位常年,流量为汛期。1972年5月1日,断面上迁260米。1975年10月1日,断面上迁310米。1986年,断面下迁1 150米。

2. 设站目的及任务

(1) 目的:为控制蔷薇河干流径流积累资料,分析水文特性,探求流域水文规律,为流域防洪调度提供水文情报预报,为市界断面水资源管理、调水、生态环境保护、工程管理等提供数据信息,为区域提供水资源监测信息和考核评价依据,为下游防汛防旱和水利工程调度等提供水文情报服务等。

(2) 任务:监测水位、流量、降水量、水质等水文要素,收集基本水文信息,开展报汛等。

3. 测验河段及断面概况

测验河段顺直,河底为砂礓及黏土,冲淤变化甚微。上游1 320米处右岸友谊河上建有3孔平板、平底节制闸一座，每孔为4.0米×4.0米；沭新干渠上建有船闸一座，两闸出水均经断面汇入黄泥河；船闸启闭时对断面水流影响甚小，节制闸闸门启闭时对断面水流影响明显。断面上游约640米处有退水闸一座，退水闸开闸退水时，对断面水流影响明显；蔷北截水沟进水闸使两河水量相互串流，蔷北地涵为灌溉渠道，水量不进入蔷薇河；断面上游约850米处有公路桥一座，同时出现弯道，对断面水流无影响。

（六）临洪站

1. 测站位置及历史沿革

临洪站位于江苏省连云港市海州区浦西街道新圩村，东经119度9分，北纬34度37分，国家重要水文站，连云港市蔷薇河市区段防汛水情控制站。1963年6月10日，由江苏省水文总站设立为水文站。1964年1月1日，增测降水量、输沙率。1967年10月1日，停测输沙率。2002年1月，断面下迁1 000米。2014年1月，增设临洪（东）站断面，位于连云港市海州区临洪闸管理处，东经119度11分，北纬34度40分，同时增设临洪（总）站合成断面。

2. 设站目的及任务

（1）目的：为控制蔷薇河干流径流积累资料，为国家长期积累基础信息，分析水文特性，探求流域水文规律，为流域防洪调度提供水文情报预报，为水资源管理、生态环境保护、工程管理等提供数据信息，为区域提供水资源监测信息和考核评价依据，为连云港市主城区防汛防旱和水利工程调度等提供水文情报服务等。

（2）任务：监测水位、流量、降水量和水质等水文要素，收集基本水文信息，开展报汛等。

3. 测验河段及断面概况

2013年8月，富安调度闸建成后，原蔷薇河洪水经东站引河入新沭河，临洪断面主要控制鲁兰河来水。

临洪站断面上、下游河道顺直，上游长约1.7公里，下游长约500米。主槽宽为110米，为复式断面，右岸滩宽为80.0米，左岸滩宽为30.0米，亚黏土河床，左岸为亚黏土，右岸为亚砂土，断面水流集中，无岔流串沟，当水位在2.5米时漫滩，右岸滩地芦苇水草较多。临洪断面上游2.0公里处有富安闸，设计流量为100立方米每秒，控制蔷薇河来水；下游4.0公里处为临洪闸，设计流量为1 380立方米每秒，断面下泄水量受临洪闸控制。

临洪（东）站断面上下游河道顺直，长为800米，上游为450米处接弯道，下游350米处接喇叭口，喇叭口长为500米，尾端有临洪东站和临洪东站自排闸，其中临洪东站设计流量为360立方米每秒，临洪东站自排闸设计流量为650立方米每秒。

二、基本水位站

2021年，连云港市有安峰山水库、板浦、龙沟闸、盐河南闸、小潮河闸、善后新闸、燕尾港、连云港等8个水位站，其中安峰山水库（坝上）为水位站，板浦、龙沟闸（闸上）、盐河南闸、小潮河闸、善后新闸（闸上游）为河道水位站，燕尾港、连云港、龙沟闸（闸下）为潮水位站。

（一）安峰山水库站

1959年7月1日，设立为水位站。观测项目有水位、降水量。

（二）板浦站

1951年6月13日，设立为水位站。1953年5月18日，撤销。1954年7月1日，复设为汛期水位站。1957年6月19日，改级为水文站，当年测流但未推流。1958年1月1日，改级为水位站。1965年4月30日，断面上迁40.0米。1967年5月1日，断面上迁400米。1982年1月1日，断面下迁150米。观测项目有水位、地下水、降水量。

（三）龙沟闸站

1930年4月，设立为水位站，站名龙沟，观测潮水位。1938年3月，停测。1950年7月20日，复设为水位站。1978年10月1日，断面下迁1.7公里。1980年1月1日，因龙沟闸建成，上迁1.4公里，改设为龙沟闸上、下游水位，其中上游为河水位，下游为潮水位，站名改为龙沟闸站。1980年曾测流，因测验精度不高，资料未刊印。观测项目有水位、地下水、降水量。

（四）盐河南闸站

1971年6月1日，设立为汛期水位站。1975年6月5日，刊印资料。2018年1月1日，改为常年站，观测水位。

（五）小潮河闸站

1950年6月1日，设立为汛期水位站。1953年6月1日，停测。1954年7月

7日，复设。1965年10月1日，停测。1971年6月1日，复设。1975年6月5日，刊印资料。2018年1月1日，调整为常年站，观测水位。1950—1952年、1971—1974年，资料未刊印；1959年，无资料。

（六）善后新闸站

2020年1月1日，设立为水位站。观测项目有水位、降水量。

（七）燕尾港站

民国十八年（1929年）11月，由前导淮委员会设立为水位站，观测潮水位。1937年，停测。1950年8月16日，复设。1983年11月1日，断面上迁250米。2013年3月15日，断面上迁253米。观测项目有（潮）水位、降水量。

（八）连云港站

1936年1月①，设立为潮水位站。测站位于连云港港庙岭码头。1958—1961年、1972—2001年，摘抄上海航道管理局第三工程处负责的连云港港口验潮站观测资料刊印。1962—1971年，未摘抄刊印资料。2001年，连云港水文分局在连云港站原站址自记井内安装遥测水位计，测报数据和整编刊印。该站测验断面于1961年沿北云台山北麓的连云港港岸向东迁移约11.8公里，1989年向西迁移约3.7公里。该站目前观测项目仅为潮水位，历史上曾单独或同时观测降水量。

第二节 站网建设

一、国家基本水文站网

由于历史原因，基本站和专用站在不同时期定义不同，有些专用测站升级为基本站。基本站和专用站的测站管理和资料刊印历史变化较大，现在的国家水文年鉴只刊印基本站资料，历史上曾将专用站资料与基本站资料同时列刊。

① 在1961年水文年鉴一览表中，连云港站的设站时间为1936年1月。在2021年水文年鉴一览表中，连云港站的设站时间为1958年1月，可能指水文部门摘录起刊时间。有资料显示，1951年连云港潮水位测站信息在相关报告中出现，说明连云港验潮站早在1958年之前就已存在，因此本志取前一说。

本书所列的国家基本水文测站包括历史上列刊于国家水文年鉴中的专用测站。

(一) 1915—1948 年间的水文测站建设

民国四年(1915 年),设灌云洋桥、河口洋桥水位站。民国六年(1917 年),设海州水位站,观测至民国十一年(1922 年);民国三十七年(1948 年),复设。民国十八年(1929 年),设燕尾港水位站,观测至民国二十六年(1937 年)。民国十九年(1930 年),设武障河、汤沟水位站,汤沟水位站观测至民国二十三年(1934 年)。民国二十年(1931 年),设龙沟坝(灌)、龙沟坝(盐)水位站,观测至民国二十七年(1938 年)。民国二十年(1931 年),设海州、灌云、赣榆降水量站。民国二十四年(1935 年),设大浦、张湾水位站,观测至民国二十七年(1938 年)。民国二十五年(1936 年),设连云港水位站及墟沟、连云降水量站。民国三十四年(1945 年),设临洪口水文站。1937—1945 年,区内水文测站基本停止观测。1915—1948 年连云港水文站网情况见表 3-1。

表 3-1 1915—1948 年连云港水文站网情况

设立时间	水文站	水位站	降水量站
1915 年		灌云洋桥、海口洋桥	
1917 年		海州	
1929 年		燕尾港	
1930 年		武障河、汤沟	
1931 年		龙沟坝(灌)、龙沟坝(盐)	海州、灌云、赣榆
1935 年		大浦、张湾	
1936 年		连云港、大浦、燕尾港、张湾、龙沟坝(灌)、龙沟坝(盐)	墟沟、连云
1945 年	临洪口		
1948 年		海州	

注:江苏省水文数据库中有青口站 1922—1936 年断续降水量数据,但未查到其相关设站信息,暂未列入表中,注以待考。

(二) 中华人民共和国成立后的国家基本水文站网建设

中华人民共和国成立后,随着国民经济的恢复与发展,大规模兴修水利工程,对水文资料的需求非常紧迫,水文站网得到迅速恢复和发展。

1950 年,设立小潮河闸水位站,设立大夫厅、武障河、潮河坝潮水位站,复设燕尾港、龙沟、汤沟潮水位站,临洪站改设为大浦站。1951 年,设立东徐圩、堆沟、杨集、板浦、新浦潮水位站;复设海州潮水位站;设立大兴镇流量站;设立沙河、南庄水位站；设立麦坡地下水位站；大夫厅站迁至张湾，更名为张湾潮水位站。1952 年，设立岳庄水位站。1953 年，设立新河口水位站。1954 年，设立石梁河、董家湾、第一沟、刘庄、门楼、城头、青口水位站，设立小东关、范口、三阳港、马湖、善后闸（东徐圩上迁更名）潮水位站，设立黄圈、朱孟、朱堵集、新庄、营庄、石榴树水文站。

1956 年，为了解决水文测站地理分布不均衡、设站原则不统一等问题，探究获得更为准确的水文基本特征和变化规律的途径，进一步深化水文工作给国民经济带来的意义，全国进行第一次基本站网规划，水利部布置各流域、省、区全面开展水文基本站网规划工作，同时制定《水文基本站网布设原则》。

基本流量站布设原则：基本流量站网的任务是满足任何地点各种径流特征值（包括年径流量及其多年变化、年内径流分配、洪峰流量及洪水总量、最小流量等）的内插需要。按照河流控制面积的大小，3 000～5 000 平方公里以上的大河干流按直线原则设大河控制站，干旱区在 300～500 平方公里以下、湿润区在 100～200 平方公里以下的小河流上设小河站，其余面积的河流按照区域原则设区域代表站。

大河控制站布设原则：采用直线原则布站，以满足沿河长任何地点各种径流特征值的内插需要。一般要求：上下两站的区间水量不少于上游站的 10%～15%；在两岸为堤防的河段上，根据洪水演进计算和预报的需要设流量站；集水面积为 5 000 平方公里以上的河流，在进入河口前水量最大的地方设流量站。

区域代表站布设原则：根据气候、下垫面等自然地理因素进行水文分区，每个分区内按流域面积大小分级，选取有代表性的河流布设代表站，并尽可能选用现有测站。要求能采用各种水文资料移用方法。对无资料或少资料的河流，内插出一定精度的径流特征值。

平原水网区布站原则：水网区内河流纵横交错，水流相互贯通，流向顺逆不定，无明确的流域周界。根据水网区的特点，基本流量站的布设以掌握水网区水量平衡计算为主要原则。

1955 年 7 月，设立营庄水位站。1956 年，设立小许庄（黄）、小许庄（厚）水文站，设立麦坡地下水位站，设立双店降水量站。1957 年，设立青口、灌云地下水位站，增设板浦（坝上）水位站，设立陈蛮庄水文站。1958 年，设立欢墩埠、半路村降水量站。1959 年，设立安峰山水库、小塔山水位站，复设岳庄水位站，复设小许庄水文站，增设善后闸地下水位，设立西大坊流量站，增设岳庄（南泓）、岳庄（北泓）流量站。1960 年，设立石梁河、兴庄闸、范河闸、临洪闸（当年资料未刊印）水位站，复设潮河坝、营庄水位站，设立马庄、小兴庄水文站，增设青口水位站。

50 年代，设站、撤站较为频繁，至 1960 年，连云港共有水文站 5 个，水位站 16 个，降水量站 4 个，蒸发量站 2 个，见表 3-2。

表 3-2　1960 年连云港水文站网情况

站类	站名
水文站	岳庄、小许庄、马庄、小兴庄、朱堵集
水位站	潮河坝、板浦、龙沟、燕尾港、善后闸、石梁河、安峰山、张湾、营庄、兴庄闸、小塔山、青口、西大坊、临洪闸、范河闸、连云港
降水量站	欢墩埠、双店、灌云、麦坡
蒸发量站	小塔山、青口

1961 年，1 月设立石门头小河水文站，安峰山水库改级为流量站，撤销马庄、小兴庄水文站。小许庄水文站下迁，在厚镇河汇入后施测流量，即减少一个厚镇河测流断面。设立贺庄水库、城南、大石埠水库、房山水库、大村水库、富安水位站；武障河水位站恢复观测；岳庄水文站停测；善后闸水位站停测闸上水位，降级为降水量站；青口水位站停测水位，降级为降水量站。设立古城、蒋庄闸、八条路、万赤涧、洙边、吴山、昌梨水库、西双湖水库、石桥、黑林降水量站，双店降水量站停测。

1962 年，新设张桥闸流量站，复设小半路流量站、武障河水位站，撤销大石埠、富安、兴庄闸、范河闸、城南水位站，连云港、灌云水位站降级为降水量站，设立墩尚降水量站。撤销大村、房山、横沟、西双湖、贺庄、古城、蒋庄闸、八条路、万赤涧降水量站，昌梨、石桥、吴山降水量站停测。

1963 年，小塔山水库降水量站改级为流量站，新设桃林、欢墩埠降水量站，石桥、吴山、临洪闸、昌梨降水量站恢复观测。

1964 年，为了加强站网管理，对原定站网规划进行分析验证并做适当调整，全国进行第二次基本站网验证和调整规划，水利电力部于 5 月下发《关于调整充实水文站网的意见》，布置开展站网分析验证和修订站网工作，调整充实规划。10 月，省水文总站根据江苏的具体情况，组织进行以区域代表站为重点的基本流量站网布站方法验证和调整充实，以及降水量站网的分析。1965 年 6 月，完成了《江苏省流量站网的分析与规划报告》和《江苏省基本降水量站网的分析与规划报告》。

1964 年，新设夹谷山、碱场降水量站，撤销小半路流量站、西大坊水位站、吴山降水量站，临洪闸降水量站迁至临洪站观测。

1965 年，新设善后新闸水位站，新设东潘、班庄、城头降水量站，双店降水量站恢复观测，撤销欢墩埠、昌梨降水量站。

至 1965 年，连云港地区基本流量站共 10 个、泥沙站 5 个、水位站 9 个、降水量站 14 个、蒸发量站 2 个，见表 3-3。

表 3-3 1965 年连云港水文站网情况

站类	站名
基本流量站	大兴镇、石梁河水库、石门头、临洪、安峰山水库、小许庄、小塔山水库、朱堵集、张桥闸、黄洼
水位站	板浦、善后闸、善后新闸、龙沟、武障河、潮河坝、燕尾港、大浦、张湾
降水量站	麦坡、桃林、墩尚、东潘、双店、碱场、石桥、洙边、黑林、青口、夹谷山、班庄、城头、连云港
泥沙站	大兴镇、石梁河水库、石门头、临洪、朱堵集
蒸发量站	小塔山、青口

1966 年，撤销黄洼流量站、善后闸水位站、碱场降水量站；张桥闸站降级为降水量站并迁至下河套站；同时更名为下河套，安峰山水库站无流量资料刊印；横沟降水量站恢复观测；新设顺河集、东辛农场、杨集降水量站。

1967 年，新设朱汪流量站，石梁河水库站增设北干渠站，撤销潮河坝水位站，张湾水位站停测，安峰山水库流量站停测水位、流量，板浦、善后新闸、龙沟水位站停测水位、地下水位。

1968 年，板浦水位站停测降水量，善后新闸、东三岔水位站停测，燕尾港水位站停测降水量，安峰山水库站复测水位，安峰山水库、临洪、小许庄水文站无流量资料刊印，东辛农场降水量站停测。

1969 年，板浦水位站复测降水量，东三岔水位站复测，龙沟水位站复测，安峰山水库、临洪、小许庄水文站无流量资料刊印。

1970 年，撤销石门头流量站、东三岔水位站、东潘降水量站，大浦水位站迁至临洪闸观测，安峰山水库流量站 6 月复测。

1971 年，新设张疃流量站，复设岳庄、范河闸水位站，安峰山水库流量站降级为水位站。

1972 年，新设破桥、马河闸流量站，新设朱稽副闸水位站，新设灌南、石门降水量站，马河闸当年资料未刊印，燕尾港、龙沟水位站恢复降水量观测，连云港水位站水位恢复摘抄刊印。

1973 年，撤销临洪闸水位站，撤销平明、石榴树降水量站，张疃流量站降级为降水量站。

1974 年,撤销破桥、马河闸流量站。

1975 年,新设盐河南闸、小潮河闸水位站;连云港降水量站迁至西连岛观测,站名更名为西连岛站。

至 1975 年,连云港地区有水文站 8 个、泥沙站 2 个、水位站 10 个、降水量站 22 个、蒸发量站 1 个,见表 3-4。

表 3-4　1975 年连云港水文站网情况

站类	站名
水文站	善后新闸、大兴镇、石梁河水库、临洪、小许庄、小塔山水库、朱汪、朱堵集
水位站	盐河南闸、小潮河闸、板浦、龙沟、燕尾港、岳庄、安峰山水库、朱稽副闸、范河闸、连云港
泥沙站	大兴镇、石梁河水库
降水量站	桃林、杨集、顺河集、灌南、灌云、临沭、石门、张疃、夹谷山、东风、麦坡、双店、横沟、下河套、洙边、石家崖、黑林、青口、班庄、城头、西连岛
蒸发量站	石梁河水库

1976 年,新设汪子头流量站;黑林降水量站改级为流量站;新设二涧、清水涧、石谷岭降水量站;张疃降水量站迁至蛟龙观测,并更名为蛟龙站;石梁河水库流量站撤销输沙率测验。

1977 年,全国第三次调整、充实水文站网规划,水利电力部水利司下发《关于调整充实水文站网的意见》。省水文总站结合全省实际情况,于 1979 年 3 月报送《江苏省近期水文站网调整充实规划》,对全省站网进行分析论证,并做了充实调整。

1978 年,善后新闸流量站降级为降水量站,新设七道沟、前圩、庙头、青坊、孟中、东海、包庄、王野疃降水量站,复设东辛农场、张湾、房山、平明、石榴树降水量站,横沟降水量站更名为埝河站,范河闸水位站停测降水量。

1979 年,新设同兴、龙苴、小窑、驼峰降水量站,张疃水文站恢复测验,朱汪、朱堵集水文站降级为降水量站,撤销范河闸水位站。

1980 年 1 月,龙沟闸建成,新设龙沟闸上游水位站,原龙沟潮水位站改名为龙沟闸下游水位站。

1981 年 5 月 1 日,范河闸站恢复降水量观测(汛期站)。

1982 年,东风降水量站更名为贤官亭站,撤销二涧、石家崖、王野疃、石谷岭降水量站,东海降水量站迁至气象站。

1983 年,撤销朱稽副闸水位站;东海降水量站迁至东海水文中心观测,更名为牛山站。年内,江苏省调整行政区划,实行市管县。连云港市管辖东海县、灌云县、赣榆县及连云港市区。连云港水文分站成立，管理辖区水文工作。

至 1985 年，连云港共有水文站 8 个、泥沙站 2 个、水位站 8 个、降水量站 41 个、蒸发量站 1 个，见表 3-5。

表 3-5 1985 年连云港水文站网情况

站类	站名
水文站	大兴镇、石梁河水库、张疃、临洪、小许庄、黑林、小塔山水库、汪子头
水位站	盐河南闸、小潮河闸、板浦、龙沟闸、燕尾港、岳庄、安峰山水库、连云港
泥沙站	大兴镇、石梁河水库
降水量站	桃林、同兴、善后新闸、杨集、七道沟、龙苴、东辛农场、顺河集、灌南、灌云、小窑、临沭、石门、蛟龙、夹谷山、前圩、阴平、贤官亭、青坊、孟中、房山、平明、张湾、麦坡、双店、横沟、牛山、石榴树、驼峰、下河套、包庄、西连岛、石桥、朱汪、�边、清水涧、青口、班庄、城头、朱堵集、范河闸
蒸发量站	石梁河水库

1985 年，全国第四次调整水文站网发展规划，根据水电部水文司颁发的《关于编制水文站网发展规划的几点意见》，省水利厅要求编制水利中长期规划。省水文总站组织进行水文站网情况调查，并在征求有关部门意见的基础上，进一步开展全省水文站网规划工作。此规划总的要求是：坚持服务方向，贯彻改革方针，力求使水文站网布局做到点、线、面相结合，地表水与地下水、水量与水质测验相结合，一站多用，具有江苏特色。1986 年 10 月，省水利厅向水电部水文司报送《江苏省水文站网发展规划》。

1986 年，撤销庙头降水量站。

1987 年，汪子头水文站改级为降水量站，青口站增测水面蒸发量，牛山站增刊蒸发量。

1989 年，撤销灌南降水量站。

1990 年，阴平站迁至沭阳县阴平乡潘湖村，站名、站码不变，调整为淮安分局管辖。

1993 年，岳庄水位站改级为降水量站；石梁河水库站北涵洞废弃，该口门站名、站码取消；范河闸降水量站停测。

1994 年，撤销同兴、七道沟、孟中、平明、石榴树、驼峰、城头雨量站，蛟龙降水量站停测，范河闸降水量站恢复观测。

1995 年，大兴镇站停测输沙率，蛟龙降水量站恢复观测。

至 1995 年，连云港共有水文站 7 个、泥沙站 2 个、水位站 7 个、降水量站 34 个、蒸发量站 3 个，见表 3-6。

表 3-6　1995 年连云港水文站网情况

站类	站名
水文站	大兴镇、石梁河水库、张疃、临洪、小许庄、黑林、小塔山水库
水位站	盐河南闸、小潮河闸、板浦、龙沟闸、燕尾港、安峰山水库、连云港
泥沙站	大兴镇、石梁河水库
降水量站	桃林、善后新闸、杨集、龙苴、东辛农场、顺河集、灌云、小窑、临沭、石门、蛟龙、夹谷山、岳庄、前圩、贤官亭、青坊、房山、张湾、麦坡、双店、横沟、牛山、下河套、包庄、石桥、朱汪、洙边、清水涧、汪子头、青口、班庄、朱堵集、范河闸、西连岛
蒸发量站	石梁河水库、牛山、青口

注:除张疃站、盐河南闸、小潮河闸、连云港站外,其余水文站、水位站均设有雨量观测。

1996 年 7 月 19 日,江苏省行政区划调整,经国务院批准,灌南县改由连云港市行政代管,灌南县境内水文站网归连云港水文分局管理。

2000—2003 年,西连岛站资料未从气象部门摘抄刊印。

2001 年,石梁河水库原溢洪闸除险加固工程完成;原石梁河水库(溢洪闸)站改名为石梁河水库(北溢洪闸)站,站码不变;石梁河水库新建南溢洪闸工程完成,新设石梁河水库(南溢洪闸)站。

2005 年,连云港共有水文站 7 个、泥沙站 2 个、水位站 7 个、降水量站34 个,蒸发量站 3 个,见表 3-7。

表 3-7　2005 年连云港水文站网一览表

站类	站名
水文站	大兴镇、石梁河水库、张疃、临洪、小许庄、黑林、小塔山水库
水位站	盐河南闸、小潮河闸、板浦、龙沟闸、燕尾港、安峰山水库、连云港
泥沙站	大兴镇、石梁河水库
降水量站	桃林、善后新闸、杨集、龙苴、东辛农场、顺河集、灌云、小窑、临沭、石门、蛟龙、夹谷山、岳庄、前圩、贤官亭、青坊、房山、张湾、麦坡、双店、横沟、牛山、下河套、包庄、石桥、朱汪、洙边、清水涧、汪子头、青口、班庄、朱堵集、范河闸、西连岛
蒸发量站	石梁河水库、牛山、青口

注:除张疃、盐河南闸、小潮河闸、连云港站外,其余水文站、水位站均设有雨量观测。

2006 年,蛟龙降水量站迁至张疃站观测,更名为张疃站,站码不变。

2011 年,张疃水文站停测水位流量,降级为降水量站。

2014 年 1 月,临洪水文站设立临洪(东)断面、临洪(总)断面,临洪(总)断面是临洪站和临洪(东)断面流量的合成。

2020 年 1 月 1 日,设立善后新闸基本水位站,其水位断面站名为善后新闸

(闸上游)、雨量站名为善后新闸(上)。

至2021年,连云港共有水文站6个、泥沙站2个、水位站8个、降水量站34个、蒸发量站3个,见表3-8。

表3-8 2021年连云港水文站网情况

站类	站名
水文站	大兴镇、石梁河水库、临洪、小许庄、黑林、小塔山水库
水位站	盐河南闸、小潮河闸、板浦、善后新闸、龙沟、燕尾港、安峰山水库、连云港
泥沙站	大兴镇、石梁河水库
降水量站	桃林、善后新闸、杨集、龙苴、东辛农场、顺河集、灌云、小窑、临沭、石门、张疃、夹谷山、岳庄、前圩、贤官亭、青坊、房山、张湾、麦坡、双店、横沟、牛山、下河套、包庄、石桥、朱汪、沭边、清水涧、汪子头、青口、班庄、朱堵集、范河闸、西连岛
蒸发量站	石梁河水库、牛山、青口

注:除盐河南闸、小潮河闸、连云港站外,其余水文站、水位站均设有雨量观测。

二、专用水文站网

(一)中小河流站网建设

2010年10月10日,国务院颁布《国务院关于切实加强中小河流治理和山洪地质灾害防治的若干意见》,明确要求完善防洪非工程措施,加强水文测站基础设施建设,密切监控河流汛情,提高水文监测和预报精度。水利部主持编制《全国中小河流治理和病险水库除险加固、山洪地质灾害防御和综合治理总体规划》。同年11月,根据水利部要求,江苏省水文水资源勘测局组织编制完成《江苏省中小河流治理规划水文设施建设规划》,随即上报并被纳入上述总体规划。2011年6月17日,水利部规计司和水文局召开全国中小河流水文监测系统建设前期工作会议,对各省中小河流水文监测系统建设项目主要内容进行分解,对中小河流水文监测系统建设项目前期工作的程序、时间进度及相关要求进行部署。

按照《江苏省中小河流治理规划水文设施建设规划》,2011—2012年,连云港水文局编制《连云港中小河流水文监测系统实施方案》;2014年,编制《连云港市中小河流水文预报方案》。2011年,连云港市建成中小河流预警系统一期15个水位站;2014年补充建设1个水位站,共计16个水位站;2012—2013年,全市建成7个中小河流预警水文站;2020年1月1日,中小河流专用站善后新闸水文站观测项目调整为基本水位站,站名为善后新闸,水位断面站名为善后新闸(闸上游),降水量站名为善后新闸(上),见表3-9。

表3-9　2021年连云港中小河流水文站网情况

站类	站名
水文站	光明大桥、柴门、四圩闸、善后新闸、四队大桥、小陆庄、范口
水位站	刘顶(蔷薇河)、杨集、戴庄、李集、竹墩闸、前石堰、开发区、条河、狮树、贯庄桥、盐河南闸南、东三岔、白塔、洪庄、陈蛮庄、范口附属

注:除范口附属水位站不含降水量项目外,其他中小河流水文、水位站均同时观测降水量。

(二)通榆河北延工程站网

2009年,通榆河北延系统工程站网建设完成,具体站点有灌北泵站、新沂河北堤涵洞、凤凰嘴、刘顶(通榆河)共4个水质水量监测站。

(三)水文实验站

自50年代初末,连云港市开始设立径流站,开展水文实验研究工作。

1958年,在赣榆县设夹谷山径流实验站(后改称水利综合试验站)分设林业、梯田、坡耕地、荒坡试验区,探求山丘区不同下垫面径流变化规律。1959年,在东海县设东海径流站,探求山丘区河网化降雨径流关系。

1961年6月,设石门头小河站,1970年撤销。1971年6月,在原石门头站上游复设张疃小河站,探求大沙河山丘区降雨径流关系。1976年6月,在赣榆县设黑林站,探求青口河上游山丘区降雨径流关系。1976年6月,设立汪子头小河水文站,1986年降级为降水量站,探求康邑河山丘区降雨径流关系。张疃站、黑林站、汪子头站从1982年5月起,资料在淮河流域年鉴及省局湿润区小河站年度资料汇编平行刊印,即测站既是基本水文站,同时又兼湿润区小河径流站功能。张疃站观测至2011年9月30日,降级为降水量站;汪子头站观测至1986年9月30日,降级为降水量站。在东海县牛山镇,1982年5月设立专用湿润区小河径流站小陆庄站,1983年5月设立和堂站,大区套小区,探求小汇水面积丘陵区降雨径流关系。和堂站观测至1988年9月30日,小陆庄站观测至1991年9月30日。1982年5月,在赣榆县设专用湿润区小河径流站郑园站,探求朱稽河平原坡水区降雨径流关系,观测至1983年9月30日。2016年6月,在市区设立乌龙河平原区、花果山山丘区、二涧水库山丘区专用径流小区,探求各自小流域降雨径流关系,为修订《江苏省水文手册》参数提供水文数据。

（四）报汛站点

连云港水文分局自建水位报汛站点有灌云站、太平庄闸站、三洋港闸站、房山翻水站、芝麻翻水站、临洪西站、大浦闸站、大浦站等。

连云港水文分局自建墒情报汛站点有石梁河水库水文站、青口降水量站，70年代开始人工墒情报汛。2016年，建成3个自动遥测墒情站：东海县兴辰站、灌云县孙沟站、赣榆区黑林站，之后人工墒情站停测。

（五）省界断面水资源监测站

2013年5月29日，水利部组织召开省界断面水资源监测站网建设工程前期工作会议，部署开展省界断面水资源监测站网建设工程项目前期工作报告编制工作。2019年，根据《水利部关于印发省界断面水资源监测站网建设总体方案的通知》及《淮河流域重要省界断面水资源监测49处水文站新建工程可行性研究报告》的精神和实施意见，连云港境内大兴镇、黑林2处省界断面（基本水文站兼省界断面）投入运行，监测项目包括流量、水位、降水量。

（六）苏北供水站

2001年，江苏省苏北供水局发函委托省水文局进行计量监测，连云港市承担江水北调桑墟枢纽工程站点共3个，即蔷北地涵、桑墟电站和沭新河退水闸站。

（七）水土保持监测站

2007年，水利部水土保持监测中心启动全国水土保持监测网络和信息系统建设二期工程。江苏省共3个监测点，分别位于常州市、南京市和连云港市。连云港市的监测点为黑林水土保持监测点，位于赣榆县黑林镇邵埠地村，属丘陵山区；类型为径流场，在同一坡面上并排布设5个标准径流小区，规格均为宽5.0米、长20.0米，坡度为6度；下垫面采用不同的耕作方式，进行不同的植物配置。2010年12月，工程建设完成。2013年，为全国水土流失动态监测与公告项目提供监测数据。

黑林水土保持站位于淮河流域滨海诸小河水系青口河中游，黑林站断面以上流域面积为190平方公里。2001年5月，由江苏省水文总站增测输沙率，为水土保持专用站。2009年，该站为水土保持公报提供监测数据。

2020 年 10 月,江苏省水文水资源勘测局启动江苏省水土保持监测与管理信息系统项目。其中,在黑林水文站新建 5 个标准径流小区,规格均为宽 5.0 米、长 20.0 米,坡度为 3 度;对黑林水文站原有径流小区进行改造,2020 年 12 月竣工。至此,全省水土保持监测站网形成,全省水土保持监测站共 16 个。

2021 年,江苏省水文水资源勘测局正式启用全省水土保持监测站网。连云港水土保持监测站正式命名为赣榆水土保持监测站,属于国家级综合观测场,包括两组径流小区和 1 个控制站。3 月,对 1 号径流小区进行高标准改造。4 月,项目改造完成,监测设施最低处高程达到 37.60 米,监测能力可以提升至十年一遇洪水水平。

三、地下水监测站网

50 年代中期,徐淮地区为充分利用地下水资源灌溉、降控地下水水位、防止渍害,开始进行地下水观测,掌握地下水动态。地下水观测项目,主要包括地下水水位、水温、水质项目,并选择部分测井进行抽水试验。

1980 年 3 月,根据水利电力部下发的《关于进一步开展地下水观测研究工作的意见》《地下水观测暂行规定》等文件,江苏省水文总站制定《江苏省地下水观测站网初步规划》,调整和增设观测井,连云港市共布设地下水观测井 63 眼。

1988 年 5 月,水电部水文司布置开展北方地下水观测井网规划工作,印发《地下水观测井网规划要点》,据此,江苏省水文总站于 1990 年制定《江苏省地下水观测井网规划报告》,要求规划布设的观测井尽可能与水文站、水位站、雨量站、水质站相结合,以便进行综合分析,并要求对经审定具有一定代表性、动态变化反应灵敏的现有的观测井,尽量予以保留。根据以上规划布设后,1993 年,连云港市地下水观测基本井调整为 39 眼,其中逐日井 21 眼、五日井 18 眼,观测地下水温项目的有 13 处,观测地下水质项目的有 9 处。

2013 年,水利部和国土资源部共同完成《国家地下水监测工程可行性研究报告》,并报送国家发展改革委。2014 年 7 月,国家发展改革委下发《国家发展改革委关于国家地下水监测工程可行性研究报告的批复》。该批复明确提出:该工程按照“联合规划、统一布局、分工协作、避免重复、信息共享”的原则,由水利部和国土资源部联合实施。2016 年 3 月,国家地下水监测工程(水利部分)江苏省监测井建设工程第 2 标段连云港项目建设启动。2017 年 12 月,连云港水文局完成 45 眼新建监测井建设,均为自动监测站。2018 年 9 月,国家地下水监测工程通过水利部项目办组织的单项工程验收。连云港地区建设国家地下水监测井共计 45 眼，其中基岩裂隙井 11 眼、潜水监测井 4 眼、Ⅰ承压监测井 17 眼、Ⅱ承压监测井 8 眼、Ⅲ承压监测井 5 眼。2019 年，45 眼国家井正式启用，代替原 39 眼监测井中的 31 眼。

2016 年 12 月，江苏省水文基本站达标建设工程开工建设 10 眼省级运营维护潜井，均为自动监测站，2017 年 12 月完工。2020 年，10 眼潜井列入省级站网，并正式启用，代替 8 眼人工井。

1998 年，国务院制定各部门三定方案，水利局开展深层地下水监测。按照省水利厅《关于开展深层地下水监测工作的通知》要求，受连云港市水利局委托，连云港市共布设深层地下水监测井 39 眼，其中市区 1 眼，为基岩裂隙水；赣榆县 9 眼，主要为基岩裂隙水；东海县 11 眼，主要为基岩裂隙水；灌云县 7 眼，主要为（Ⅱ＋Ⅲ）承压水；灌南县 11 眼，主要为（Ⅱ＋Ⅲ）承压水。监测项目包括水位、埋深、水温、水质，监测井多为生产井，采用人工观测；由于某些生产井井况稳定性差及城镇化建设，深层地下水井或淤积，或封填，每年根据实际情况进行删减或寻找替代井，深层监测井维持在 30 眼。2018 年，结合连云港市地下水超采区及各县地下水压采工作，补充地下水监测井到 39 眼。同时，为避免监测数据受生产生活用水的影响，保证监测数据真实反映地下水位变化情况，先后在重点区域选择 11 眼监测井安装地下水位自动监测仪器，并纳入省级站网。

2020 年，结合连云港市地下水资源利用保护与管理，对监测点进行适当加密，采用 29 眼专用监测井替代 20 眼生产生活用井。至此，市级地下水站网调整为 49 眼，其中人工井 9 眼、遥测井 40 眼。

截至 2021 年，连云港地下水自动监测井为 66 眼，其中国家地下水专用监测井 45 眼，省级地下水专用监测井 10 眼，利用生产井自建自动监测井 11 眼；人工监测井为 9 眼，共计 75 眼，见表 3-10。连云港市水利局委托井为 49 眼，其中 9 眼为人工监测井，11 眼为自建自动监测井，29 眼为利用国家地下水专用井。

表 3-10　2021 年连云港地下水监测站网情况

序号	监测站类别	监测站名称	监测井类型	监测方式
1	国家级基本监测站	东辛农场（Ⅱ）	专用井	自动监测
2	国家级基本监测站	板浦（Ⅱ）	专用井	自动监测
3	国家级基本监测站	岗埠（Ⅰ）	专用井	自动监测
4	国家级基本监测站	板浦（Ⅰ）	专用井	自动监测

表 3-10（续）

序号	监测站类别	监测站名称	监测井类型	监测方式
5	国家级基本监测站	新浦（潜）	专用井	自动监测
6	国家级基本监测站	海头（Ⅰ）	专用井	自动监测
7	国家级基本监测站	下口（潜）	专用井	自动监测
8	国家级基本监测站	柘汪（裂）	专用井	自动监测
9	国家级基本监测站	赣马（Ⅰ）	专用井	自动监测
10	国家级基本监测站	沙河（裂）	专用井	自动监测
11	国家级基本监测站	金山（裂）	专用井	自动监测
12	国家级基本监测站	青口（Ⅰ）	专用井	自动监测
13	国家级基本监测站	厉庄（裂）	专用井	自动监测
14	国家级基本监测站	罗阳（Ⅰ）	专用井	自动监测
15	国家级基本监测站	城头（裂）	专用井	自动监测
16	国家级基本监测站	青湖（裂）	专用井	自动监测
17	国家级基本监测站	安峰山（裂）	专用井	自动监测
18	国家级基本监测站	平明（裂）	专用井	自动监测
19	国家级基本监测站	驼峰（裂）	专用井	自动监测
20	国家级基本监测站	石梁河（裂）	专用井	自动监测
21	国家级基本监测站	黄川（Ⅰ）	专用井	自动监测
22	国家级基本监测站	小许庄（Ⅰ）	专用井	自动监测
23	国家级基本监测站	桃林（潜）	专用井	自动监测
24	国家级基本监测站	双店（裂）	专用井	自动监测
25	国家级基本监测站	四队（Ⅲ）	专用井	自动监测
26	国家级基本监测站	燕尾港（Ⅲ）	专用井	自动监测
27	国家级基本监测站	侍庄（Ⅲ）	专用井	自动监测
28	国家级基本监测站	杨集（Ⅱ）	专用井	自动监测
29	国家级基本监测站	杨集（Ⅰ）	专用井	自动监测
30	国家级基本监测站	四队（Ⅰ）	专用井	自动监测
31	国家级基本监测站	龙苴（Ⅰ）	专用井	自动监测
32	国家级基本监测站	南岗（潜）	专用井	自动监测
33	国家级基本监测站	侍庄（Ⅰ）	专用井	自动监测
34	国家级基本监测站	燕尾港（Ⅰ）	专用井	自动监测
35	国家级基本监测站	四队（Ⅱ）	专用井	自动监测
36	国家级基本监测站	堆沟（Ⅱ）	专用井	自动监测
37	国家级基本监测站	新安（Ⅱ）	专用井	自动监测
38	国家级基本监测站	长茂（Ⅲ）	专用井	自动监测
39	国家级基本监测站	汤沟（Ⅱ）	专用井	自动监测
40	国家级基本监测站	百禄（Ⅰ）	专用井	自动监测

表 3-10(续)

序号	监测站类别	监测站名称	监测井类型	监测方式
41	国家级基本监测站	百禄(Ⅲ)	专用井	自动监测
42	国家级基本监测站	田楼(Ⅰ)	专用井	自动监测
43	国家级基本监测站	新安(Ⅰ)	专用井	自动监测
44	国家级基本监测站	张店(Ⅰ)	专用井	自动监测
45	国家级基本监测站	百禄(Ⅱ)	专用井	自动监测
46	省级基本监测站	墩尚(潜)	专用井	自动监测
47	省级基本监测站	门河(潜)	专用井	自动监测
48	省级基本监测站	石桥(潜)	专用井	自动监测
49	省级基本监测站	黑林(裂)	专用井	自动监测
50	省级基本监测站	石榴(裂)	专用井	自动监测
51	省级基本监测站	洪庄(裂)	专用井	自动监测
52	省级基本监测站	横沟(裂)	专用井	自动监测
53	省级基本监测站	灌西盐场(Ⅱ+Ⅲ)	生产井	自动监测
54	省级基本监测站	沂北(Ⅱ+Ⅲ)	生产井	自动监测
55	省级基本监测站	同兴(Ⅱ+Ⅲ)	生产井	自动监测
56	省级基本监测站	同兴(潜)	专用井	自动监测
57	省级基本监测站	三口(Ⅱ+Ⅲ)	生产井	自动监测
58	省级基本监测站	小窑(Ⅱ+Ⅲ)	生产井	自动监测
59	省级基本监测站	新安镇(Ⅱ+Ⅲ)	生产井	自动监测
60	省级基本监测站	花园(Ⅱ+Ⅲ)	生产井	自动监测
61	省级基本监测站	北陈集(Ⅱ+Ⅲ)	生产井	自动监测
62	省级基本监测站	九队(Ⅱ+Ⅲ)	生产井	自动监测
63	省级基本监测站	五队(Ⅱ+Ⅲ)	生产井	自动监测
64	省级基本监测站	堆沟(Ⅱ+Ⅲ)	生产井	自动监测
65	省级基本监测站	李集(潜)	专用井	自动监测
66	省级基本监测站	汤沟(潜)	专用井	自动监测
67	市级基本监测站	白酒厂	生产井	人工监测
68	市级基本监测站	长茂	生产井	人工监测
69	市级基本监测站	六塘	生产井	人工监测
70	市级基本监测站	图河	生产井	人工监测
71	市级基本监测站	殷庄	生产井	人工监测
72	市级基本监测站	马站	生产井	人工监测
73	市级基本监测站	吴山	生产井	人工监测
74	市级基本监测站	石埠	生产井	人工监测
75	市级基本监测站	牛山	生产井	人工监测

四、水质监测站网

(一)地表水质监测站网

1. 连云港水化学分析实验室建立前站网建设

1975 年,水文部门针对各类水体遭受污染状况,开始在连云港新沭河、盐河等主要污染河段设置水质监测站点。

1978 年,按照国务院环办、水电部通知和淮委对水质监测站网规划要求,江苏省制定《江苏省主要河、湖(库)水质监测站网规划》。根据该规划,连云港地区设置石梁河水库、东海、安峰山水库、连云港(临)、连云港(盐)、小塔山水库、赣榆 7 个水质监测辅助站,由徐州水文分站实施监测。连云港水化学分析实验室建立前连云港市水质站网情况见表 3-11。

表 3-11　连云港水化学分析实验室建立前连云港市水质站网情况

序号	监测站名称	监测站类型	所在河流名称
1	石梁河水库	辅助站	新沭河
2	东海	辅助站	石安河
3	安峰山水库	辅助站	厚镇河
4	连云港(临)	辅助站	临洪河
5	连云港(盐)	辅助站	盐河
6	小塔山水库	辅助站	青口河
7	赣榆	辅助站	青口河

2. 连云港水化学分析实验室建立后站网建设

1995 年,连云港水文分局建立水化学分析化验室,进行河湖水化学成分和地下水化学成分的化验分析工作。

1995 年,在全市主要河流、水库共设有安峰山水库、贯庄桥、临洪、工农桥、石梁河水库、小塔山水库、漫水桥 7 处水质监测站点。1996 年,对连云港市叮当河灌云水源地开展定期水质监测,新增大浦河桥地表水监测站点,玉带河工农桥监测站点停测。从 1997 年起,每年对市域淮河流域重点入河排污口进行两次监测。1997 年连云港地表水水质监测站网情况见表 3-12。

表 3-12 1997 年连云港地表水水质监测站网情况

序号	监测站名称	所在河流名称	监测站属性	测次	施测年份
1	大浦河桥	大浦河	省级水质断面	每季度一次	1995 年
2	安峰山水库	厚镇河	省级水质断面	每季度一次	1995 年
3	临洪	蔷薇河	省级水质断面	每季度一次	1995 年
4	小塔山水库	青口河	省级水质断面	每季度一次	1995 年
5	漫水桥	青口河	省级水质断面	每季度一次	1995 年
6	贯庄桥	石安河	省级水质断面	每季度一次	1995 年
7	石梁河水库	新沭河	省级水质断面	每季度一次	1995 年
8	灌云水厂	叮当河	省级水质断面	每季度一次	1996 年

1998 年，地表水监测站点开始覆盖更多河道，新增车轴河四队，东门五图河杨集，排淡河黄九埝、板桥，蔷薇河海州水厂、茅口水厂、小许庄，沙汪河 204 公路桥道，古泊善后河板浦，石安河郑庄水库，新沭河大兴镇，盐河胜利桥、人民桥，朱稽河赣南水厂 15 个监测站点，玉带河工农桥站恢复监测。

2001 年，省局下达任务：省级地表水例行水质站 10 个，每季度施测 1 次；省级水源地、省界站 8 个，每月施测 1 次。

2002 年，省局下达任务：省级水质断面 22 个，每季度施测 1 次；省级水源地、省界站 8 个，每月施测 1 次。2002 年连云港水质监测站网情况见表 3-13。

表 3-13 2002 年连云港水质监测站网情况

序号	监测站名称	所在河流名称	监测站属性	测次
1	安峰山水库	厚镇河	省级水源地、省级水质断面	每月一次
2	茅口水厂	蔷薇河	省级水源地、省级水质断面	每月一次
3	海州水厂	蔷薇河	省级水源地、省级水质断面	每月一次
4	灌云水厂	叮当河	省级水源地、省级水质断面	每月一次
5	石梁河水库	新沭河	省级水源地、省级水质断面	每月一次
6	青口河	小塔山水库	省级水源地、省级水质断面	每月一次
7	张疃	石门头河	省界站、省级水质断面	每月一次
8	大兴镇	新沭河	省界站、省级水质断面	每月一次
9	贯庄桥	石安河	省级水质断面	每季度一次
10	小许庄	蔷薇河	省级水质断面	每季度一次
11	临洪	蔷薇河	省级水质断面	每季度一次
12	西双湖	西双湖	省级水质断面	每季度一次
13	四队	车轴河	省级水质断面	每季度一次
14	杨集	东门五图河	省级水质断面	每季度一次

表 3-13(续)

序号	简称站名称	所在河流名称	监测站属性	测次
15	板浦	古泊善后河	省级水质断面	每季度一次
16	胜利桥	盐河	省级水质断面	每季度一次
17	板桥	排淡河	省级水质断面	每季度一次
18	黄九埝	排淡河	省级水质断面	每季度一次
19	工农桥	大浦河	省级水质断面	每季度一次
20	大浦河桥	大浦河	省级水质断面	每季度一次
21	袁闸	盐河	省级水质断面	每季度一次
22	人民桥	盐河	省级水质断面	每季度一次
23	南闸	盐河	省级水质断面	每季度一次
24	小窑	一帆河	省级水质断面	每季度一次
25	赣南水厂	朱稽河	省级水质断面	每季度一次
26	黑林	青口河	省级水质断面	每季度一次
27	漫水桥	青口河	省级水质断面	每季度一次
28	204 公路桥	沙汪河	省级水质断面	每季度一次
29	萧大桥	南六塘河	省级水质断面	每季度一次
30	黑林	青口河	省级水质断面	每季度一次

2003 年 3 月 18 日,《江苏省地表水(环境)功能区划》正式获得省政府批复。根据该文件,连云港市境内 42 条地表河流、8 个大中型水库水域范围共划分水功能区 86 个,其中 15 个为国务院批复的全国重要水功能区、83 个为省政府批复的水功能区(有重复计数)。同年 7 月,正式对 18 个重点水功能区 18 个断面开展监测。2005 年,施测的省级重点水功能区增加至 35 个,监测断面增加至 43 个,省级水质断面减少至 10 个。2007 年,施测的省级重点水功能区增加至 40 个。根据省水利厅《关于进一步加强江苏省水功能区水质监测工作的通知》及《关于做好水功能区全覆盖监测工作的通知》要求,2009 年 3 月正式开展全市 83 个地表水水功能区 87 个断面水质全覆盖监测。根据区域社会经济及水资源开发利用变化情况,经科学论证并审查报批,2019 年,省政府批复"北六塘河宿迁保留区(连云港段)"调整为"北六塘河连云港饮用水源区",批复"烧香河农业用水区"调整为"烧香河农业用水区"及"烧香支河工业用水区",至此,省政府批复的省级水功能区增加至 84 个。为及时掌握全省水功能区水资源质量状况,加强水功能区监督管理,省水利厅决定从 2010 年开始进一步加强全省地表水功能区水质监测工作,由所在地水文局承担辖区水功能区的全覆盖监测工作,连云港水文分局承担了 89 个水功能区(含全国重要水功能区)的全覆盖监测工

作，双月监测重点水功能区，单月全覆盖监测。2010 年连云港水功能区监测站点情况见表 3-14。

表 3-14 2010 年连云港水功能区监测站点情况

序号	监测站名称	监测站地址	功能区名称
1	236 伏河桥	灌南县李集乡中心村	伏河八间房农业用水区
2	236 沂南小河桥	灌南县孟兴庄乡连三村	沂南小河白皂农业用水区
3	安峰山水库	东海县安峰山水库	安峰山水库饮用水源区
4	坝头桥	赣榆县青口镇	青口河赣榆工业、农业用水区
5	白蚬桥	灌云县白蚬乡	忆帆河白蚬农业用水区
6	板浦	灌云县板浦镇	古泊善后河灌云县饮用水源区
7	板桥	连云区板桥镇	排淡河工业农业用水区
8	柴米河桥	灌南汤沟镇东山村东	柴米河灌南农业用水区
9	昌梨水库	东海县双店镇昌梨水库坝上	昌梨水库农业、渔业用水区
10	朝阳桥	市区	盐河灌云连云港农业用水区
11	大六湖	灌南县汤沟镇六湖	沂南小河六湖过渡区
12	大浦河桥	市区	大浦河排污控制区
13	大兴镇	临沭县大兴镇	新沭河连云港饮用水源区
14	东门河桥	灌云县东门桥	五图河伊东排污控制区
15	东门闸	灌云县杨集镇孙小港村西	五图河杨集农业用水区
16	东辛农场	灌云县板铺镇周圩村	古泊善后河灌云农业用水区
17	董马桥	东海县董马村至下河公路桥	鲁兰河下湾过渡区
18	墩尚大桥	赣榆县墩尚镇	新沭河连云港饮用水源区
19	范埠闸	东海县驼峰乡	石安河安峰饮用水源、农业用水区
20	范河桥	赣榆县墩尚镇 204 公路范河桥	范河殷庄农业用水区
21	房山水库	东海县房山镇房山水库坝上	房山水库农业、渔业用水区
22	伏河桥	涟水县高沟镇伏河村	伏河高沟过渡区
23	富安	东海县浦南镇	鲁兰河富安饮用、农业用水区
24	赣南水厂	赣榆县城南	朱稽付河饮用水源区
25	工农桥	连云港市新浦区工农桥	玉带河工业用水区
26	公兴河码头	灌南吴圩	公兴河吴圩农业用水区
27	公兴河市界	涟水县高沟镇	公兴河边境过渡区
28	贯庄桥	东海县牛山镇贯庄桥	石安河东海排污控制区
29	灌响桥	灌南响水公路桥	渠西河新集农业用水区
30	灌云水厂	灌云县陡沟乡	叮当河灌云饮用水源区
31	海堤大桥	连云区海军农场	烧香河支河工业用水区

表 3-14（续）

序号	监测站名称	监测站地址	功能区名称
32	海滩桥	市区	东盐河农业用水区
33	海州水厂	海州区洪门乡	蔷薇河连云港市海州饮用水源区
34	贺庄水库	东海县贺庄水库坝上	贺庄水库农业、渔业用水区
35	黑林	赣榆县黑林镇	青口河鲁苏缓冲区
35	横沟水库	东海县横沟乡	横沟水库饮用、渔业用水区
37	黄九埝	连云港市开发区	排淡河工业农业用水区
38	黄舍	灌云县伊山镇七里松村	五图河伊东过渡区
39	贾圩桥	市区	龙尾河景观娱乐用水区
40	界圩桥	四队至图河公路界圩河桥	牛墩界圩河农业用水区
41	磕头桥	灌云县板铺镇磕头桥	盐河东辛排污控制区
42	临洪	连云港市新浦区临洪村	蔷薇河连云港市海州饮用水源区
43	刘顶电灌站	连云港市海州区锦屏镇	蔷薇河东海过渡区
44	六塘	灌南县高沟镇	南六塘河淮安连云港保留区
45	龙苴桥	灌云县龙苴乡	古泊善后河灌云县饮用水源区
46	漫水桥	赣榆县青口镇	青口河赣榆农业用水区
47	茅口水厂	新浦区茅口路水厂	蔷薇河连云港市海州饮用水源区
48	门河桥	赣榆县门河镇至城头公路桥	朱稽河门河农业用水区
49	民主河桥	东海县贾庙	民主河梁桥农业用水区
50	南闸	灌南县张店乡	盐河灌南灌云农业用水区
51	浦西	东海县浦西至石榴公路桥	石安河河西过渡区
52	七里桥	东海县七里桥	马河前进农业用水区
53	蔷北进水闸	东海县吴场	沭新河连云港调水保护区
54	乔圩桥	杨集镇小乔圩东 324 省道公路桥	五图河南岗过渡区
55	青湖桥	东海县青湖镇	石安河石梁河农业用水区
56	人民桥	灌南县城	盐河灌南排污控制区
57	上湾坝	东海县上湾坝	鲁兰河上湾农业用水区
58	烧香河桥	连云区板桥镇	烧香河农业用水区
59	胜利桥	灌云县城	盐河灌云排污控制区
60	石梁河水库	东海县石梁河水库泄洪闸	新沭河连云港饮用水源区
61	石堰水漫桥	赣榆县金山镇	龙王河金山农业用水区
62	沭河漫水桥	东海县浦南镇 204 国道沭河漫水桥	新沭河东海赣榆农业用水区
63	四队	灌云县四队镇	车轴河四队农业用水区

表 3-14(续)

序号	监测站名称	监测站地址	功能区名称
64	汤沟大桥	灌南县汤沟镇南	柴南河古屯过渡区
65	汤沟富民大桥	灌南县汤沟镇东	柴南河汤沟农业用水区
66	唐响河桥	灌南县百禄镇	唐响河项圩农业用水区
67	同兴	灌云县同兴乡	车轴河同兴饮用水源区
68	同兴桥	灌云县伊卢乡熊庄	车轴河胡圩农业用水区
69	图河公路桥	灌云县图河乡	五图河图河农业用水区
70	望仙桥	赣榆县门河镇望仙河村	朱稽河门河排污控制区
71	温泉	东海县温泉镇	龙梁河石埠饮用水源、农业用水区
72	乌龙河桥	浦南镇乌龙河桥	乌龙河西埠农业用水区
73	西双湖	东海县城	西双湖饮用、渔业用水区
74	小林庄	灌南县百禄镇小林庄村	唐响河边境过渡区
75	小塔山水库	赣榆县黑林乡小塔山水库	青口河赣榆饮用、农业用水区
76	小许庄	东海县吴场	蔷薇河东海农业用水区
77	小窑	灌南县小窑乡	一帆河灌南保留区
78	新沂河北泓	灌南长茂镇头图村	新沂河连云港农业用水区
79	新沂河南泓	灌南长茂镇头图村	新沂河连云港农业用水区
80	兴庄桥	赣榆县赣马镇	兴庄河官河农业用水区
81	绣针河大桥	赣榆县马站村	绣针河鲁苏缓冲区
82	杨集	灌云县杨集镇	五图河杨集镇排污控制区
83	渔捞桥	灌南县渔捞村	北六塘河连云港饮用水源区
84	袁闸	灌南县新集乡	盐河灌南农业、工业用水区
85	张疃	赣榆县石门头村	石门头河鲁苏缓冲区
86	郑园桥	赣榆县宋庄郑园桥	朱稽河宋庄排污控制区
87	仲集	灌云县小伊乡仲集村	盐河灌云农业用水区
88	朱堵桥	赣榆县城西镇	朱稽河望仙河过渡区
89	朱稽河桥	赣榆县宋庄徐朱孟村 204 国道桥	朱稽河宋庄农业用水区

2014 年，省政府批复“古泊善后河灌云农业用水区”调整为“古泊善后河灌云、徐圩饮用水源区”。2016 年，省政府批复连云港市新增 22 个地表水功能区(见表 3-15)。至此，全市地表水功能区总数为 108 个，并于 2017 年正式开展监测。

表 3-15　2016 年连云港新增水功能区监测站点情况

序号	监测站名称	所在河流名称	水域类型	行政县(区)	水功能区名称
1	刘口桥	通榆河	河流	赣榆区	通榆河赣榆工业农业用水区
2	大温庄生产桥	通榆河	河流	赣榆区	通榆河柘汪工业农业用水区
3	灌北泵站	通榆河	河流	灌南县	通榆河灌南工业农业用水区
4	蔷北地涵	沭新渠	河流	东海县	沭新渠东海农业、饮用水源区
5	四营	沭新渠	河流	东海县	沭新渠连云港市区农业、饮用水源区
6	头图	灌北干渠	河流	灌南县	灌北干渠工业、农业用水区
7	柴门河大桥	五灌河	河流	灌云县	五灌河工业、农业用水区
8	张圩港河桥	张圩港河	河流	连云区	张圩港河工业用水区
9	中心河桥	通榆河	河流	连云区	中心河工业用水区
10	八一河桥	通榆河	河流	海州区	通榆河海州工业农业用水区
11	东温庄水库	东温庄水库	水库	赣榆区	东温庄水库赣榆饮用水源区
12	大石埠水库	八条路水库	水库	赣榆区	八条路水库饮用水源区
13	大石埠水库	大石埠水库	水库	东海县	大石埠水库农业、渔业用水区
14	黑龙潭水库	黑龙潭水库	水库	东海县	黑龙潭水库饮用水源区
15	蔷薇湖	蔷薇湖	水库	海州区	蔷薇湖饮用水源区
16	大圣湖	大村水库	水库	海州区	大村水库饮用水源区
17	硕项湖	硕项湖	水库	灌南县	硕项湖饮用水源区
18	王集水库	王集水库	水库	赣榆区	王集水库饮用水源区
19	姜陡沟水库	姜陡沟水库	水库	赣榆区	姜陡沟水库饮用水源区
20	羽山水库	羽山水库	水库	东海县	羽山水库农业用水区
21	义泽河闸下	义泽河	河流	灌南县	义泽河农业用水区
22	武障河闸下	武障河	河流	灌南县	武障河农业用水区

2019 年 12 月，省水文局对江苏水资源质量监测站点进行优化分类，连云港地区监测地表水站点共划分为 9 类，其中国家重要水质站 5 个，国家重要水源地监测站 1 个，集中式饮用水源地监测站 8 个，全覆盖水功能区监测站 111 个，国考水功能区监测站 11 个，省考水功能区水质站 30 个，省级河湖长功能区监测站 6 个，大型水库监测站 3 个，流域性骨干河道监测站 38 个，国家水文站对应监测站 6 个，见表 3-16～表 3-25。

表 3-16　2020 年连云港国家重要水质站情况

序号	监测站名称	所在流域名称	所在河流名称
1	蔷薇湖	淮河	蔷薇湖
2	小塔山水库	淮河	青口河

表 3-16(续)

序号	监测站名称	所在流域名称	所在河流名称
3	安峰山水库	淮河	厚镇河
4	石梁河水库	淮河	新沭河
5	响水(连)	淮河	灌河

表 3-17 2020 年连云港国家重要水源地监测站点情况

集中式饮用水源地名称	监测站名称	所在流域名称	所在河流名称	行政地市
连云港市蔷薇湖(蔷薇河)水源地	蔷薇湖	淮河	蔷薇湖	连云港

表 3-18 2020 年连云港集中式饮用水源地监测站点情况

序号	集中式饮用水源地名称	监测站名称	所在流域名称	所在河流名称
1	连云港市徐圩新区善后河水源地	徐圩水厂	淮河	善后河
2	连云港市蔷薇湖(蔷薇河)水源地	蔷薇湖	淮河	蔷薇湖
3	连云港市沭新渠四营水源地	四营	淮河	沭新渠
4	赣榆区小塔山水库塔总干渠水源地	城西水厂	淮河	青口河
5	东海县沭新渠(沭新河)白塔水源地	前滩	淮河	沭新河
6	灌云县叮当河伊山水源地	灌云水厂	淮河	叮当河
7	灌南县北六塘河李集水源地	大杨庄	淮河	北六塘河
8	灌南县硕项湖水源地	硕项湖	淮河	硕项湖

表 3-19 2020 年连云港全覆盖水功能区监测站点情况

序号	监测站名称	所在河流名称	水域类型	行政县(区)	水功能区名称
1	236 伏河桥	伏河	河流	灌南县	伏河八间房农业用水区
2	236 沂南小河桥	沂南河	河流	灌南县	沂南小河白皂农业用水区
3	安峰山水库	厚镇河	水库	东海县	安峰山水库饮用水源区
4	坝头桥	青口河	河流	赣榆区	青口河赣榆工业、农业用水区
5	白蚬桥	忆帆河	河流	灌云县	忆帆河白蚬农业用水区
6	板浦	善后河	河流	灌云县	古泊善后河灌云县饮用水源区
7	板桥	排淡河	河流	连云区	排淡河工业农业用水区
8	柴米河桥	柴米河	河流	灌南县	柴米河灌南农业用水区
9	昌梨水库	昌梨水库	水库	东海县	昌梨水库农业、渔业用水区
10	朝阳桥	西盐河	河流	海州区	盐河灌云连云港农业用水区
11	大六湖	沂南河	河流	灌南县	沂南小河六湖过渡区
12	大浦河桥	大浦河	河流	海州区	大浦河排污控制区
13	大兴镇	新沭河	河流	东海县	新沭河连云港饮用水源区
14	东门河桥	东门五图河	河流	灌云县	五图河伊东排污控制区

表 3-19(续)

序号	监测站名称	所在河流名称	水域类型	行政县(区)	水功能区名称
15	东门闸	东门五图河	河流	灌云县	五图河杨集农业用水区
16	东辛农场	古泊善后河	河流	灌云县	古泊善后河灌云农业用水区
17	董马桥	鲁兰河	河流	东海县	鲁兰河下湾过渡区
18	墩尚大桥	新沭河	河流	赣榆区	新沭河连云港饮用水源区
19	范埠闸	石安河	河流	东海县	石安河安峰饮用水源、农业用水区
20	范河桥	范河	河流	赣榆区	范河殷庄农业用水区
21	房山水库	房山水库	水库	东海县	房山水库农业、渔业用水区
22	伏河桥	伏河	河流	灌南县	伏河高沟过渡区
23	富安	鲁兰河	河流	东海县	鲁兰河富安饮用、农业用水区
24	赣南水厂	朱稽副河	河流	赣榆区	朱稽副河饮用水源区
25	工农桥	玉带河	河流	海州区	玉带河工业用水区
26	公兴河码头	公兴河	河流	灌南县	公兴河吴圩农业用水区
27	公兴河市界	公兴河	河流	灌南县	公兴河边境过渡区
28	贯庄桥	石安河	河流	东海县	石安河东海排污控制区
29	灌响桥	渠西河	河流	灌南县	渠西河新集农业用水区
30	灌云水厂	叮当河	河流	灌云县	叮当河灌云饮用水源区
31	海堤大桥	烧香支河	河流	连云区	烧香河支河工业用水区
32	海滩桥	东盐河	河流	海州区	东盐河农业用水区
33	海州水厂	蔷薇河	河流	海州区	蔷薇河连云港市海州饮用水源区
34	贺庄水库	贺庄水库	水库	东海县	贺庄水库农业、渔业用水区
35	黑林	青口河	河流	赣榆区	青口河鲁苏缓冲区
35	横沟水库	横沟水库	水库	东海县	横沟水库饮用、渔业用水区
37	黄九埝	排淡河	河流	连云区	排淡河工业农业用水区
38	黄舍	东门五图河	河流	灌云县	五图河伊东过渡区
39	贾圩桥	龙尾河	河流	海州区	龙尾河景观娱乐用水区
40	界圩桥	牛墩界圩河	河流	灌云县	牛墩界圩河农业用水区
41	磕头桥	盐河	河流	灌云县	盐河东辛排污控制区
42	临洪	蔷薇河	河流	海州区	蔷薇河连云港市海州饮用水源区
43	刘顶电灌站	蔷薇河	河流	海州区	蔷薇河东海过渡区
44	六塘	南六塘河	河流	灌南县	南六塘河淮安连云港保留区
45	龙苴桥	古泊善后河	河流	灌云县	古泊善后河灌云县饮用水源区
46	漫水桥	青口河	河流	赣榆区	青口河赣榆农业用水区
47	茅口水厂	蔷薇河	河流	海州区	蔷薇河连云港市海州饮用水源区
48	门河桥	朱稽河	河流	赣榆区	朱稽河门河农业用水区
49	民主河桥	民主河	河流	东海县	民主河梁桥农业用水区
50	南闸	盐河	河流	灌南县	盐河灌南灌云农业用水区

表 3-19(续)

序号	监测站名称	所在河流名称	水域类型	行政县(区)	水功能区名称
51	浦西	石安河	河流	东海县	石安河河西过渡区
52	七里桥	马河	河流	东海县	马河前进农业用水区
53	蔷北进水闸	沭新河	河流	东海县	沭新河连云港调水保护区
54	乔圩桥	东门五图河	河流	灌云县	五图河南岗过渡区
55	青湖桥	石安河	河流	东海县	石安河石梁河农业用水区
56	人民桥	盐河	河流	灌南县	盐河灌南排污控制区
57	上湾坝	鲁兰河	河流	东海县	鲁兰河上湾农业用水区
58	烧香河桥	烧香河	河流	连云区	烧香河农业用水区
59	胜利桥	盐河	河流	灌云县	盐河灌云排污控制区
60	石梁河水库	新沭河	水库	东海县	新沭河连云港饮用水源区
61	石堰水漫桥	龙王河	河流	赣榆区	龙王河金山农业用水区
62	沭河漫水桥	新沭河	河流	东海县	新沭河东海赣榆农业用水区
63	四队	车轴河	河流	灌云县	车轴河四队农业用水区
64	汤沟大桥	柴南河	河流	灌南县	柴南河古屯过渡区
65	汤沟富民大桥	柴南河	河流	灌南县	柴南河汤沟农业用水区
66	唐响河桥	唐响河	河流	灌南县	唐响河项圩农业用水区
67	同兴	车轴河	河流	灌云县	车轴河同兴饮用水源区
68	同兴桥	车轴河	河流	灌云县	车轴河胡圩农业用水区
69	图河公路桥	东门五图河	河流	灌云县	五图河图河农业用水区
70	望仙桥	朱稽河	河流	赣榆区	朱稽河门河排污控制区
71	温泉	龙梁河	河流	东海县	龙梁河石埠饮用水源、农业用水区
72	乌龙河桥	乌龙河	河流	东海县	乌龙河西埠农业用水区
73	西双湖	西双湖	湖泊	东海县	西双湖饮用、渔业用水区
74	小林庄	唐响河	河流	灌南县	唐响河边境过渡区
75	小塔山水库	青口河	水库	赣榆区	青口河赣榆饮用、农业用水区
76	小许庄	蔷薇河	河流	东海县	蔷薇河东海农业用水区
77	小窑	一帆河	河流	灌南县	一帆河灌南保留区
78	新沂河北泓	新沂河(北泓)	河流	灌南县	新沂河连云港农业用水区
79	新沂河南泓	新沂河(南泓)	河流	灌南县	新沂河连云港农业用水区
80	兴庄桥	兴庄河	河流	赣榆区	兴庄河官河农业用水区
81	绣针河大桥	绣针河	河流	赣榆区	绣针河鲁苏缓冲区
82	杨集	东门河	河流	灌云县	五图河杨集镇排污控制区
83	渔捞桥	北六塘河	河流	灌南县	北六塘河连云港饮用水源区
84	袁闸	盐河	河流	灌南县	盐河灌南农业、工业用水区
85	张疃	石门头河	河流	赣榆区	石门头河鲁苏缓冲区
86	郑园桥	朱稽河	河流	赣榆区	朱稽河宋庄排污控制区

表 3-19(续)

序号	监测站名称	所在河流名称	水域类型	行政县(区)	水功能区名称
87	仲集	盐河	河流	灌云县	盐河灌云农业用水区
88	朱堵桥	朱稽河	河流	赣榆区	朱稽河望仙河过渡区
89	朱稽河桥	朱稽河	河流	赣榆区	朱稽河宋庄农业用水区
90	刘口桥	通榆河	河流	赣榆区	通榆河赣榆工业农业用水区
91	大温庄生产桥	通榆河	河流	赣榆区	通榆河柘汪工业农业用水区
92	灌北泵站	通榆河	河流	灌南县	通榆河灌南工业农业用水区
93	蔷北地涵	沭新渠	河流	东海县	沭新渠东海农业、饮用水源区
94	四营	沭新渠	河流	东海县	沭新渠连云港市区农业、饮用水源区
95	头图	灌北干渠	河流	灌南县	灌北干渠工业、农业用水区
96	柴门河大桥	五灌河	河流	灌云县	五灌河工业、农业用水区
97	张圩港河桥	张圩港河	河流	连云区	张圩港河工业用水区
98	中心河桥	通榆河	河流	连云区	中心河工业用水区
99	八一河桥	通榆河	河流	海州区	通榆河海州工业农业用水区
100	东温庄水库	东温庄水库	水库	赣榆区	东温庄水库赣榆饮用水源区
101	大石埠水库	八条路水库	水库	赣榆区	八条路水库饮用水源区
102	大石埠水库	大石埠水库	水库	东海县	大石埠水库农业、渔业用水区
103	黑龙潭水库	黑龙潭水库	水库	东海县	黑龙潭水库饮用水源区
104	蔷薇湖	蔷薇湖	水库	海州区	蔷薇湖饮用水源区
105	大圣湖	大村水库	水库	海州区	大村水库饮用水源区
106	硕项湖	硕项湖	水库	灌南县	硕项湖饮用水源区
107	王集水库	王集水库	水库	赣榆区	王集水库饮用水源区
108	姜陡沟水库	姜陡沟水库	水库	赣榆区	姜陡沟水库饮用水源区
109	羽山水库	羽山水库	水库	东海县	羽山水库农业用水区
110	义泽河闸下	义泽河	河流	灌南县	义泽河农业用水区
111	武障河闸下	武障河	河流	灌南县	武障河农业用水区

表 3-20　2020 年连云港国考水功能区监测站点情况

序号	监测站名称	所在流域名称	所在河流名称
1	刘顶电灌站	淮河	蔷薇河
2	临洪	淮河	蔷薇河
3	海州水厂	淮河	蔷薇河
4	茅口水厂	淮河	蔷薇河
5	小塔山水库	淮河	青口河
6	沭河漫水桥	淮河	新沭河
7	小许庄	淮河	蔷薇河

表 3-20(续)

序号	监测站名称	所在流域名称	所在河流名称
8	蔷北进水闸	淮河	沭新河
9	石梁河水库	淮河	新沭河
10	新沂河南泓	淮河	新沂河(南泓)
11	渔捞桥	淮河	北六塘河

表 3-21 2020 年连云港省考水功能区监测站点情况

序号	监测站名称	所在流域名称	所在河流名称
1	刘顶电灌站	淮河	蔷薇河
2	蔷薇湖	淮河	蔷薇湖
3	临洪	淮河	蔷薇河
4	海州水厂	淮河	蔷薇河
5	茅口水厂	淮河	蔷薇河
6	四营	淮河	沭新渠
7	小塔山水库	淮河	青口河
8	绣针河大桥	淮河	绣针河
9	坝头桥	淮河	青口河
10	富民桥	淮河	龙王河
11	沭河漫水桥	淮河	新沭河
12	昌梨水库	淮河	昌梨水库
13	小许庄	淮河	蔷薇河
14	蔷北地涵	淮河	沭新渠
15	蔷北进水闸	淮河	沭新河
16	西双湖	淮河	西双湖
17	石梁河水库	淮河	新沭河
18	乔圩桥	淮河	东门五图河
19	磕头桥	淮河	盐河
20	东辛农场	淮河	古泊善后河
21	同兴	淮河	车轴河
22	灌云水厂	淮河	叮当河
23	新沂河北泓	淮河	新沂河(北泓)
24	新沂河南泓	淮河	新沂河(南泓)
25	柴米河桥	淮河	柴米河
26	汤沟大桥	淮河	柴南河
27	汤沟富民大桥	淮河	柴南河
28	渔捞桥	淮河	北六塘河
29	田楼水厂	淮河	通榆河
30	硕项湖	淮河	硕项湖

表 3-22　2020 年连云港省级河湖长功能区监测站点情况

序号	监测站名称	所在流域名称	所在河流名称
1	沭河漫水桥	淮河	新沭河
2	大兴桥	淮河	新沭河
3	石梁河水库	淮河	新沭河
4	新沂河北泓	淮河	新沂河（北泓）
5	新沂河南泓	淮河	新沂河（南泓）
6	田楼水厂	淮河	通榆河

表 3-23　2020 年连云港大型水库监测站点情况

序号	监测站名称	所在流域名称	所在河流名称
1	小塔山水库	淮河	青口河
2	安峰山水库	淮河	厚镇河
3	石梁河水库	淮河	新沭河

表 3-24　2020 年连云港流域性骨干河道监测站点情况

序号	监测站名称	所在流域名称	所在河流名称
1	中心河桥	淮河	通榆河
2	刘顶电灌站	淮河	蔷薇河
3	临洪	淮河	蔷薇河
4	海州水厂	淮河	蔷薇河
5	八一河桥	淮河	通榆河
6	茅口水厂	淮河	蔷薇河
7	黑林	淮河	青口河
8	小塔山水库	淮河	青口河
9	漫水桥	淮河	青口河
10	城西水厂	淮河	青口河
11	绣针河大桥	淮河	绣针河
12	石堰水漫桥	淮河	龙王河
13	坝头桥	淮河	青口河
14	富民桥	淮河	龙王河
15	青湖桥	淮河	石安河
16	沭河漫水桥	淮河	新沭河
17	小许庄	淮河	蔷薇河
18	温泉	淮河	龙梁河
19	蔷北进水闸	淮河	沭新河
20	前滩	淮河	沭新河

表 3-24(续)

序号	监测站名称	所在流域名称	所在河流名称
21	大兴桥	淮河	新沭河
22	石梁河水库	淮河	新沭河
23	东辛农场	淮河	古泊善后河
24	龙苴桥	淮河	古泊善后河
25	盐河北套闸	淮河	盐河
26	柴米河桥	淮河	柴米河
27	汤沟大桥	淮河	柴南河
28	汤沟富民大桥	淮河	柴南河
29	柴门河大桥	淮河	五灌河
30	六塘	淮河	南六塘河
31	渔捞桥	淮河	北六塘河
32	大杨庄	淮河	北六塘河
33	田楼水厂	淮河	通榆河
34	义泽河闸下	淮河	义泽河
35	武障河闸下	淮河	武障河
36	小窑	淮河	一帆河
37	响水(连)	淮河	灌河
38	小潮河闸	淮河	潮河

表 3-25 2020 年连云港国家水文站对应监测站点情况

序号	监测站名称	所在流域名称	所在河流名称
1	临洪	淮河	蔷薇河
2	黑林	淮河	青口河
3	小塔山水库	淮河	青口河
4	小许庄	淮河	蔷薇河
5	大兴桥	淮河	新沭河
6	石梁河水库	淮河	新沭河

(二)集中式饮用水源地监测站网

根据《江苏省集中式饮用水水源地(第一批)水质监测方案》《关于开展江苏省集中式饮用水水源地(第一批)水质监测工作的通知》等文件要求,连云港水文分局于 2007 年 10 月 15 日起对全市 7 个集中式饮用水源地开展水质旬测(见表 3-26)。

表 3-26　2007 年连云港集中式饮用水水源地监测名录

序号	水源地名称	水厂名称	水源地所在河流	供水范围	水功能区			
					名称	起始—终止位置	长度(面积)/公里(平方公里)	2010 年水质保护目标
1	蔷薇河海州水源地	海州水厂	蔷薇河	连云港市	蔷薇河连云港市海州饮用水水源区	刘顶—临洪翻水站	17	Ⅱ
2	蔷薇河茅口水源地	茅口水厂	蔷薇河	连云港市	蔷薇河连云港市海州饮用水水源区	刘顶—临洪翻水站	17	Ⅱ
3	小塔山水库赣榆城西水源地	赣榆县城西水厂	青口河	赣榆县	青口河赣榆饮用水水源、农业用水区	赣榆县黑林水文站—赣榆县孙园漫水闸	23.2	Ⅲ
4	小塔山水库赣榆城南水源地	赣榆县城南水厂	青口河	赣榆县	青口河赣榆饮用水水源、农业用水区	赣榆县黑林水文站—赣榆县孙园漫水闸	23.2	Ⅲ
5	西双湖水库水源地	东海县第一水厂	西双湖水库	东海县	西双湖饮用水水源、渔业用水区	库区		Ⅱ
6	石安河安峰水源地	东海县第二水厂	石安河	东海县	石安河安峰饮用水水源、农业用水区	安峰山水库—范埠闸	14	Ⅲ
7	叮当河灌云水源地	胜利路水厂	叮当河	灌云县	叮当河灌云饮用水水源区	叮当涵洞—叮当北闸	23.5	Ⅲ

2010 年 10 月,省政府取消连云港市蔷薇河海州饮用水水源地、连云港市蔷薇茅口水源地、石安河安峰水源地。

2010 年 1 月,第二批集中式饮用水水源地名录发布,连云港新增连云港市淮沭干渠水源地。

2013 年,江苏省水利厅核准第三批 23 个集中式饮用水水源地名录,连云港新增 3 个,见表 3-27。

表 3-27 2013 年连云港新增集中式饮用水水源地名录

序号	县(市)区名称	水源地(水厂)名称	水源所在地(河、湖)	供水规模/(万吨每天)	供水人口/万人	水功能区名称	起始—终止位置	长度(面积)/公里(平方公里)	水源地类型	2020年水质保护目标
1	连云港徐圩新区	徐圩新区善后河水源地	善后河	9	5	善后河农业用水区	五里村—善后河闸	14.5	地表水	Ⅱ
2	灌南	灌南县北六塘河水源地	北六塘河	5	40	灌南县北六塘河饮用水水源地	淮安市淮阴区王行至灌南县北六塘河闸	14.5	地表水	Ⅲ
3	灌云	灌云叮当河水源地	叮当河	10	20	叮当河灌云饮用水水源区	叮当涵洞～叮当北闸	23.5	地表水	Ⅱ

根据《省水利厅关于公布取消昆山市庙泾河水源地等一批集中式饮用水源地名录的通知》,连云港市蔷薇河海州饮用水水源地、连云港市蔷薇茅口水源地替代水源为蔷薇湖(蔷薇河)水源地。2021 年连云港集中式饮用水水源地监测站点情况见表 3-28。

表 3-28 2021 年连云港集中式饮用水水源地监测站点情况

序号	监测站名称	所在河流名称	行政县区	水厂名称	水源地类型
1	蔷薇湖	蔷薇湖	市区	蔷薇湖	湖泊
2	四营	沭新渠	市区	海州水厂、茅口水厂	河流
3	徐圩水厂	善后河	市区	徐圩水厂	河流
4	城西水厂	青口河	赣榆区	赣榆县城西水厂	河流
5	前滩	沭新河	东海县	东海县自来水公司	河流
6	灌云水厂	叮当河	灌云县	胜利路水厂	河流
7	大杨庄	北六塘河	灌南县	灌南县自来水公司	河流
8	硕项湖	硕项湖	灌南县	硕项湖	湖泊

(三)蔷薇河送清水监测站网

为保障蔷薇河送清水水质安全,连云港水文分局于 1998 年开始对连云港境内 7 个站点开展水质监测,见表 3-29。2019 年停测。

表 3-29　连云港蔷薇河送清水工程水质监测站点情况

序号	监测站名称	所在河流名称	监测站地址	测次
1	叮当河涵洞	叮当河	灌云县侍庄乡大朱埝村	每月一次
2	岗东	叮当河	灌云县陡沟乡马端村	每月一次
3	盐河北套闸	盐河	灌云县侍庄乡盐河村	每月一次
4	伊山	盐河	灌云县伊山乡东方红桥	每月一次
5	小潮河闸	小潮河	灌南县长茂乡赵庄村	每月一次
6	小许庄(送清水)	蔷薇河	东海县房山乡小许庄	每月一次
7	响水(连)	灌河	响水县灌河大桥	每月一次

(四)地下水质监测站网

1995 年,受连云港市水利局委托,连云港水文分局首次开展地下水水质监测工作。之后,每年定期开展连云港地区地下水水质监测工作,监测站点共计 17 个,其中浅层地下井 8 眼(东海县 2 眼、赣榆县 3 眼、海州区 1 眼、灌云县 2 眼),深层地下井 9 眼(东海县 3 眼、赣榆县 2 眼、海州区 1 眼、灌云县 2 眼)。见表 3-30、表 3-31。

表 3-30　1995 年连云港浅层地下水监测站情况

序号	监测站名称	经度	纬度	监测站地址	行政县区	建站年份
1	东海(石榴)	118 度 46 分	34 度 34 分	东海县石榴镇	东海县	1995
2	东海(浦南)	119 度 7 分	34 度 38 分	东海县浦南镇	东海县	1995
3	赣榆(朱堵)	119 度 1 分	34 度 50 分	赣榆县朱堵	赣榆县	1995
4	赣榆(城南)	119 度 6 分	34 度 59 分	赣榆县城南	赣榆县	1995
5	赣榆(青口)	119 度 7 分	34 度 50 分	赣榆县青口镇	赣榆县	1995
6	连云港(海州)	119 度 8 分	34 度 34 分	连云港市海州区	海州区	1995
7	灌云(杨集)	119 度 28 分	34 度 19 分	灌云县杨集镇	灌云县	1996
8	灌云(河崖)	119 度 8 分	34 度 14 分	灌云县河崖镇	灌云县	1996

表 3-31　1995 年连云港深层地下水监测站情况

序号	监测站名称	经度	纬度	监测站地址	行政县区	建站年份
1	赣榆(青口化肥厂)	119 度 7 分	34 度 51 分	赣榆县青口镇	赣榆县	1995
2	东海(驼峰化工厂)	118 度 50 分	34 度 32 分	东海县驼峰乡	东海县	1995
3	连云港(院前村水厂)	119 度 21 分	34 度 44 分	连云区墟沟院前村	连云区	1995
4	灌南(汤沟白酒厂)	119 度 9 分	34 度 9 分	灌南县汤沟白酒厂	灌南县	1995
5	灌云(图河三舍村水厂)	119 度 33 分	34 度 20 分	灌云县图河乡三舍村	灌云县	1995
6	赣榆(柘汪水厂)	119 度 13 分	35 度 4 分	赣榆县柘汪村老军营	赣榆县	1995

表 3-31（续）

序号	监测站名称	经度	纬度	监测站地址	行政县区	建站年份
7	东海（王埠水厂）	118 度 51 分	34 度 45 分	东海县石梁河镇王埠村	东海县	1995
8	东海（石埠水厂）	118 度 30 分	34 度 26 分	东海县石埠乡	东海县	1995
9	灌南（大前村水厂）	119 度 26 分	34 度 1 分	灌南县新集乡大前村	灌南县	1995

2011 年，赣榆（青口化肥厂）监测井封填，站点撤销，深层监测井减少至 8 眼。2014 年，灌南（汤沟白酒厂）站点撤销，深层监测井减少至 7 眼。

2015 年，为加强地下水资源管理，省水文局要求增加浅层地下水监测站点，据此，2016 年新增 38 处浅层地下水监测站点（见表 3-32）。

表 3-32 2016 年连云港新增浅层地下水监测站情况

序号	监测站名称	行政区县	监测站等级	经度	纬度	监测站地址
1	牛山	东海县	省级	118 度 46 分	34 度 31 分	东海县牛山镇东海水文水资源监测中心
2	草街	东海县	省级	118 度 50 分	34 度 23 分	东海县房山镇草街吴场村
3	石榴	东海县	省级	118 度 46 分	34 度 34 分	东海县石榴镇农试站
4	麦坡	东海县	省级	118 度 51 分	34 度 32 分	东海县驼峰乡麦坡村北
5	驼峰	东海县	省级	118 度 50 分	34 度 35 分	东海县驼峰乡旱塘村供销社住宅院内
6	青湖	东海县	省级	118 度 49 分	34 度 40 分	东海县青湖镇青南村南 50 米
7	包庄	海州区	省级	119 度 2 分	34 度 35 分	连云港市海州区岗埠农场场部西北
8	浦南	海州区	省级	119 度 7 分	34 度 38 分	连云港市海州区浦南镇尹巷村西
9	西连湾	东海县	省级	118 度 43 分	34 度 41 分	东海县横沟乡西连湾村南
10	岳庄	赣榆区	省级	119 度 1 分	34 度 42 分	连云港市赣榆区墩尚镇岳庄村北 100 米
11	厉庄	赣榆区	省级	119 度 1 分	34 度 58 分	连云港市赣榆区厉庄镇东刘家村后
12	赣马	赣榆区	省级	119 度 5 分	34 度 53 分	连云港市赣榆区赣马镇城里村
13	朱堵	赣榆区	省级	119 度 1 分	34 度 50 分	赣榆区朱堵乡前东村
14	朱汪	赣榆区	省级	119 度 6 分	34 度 59 分	连云港市赣榆区金山镇朱汪村东南角
15	城南	赣榆区	省级	119 度 5 分	34 度 48 分	连云港市赣榆区青口镇一沟村
16	门河	赣榆区	省级	118 度 55 分	24 度 50 分	连云港市赣榆区门河镇刘门河村
17	石桥	赣榆区	省级	119 度 10 分	35 度 3 分	连云港市赣榆区石桥镇石桥村北角
18	横沟	东海县	省级	118 度 44 分	34 度 38 分	东海县温泉镇横沟中学
19	大兴	东海县	省级	118 度 54 分	34 度 40 分	东海县黄川镇大兴村
20	沙河	赣榆区	省级	118 度 57 分	34 度 43 分	连云港市赣榆区沙河镇刘庄村南角
21	九里	赣榆区	省级	119 度 12 分	35 度 0 分	连云港市赣榆区石桥镇九里村 204 国道东 200 米
22	杨集	灌云县	省级	119 度 28 分	34 度 19 分	灌云县杨集镇
23	板浦	海州区	省级	119 度 15 分	34 度 28 分	连云港市海州区板浦镇石河居委会

表 3-32(续)

序号	监测站名称	行政区县	监测站等级	经度	纬度	监测站地址
24	河崖	灌云县	省级	119 度 8 分	34 度 14 分	灌云县河崖镇
25	同兴	灌云县	省级	119 度 23 分	35 度 25 分	灌云县同兴镇同兴北村
26	朱圩	灌南县	省级	119 度 17 分	34 度 6 分	灌南县李集乡朱圩村一组
27	安峰	东海县	省级	118 度 45 分	34 度 23 分	东海县安峰镇安峰中学东侧教师公寓院内
28	平明	东海县	省级	118 度 58 分	34 度 28 分	东海县平明镇平明村
29	双店	东海县	省级	118 度 35 分	34 度 36 分	东海县双店镇双店村
30	桃林	东海县	省级	118 度 29 分	34 度 31 分	东海县桃林镇桃林农机站院内
31	青口	赣榆区	省级	119 度 7 分	34 度 50 分	赣榆区青口镇镇河南村
32	官河	赣榆区	省级	119 度 4 分	34 度 56 分	连云港市赣榆区赣马镇柳树村
33	常青	灌云县	省级	119 度 6 分	34 度 22 分	灌云县龙苴镇南李村
34	灌云	灌云县	省级	119 度 14 分	34 度 18 分	灌云县伊山镇东门居委会
35	龙沟	灌南县	省级	119 度 18 分	34 度 9 分	灌南县新安镇龙沟村
36	罗阳	赣榆区	省级	119 度 6 分	34 度 43 分	连云港市赣榆区罗阳镇前罗阳村青罗公路西 50 米
37	柘汪	赣榆区	省级	119 度 13 分	35 度 4 分	连云港市赣榆区柘汪镇西柘汪村 204 国道东南 200 米
38	海州	海州区	省级	119 度 8 分	34 度 34 分	连云港市海州区海州街道砚池社区

2017 年,赣马监测井撤销,省级浅层地下水监测站点调整至 37 处。

2018 年,国家地下水监测工程水质监测工作正式开展,38 眼国控井先期开展监测,连云港水分文分局承担了连云港市境内 30 眼国家地下水井水质检查采样工作和部分常规指标水质监测工作(见表 3-33),淮河流域水保局承担了其余 8 眼井的监测工作。

表 3-33 2018 年连云港国家地下水监测工程水质监测站情况

序号	监测站名称	监测站等级	所在流域名称	所在水系名称	测井类型	井深/米	经度	纬度	监测站地址	建站年份
1	百禄(Ⅰ)	2	淮河	沂沭河	1	26.6	119 度 32 分 1 秒	34 度 3 分 40 秒	连云港市灌南县百禄镇水利服务站	2017
2	百禄(Ⅲ)	2	淮河	沂沭河	2	162.2	119 度 32 分 1 秒	34 度 3 分 40 秒	连云港市灌南县百禄镇水利服务站	2017
3	板浦(Ⅰ)	2	淮河	沂沭河	1	28.0	119 度 14 分 35 秒	34 度 27 分 55 秒	连云港市海州区板浦镇通榆河善北套闸管理所	2017
4	板浦(Ⅱ)	2	淮河	沂沭河	2	68.0	119 度 14 分 35 秒	34 度 27 分 55 秒	连云港市海州区板浦镇通榆河善北套闸管理所	2017

表 3-33(续)

序号	监测站名称	监测站等级	所在流域名称	所在水系名称	测井类型	井深/米	经度	纬度	监测站地址	建站年份
5	城头(裂)	2	淮河	沂沭河	1	15.6	118度56分55秒	34度53分1秒	连云港市赣榆区城头水利水务站	2017
6	堆沟(Ⅱ)	2	淮河	沂沭河	2	131.9	119度42分38秒	34度20分29秒	连云港市灌南县堆沟镇水利管理服务站	2017
7	赣马(Ⅰ)	2	淮河	沂沭河	1	20.9	119度6分44秒	34度52分9秒	连云港市赣榆区赣马镇民生水务公司汪庄水厂	2017
8	岗埠(Ⅰ)	2	淮河	沂沭河	1	17.0	119度1分46秒	34度34分29秒	连云港市海州区岗埠农场	2017
9	海头(Ⅰ)	2	淮河	沂沭河	1	33.3	119度10分21秒	34度53分22秒	连云港市赣榆区海头镇兴庄河闸管理所	2017
10	金山(裂)	2	淮河	沂沭河	1	17.3	119度3分38秒	35度0分54秒	连云港市赣榆区金山水厂	2017
11	厉庄(裂)	2	淮河	沂沭河	1	35.5	119度1分36秒	34度57分56秒	连云港市赣榆区厉庄镇水利站	2017
12	龙苴(Ⅰ)	2	淮河	沂沭河	1	28.7	119度5分49秒	34度22分15秒	连云港市灌云县龙苴水厂	2017
13	罗阳(Ⅰ)	2	淮河	沂沭河	1	33.5	119度6分38秒	34度42分24秒	连云港市赣榆区罗阳污水处理厂	2017
14	南岗(潜)	2	淮河	沂沭河	1	10.0	119度9分8秒	34度15分19秒	连云港市灌云县南岗乡水利管理服务站	2017
15	平明(裂)	2	淮河	沂沭河	1	23.9	118度57分13秒	34度28分39秒	连云港东海县平明污水处理厂	2017
16	青湖(裂)	2	淮河	沂沭河	1	34.0	118度49分39秒	34度40分0秒	连云港市东海县青湖水务站	2017
17	青口(Ⅰ)	2	淮河	沂沭河	1	24.0	119度6分41秒	34度48分15秒	连云港市赣榆区赣榆水文基地	2017
18	沙河(裂)	2	淮河	沂沭河	1	21.6	118度55分32秒	34度43分24秒	连云港市赣榆区沙河镇水厂	2017
19	侍庄(Ⅰ)	2	淮河	沂沭河	1	19.0	119度16分34秒	34度13分43秒	连云港市通榆河新沂河北堤涵洞管理所	2017
20	侍庄(Ⅲ)	2	淮河	沂沭河	2	131.1	119度16分34秒	34度13分43秒	连云港市通榆河新沂河北堤涵洞管理所	2017
21	双店(裂)	2	淮河	沂沭河	1	15.9	118度36分3秒	34度35分47秒	连云港市东海县双店镇污水处理厂	2017

表 3-33(续)

序号	监测站名称	监测站等级	所在流域名称	所在水系名称	测井类型	井深/米	经度	纬度	监测站地址	建站年份
22	四队(Ⅰ)	2	淮河	沂沭河	1	48.8	119 度 29 分 48 秒	34 度 25 分 30 秒	连云港市灌云县四队污水处理厂	2017
23	四队(Ⅱ)	2	淮河	沂沭河	2	78.4	119 度 29 分 48 秒	34 度 25 分 30 秒	连云港市灌云县四队污水处理厂	2017
24	四队(Ⅲ)	2	淮河	沂沭河	2	128.5	119 度 29 分 48 秒	34 度 25 分 30 秒	连云港市灌云县四队污水处理厂	2017
25	汤沟(Ⅱ)	2	淮河	沂沭河	2	102.3	119 度 8 分 58 秒	34 度 8 分 35 秒	江苏省连云港市灌南县汤沟镇水利管理服务站	2017
26	桃林(潜)	2	淮河	沂沭河	1	11.6	118 度 28 分 33 秒	34 度 30 分 7 秒	连云港市东海县桃林镇污水处理厂	2017
27	田楼(Ⅰ)	2	淮河	沂沭河	1	23.6	119 度 37 分 1 秒	34 度 14 分 56 秒	连云港市灌南县田楼镇水利所	2017
28	驼峰(裂)	2	淮河	沂沭河	1	14.7	118 度 51 分 18 秒	34 度 32 分 53 秒	连云港市东海县驼峰镇污水处理厂	2017
29	下口(潜)	2	淮河	沂沭河	1	28.3	119 度 9 分 33 秒	34 度 49 分 17 秒	连云港市赣榆区通榆河青口闸控制闸管理所	2017
30	小许庄(Ⅰ)	2	淮河	沂沭河	1	16.2	118 度 50 分 32 秒	34 度 22 分 16 秒	连云港市东海县水文水资源中心小许庄水文站	2017

2019 年,国控地下井水质监测工作由淮河流域水保局承担。

2021 年,连云港水文分局承担 39 眼国控井 42 项指标水质监测工作。见表 3-34 所示。

表 3-34 2021 年连云港国家地下水监测工程水质监测站情况

序号	监测站点名称	监测站点地址
1	百禄(Ⅰ)	连云港市灌南县百禄镇水利服务站
2	百禄(Ⅲ)	连云港市灌南县百禄镇水利服务站
3	板浦(Ⅰ)	连云港市海州区板浦镇通榆河善北套闸管理所
4	板浦(Ⅱ)	连云港市海州区板浦镇通榆河善北套闸管理所
5	城头(裂)	连云港市赣榆区城头水利水务站
6	堆沟(Ⅱ)	连云港市灌南县堆沟镇水利管理服务站
7	赣马(Ⅰ)	连云港市赣榆区赣马镇民生水务公司汪庄水厂
8	岗埠(Ⅰ)	连云港市海州区岗埠农场

表 3-34(续)

序号	监测站点名称	监测站点地址
9	海头(Ⅰ)	连云港市赣榆区海头镇兴庄河闸管理所
10	金山(裂)	连云港市赣榆区金山水厂
11	厉庄(裂)	连云港市赣榆区厉庄镇水利站
12	龙苴(Ⅰ)	连云港市灌云县龙苴水厂
13	罗阳(Ⅰ)	连云港市赣榆区罗阳污水处理厂
14	南岗(潜)	连云港市灌云县南岗乡水利管理服务站
15	平明(裂)	连云港东海县平明污水处理厂
16	青湖(裂)	连云港市东海县青湖水务站
17	青口(Ⅰ)	连云港市赣榆区赣榆水文基地
18	沙河(裂)	连云港市赣榆区沙河镇水厂
19	侍庄(Ⅰ)	连云港市通榆河新沂河北堤涵洞管理所
20	侍庄(Ⅲ)	连云港市通榆河新沂河北堤涵洞管理所
21	双店(裂)	连云港市东海县双店镇污水处理厂
22	四队(Ⅰ)	连云港市灌云县四队污水处理厂
23	四队(Ⅱ)	连云港市灌云县四队污水处理厂
24	四队(Ⅲ)	连云港市灌云县四队污水处理厂
25	汤沟(Ⅱ)	江苏省连云港市灌南县汤沟镇水利管理服务站
26	桃林(潜)	连云港市东海县桃林镇污水处理厂
27	田楼(Ⅰ)	连云港市灌南县田楼镇水利所
28	驼峰(裂)	连云港市东海县驼峰镇污水处理厂
29	下口(潜)	连云港市赣榆区通榆河青口闸控制闸管理所
30	小许庄(Ⅰ)	连云港市东海县水文水资源中心小许庄水文站
31	新安(Ⅰ)-灌南	连云港市灌南县涟中灌区管理所
32	新安(Ⅱ)-灌南	连云港市灌南县涟中灌区管理所
33	新浦(潜)	连云港市海州区新浦水文水资源中心
34	燕尾港(Ⅰ)	连云港市新沂河海口闸管理所
35	燕尾港(Ⅲ)	连云港市新沂河海口闸管理所
36	杨集(Ⅰ)	连云港市灌云县东门闸管理所
37	杨集(Ⅱ)	连云港市灌云县东门闸管理所
38	长茂(Ⅲ)	连云港市通榆河新沂河南堤涵洞管理所
39	柘汪(裂)	连云港市赣榆区柘汪镇水利管理服务站

第三节　基础设施建设及特点

一、基础设施建设

1983 年,连云港水文分站成立,在原临洪水文站宿舍院内(海州区大庆西路 27 号)建设二层办公楼一座,现为水质化验室。1985 年,建设中间小二层楼用于办公,现为职工宿舍。1986 年,迁建小许庄水文站站房、水文缆道。1987 年,在原临洪水文站宿舍西侧建设四层水文分站宿舍楼。1991 年,建设三层赣榆水文中心宿舍楼。其他连云港水文基础设施建设项目极少,水文基建投资都是零星维修养护,修修补补,维持正常生产,水文观测设施建设整体较落后。

90 年代,省水利厅认识到水文工作的重要性,同时认为水文基础设施建设滞后,严重影响防汛水文测报、水资源管理,不能满足水利现代化建设和防汛防旱的需求。为此,省水利厅于 1991 年提出加快水文事业发展的思路和措施,在全国率先出台《关于新建水利工程有关水文观测设施、用房等问题的通知》文件,制定"工程带水文"政策。1996 年,省水利厅出台《关于加强水文工作的决定》,明确规定新建、改建、扩建和加固水利工程,应包含水文观测基础设施的投资,主要措施有:在编制水利建设综合规划或其他专项规划时,将水文站网建设和更新改造列入相应的建设计划,同步实施;已经建立以承担大中型水利工程前期工作任务的水文测站,在工程前期经费中安排一定的水文测站运行费;防洪保安资金用于河道工程维修、管理部分,安排一定比例的资金用于水文设施更新、改造、维修和管理;在特大防汛费、防汛维修和急办工程经费中列出专项经费,用于水文测报设施的修复和通信手段的改造和建设;在地方统筹基本建设中安排 4%的比例用于水文站网建设,逐步增加到 5%。"工程带水文"政策效益初步显现,连云港水文基础设施建设迎来了蓬勃发展的时期,水文基础设施得到改善与提高。

1998 年,小许庄水文站业务用房拆除重建;新建东海中心办公楼;东海中心宿舍楼建成。2001—2002 年,在石梁河水库扩大泄量工程时重建石梁河水库水文站,配套建设坝上水位计台、降水量、蒸发量观测场等测验设施,以及 590 平方米生产用房等。2004 年,连云港分局投资 279 万元建成综合楼,现为连云港分局办公楼及水情中心。2006 年,连云港分局水情中心建成移交。2006 年,重建东海中心办公楼。

2008年，连云港分局加快站网建设的步伐，基础设施获得升级，测验装备有了较大提升。2008年，新沂河整治工程列支106.0万元，改造龙沟闸、小潮河闸、盐河南闸水位站水位计台，购置堆沟、三百弓水位站水位记录遥测设备、购置灌云基地巡测车辆、ADCP等设备；小塔山水库除险加固工程实施，小塔山水文站生产用房及观测场整体改造，与管理用房等同步建设，新沂河整治工程建设处将水文设施移交水文分局。2009年，沂沭泗河洪水东调南下续建新沭河整治工程，列支445.81万元，拆建大兴镇水文站生产用房、水位计台改造、购置ADCP等；石梁河水库水文站购置ADCP；新建临洪（东）断面测流缆道、自排闸上水文计台；新设三洋港闸水文站，新建270平方米生产用房、闸上下游水位计台，购置ADCP、GPS、水文测船、防汛测流车辆等测量、测流设备，新沭河整治工程建设处将上述生产设施、水文设备于2013—2015年陆续移交连云港分局。

2010年，基础设施建设进入水文项目单独立项建设阶段。

2010年10月10日，国务院出台《国务院关于切实加强中小河流治理和山洪地质灾害防治的若干意见》，明确要求完善防洪非工程措施，加强水文测站基础设施建设，密切监控河流汛情，提高水文监测和预报精度。2010年11月，根据水利部水文局要求，江苏省水文局组织编制完成《江苏省中小河流治理规划水文设施建设规划》，江苏省中小河流水文监测系统工程按2011—2012年度、2012—2013年度两期工程实施建设。连云港2011—2012年度工程，实施经费915.97万元，在连云港建设15个水位站的水位观测平台及附属设施。连云港2012—2013年度工程，实施经费1 894.66万元，建设7个水文站及附属设施。

2011年，江苏省疏港航道结合通榆河北延送水工程，列支1 387.69万元，改造小潮河闸、盐河南闸、板浦3个水位站水位计台，改造水情分中心，更新软件及购置服务器等，水质中心购置流动注射分析仪、测油仪、离子色谱仪、液相色谱仪、移动应急监测车，提升水质监测及应急和移动监测能力，新设灌北泵站、新沂河北堤涵洞、凤凰嘴、刘顶4个水位、水量自动监测水文站，其中灌北泵站、凤凰嘴、刘顶均安装了水质自动监测系统。

为贯彻落实2011年中央一号文件提出的最严格水资源管理制度，建立水资源管理责任和考核制度，加强水量水质监测能力建设，强化监督考核提供技术支撑的要求，水利部开展全国53条省界河流水量分配工作，连云港实施沂沭泗河水系重要省界断面水资源监测大兴镇水文站改造项目，改造水位自记台、测流缆道，增设二线能坡法测流设备1套，新建变压器房，配置变压器1台等，批复投资额为243.77万元。

小许庄水文站,2015年底投资约50万元,建成二线能坡法在线测流系统。

黑林水文站,2017年底在测流断面下游建成约1.5米高(主槽部分)的挡水堰,属于量水建筑物,更近似人工跌水坎,前后投资共计约50万元。

2018年临洪站断面、临洪(东)站断面各安装1套座底式ADCP测流系统,用代表垂线法计算流量,总投资约90万元。

2016年,为修订《江苏省水文手册》,需要在全省布置一定数量的代表性径流小区,探求现时代不同下垫面条件下的降雨径流关系,连云港分局辖区建设了乌龙河、花果山、二涧水库共3个径流小区,陆续在3个小区建成6座水位计台,新建2个遥测雨量站点,建设2处低水流量计量直角三角堰工程,改造2座水位计台,基础设施及设备总投资达100余万元。

2019年,江苏省水文基本站达标建设工程连云港黑林水文站改造工程完工,项目包括站房、水位自记台、测流缆道等改造及附属设施建设,总结算经费267.98万元。

2019年,江苏省国家水资源能力监控能力建设项目,列支299.88万元,在连云港地区建设45眼国控井,监测地下水动态。

2019—2020年,实施基本测站标志牌、二维码设施统一及标准化建设。

1997年,江苏省水环境监测中心连云港分中心将单位二层办公室改建为实验室;2010年,三层办公楼全部改造为实验室。2019年,《省发改委关于江苏省水环境监测中心连云港分中心设施及装备达标建设工程项目建议书的批复》批复项目经费3 194.8万元。2021年6月,与兴亿达房地产开发方签订部分房屋购置合同等。

2020年,连云港分局对黑林水文站水土保持径流场进行改造、复建,2021年进行水毁修复,总计投入139.3万元。

2021年,对大兴镇水文站进行水毁修复,主要完成断面侧扫雷达自动测流系统的购置安装,总投入80万元。

二、基础设施特点

连云港水文测站基础设施,在满足水文测验及生产实用基础上,注重融入周边整体环境,兼顾景观效果,一站一景。

石梁河水库水文站,生产生活设施、观测场、测验设施,均位于水库景区,与管理处风格一致,融为一体,景观效果良好。

小塔山水库水文站，生产用房和降水量观测场与小塔山水库除险加固工程同时设计、同时施工，依山傍水，布局合理，风景独特，水利工程技术与当地古迹相得益彰，是国家级水利风景区。

黑林水文站为国家级水土保持监测点，径流观测场结合降水量、蒸发量观测场，与原有水位、流量监测设施布局和谐，功能相得，绿化低平，疏密有致，依势错落，小景独特。

大兴镇水文站傍岸建设，小许庄、临洪水文站临堤建设，均简洁大方，布局合理，优美实用。

通榆河沿线站点灌北泵站、凤凰嘴、新沂河北堤涵洞、刘顶水文站，与沿线水利工程整体采用徽派风格加现代元素，青瓦白墙，水映成画。

基本水文、水位站基本水尺设施提高标准统一建设，所有基本站标志牌、二维码等设施统一规格建设，整齐、大方。

第四章　水文测验

水文测验是水文工作的基础,是观测和记录水文现象的作业过程。水文现象的影响因素非常复杂,为探索其变化规律,必须有连续的、长期的、精确的水文记录及相关因素的同步系列资料。因此,水文测验工作应该在需要使用水文资料之前超前进行,并保持稳定的水文要素的长期、系列的资料积累。但是,水文测验实效通常表现为间接效益、滞后效益,其重要性往往不易被人们理解。

水文测验项目主要有水位、水温、流量、泥沙、降水量、蒸发量、地下水、水土流失、墒情、水质等。水文测站通过定位观测、巡测和调查等方式,观测记录各种水文要素,经整编、分析成为系统的水文资料数据,为防汛抗旱、水利工程规划设计和管理运用、水资源开发利用和管理保护,以及国民经济各部门提供全面服务。

连云港水文测验手段的发展,经历了从人工观测水位、降水量到自动测报,从少量项目测验到全要素测验的过程。中华人民共和国成立后,水文测验技术随着社会经济的发展和科学技术的进步而进步。在水文测验工作中,连云港水文分局能够执行全国统一的技术标准《水文测验规范》,建立健全各项水文测验的规章制度,执行省水利主管部门颁发的《测站任务书》,明确水文测站的勘测任务和技术要求。测验设备不断改进提高,逐步引进应用测报新技术,提高测验成果质量和工作效率,积累了大量水文数据,在支撑防汛抗旱和国民经济建设方面发挥了应有的作用。

第一节 测验技术

一、水位观测

（一）水准基面

1. 基面的概念

水位是反映水体、水流变化的重要标志，是水文测验中最基本的观测要素，也是推求流量的依据。为观测江河湖泊之水位，测站需要建立独立的高程系统，即建设基本水准点、参证点、校核点、水尺、固定点等水准设施，并使水准设施与水准基面建立联系。

水位的高低常用高程表示，高程是地面某点至某一起算面的铅垂距离，点在起算面以上的，高程为正值；点在起算面以下的，高程为负值。同一点，因选取的起算面不同，高程值也会不同。水文学中，将计算高程的起算面简称基面。一般水文资料中使用的基面有海滨基面、假定基面、测站基面和冻结基面。

海滨基面：以某一海滨地点某特征海平面定义的基面。中华人民共和国成立后，曾使用和仍在使用的海滨基面有大连、大沽、黄海、废黄河口、吴淞、珠江、1985 国家高程基准等基面。我国各大流域河口的海滨基面均已各自布设成网，1985 国家高程基准水准网也已经覆盖全国大部地区。水文传统理论和水准考证工作中，也把海滨基面以及假定基面统称为绝对基面，与行业专用基面相对应。绝对基面中的海滨基面，会随着社会发展，或被淘汰，或被更新，以适应形势需求。

假定基面：新设测站，附近没有国家水准点，基本水准点无法与某一海滨基面相连测，则可暂时任意假定一个基本水准点的高程数值，由该高程数值标定一个水准基面，作为本站高程起算面，该起算面称为本站假定基面。

测站基面：有特定意义的假定基面，为水文行业专用基面。一般选在断面最低点以下 0.5～1.0 米的基准面上，其所记录水位数据与本站断面水深相联系，在航运等方面具有直观指导意义。从理论上讲，假定基面包含测站基面，测站基面之所以能与假定基面并列，是因为测站基面在水文实践中的局部区域仍保留为行业专用基面应用。

冻结基面:由于海滨基面水准原点与测站基本水准点之间的水准测量存在误差,所以在初始赋值与复测值之间,平差前后,都会使测站水准点高程值发生变动。淮河流域在20世纪50年代初期,曾由于这方面的原因,产生修改以往数据的难题[以连云港辖区燕尾港站为例:从中华人民共和国成立初期年鉴刊印资料可知,该站初始赋值基面和刊印基面均为废黄河口基面。1956年,淮河流域开展二等精密水准复测,基面称为废黄河口基面(精高),通过本次复测,燕尾港站基面产生0.445米的差值]。1955年,水文行业修订水位观测规范时,采取了将首次测量的水准点高程值所对应的基面加以冻结的办法。1959年,修订规范时,确定其名称为冻结基面。测站设站时,第一次对基本水准点赋予高程数值后,应将该高程值标定的高程起算面冻结下来,作为本站冻结基面。第一次对基本水准点赋予的高程数值为初始赋值。对测站基本水准点进行初始赋值的基面为初始赋值基面。测站的初始赋值方法有两种,一是假定一个高程数值,二是引测某海滨基面获得一个高程数值。假定高程数值的,初始赋值基面就是假定基面;从某海滨基面引测一个高程数值的,初始赋值基面就是某海滨基面。一个测站只能选用一个具体的基面作为初始赋值基面。初始赋值基面是假定基面的,冻结基面与假定基面重合。初始赋值基面是某海滨基面的,由于从该海滨基面水准原点引测至本站基本水准点,无论使用什么仪器和测量方法,均无法获得高程的理论真值,导致基面存在一个真误差,因此本站冻结基面只与初始赋值基面相近而又不完全重合。不同的测站,即使初始赋值基面是同一个基面,也会由于真误差的差异,导致测站之间的冻结基面存在差异。因此,每个测站的冻结基面都是独有的和唯一的,有多少个水文测站,就有多少个冻结基面及其高程系统,从这个角度来说,水文可能是拥有和管理实际应用高程系统最多的行业。本站冻结基面高程系统,与其他基面高程系统一样,都是独立的高程系统,相互之间既无领属关系,亦无高低之分,只是应用范围不同而已。海滨基面高程系统一般应用范围较广,如1985国家高程基准在全国范围内应用;测站冻结基面高程系统只在本测站范围内应用。在测站存续期间,本站冻结基面能够使本站水位系列数据基面一致,是单站系列历史资料可比较分析的基石。通过冻结测站第一次使用的高程起算面,阻止其流动和变动,从而可以避免频繁更换海滨基面或者同一海滨基面重复测量和平差等因素对测站高程系统造成的动态影响。在水文实践中,冻结基面总是与具体的测站相联系,水准考证具体工作中所用到的"冻结基面"习惯性地省略了主语,实际上特指"本站冻结基面"。

2. 曾用基面、在用基面和基面关系

(1) 曾用和在用的绝对基面。

大部分站先后使用废黄河口基面、黄海基面、1985 国家高程基准等海滨基面作为初始赋值基面或者连测基面。中华人民共和国成立前，辖区设站均以废黄河口基面作为初始赋值基面和连测基面。中华人民共和国成立后，一般测站均选用废黄河口基面作为初始赋值基面及连测基面。90 年代末设立的为地方服务的大部分地下水监测站选用黄海基面作为初始赋值基面和连测基面。2012 年以后设立的中小河流测站、国家控制井，选用 1985 国家高程基准作为初始赋值基面和连测基面。

废黄河口基面是指，江淮水利测量局将 1912 年 11 月 11 日下午 5 时废黄河口的潮水位，确定为“废黄河口零点”，又称“江淮水利局零点”。另有记述，江淮水利测量局后采用多年观测的平均潮水位确定新零点，其大多数高程测量均以新零点起算，但新、旧零点的高差和换用时间，尚无资料查考。河口原设的水准基点被冲毁后，在废黄河口高程系统内，存在“江淮水利局惠济闸留点”和“蒋坝船坞西江淮水利局水准标”两个并列的引据水准点，1928 年由导淮委员会予以统一。中华人民共和国成立后，淮河流域水准测量以淮阴码头镇东南的惠济闸西运河北堤上导淮 Bm11 地上和地下两个标志作为废黄河口高程系统的引据水准点，地上标高程为 16.967 米。1956 年，通过二等精密水准复测，确定了废黄河口基面(精密水准复测高程)，大部分测站通过水准测量引测了废黄河口基面(精密水准复测高程)。在 1956 年水文资料年鉴中，引测废黄河口基面(精密水准复测高程)的测站将 1955 年之前的水位数据(废黄河口基面)做改正说明，换算至统一基面废黄河口基面(精密水准复测高程)，无条件引测精密水准复测高程的其他测站仍使用废黄河口基面。1971 年水文年鉴淮河流域水文资料(第五、六册)综编说明：“本年起，废黄河口(精高)不再单独表示”，之后废黄河口基面(精密水准复测高程)复称为废黄河口基面。连云港水文 1989 年以前刊印资料时，统一提供本站冻结基面与废黄河口基面的基面改正数。

黄海高程是指，1957 年，中国人民解放军总参谋部测绘局和水利部共同根据青岛验潮站 1950—1956 年观测的潮水位资料，计算平均潮水位，将其作为黄海平均海平面，并以此确定为全国统一高程基准，定名为“1956 年黄海高程系”，简称“黄海基面”，曾称“青岛零点”。同时，在青岛观象山设置 1 个主水准点和 5 个副点，组成国家水准原点网。主原点以“1956 年黄海高程系”计算的高程为 72.289 米。连云港水文 1990—2015 年刊印资料时，统一提供本站冻结基面与黄海基面的基面改正数。

1987 年 5 月,国家测绘总局发出通知,启用“1985 国家高程基准”。该基准是根据 1952—1979 年青岛潮水位站 28 年的实测资料,计算平均潮水位而确定。主原点以 1985 国家高程基准计算的高程为 72.260 米。连云港水文 2016 年以后刊印资料时,统一提供本站冻结基面与 1985 国家高程基准的基面改正数。

设站之初,测站基本水准点无条件连测海滨基面以获取初始高程赋值的,则假定一个高程数值,本站初始赋值基面为假定基面。连云港水文历史上,有黄洼水文站、连云港潮水位站和麦坡地下水位站的设站初始赋值基面为假定基面。

50 年代后期至 60 年代测验和刊印资料时使用的“标准基面”,是当时对海滨基面、假定基面的统称或别称,与今之“绝对基面”概念相通。

(2) 曾用和在用的本站基面

中华人民共和国成立初期,测站刊印资料时均直接使用初始赋值基面,如废黄河口基面、假定基面等。

① 曾用“测站基面”

1955 年,相关规范规定需将基面冻结。1956—1960 年的水文年鉴整编资料说明中,特别说明均将测站基面予以冻结。对于 1954 年以前设站的,将基面冻结在 1954 年使用的基面(高程起算面)上,在一览表、水位表冠以“测站基面”刊印资料,并提供本站“测站基面”与“标准基面”(绝对基面)的基面改正数。①

② 在用冻结基面

1959 年修订规范时,将被冻结的基面确定名称为冻结基面。1961 年至今,连云港水文辖区长期观测的基本水文、水位站,均采用本站冻结基面,水文年鉴以本站冻结基面刊印水位资料。

(3) 基面关系

连云港水文辖区基本水文、水位站,在 1989 年以前,将本站冻结基面与上级领导机关指定使用的废黄河口基面连测;1990—2015 年,连测黄海基面;2016 年至今,连测 1985 国家高程基准,并在不同时期刊印本站冻结基面与指定绝对基面之间的基面改正数。

---

① 1956—1960 年,连云港水文辖区刊印资料时使用的“测站基面”的概念,与理论上特殊假定的测站基面有所不同,是指测站最初使用的高程起算面,与现在使用的“冻结基面”概念相通。

（二）观测

观测水位的变化情况时，一般同时进行对水位有影响的风向风力、水面起伏度、流向等情况的观测。在堰闸等水工建筑物上下游观测水位的同时，观测涵闸开启情况和流态。

连云港最早的水位观测始于清道光元年（1821 年），“正月，挑海州盐河，设草坝水志，修复项冲滚水坝”，开始用水志（又称志桩）观测水位。民国四年（1915 年），连云港地区设立了洋桥站同时观测潮水和内水，这是近代连云港境内最早设立的水文测站，从此，连云港境内开始有水位的系统观测记录。

民国时期，人工观测水位大多采用木质靠桩和直立式木质水尺。50 年代，采用木桩和直立式搪瓷水尺，水尺零点通过水准测量与水准基面相联系。1956 年，贯彻执行《水文测站暂行规范》以后，连云港水文测站的水准点设置、水尺零点高程测量等走向规范，保证了水位资料的精度。70 年代，人工观测技术有了很大发展，陆续改用钢筋混凝土结构的水尺靠桩。90 年代，开始使用钢管水尺桩。2020 年，基本水文、水位站的基本水尺均采用 304 不锈钢材质，有两种方式，一种是埋设圆柱体水尺桩，直接在观读水位一侧、不锈钢圆柱桩表面设置水尺，刻度蚀刻烤漆；另一种是贴着直立式岸壁安装不锈钢水尺牌，刻度蚀刻烤漆。

民国时期，测次较少，一般每日 6 时、12 时、18 时观测 3 次，洪水时期部分测站每日 6 时至 18 时定时观测，夜间 24 时加测 1 次。中华人民共和国成立后，测次普遍增加，观测成果足以反映水位变化过程，堰闸、水库站还根据闸门启闭和变动情况增加测次。在观测水位的同时，目测风向风力、水面起伏度等影响水情的各种现象。堰闸和水库站同时测记闸门开启高度、孔数和流态等。

70 年代，连云港分局大多数测站陆续采用自记水位计台结合上海气象仪器厂生产的 HCJ_1 日记型水位计或重庆水文仪器厂生产的 SW-40 型、SW-40-1 型、SWY20 型水位计自动记录水位变化过程。

2000 年，浮子式遥测水位计开始在观测中试点使用。2005 年，遥测水位计在重点水文站、水位站全面投入使用。2009 年，地表水水位基本实现遥测。2012 年，所有水位测站实现水位遥测遥报。2016 年，雷达式水位计、压力式水位计等新型水位计量仪器在报汛站、水文手册径流小区水位站投入使用。水位实行遥测后，每月按规定进行人工观测校核。

二、流量测验

流量是单位时间内流过江河某一横断面的水量,是反映水资源和江河、湖泊、水库等水量变化的基本资料,也是河流最重要的水文要素之一。流量测验通常是指,选择不同水情,测取瞬时流量,同时观测水位,必要时还要观测比降等因素,建立流量与水位(或其他水力因素)间的关系,用实测的水位(水力因素)变化过程资料推算流量的过程。

据《淮系年表》载,清宣统三年(1911 年),从张謇议,设江淮水利测量局于清江浦(今淮阴),为导淮之预备。同年起,在江苏境内淮、沂、沭、泗运诸水系的各河湖,开展水道断面地形和水位、流量、含沙量、雨量气象等测量。同年七月十九日,青口河大水,土城乡大庄段洪峰流量为 140 立方米每秒,这是近代关于流量要素测验信息的最早记载。

连云港地区现代最早设站进行的流量测验是 1951 年,在沙河镇设三等水文站,通过行水测验施测新沭河流量。

50—60 年代,普遍使用南京水利电力仪表厂生产的 55 型流速仪,多数为旋杯式,少数为旋桨式,低流速使用柱形、长杆形小浮标及水面小浮标,受洪水涨落影响的上游站高水多用均匀投放的井字形、十字形水面浮标测流,水面浮标系数仅凭经验结合当时风力、风向而定。70 年代,重庆水文仪器厂生产 LS68-2 型流速仪和 55 型、68 型旋杯流速仪改装一转讯号流速仪后,停用低流速浮标法。

中华人民共和国成立初期,在测流频次方面,一般根据河道水流特性和推算逐日流量需要安排。1955 年,贯彻执行水利部颁发的《水文测站暂行规范》后,根据测站所在河道的不同水流特性和控制情况,分别规定测流次数。能用水位或其他水力因素与流量建立单一关系线的河道站,一般按水位变幅大致均匀布置测次,全年施测 20～30 次;受洪水涨落等影响的测站,平时每 10～15 天测流一次,每次较大洪水时加测洪水过程;堰闸站一般根据出流的水力因素(上、下游水位差,闸门开度等),分别按各种出流流态布置测次。

50 年代,一般是测船在测速垂线锚定通过绞车用流速仪测流,测完一条垂线,测船移动到下一条垂线,再重新锚定开始测速。后经改进,在测流断面上架设过河钢丝绳断面索系吊测船,实现横渡和定位,在岸上安装绞关以收放吊船过河索。1961 年 7 月,大兴镇站建成过河索吊船测验流量。60 年代后期至 70 年代初期,连云港区域内水文站大多采用手摇水文缆道进行测流。1976—1979

年，石梁河水库（溢洪道）、黑林、大兴镇站先后改建成电动缆道。2002 年，临洪站断面改建成电动缆道。2013 年，临洪（东）站断面建成电动缆道，小许庄站改建成电动缆道。至 2021 年，境内基本水文站大跨度测流断面已全面实现电动缆道测流；部分较窄测流断面，仍采用手摇缆道。在未设缆道的断面，利用工作桥、公路桥用自制行车设备，以水文绞车进行桥上测流，先是平车上固定水文绞车，后改为电动三轮上固定水文绞车。

在合适条件的河段和断面，用标准的薄壁堰解决小流量计量，以提高测验精度。1983 年 5 月，小河站小陆庄站建成低水直角三角堰小流量计量设施。2017 年 6 月，水文手册径流小区二涧水库（溢洪道）站建成低水三角堰小流量计量设施。2017 年，黑林站测流断面下游建成约 1.5 米高（主槽部分）的挡水堰，挡水堰近似人工跌水坎。2021 年 4 月，水文手册径流小区大村水库（溢洪道）站建成低水三角堰小流量计量设施。

随着水文科技的发展，各类先进的流量测验仪器陆续在水文测验中推广应用。声学多普勒流速剖面仪，是测量流速剖面的有效仪器。它克服了传统流速仪难以获得整个水层连续、高频的流速数据的缺陷，可以同时测定多个单元层的流速。2003 年，连云港首次采用 ADCP，改变流速仪法定位、定点测验的方法，只需安装 ADCP 的测船沿断面往返两个测回，就能将断面流量测出。2009 年，通榆河专用站网建成 H-ADCP 流量自动测验设施。2015 年 10 月，小许庄站建成二线能坡法流量自动测报设施。2018 年，临洪站断面、临洪（东）站断面建成 V-ADCP 自动测流设施，开始试运行和流量比测。2021 年 5 月，大兴镇水文站安装侧扫雷达自动流量测验系统。

三、泥沙测验

民国时期，连云港地区泥沙测验技术方法暂无资料考证。

1952 年，大浦、海州、杨集、东徐圩站，都是观测潮水位、含沙量、气象等，所测含沙量为潮水河悬移质含沙量，测验方法为：每一测线采取 3 点法，测线位置分别取河宽的 1/4、1/2、3/4，用南京水工仪器厂生产的直式汲水器汲取水样，含沙量系沙重与浑水容重之比，以万分率计。1954 年，石榴树河石榴树站、鲁兰河营庄站、新沭河黄圈站、朱稽河朱堵集站、朱樊河朱孟站、青口河新庄站等水文站，均监测河道流量及悬移质含沙量，测验方法为：含沙量施测与流量施测同时进行。含沙量测验时，取河宽的 1/4、1/2、3/4 处，在每一条垂线全深的 0.6 处，用一点去汲取水样，采样容器为直立式汲水样器，含沙量的计算为沙重与浑水量之比。

1955 年,贯彻《水文测站暂行规范》后,除测流同时在全部或部分测速垂线上施测含沙量外,还根据河流泥沙变化情况,在一条有代表性的垂线上施测单位水样含沙量。垂线上各测点水样,大都采用定比混合法混合后,过滤烘干称重计算垂线平均含沙量。河道站悬移质输沙率测次为:汛期每月施测 4～5 次,非汛期每月施测 2～3 次。单位水样含沙量测次,以掌握河流含沙量变化过程为原则,一般每日 8 时取样一次,汛期每日取样 2～4 次;含沙量变化很小时,每隔 5～10 天取水样一次。1975 年,连云港只有大兴镇和石梁河水库两个泥沙站。两站输沙率测验均系过河索牵引测船渡河,船上安装绞车,流速仪测速结束后使用横式采样器取沙。70 年代,贯彻《水文测验试行规范》后,对历年单断沙关系都是单一线符合间测要求的河道站和堰闸、水库站,实行悬移质输沙率的间测。石梁河水库站于 1976 年停测输沙率,大兴镇站于 1995 年停测输沙率。2021 年,两站均在岸边采用水面一点法取单沙。

四、降水量观测

(一) 时制与日界

中华人民共和国成立初期,观测时制不统一,有的测站使用地方视太阳时,有的测站标注使用地方平均太阳时,有的测站标注使用北京标准时,后逐渐改用北京时间(北京视太阳时)和统一使用东经 120 度的北京标准时,沿用至今。20 世纪 80 年代后期,夏季使用“北京夏令时”期间,各项水文观测记录仍依据北京标准时不变。

计算日降水量的日分界时间有过多次变动。民国十八年(1929 年)以前,多以 0 时为日界。民国十九至二十年(1930—1931 年),有些站改以 8 时或 9 时为日界。1949—1953 年,统一以 9 时为日界。1954—1955 年,以 19 时为日界。1956 年至今,改以 8 时为日界(1961—1962 年的汛期一度以 6 时为日界)。

(二) 人工观测技术

1955 年,开始使用口径为 20.0 厘米的标准式降水量器,配有玻璃盛水瓶和降水量杯。当时曾学习苏联经验,在降水量器周围附加白铁皮串联的防风圈装置,器口离地面 2.0 米。1958 年,停止使用防风圈,器口降至离地面 0.7 米。

降水量观测初期,一般每日只在日分界时刻观测一次,少数站每日定时观测两次。50年代初期，日夜观测和记录分次降水量及其起讫时间。1956年，改为按等时距分段观测，委托降水量站一般每日8时、20时观测两次。报汛站根据报汛要求，汛期分别按4段、8段或12段制观测，非汛期按2段制观测。至2020年年底，降水量观测均采用遥测自记，降水量站多数设在乡镇水利站或水库、河道闸坝管理所，少数设在个人宅院内，均委托看管。

（三）自记技术

从50年代中期开始，陆续配备降水量自记仪器，仪器为天津或上海气象仪器厂生产的日记型虹吸式自记降水量计，一次虹吸量为10.0毫米。1999年，进行固态存储设备的长期记录降水量仪器的野外比测实验，配备翻斗式降水量计。至2020年年底，基本站、中小河流站、通榆河北延工程站、防汛站点、省界断面水资源监测等监测站点绝大部分安装了遥测降水量采集设备，实现遥测、遥报。

五、蒸发量观测

50年代，连云港蒸发量用80.0厘米口径套盆蒸发器和20.0厘米口径蒸发器观测，有的在一年中两种混用，一般是3—11月用80.0厘米口径套盆蒸发器，12月至次年2月用20.0厘米口径蒸发器。60年代初，用苏联生产的ггИ-3000型蒸发器观测，在此基础上，外加水圈研制出E-601型蒸发器。1965年开始，连云港石梁河水库水文站全年使用南京水利水文自动化研究所研制的玻璃钢E-601型蒸发器观测。蒸发量每日定时观测一次。观测时制和日分界时间与降水量观测基本相同。结冰期间停止观测，待冰融化后，观测结冰期的总蒸发量。2020年，连云港石梁河水库站、青口站安装在E-601型蒸发器基础上改装的自动测报系统。

六、墒情监测

墒情人工监测始于20世纪70—80年代，自动监测始于2016年。

（一）人工监测

2016年以前，用环刀取土烘干法人工监测土壤含水率（也称土壤含水量）：用环刀钻取土样，包括地表土层、0.2米土层和0.4米土层土样，早期称重用0.1克天平，后改用1/1 000克天平；早期烘干用红外线灯泡、木制烘箱，后改用电磁炉烘箱,烘烤温度为105摄氏度,烘干标准为前后两次称重恒定不变。墒情指标为含水率,即湿土样中水分质量(湿土质量减去干土质量)占湿土质量的百分率。

(二) 自动监测

2016年,连云港分局新建兴辰、孙沟、黑林3处墒情自动监测站。墒情自动监测站采用土壤水分传感器监测各含水层土壤含水率,并利用RTU的采集、存储技术以及现代通信技术实现数据实时入库、自动报汛。

土壤水分传感器采用现场测试土壤水分原理——频域反射原理(FDR),即传感器发射一定频率的电磁波,电磁波沿探针传输,到达底部后返回,检测探头输出的电压,由于土壤介电常数的变化通常取决于土壤的含水量,由输出电压和水分的关系则可计算出土壤的含水量。水分是决定土壤介电常数的主要因素。测量土壤的介电常数,能直接稳定地反映各种土壤的真实水分含量。FDR土壤水分传感器可测量土壤水分的体积百分比,与土壤本身的机理无关,是国际上最流行的土壤水分传感器测量方法。

七、地下水观测

地下水观测项目,主要包括地下水水位、水温等项目,并选择部分测井进行抽水试验。

地下水测井初期多数站利用民用水井观测。地下水位和地下水温的观测时间和次数:逐日观测井每天8时测记一次;五日观测井自每月1日开始,每隔5天在8时观测一次,暴雨后视地下水位变化机动加测。

1993年,连云港市地下水观测基本井调整为39眼,其中逐日井21眼,五日井18眼,观测地下水温项目的有13处,观测地下水质项目的有9处。1998年,受连云港市水利局委托,市域内共布设深层地下水监测井39眼,监测项目包括水位、埋深、水温、水质。监测井多为生产井,采用人工观测,均为十五日观测井。由于某些生产井井况稳定性差及城镇化建设,深层地下水井或淤积,或封填,每年根据实际情况进行删减或寻找替代井,深层监测井维持在30眼。2018年,结合连云港市地下水超采区及各县地下水压采工作,补充地下水监测井到39眼,同时为避免监测数据受生产、生活用水的影响,保证监测数据真实反映地下水位变化情况,先后在重点区域选择11眼监测井安装地下水位自动监测仪器,并纳入省级站网。

截至2021年，连云港地下水自动监测井为66眼，其中国家地下水专用监测井45眼，省级地下水专用监测井10眼，利用生产井自建自动监测井11眼；人工监测井为9眼，共计75眼。连云港市水利局委托井为49眼，其中9眼为人工观测井，11眼为自建自动监测井，29眼为国家地下水专用井。66眼自动监测井采用压力式传感器记录地下水位，数据4小时一报；9眼人工井使用测绳观测并记录。

八、水质、水生态监测

连云港水文分局实验室于1995年建成，1996年正式开展检测工作。2009年之前，主要采样化学分析法进行检测分析。随着水质站网的迅速发展，水质检测站点以及检测频率增加，传统的化学分析法已不能满足检测需求。2009年，通榆河北延送水工程实施后，逐步配备流动注射分析仪、气质联用仪等大型仪器设备，水质检测也由传统的化学分析法发展为仪器法，检测效率以及检测的精确度、准确度得到了较大幅度的提升。同时，在线检测技术也得到了广泛的应用，pH值、溶解氧、电导率、高锰酸盐指数、氨氮等常规参数的检测均可实现实时在线检测。

（一）水质监测技术

水质检测主要由现场测定、实验室检测、移动实验室检测及在线监测系统构成，彼此之间互为补充，构成一套一体化立体监测体系。依据相关规范要求，水温、pH值、电导率、溶解氧以及臭和味、色度等感官指标宜在现场直接测定。连云港分局现场监测采用的仪器主要有YSI、哈希、梅特勒和雷磁等品牌的便携多参数测定仪、溶氧仪、电导率仪等。

移动实验室检测具有机动性强、灵活性高、适用场景广等优点。突发性水污染事故等时效性较强的应急监测，宜采用现场监测与移动实验室监测相结合的方式。2009年，通榆河北延送水工程施工时，连云港水文分局添置车载移动实验室一座（考斯特车改装），移动实验室配备有便携式多参数测定仪、分光光度计、自动电位滴定仪、高压锅、消解仪等小型检验监测设备。这些设备还可依据需求，适时增配流动注射分析仪、气相色谱等专业检验检测设备，可在移动实验室中开展《地表水环境质量标准》（GB 3838—2002）中大部分常规指标及有机指标检测分析。水质在线监测系统是一套以在线自动分析仪器为核心，运用现代传感技术、自动测量技术、自动控制技术、计算机应用技术以及相关的专用分析软件和通信网络组成的一个综合性的在线自动监测体系。

在线监测系统集成度较高,数据采集便捷,可连续收集本底数据,积累长期监测资料,可尽早发现水质的异常变化,为防止下游水质污染迅速做出预警预报,及时追踪污染源,从而为管理决策服务。同时,水质在线监测系统还可以实现水质信息的在线查询和共享,可快速为领导决策提供科学依据。水质在线监测系统一般包括取样系统、预处理系统、数据采集与控制系统、在线监测分析仪表、数据处理与传输系统及远程数据管理中心,这些分系统既各成体系,又相互协作,以完成整个在线自动监测系统的连续可靠的运行,广泛应用于饮用水源地、国省考断面、入河排污口、省市县界断面以及关键水质监控节点的水质监测。2009 年,通榆河北延送水工程项目配套建设灌北泵站、刘顶、凤凰嘴 3 座在线水质监测站。灌北泵站水质自动站监测项目为水温、pH 值、电导率、溶解氧、氨氮、高锰酸盐指数、总磷、总氮;刘顶、凤凰嘴水质自动监测站监测项目为水温、pH 值、电导率、溶解氧、氨氮。因通榆河北延工程不是常态化送水,3 座实验室未正常启用。2016 年,灌南县田楼水厂建成运行,为更好地掌握田楼水厂的进水水质、服务地方水利发展,连云港水文分局将灌北地涵自动监测站委托给田楼水厂负责日常运营,发挥该站公益作用。

从分析原理划分,实验检测大致可分为化学分析法和物理分析法(也称物理化学分析法、仪器分析法)。这两类分析方法之间并不是相互孤立和对立的,例如在运用仪器分析时,在进行分析测量之前,试样往往必须经过一系列预处理工作,基本是由物理化学法实现的。近年来,水质检测技术日新月异,大量的新技术、新设备逐渐应用于水质检测过程中,极大地提高了水质检测的分析速度与精度,如原子吸收光谱法、原子荧光法、离子色谱法、电感感耦等离子体光谱法、电感感耦等离子体质谱法、流动注射法、气质法、质谱法等。

1. 化学分析法

化学分析法是最早使用的和长期以来广泛应用的分析方法,故有经典分析法之称。化学分析法是以化学原理和化学反应为基础建立起来的分析方法,此方法以化学反应如酸碱反应、络合反应、沉淀反应和氧化还原反应等为基础建立起来,用于成分的定性和定量分析,它是分析化学的基础,目前仍是国内外分析工作者通用的分析手段。在现今水质分析中,应用最广的是比色法和滴定法。这些方法能够普及和采用的主要优势是,只要有化学试剂和玻璃器皿即可进行,不需要太多昂贵的仪器。比色法在测量微量物质时具有很大的优越性,此法的操作步骤一般比较简单、快速,灵敏度也较高。比色法有 3 种:第一种是目视比色法，这种方法所要求的设备和技术条件简单，对低色度溶液的辨认比仪器测定更加灵敏，可以分辨测定液中混浊物的干扰。第二种为分光光度法。第三种为光电比色法。后两种均需仪器，在正常情况下，用仪器比色比目视法准确，重复性好。但在溶液混浊时，仪器无法辨认，容易出现假象，还容易受仪器性能的影响。由于需要仪器设备和电源供应，所以不宜在野外使用后两种方法。

2. 物理分析法

物理分析法，也叫物理化学分析法或仪器分析法。这种分析方法是以物质的物理及物理化学性质（光谱及电化学性质）为基础，并使用特殊仪器进行分析的测试方法。物理分析法是20世纪初发展起来的分析方法，因此又有近代分析法之称，具有灵敏、准确、快速，易于实现自动化和连续测定等优点。目前在水质检测中主要应用的方法如下。

（1）电化学分析法。

电化学分析法是利用物质的电化学性质来测定物质组成的分析方法。电化学分析法主要包括电导分析法、电位法、电解法、库仑法、极谱法等方法。目前实验室常用的主要有电导分析法及电位法。

① 电导分析法。电导分析法是应用两个相同的惰性电极，插入被分析溶液，在此电极上施加交流电压，测定其间的电导（电阻的倒数）。电导分析法最先应用于测定电解质溶液的溶度积、解离度和其他一些特性。由于溶液的导电性质取决于溶液中所有共存离子的导电性质的总和，所以这种分析方法不具专属性。该方法对于复杂物质中各组分的分别测定具有局限性。但电导法确属一种简便、灵敏的分析方法，主要运用于对水质纯度的检验等方面。容量分析中，使用电导指示滴定终点的方法叫作电导滴定法。电导滴定法的准确度较高，并且能用于较简单混合物中各分量的测定，这种分析方法在实现容量分析的自动控制方面应用较为广泛。但是，有时没有合适的指示剂可供应用，对于有色、混浊或具有荧光的溶液也无法进行分析。

② 电位法。电极电位与溶液中电活性物质的活度有关。电位法是指，测量电极电位时，应用奈恩斯特方程计算被测物质的含量（如各种离子选择性电极的直接测定），或以电位作为容量分析终点指示（称为电位滴定）的方法。电位法可以弥补电位分析法的缺陷，而且还可用于混合溶液中进行连续滴鉴。使用电位突跃检测滴鉴终点，易于实现自动滴定。

（2）原子吸收光谱分析法。

原子吸收光谱分析法又称原子吸收分光光度分析法，简称原子吸收法。原子吸收法是一种很好的定量分析方法，目前在国内各大、中实验室应用比较普遍。它具有灵敏度高、准确度高、选择性好等优点，方法简便，分析速度快。如果采用自动化的仪器，每小时可分析 100 个以上的试样。在测定含量范围方面，既能用于微量(毫克每升)和超微量(微克每升)的分析，又能用于基体组分含量的测定。在测定元素种类方面，约能直接测定 70 种元素；采用间接方法还可测定卤素、硫、氮等非金属元素，测试的种类几乎可以覆盖元素周期表中 70% 的元素。

(3) 发射光谱分析法。

发射光谱分析法包括 3 个最基本的过程。首先，对被测物质提供发射光谱的条件，既依靠外加能源使之原子化和被激发；然后，将激发态原子所发出的复合光分解为单色光形成光谱；最后，对光谱进行检测。发射光谱分析的方法有 5 种：看谱分析法、摄谱分析法、光电直读光谱法、火焰光度法、感耦等离子体原子发射光谱法。对前 3 种方法，江苏水文系统中采用较少，主要应用的是火焰光度法和感耦等离子体原子发射光谱法。火焰光度法的主要特点是以火焰为光源，将试样在火焰中原子化并激发后，再对发射光进行分光和检测，其测量方法是用光电转换元件将光信号转变为电信号而测量。这种方法由于仅使用火焰光源，提供的能量较低，故能分析的元素比较少，通常测定的对象是碱金属和部分碱土金属。一般测定水中 K、Na、Ca、Sr 等元素时，应用比较方便。感耦等离子体原子发射光谱法是在原子发射光谱原理的基础上，改进了光源条件，即在光源上引入了电感耦合等离子炬。电感耦合等离子体自 60 年代中期研制成功以来，与原子发射光谱相结合，以其优越的激发性能、较高的精密度、极低的检出限以及多元素同时快速测定等优点，已发展为无机成分分析的主要手段。

(4) 原子荧光光谱法。

原子荧光光谱法于 60 年代建立，是近年来发展很快的一种微量分析方法。该方法的原理为：基态原子(一般蒸汽状态)吸收合适的、特定频率的辐射被激发至高能态，而后在激发过程中，以光辐射的形式发射出特征波长的荧光。该方法的特点是灵敏度高(一般比原子吸收光谱分析法高)、选择性好、用途广泛，主要用于测定汞、砷、硒等成分。

(5) 色谱法。

色谱法实质上是一种物理化学分离方法，即利用不同物质在两相(固定相和流动相）中具有不同的分配系数，当两相做相对运动时，这些物质在两相中反复多次分配，从而使各物质得到完全分离。当这种分离技术应用于分析化学领域就是色谱分析。现代的色谱法，已成为分支很多、性能优越、用途广泛的一类重要的仪器分析方法。目前，实验室应用较多的有离子色谱法、气相色谱法、液相色谱法、质谱法等。

① 离子色谱法。离子色谱法是利用离子交换原理，连续对共存的多种阴离子或阳离子进行分离、定性和定量的方法。离子色谱法具有分析速度快、灵敏度高、可同时检测样品中的多种成分等优点，目前在阴、阳离子分析中应用较为广泛。

② 气相色谱法。气相色谱法是利用气体做流动相的色层分离分析方法。汽化的试样被载气（流动相）带入色谱柱中，柱中的固定相与试样中各组分的分子作用力不同，各组分从色谱柱中流出时间不同，组分彼此分离。采用适当的鉴别和记录系统，制作标出各组分流出色谱柱的时间和浓度的色谱图，根据图中标明的出峰时间和顺序，可对化合物进行定性分析；根据峰的高低和面积大小，可对化合物进行定量分析。该方法具有效能高、灵敏度高、选择性强、分析速度快、应用广泛、操作简便等特点，适用于易挥发有机化合物的定性、定量分析。

③ 液相色谱法。液相色谱法的分离机理是基于混合物中各组分对两相亲和力的差别。根据固定相的不同，液相色谱法分为液固色谱法、液液色谱法和键合相色谱法。应用最广的是以硅胶为填料的液固色谱法和以微硅胶为基质的键合相色谱法。根据固定相形式的不同，液相色谱法可以分为柱色谱法、纸色谱法及薄层色谱法。根据吸附力的不同，液相色谱法可分为吸附色谱法、分配色谱法、离子交换色谱法和凝胶渗透色谱法。近年来，在液相柱色谱系统中，人们又加上高压液流系统，使流动相在高压下快速流动，以提高分离效果，因此出现了高效（又称高压）液相色谱法。

④ 质谱法。质谱法是利用电磁学原理使离子在磁场的作用下，按照质荷比进行分离，从而测定物质质量与含量的方法。质谱法不仅具有较高的绝对灵敏度，而且具有较高的相对灵敏度和测量精度。改变质谱仪的电磁参数，可以在短时间内分析多种组分，并且可以连续进样、连续分析，全流程自动控制。

（6）流动注射分析法。

流动注射分析法是一种自动微量分析方法，是基于把一定体积的试样注射到一个运动着的、无空气间隔的、由适当液体组成的连续载流中，被注入的试样形成一个带，而后被载到一个检测器中连续地记录其吸光度、电极电位或其他物理参数，根据产生的信号计算被测试液的浓度。该方法具有分析速度快、试剂消耗量很少等诸多优点，适合大量试样的成批分析。

(二) 水生态监测技术

党的十八大提出要大力推进生态文明建设，把生态文明建设作为统筹推进“五位一体”总体布局和协调推进“四个全面”战略布局的重要内容。水生态监测是水生态保护与修复工作的重要基础工作，是保障河湖健康、落实最严格的水资源管理制度的重要抓手。2013 年，连云港水文着手逐步拓展水生态监测能力，拓展的主要项目有大型维管束植物、底栖动物、浮游动物、着生生物的定性和定量分析。

1. 大型维管束植物

大型维管束植物是生态学范畴上的类群，包括种子植物、蕨类植物、苔藓植物中的水生类群和藻类植物中以假根着生的大型藻类。一般将大型维管束植物分为挺水植物、浮叶植物(漂浮植物与浮叶根生植物)和沉水植物。挺水植物是以根或地下茎生于水体底泥中，植物体上部挺出水面的类群。漂浮植物是指植物体完全漂浮于水面上的植物类群。浮叶根生植物是指根或茎扎于底泥中，叶漂浮水面的类群。沉水植物是指植物体完全沉于水气界面以下，根扎于底泥中或漂浮在水中的类群。

大型维管束植物样品采集、检测涉及的设备主要有水草定量夹、采样方框、带柄手抄网、水草采集耙、秤或普通药物天平、鼓风干燥箱、GPS 定位仪、望远镜、数码相机、记号笔等；主要涉及的试剂有水生植物标本浸制液、甲醛溶液等。

大型维管束植物通常每季度调查一次，如有特殊情况可酌情调整调查次数。

大型维管束植物采样分为定性采样和定量采样。定量采样：挺水植物一般用 1.00 立方米采样方框采集。采集时，将方框内的全部植物从基部割取。沉水植物、浮叶根生植物和漂浮植物，一般用采样面积为 0.25 立方米的水草定量夹采集。采集时，将水草夹张开，插入水底，用力夹紧，把方框内的全部植物连根带泥夹起，冲洗去淤泥，将网内水草洗净装入编有号码的水草袋内。定性采样：挺水植物用手采集；浮叶根生植物和沉水植物用水草采集耙采集；漂浮植物直接用手或带柄手抄网采集。定性样品应尽量在开花和(或)果实发育的生长高峰季节采集，采集的样品应完整（包括根、茎、叶、花、果）。

大型维管束植物分析过程主要包括标本制作、浸制标本、种类鉴定以及生物量鉴定。

2. 底栖动物

底栖动物是指栖息生活在水体底部淤泥内，石块、砾石的表面或其间隙中，以及附着在水生植物之间的、肉眼可见的水生无脊椎动物。一般认为体长超过2.0毫米，不能通过40目分样筛的种类为底栖大型无脊椎动物。底栖动物广泛分布在江、河、湖、水库、海洋和其他各种小水体中，包括许多动物门类，主要有水生昆虫、大型甲壳类动物、软体动物、环节动物、圆形动物、扁形动物以及其他无脊椎动物。

底栖动物样品采集、检测涉及的设备主要有水温度计、酸度计、天平（精度为0.01克及0.000 1克）、彼得逊采泥器、带网夹泥器、三角拖网、抄网、分样筛（40目）、小镊子、脸盆、放大镜、解剖镜、显微镜、解剖针、解剖盘、培养皿等。

底栖动物样品采集、检测涉及的主要试剂有福尔马林溶液（7%）、1%福尔马林或30%酒精等。

底栖动物不仅活动范围小，而且多半生活周期长，有较明显的季节变化。因此，每季度调查监测一次较适宜，最少一年必须保证两次，即春季（4—5月）、秋季（9—10月）各开展一次。

底栖动物采样分为定性采样和定量采样。定性采样可以收集到更多的有代表性的种类或某些种类的更多个体。在定量标本数量不多时，定性标本更有意义。定量采样可以客观反映河流、湖泊、水库等水体底部底栖动物的种类组成和现存量，常以每平方米为单位进行统计。常用的底栖动物采样设备有彼得逊采泥器、人工基质篮式采样器。

底栖动物分析过程主要包括样品预处理、鉴别、称重以及评价计算。由于不同种类底栖动物密度和生物量差异较大，一般采用相对重要性指数（IRI）来确定各水系中的优势种。

3. 浮游动物

浮游动物是水域生态系统中一类极重要的消费者类生物，它们既可以作为许多经济鱼类的优质食物，又可以调节控制藻类和细菌的发生、发展。浮游动物的组成十分复杂，但在淡水水域中主要由原生动物、轮虫、枝角类和桡足类水生无脊椎动物组成。

浮游动物由于漂浮在水中，群落分布和结构随环境的变更而变化较大，条件允许时,采样频率最好是每月一次。根据排污状况,必要时可随时增加采样次数。

浮游动物样品采集、检测涉及的设备主要为有机玻璃采样器、浮游生物网、显微镜等;涉及的主要试剂有鲁哥试剂、福尔马林固定液等。

浮游动物采样分为定性采样和定量采样。小型浮游动物用25号浮游生物网定量采样,大型浮游动物用13号浮游生物网定量采样。

浮游动物分析过程主要包括水样的固定、浓缩、计数以及评价计算。浮游动物主要采用香农(Shannon)多样性指数、辛普森(Simpson)多样性指数和玛格列夫(Margalef)指数进行评价分析。

4. 着生生物

着生生物即周丛生物,是指附着于长期浸没于水中的各种基质(植物、动物、石头等)表面上的有机体群落。实践中,主要监测着生藻类。着生藻类等同于底栖藻类,是指生长在各种基质表面上的所有藻类。依据基质不同,着生藻类可分为附石藻类、附植藻类、附砂粒藻类、附泥藻类、附动藻类及少数自由悬浮在水体中的藻类(如水绵等)。淡水生境中的着生藻类主要包括蓝藻门、绿藻门、硅藻门、红藻门等。

着生生物样品采集、检测涉及的设备主要有人工基质显微镜等;涉及的主要试剂有鲁哥试剂、福尔马林固定液等。

着生生物分析过程主要包括水样预处理、计数以及评价计算。着生生物主要采用富营养化硅藻指数、Simpson 指数、香农-韦弗(Shannon-Weaver)多样性指数进行评价分析。

(三) 水质、水生态检测方法

1996年3月,连云港水文分局实验室首次通过中国技术监督局计量认证水利评审组的正式评审;1996年12月,取得计量认证合格证书并正式开展水环境监测工作。

2001年10月,连云港水文分局第一次通过计量认证资质认定复查换证评审。

2006年12月,连云港水文分局第二次通过计量认证资质认定复查换证评审。

2010年3月,连云港水文分局第三次通过计量认证资质认定复查换证评审。

2013年5月,连云港水文分局第四次通过计量认证资质认定复查换证评审。认定的检测范围包括地表水、地下水、生活饮用水(含天然饮用矿泉水)、污水及其再生利用水四大类样品共计58项参数,其中地表水44项参数,68种分析方法;地下水36项参数,72种分析方法;生活饮用水26项参数,5种分析方法;污水及再生利用水19项参数,48种分析方法。

2014年11月,连云港水文分局通过水生生物扩项评审。2015年3月,正式获得浮游动物数量、浮游动物生物量、着生藻类数量、着生藻类生物量等7项水生生物检验检测资质。

2016年10月,连云港水文分局第五次通过计量认证资质认定复查换证评审。认定的检测范围包括水(地表水、地下水、生活饮用水、污水及其再生利用水)、水生生物两大类样品共计65项参数,其中地表水新增20种分析方法;地下水新增16种分析方法;生活饮用水新增16种分析方法;污水及再生利用水新增3种分析方法。

2017年10月14日,《地下水环境质量标准》(GB/T 14848—2017)发布,2018年5月1日起实施。该标准实施后,地下水水质监测指标由原来的39项提高到93项,为了更好地服务于江苏高质量发展要求,实现地下水水质指标全覆盖监测,2019年7月24日,省中心在江苏溧阳实验室管理工作会议提出地下水监测能力扩项要求,决定由徐州、连云港和宿迁3个分中心组成地下水水质监测指标扩项小组,覆盖地下水93项参数。连云港分中心从人员、仪器设备、耗材、方法、环境等方面综合分析,并分析扩项要求和扩项的时间节点,决定稳步推进地表水、地下水扩项工作,先期地表水增扩铝、苯、甲苯、三氯甲烷、四氯化碳5个项目及溶解氧、挥发酚、阴离子、硫化物4个项目分析方法;地下水增扩铝、苯、甲苯、三氯甲烷、四氯化碳、钾、钙、钠、镁9个项目及挥发酚、阴离子、硫化物、总大肠菌群、粪大肠菌群5个项目分析方法,共计增扩14个项目、9个项目分析方法。2020年11月,连云港水文分局正式获得扩项参数(方法)的检测资质。

2020年5月7日,《水库渔业资源调查规范》(SL167—2014)废止。为保持实验室藻密度检测能力,分中心通过资质认定文件评审程序申报新增藻密度参数《内陆水域浮游植物监测技术规程》(SL733—2016)分析方法,并于2021年2月正式获得该参数检测资质。

九、水土流失监测

水土流失监测内容包括降雨、径流、泥沙、植被覆盖度、土壤水分和作物产量等。

(一)降雨观测

降雨采用全自动气象站观测。每次降雨后,数据采集器会自动记录降雨量数据,所采集的数据通过无线网络发送至水土保持信息管理系统监测子系统。

(二)径流、泥沙监测

径流采用坡面小区径流泥沙自动采集系统监测。坡面小区径流泥沙自动采集系统由翻斗式径流自记仪和轮式泥沙自动采样器组成。在降雨过程中,翻斗式径流自记仪会自动记录小区径流过程与径流量,实时采集径流数据,每隔30分钟发送一次数据。轮式泥沙自动采样器发挥分流的作用,每次降雨采集径流过程中5%的洪水样收集至集流桶,降雨结束后搅拌集流桶中的浑水,采集泥沙浑水样品,装入准备好的取样瓶中。浑水样带至实验室,采用沉淀烘干法或过滤烘干法进行泥沙含量的测定,测定结果填录至数据管理系统。

(三)植被覆盖度观测

每15天(每月1日、15日)采用照相法观测每个小区的乔木郁闭度、灌草作物覆盖度、地面覆盖度和植被平均高度。径流小区产流发生后,加测一次。

(四)土壤水分观测

土壤水分采用在线监测方法。在每个径流小区上部、中部、下部分别安装1个土壤水分传感器,每30分钟数据采集器会自动记录土壤水分数据一次,所采集的数据通过无线传输系统传输至数据库。

(五)作物产量

作物产量采用人工观测。根据径流小区作物成熟状况,确定测产日期。测定作物产量时,在每个小区的上部、中部和下部选择3个测点,行播作物取2～3行,每行取2.0～3.0米,样方面积一般为1.0～4.0平方米。取样后,在实验室测定样本鲜重、干重以及籽粒干重等,通过计算确定小区产量等。测定结果填录至数据管理系统。

十、水温

(一)人工观测

(1) 每日8时观测。

(2) 地表水水温观测地点放在基本水尺断面岸边水流畅通处水面以下0.5

米处，地下水观测点放在井内水面以下0.5米处。

(3) 使用刻度为0.2摄氏度的水温计，静置5分钟后观测。

（二）自动观测

截至2021年，水温自动监测只用于地下水。使用自动监测水温计，放入井内水面0.5米以下，自动监测水温，从遥测终端定时将数据传输至水情分中心。

第二节 水文、水质调查

一、历史洪水调查

连云港的历史洪水调查工作基本是在50年代后陆续开展起来的，当时辖区内水文工作分别隶属于徐州专区和淮阴专区水文领导机关管理。

1958年，高流河陈蛮庄站人类活动调查，记录清宣统元年(1909年)六月二十六日洪水痕迹一处。同年9月，青口河两岸洪水痕迹调查4处，赣榆县塔山下游店子村洪水痕迹调查4处。1959年7月，受徐州专署水利局委托，华东水利学院水文调查队对兴庄河流域河道特征、历史洪水、地下水等进行水文调查，记录民国三年(1914年)9月洪水痕迹两处、1956年9月5日洪水痕迹8处。同年7月，受江苏省水利厅委托，华东水利学院水文调查队对赣榆县夹谷山水利综合试验站流域自然地理、河道水文特征、水利工程等进行水文调查，记录民国三年(1914年)7月19日两处洪水痕迹。同年8月，受徐州专署水利局委托，华东水利学院水文调查队完成陈蛮庄流量站水文调查，调查北起高流河上游南至陈蛮庄站，集水面积为110平方公里范围内的干支河流及水库、水文情况，记录1955年6月5处洪水痕迹。1964年11月，完成大兴镇水文站上游11.5公里至下游5.5公里的水文调查，记录1954年洪水痕迹一处。1974年12月，徐州专区水文站委托华东水利学院水文调查队对蔷薇河流域当年8月的洪水痕迹进行调查，范围包括陇海铁路以南到小许庄水文站段，以及淮沭新河左堤(洪水造成左堤6处决口)。

二、暴雨洪水调查

1985年9月，连云港港区局部大暴雨，24小时降水量达到599.1毫米。连云港水文分局派员进行暴雨调查。

2012 年 7 月 8 日 4 时至 9 日 4 时,连云港市突降特大暴雨,暴雨以连云港市区为中心,市区临洪站最大 24 小时降雨量为 304.2 毫米,市区凤凰嘴站最大 24 小时降雨量为 420.0 毫米,气象部门大桅尖站最大 24 小时降雨量为 418.6 毫米。暴雨中心在市区云台山东南侧的凤凰嘴至大桅尖一线,300 毫米等值线基本涵盖连云港市区,200.0 毫米等值线涵盖赣榆县东南部、东海县东部、连云港市区及灌云县北部少部分区域。市区大部地区严重滞涝。

2012 年 7 月 9 日,连云港水文分局及时组织暴雨洪水调查小组两个,分头调查市区主要河流、街道、低洼片区等的滞涝情况、洪水痕迹等。从 7 月 9 日至 8 月 24 日,仅走访、标记洪痕、洪痕测量等外业工作就出动技术人员 18 人,总计 97 个工日,调查包括当时的新浦区、海州区、连云区、东海县的岗埠农场等区域滞涝痕迹,市区的几条主要河流大浦河、龙尾河、东盐河、排淡河、烧香河重要节点洪水痕迹,市区 18 座小型水库及塘坝等洪水痕迹等。

调查成果包括暴雨成因、暴雨过程、暴雨等值线、暴雨重现期、河流洪水位、小型水库洪水位、内涝水位和洪灾情况等。

此次调查成果经整理,编入《2012 年沂沭河暴雨洪水》中。

2019 年 8 月 10 日,受台风“利奇马”影响,沂沭泗流域普降大暴雨、特大暴雨。连云港市区域最大点雨量为麦坡站,8 月 10 日降水量为 303.0 毫米。同日,周边多站点日降水量超 200 毫米。东海县中部较大区域形成滞涝。雨后,连云港水文分局及时安排调查小组,至现场调查洪涝水情况。

三、专题调查

(一) 测站流域内水文调查

1958 年 9 月,水文部门完成响水口以东部分水文调查,通榆公路以东河南北部分水文调查;岳庄站新沭河流域水文调查。年内,进行朱稽河流域水利工程调查。1959 年 6 月,华东水利学院完成安峰山流域水文调查,昌梨水库流域地区水文调查。7 月 3 日,徐州专员公署水利局水文科完成塔山水库集水区自然地理特点及水利化后对水文因素变化的影响的水文调查。8 月,华东水利学院水文调查队完成东海水利试验站水文调查。1961 年 6 月,徐州专员公署水利局水文科委托江苏水院调查小队夹谷山小区水文地理情况;12 月,完成赣榆水利综合试验站朱稽河流域补充水文调查。1962 年 1 月,徐州专署水利局完成石梁河水库水文实验站附近水旱情况调查。1996年，连云港水文水资源勘测处完成蔷薇河流域干支流断面测量调查。1997年，连云港水文水资源勘测局完成大浦河、东盐河、排淡河、烧香河、善后河等流域踏勘和概况调查。受连云港市水利局委托，2005年，江苏省水利勘察设计院完成蔷薇河流域分片水文调查。

（二）设站查勘水文调查

1959年，开展夹谷山站查勘。1959年4月，开展朱堵集流量站断面向西迁移水文调查。同月，分别进行小塔山水库站查勘，夹谷山水利综合试验站总控制断面查勘，小许庄水文站选址查勘。1960年3月，江苏省地质局水文地质队开展赣榆县夹谷山综合试验站水文地质工程勘察设计。1961年2月，开展石梁河水库水文实验站石梁河水库水文测验地点勘测。6月，江苏水利学院对石梁河水库南灌区勘测设站，开展石梁河水库水文实验水量泥沙平衡规划及查勘；对石门头流量站勘测设站，查勘城头河、兴庄河闸流量站、安峰山水库站站址。1962年6月，徐州专署水利局委托江苏水利学院对石梁河水库入库区间水量、查勘区间建站条件进行水文调查。1982年春，湿润区小河站设立之初，对拟设立小河站的流域进行水文设站调查，连云港辖区分别为小陆庄、和堂、张疃、黑林、汪子头、郑园共6个小河站，调查内容包括流域面积、地形地貌、下垫面、干流比降、断面上下游河段等，其中对流域面积较小的小陆庄、和堂站以上小流域开展了详细的地形测量工作。1986年，小许庄水文站下迁1 150.0米，安排专门迁站调查，组织测量队测量拟建站址河段地形和大断面。2011年，对中小河流23个水文水位站进行设站调查。2013年，对燕尾港站迁站进行站址调查。2016年，对海州湾（秦山岛）拟设潮位站进行站址调查。

四、水文地质调查

1999年，受连云港市水利局委托，江苏省水文地质工程地质勘察院对连云港市地下水资源进行调查，并对连云港水文地质情况进行概况调查。

五、水质调查

1996年，连云港水文分局开展水化学监测工作，同时陆续开展一些专题调查报告。

为贯彻落实水利部淮委《关于开展入河排污口调查工作的通知》和执行省

水利厅召开的排污口调查工作会议要求，1997年首次开展入河排污口调查与监测工作，同年10月完成《淮河流域入河排污口、重点污染源调查报告》。此后，每年淮河流域入河排污口调查监测工作成为例行监测任务。

2008年9月，编制完成《连云港市入河排污口整合规划》，为水行政主管部门科学管理入河排污口、保护水环境、改善水环境质量提供科学依据。10月，编制完成《北六塘河地表水（环境）功能区划调整方案论证报告》，将北六塘河（连云港段）地表水（环境）功能区调整为灌南县地表水水源地，为促进灌南县经济社会可持续发展，改善灌南人民群众饮用水条件，遏制地下水过度开采态势，防治地质灾害的发生，实现水资源优化配置与有效保护等，做出了重要贡献，受到了灌南县人民政府的表彰。

2011年3月，编制完成《江苏省通榆河北延送水工程凤凰嘴等自动监测站水质自动监测仪器比对测试报告》，为通榆河北延送水工程顺利竣工验收提供了重要技术支撑。

2012年5月，完成《通榆河北延送水工程向连云港蔷薇河应急供水联合试运行水文监测报告》，为通榆河北延工程向连云港应急供水提供数据支撑。6月，完成《连云港开发区西北组团污水处理厂入河排污口设置论证报告》。7月，连云港水文分局编制完成《烧香河水功能区纳污能力及限制排污总量报告》，核定烧香河地表水功能区纳污能力与限制排污总量。10月，完成江苏省水功能区纳污能力核定和限排总量制定工作，为水功能区的监督管理、落实最严格水资源管理制度提供了有效的技术支撑。

2013年4月，完成《江苏省新沭河治理工程大兴水质自动监测站水质自动监测仪器比对测试报告》。

受水利局委托，连云港水文分局于2014年1月完成首个《连云港市典型河湖健康评价研究报告》，之后每年度持续开展，为维护连云港地区河湖健康、促进河湖资源可持续利用、保障经济社会稳定发展提供了坚实的基础。

2014年11月，省水利厅在全省启动地表水新增水（环境）功能区划工作，受水利局委托，连云港水文分局承担《连云港市新增水域地表水功能区划报告》的编制工作。该报告于2015年通过专家评审，2016年正式获得省政府批复，为加强水功能区分类保护和管理、促进经济社会发展与水资源承载能力相适应做出了积极贡献。

2016年10月，编制完成《连云港市水资源综合规划》（修编）。

2017年4月，编制完成《连云港市水资源保护规划》。该规划以水资源保护现状评价为基础，分析存在的问题与不足，根据连云港市经济发展水平，按照地表水、地下水功能区划及水生态保护的要求，提出连云港市水资源保护规划水量、水质和水生态控制指标，建定水功能区保护、入河排污口整治、内源治理与面源控制、水生态保护与修复、饮用水资源地保护、地下水资源保护、水资源综合管理等工程及非工程措施体系，规划重点区域水资源保护与综合治理，提出水资源保护监测方案、项目实施安排计划和保障措施，为连云港地区水环境全面保护提供了有效技术支撑。10 月，编制完成《灌南宏耀污水处理厂入河排污口设置论证报告》。12 月，编制完成连云港市以及一区三县《水功能区达标整治方案》。2018 年，各规划、报告、方案等陆续获得市、区、县政府批复，为不达标水功能区的全面整治提供了坚实的技术支撑。

第三节　测报方式改革

2001 年 9 月，国家防汛指挥系统示范区连云港水情分中心通过验收并投入运行，实现部分国家重要水文站的水位和降水量站的自动遥测。2007 年，实现遥测资料用于报汛和资料整编。2014 年，省局要求水文测报方式改革，即实现流量的自动报汛，并最终实现用于资料整编。2015 年，连云港水文取得水文测报工作初步成果，结合手机报汛管理系统，实现部分水文站流量报汛和资料整编工作。截至 2021 年，所辖水工建筑物推流站均已具备稳定的流量率定关系线，具备自动测报的基础条件，如能配建满足精度要求的闸位计等控制工程设备的自动设施，流量遥测资料则可用于资料整编。

截至 2021 年，连云港市有国家基本水文站 6 个，测流断面 15 个，基本水位站 8 个，水位观测断面 9 个，中小河流水文站 7 个，中小河流水位站 16 个；闸坝站 2 个（石梁河水库、小塔山水库），河道站 4 个（大兴镇、临洪、小许庄、黑林）。

截至 2021 年，连云港已完成或部分完成测报方式改革的站点为小许庄站、黑林站、临洪站、临洪（东）站 3 个水文站共计 4 个断面。

小许庄站：2015 年年底建成二线能坡法在线测流系统，经缆道流速仪法测流率定，大、中、小流量测次均匀，点据数量、精度满足规范要求。自动流量测验精度能够达到整编要求。2018 年，江苏省水文水资源勘测局批复在流量小于 80.0 立方米每秒的应用范围内，该站二线能坡法在线测流自动流量可在线报汛及直接用于流量资料整编。2021年,江苏省水文水资源勘测局批复在流量大于80.0立方米每秒的应用范围内,该站二线能坡法在线测流自动流量可在线报汛及直接用于流量资料整编。该站需定期开展流量校测。

黑林站:2017年年底在测流断面下游建成约1.5米高(主槽部分)的挡水堰,挡水堰近似人工跌水坎。在挡水堰主泓堰体上部高程33.23～34.23米之间建有矩形量水堰一个,宽为2.0米,高为1.0米,经过缆道流速仪法测流率定,在无下游水位顶托的情况下,水位和挡水堰流量为单一关系曲线。2018年,江苏省水文水资源勘测局批复在断面水位33.23～34.23米之间时,该站可采用量水堰开展在线推流,数据成果可用于报汛与整编。

临洪站断面:2018年安装1套V-ADCP(座底式ADCP)测流系统,用代表垂线法测算流量。通过缆道流速仪测流率定,在V-ADCP代表流速为0.15～1.17米每秒范围内,可采用率定的V-ADCP代表流速与断面流速关系开展流量计算,应用范围内流量资料可用于报汛与资料整编。该断面需于每年年初制定年度比(校)测计划,开展不少于15次的代表流速与断面流速关系校测,遇超应用范围水情时应及时进行比测分析,以扩大应用范围。

临洪(东)站断面:2018年,安装1套V-ADCP(座底式ADCP)测流系统,用代表垂线法测算流量。通过走航式ADCP测流率定,在V-ADCP代表流速0.077～0.83米每秒范围内,可采用率定的V-ADCP代表流速与断面流速关系开展流量计算,应用范围内流量资料可用于报汛与资料整编。该断面需于每年年初制定年度比(校)测计划,开展不少于15次的代表流速与断面流速关系校测,遇超应用范围水情时应及时进行比测分析,以扩大应用范围。

石梁河水库站、小塔山水库站:大多分断面、口门属于堰闸站、水电站,即通过率定水工建筑物流量关系曲线、水电站效率系数推求流量。目前,石梁河水库的南溢洪闸新建后、北溢洪闸改造后,已分别经过中等流量行洪率定。小塔山水库站溢洪闸改建后,只行洪一次,只在中低水流量具有率定测次。在这些口门已率定关系线部分,结合水位、水头遥测数据,输入闸门开启信息,即可以实现流量在线报汛。两个站其他口门均有率定流量关系线,用上述方法,即可以实现流量在线报汛及用于流量资料整编。

大兴镇水文站:断面受石梁河水库水位顶托影响,水位流量关系散乱,一般用实测流量过程线法整编。为解决该站流量在线问题,2021年5月,通过水毁项目经费,该站安装了侧扫雷达测流系统1套,合同价为67万元。

第四节 应急监测

一、机构

50年代初期的三等水文站，除配备一名专职水文人员每日负责定时观测水位、降水量和水情报汛工作外，流量测验由主管的一等、二等水文站每月派员前往测站巡测。1981年，以县为单位，在县城建立水文基地，组建中心站，运用大站带小站和驻测、巡测、调查相结合的监测模式。近年来，区域性暴雨洪水灾害频发，水文应急监测被提上日程，并逐渐形成工作机制。

二、水量应急监测

2000年4月22日至26日，为保障苏北供水和进行科学的水资源调度，在省局统一领导下，连云港水文分局组织人员奔赴淮沭河参加输水损失测验，测验河段位于沭阳闸上游，对淮沭河供水流量进行连续5天的测验，以分析计算淮沭河供水沿程输水损失率。

2011年，通榆河北延送水工程初次通水试验，连云港水文分局组织技术力量全力以赴，配合工程管理单位，顺利完成通水流量及河道沿线水位应急监测任务。

2013—2021年汛期，连云港水文分局应急监测小组承担主要沿海口门入海水量监测工作，为率定沿海口门流量关系，积累了大量第一手数据。

2017年元旦后，因连绵阴雨致二涧水库溢洪，连云港水文分局应急监测小组顶着寒风、连续几天施测流量，直到溢洪结束，圆满完成测验任务，成功率定溢洪道水位流量关系线，为精确推求流量打下坚实的基础。8月，花果山径流小区大村水库溢洪，应急监测小组顶着风雨和蚊虫叮咬，连续施测，测得完整溢洪流量过程。

2018—2020年，新沭河连续3年在汛期均有大流量行洪，连云港水文分局应急监测小组奔赴新沭河各节点测验断面，施测河道沿线流量变化。这三年，新沭河行洪流量连创历史。2020年，大兴镇水文站测得历史最大流量6 080立方米每秒，石梁河水库水文站测得历史最大流量4 790立方米每秒，新沭河中、下游河段节点墩尚桥、国道G228临洪河特大桥断面监测流量均达历史最大。

2019—2020 年汛期,新沂河大流量行洪,连云港水文分局应急监测小组承担入海口流量测验及海口闸南、中、北深泓闸分流比测验工作,圆满完成各项任务。

三、水质应急监测

2011 年 4 月 3 日,连云港市水利局通报连云港水文分局蔷薇河市区水厂取水口氟化物超标。连云港水环境监测分中心迅即启动应急监测,对市区取水口水质以及上游来水水质进行监测。4 月 11 日,市水利局计划于 12 日中午开启临洪闸,对蔷薇河实施调水冲污,连云港分中心连续 5 天开展对比、跟踪监测,并向市水利局报送突发性水污染监测简报,为保障连云港市民的饮水安全提供了坚实的水文支撑。

2015 年 5 月 28 日,蔷薇河发生突然性水污染事故,水质科及时对事故进行跟踪调查,在蔷薇河沿线及其支流布设多个站点,连续多天开展应急监测,及时向省局、市水利局提供突发性水污染监测简报。

2019 年 3 月 21 日,盐城市响水县陈家港镇化工园区内江苏天嘉宜化工有限公司化学储罐发生爆炸事故。接到上级通知后,连云港水文分局第一时间组建应急监测小组,连夜赶赴现场对周边水体及水源地开展采样监测,并加密监测频次,跟踪调查分析爆炸事故对水源地及周边水环境的影响。

2019 年 9 月中旬,小塔山水库出现蓝藻暴发现象。9 月 23 日,连云港水文分局联合赣榆水政对小塔山水库进行污染源调查,并在库区及上游布设 5 个监测站点进行跟踪监测,为小塔山水库蓝藻治理提供及时的数据支撑。

2020 年 4 月 21 日,赣榆区城头镇后黄墩村内的连云港宏兴研磨材料有限公司发生火灾。22 日上午,连云港水文分局组织调查监测小组赴事故现场,重点围绕饮用水水源地开展周边水域查勘和监测工作,并编制《赣榆区宏兴研磨有限公司 4·21 火灾事故基本情况及周边水域调查简报》。

四、应急预案与演练

连云港水文分局每年汛前都制定《连云港水文分局防汛应急预案》,相关技术人员和各监测小组进行汛前大练兵,学习应急监测知识,提高水文应急监测能力,为突发水事件的应急处置提供水量、水质数据和水文预报,为各级行政管理部门防汛决策提供科学依据和技术支撑,保障地方社会全面、协调、可持续发展。

2021年，连云港水文分局组织3个以年轻的党员先锋队员为主的应急监测小组，安排在汛前进行演练，并由分管局长带队参加各小组的应急监测演练，指导汛期的应急水文监测工作。

演练之前，连云港水文分局详细编制演练方案，进行操作技能培训，筹备演练设备。连云港水文分局编制的演练预案，注重科学性、专业性、实战性相结合，既可以融入城市大型防洪抢险演练中，配合演练堤防决口的形态监测和流量监测项目；又能独立开展水文专业演练，如新仪器、新设备的水位、流量监测，以及水质突发事件的应急监测等。

连云港水文分局应急监测演练现场

第五章　水文资料整编

水文资料整编是对原始的水文资料按照科学方法和统一规格，进行整理、审查、复审、验收、汇编、刊印或储存等工作的总称。通过资料整编，可将各项原始资料用统一格式的简明图表，分别汇编刊印为《水文年鉴》《水质年鉴》《地下水资料》《小河站资料》《水文巡测资料》以及《水文特征统计资料》等，以便于长期保存和供各有关单位使用。在整编工作过程中，还可发现和处理资料中存在的问题，去伪存真，保证整编成果的质量，为规划设计、防汛抗旱、水资源管理、水环境保护等提供准确可靠的科学依据。

第一节　资料整编方式

民国十一年至三十七年(1922—1948 年)，淮河等流域机构及省建设厅在《扬子江年报》《水利委员会汇刊》《江苏建设》等期刊上刊布水位、流量、含沙量、降水量、蒸发量等资料。民国二十四年(1935 年)，中央研究院气象研究所编制《中国之雨量》。全国经济委员会水利处于民国二十四年(1935 年)编制民国二十二年(1933 年)全国雨量报告，翌年编制民国二十三年(1934 年)全国雨量报告。

中华人民共和国成立后，华东军政委员会水利部组织南京水利实验处、长江水利工程总局和淮河水利工程总局，在南京成立水文资料整理委员会，对淮河、长江流域的历史水文资料进行广泛收集和系统整理，这是全国水文资料整编工作的开端。整编方法、内容及图表格式主要参照前中央水利实验处拟订的水文资料整编表式和美国水文年鉴，整编项目有水位、流量、含沙量、降水量、蒸发量。

1950 年 10 月，南京水利实验处等首先集中力量整编淮河流域 1949 年以前的历史水文资料，并于 1951 年汇编刊印 1912—1949 年淮河流域水文资料第一辑淮河中上游区第 1～3 册，第二辑淮河下游区第 1～3 册、第三辑沂沭汶运区第 1～3 册，共 9 册。连云港市淮河流域沂沭汶运区的水文资料被收录在第三辑中，其中第 1、2 册为水位资料，第 3 册为降水量、流量、泥沙资料。江苏境内淮河流域原始资料后经治淮委员会辗转移交江苏省水文部门保管。

随后，各年水文资料的整编工作按照水利部统一规定，由各流域机构或省水利主管部门按流域、水系逐年汇编，并刊印为水文年鉴。连云港的水文资料，1950 年集中于淮委整编刊印，1951 年集中于华东水利部，1952 年和 1953 年集中于徐州一等水文站。1954 年，连云港水文资料实行在站整编，之后集中进行汇编、审查，并刊印成册。1954—1957 年连云港的水文资料，集中于淮委整编刊印。

1954 年，中国气象局和中国科学院地球物理研究所将 1950 年以前连云港等站的降水资料加以整理，编入《中国降水资料》。1958 年 4 月，水利电力部颁发《关于全国水文资料卷册名称和整编刊印分工规定》，将全国水文资料整编成果统一命名为"中华人民共和国水文年鉴，××流域水文资料"，并按流域、水系划区编列卷册号，沂沭泗运区资料由山东省水文总站汇刊成册，连云港境内沂沭泗运区水文资料分属第 5 卷第 7 册和第 8 册。

1964 年 8 月，水利电力部颁发《水文年鉴审编刊印暂行规范》，将全国水文年鉴册号按水系重新调整后，江苏省淮河流域水文资料分别列入淮河中游区（第 5 卷第 2 册和第 3 册）、淮河下游区（第 5 卷第 4 册）、沂沭泗运区（第 5 卷第 5 册和第 6 册）；长江流域水文资料分别列入长江下游干流区（第 6 卷第 6 册和第 7 册）、太湖区（第 6 卷第 19 册和第 20 册）；分工汇刊各册水文年鉴的水利主管机关无变动。

1976 年 6 月，《江苏省近两千年洪涝旱潮灾害年表》刊印，其中含有零星水文资料。连云港地区早期的水文资料多为与洪涝旱情灾害相联系的水情记述，散见于历代各县志、河渠志或水考中。水利电力部水管司和水利水电科学研究院，根据北京故宫有关档案史料整理编纂《清代淮河流域洪涝档案史料》，于 1984 年 3 月由中华书局出版。

1912—2020 年各水文年鉴汇刊收录连云港水文资料的情况见表 5-1。

表 5-1　1912—2020 年各水文年鉴汇刊收录连云港水文资料的情况

年份	沂沭泗运区	淮河流域	水文年鉴名称	汇刊单位
1912—1949	第三辑 第 1～3 册		淮河流域水文资料	南京水利实验处
1950		第 1～3 册	淮河流域水文资料	治淮委员会
1951	第 2 册		华东区水文资料	华东水利部
1952	第 1 册		华东区水文资料	沂沭汶运水文分站
1953	第 9～10 册		华东区水文资料	沂沭汶运水文分站
1950—1953		《历年淮河流域水文资料补编》	华东区水文资料	治淮委员会
1954	第 5 册、第 10 册		华东区水文资料	治淮委员会
1955		第 1～6 册	华东区水文资料	治淮委员会
1956	第 5 册		华东区水文资料	治淮委员会
1957	第 5 册		华东区水文资料	治淮委员会
1958	第 7～8 册		华东区水文资料	山东省水文总站
1959—1962	第 7～8 册		华东区水文资料	山东省水文总站
1963	第 7～8 册		华东区水文资料	山东省水文总站
1964—1986	第 5～6 册		华东区水文资料	山东省水文总站
1987—1988				江苏省水文局
1989—2005	第 5～6 册		华东区水文资料	山东省水文总站(复刊)
2006—2020	第 5～6 册		华东区水文资料	山东省水文局

1987 年,水文资料不再汇刊成水文年鉴,改为整编审查后送山东省水文总站,并由江苏省水文总站联网调出、汇编,建立水文数据库储存起来。自 1992 年起,连云港水文资料不再参加邻省汇刊,全部在省内组织复审、验收、汇编后,建立各卷册的江苏分册。

江苏省水文水资源勘测局自 2006 年起恢复水文年鉴的刊印工作。

2016 年,对于 1987—2005 年间未曾刊印的水文年鉴陆续进行汇编、审查及复刊刊印。1987—1988 年的水文资料由江苏省水文水资源勘测局完成汇编、刊印(流域内水文年鉴没有进行复刊)。1989—2005 年的水文年鉴(共 5 卷)由连云港分局牵头进行汇编、审查及复刊刊印,至 2018 年基本完成,并汇总至山东省水文局进行汇编和刊印工作。

1974 年 11 月,水电部发出《关于加强水文原始资料保管工作的通报》,提出水文原始资料属永久保存的技术档案材料,应集中在省、市、自治区保管。连云港的水文原始资料均集中在江苏省水文水资源勘测局保管。

第二节　整编分工与刊布内容

一、资料整编组织分工

1956年以前，淮河流域的水文工作属江苏省治淮指挥部领导管理。1956年12月，江苏省治淮指挥部水文科并入省水利厅水文总站。1950—1957年，淮河流域的水文资料由治淮委员会组织审查和汇编刊印。1951—1952年，沂汶运区水文资料由华东水利部组织审编刊印。

水利部于1955年颁发《水文测站暂行规范》，明确规定水文测站要进行随测算、随发报、随整理、随分析的在站四随工作，水文资料开始由测站负责在站整理，各二等水文站（后改为中心水文站）负责整编和检查，随后由江苏省水文总站组织审查、汇编、刊印工作。

1956年10月，水利部颁发《水文年鉴审编刊印须知》，统一规定水文资料整编报表和水文年鉴刊印格式及填制要求，提出水文年鉴汇编刊印前各阶段工作要求，明确各道工序的职责。1958年5月，江苏省水文总站根据水利部颁发的《水文测站暂行规范》和《水文年鉴审编刊印须知》等规定，结合江苏具体情况，制定《水文资料整编办法和说明》，明确从1958年起水文资料整编工作进行分工，由基层负责在站初编，委托站资料由中心站或负责管理的流量站代编；中心水文站负责集中整编和审查，江苏省水文总站负责资料复审和汇编刊印工作。1959年、1961年、1963年，江苏省水文总站先后制定《水文资料整编补充规定》。

1964年8月，水利电力部颁发《水文年鉴审编刊印暂行规范》，对水文资料整编、审查、复审、汇编、刊印各阶段工作的内容要求、组织分工、质量标准等级均做出具体规定。资料整编工作分工为测站整理，分站整编，总站审查；水文年鉴汇刊机关负责资料复审汇编和刊印。经过审查阶段以后的成果质量，应达到以下要求：项目完整，图表齐全；考证清楚，方法正确；规格统一，数字无误；资料合理，说明完备；表面整洁，字迹清晰。成果的数字、规格应达到平均大错错误率不超过1/20 000，平均小错错误率不超过1/2 000的标准。1965年8月，江苏省水文总站结合省内具体情况，制定《水文年鉴审刊规范补充规定》，明确一些具体的技术要求，使水文资料整编工作逐步走向制度化、规范化。

1974年11月，水利电力部颁发《水文测站试行规范》。1975年11月，水利部水利司组织制定《水文测验手册》(共3册)。江苏省水文总站于1978年制定新的《水文资料整编刊印及图表填制补充规定》,对全省水文资料整编方法、技术要求及各阶段工作内容,均做出具体规定。

1988年1月,水利电力部颁发部标准《水文年鉴编印规范》(SD244—1987),增加整编方法、电算整编等内容,充实测站考证资料,调整刊印图表格式和精度指标,引进国际标准ISO 1100—2水位流量关系检验及计算标准差等内容。1989年,江苏水文资料整编工作全面贯彻执行新的编印规范,并在同年7月制定《〈水文年鉴编印规范〉补充规定》。

根据全省水文资料从1992年起全部实行电算整编的新情况,以及水利部水文司1993年3月下达的《水文资料汇编存贮供应方式改革意见》,从1992年起,省内水文资料不再参加邻省汇编,全部在省内组织复审、验收、汇编后建立各卷册的江苏分册。为统一全省水文资料整编的方法、规格,结合近几年省内实行电算整编的经验,江苏省水文总站于1993年10月对《〈水文年鉴编印规范〉补充规定》进行修订。

2011年,水利部根据水利行业技术标准编制计划,按照《水利技术标准编写规定》(SL1—2002)的要求,结合水文资料收集和整编十年来的变化情况,对《水文资料整编规范》(SL247—1999)进行修订和完善,并在2012年发布实施新的《水文资料整编规范》(SL247—2012)。

二、整编刊布的内容

连云港地区各类水文测站的资料经过整编、审查、复审、验收等,列入水文年鉴刊布的项目有考证图表、水位、河湖水温、流量(含河道、水工建筑物)、含沙量(同流量)、降水量、蒸发量、气象、水化学及水质污染、地下水(含地下水位、水温及水化学、水质)等。

(1) 考证图表。内容包括:1989年以前,新设站及公历逢五、逢零年份的水文站和水位站均编刊测站说明表和位置图。1989年起,新设的水文站及公历逢五年份的老站编刊测站说明表、测验河段平面图、水文站以上(区间)主要水利工程基本情况表、水文站以上(区间)主要水利工程分布图;新设的水位站及公历逢五年份的老站编刊测站说明表、测验河段平面图;测站基本水准点高程一年内变动超过50毫米的水位、水文站或测站迁移以及附近河流有重大改变的水位、水文站,公历逢零年份重新编刊测站说明表。

(2) 水位。内容包括:1949年以前,刊布水位资料整编说明表,逐日平均水位过程线图,各月水位表及过程线图。1950 年以来,编刊的图表有逐日平均水位表,逐日平均水位过程线图,洪水水位摘录表,月年统计表。通航河道在 1960 年以前,曾编刊过的水位频率表;60 年代以来,通航河道站改在逐日平均水位表内增加刊布“各种保证率水位”一栏。

(3) 流量(含河道、水工建筑物)。内容包括:1949 年以前,刊布流量实测成果表和逐日平均流量表。1950 年以来,除刊布河道站的实测流量成果表和逐日流量表外,1953 年起,增刊洪水水文要素摘录表;1954—1955 年,一度增刊日平均流量过程线图;1956—1957 年,曾刊布流量综合过程线图;1957 年起,增刊闸坝流量实测成果表;1956—1960 年,一度刊布流量频率表;1961 年起,增刊闸坝引排水量统计表和水库水文要素摘录表;1965 年以来,堰闸、水库测站刊布堰闸(水库)流量率定成果表;1976 年起,增刊水电(抽水)站合并效率系数率定表。

(4) 含沙量(含河道、水工建筑物)。内容包括:1949 年前,刊布悬移质输沙率月年统计表和逐日平均含沙量表。1950 年以来,除刊布河道站悬移质输沙率和含沙量日表外,1955 年,曾刊布逐日平均含沙量过程线图;1956—1957 年,刊布过含沙量综合过程线图。

(5) 降水量。内容包括:1949 年以前,刊布逐日降水量表和汛期降水量记录表。1955 年起,增刊年降水量等值线图和暴雨等值线图;1956—1960 年,增刊汛期降水量分段记录表,1961 年起改称分段降水量摘录表,1965 年起又改称降水量摘录表;1964 年起,增刊各时段最大降水量表(一)~(四);1982 年起,改刊各时段最大降水量表(1)和表(2)。

(6) 蒸发量。内容包括:1949 年以前,刊布蒸发量月年统计表。1950 年起,刊布逐日蒸发量表或逐月水面蒸发量表。1958—1964 年,部分蒸发测站曾增刊逐日平均气温表、逐日平均相对湿度表和逐日风向风速(力)表。1965—1966 年,改刊蒸发量辅助项目月年统计表。1967 年起,停刊辅助项目月年统计表。

(7) 地下水。内容包括:1953 年起,刊布逐日平均地下水位表或地下水位表、地下水温表。1957 年起,刊布地下水化学成分表。1981 年起,地下水资料(含地下水位、埋深、水温)单独刊印成册。

(8) 水化学及水质污染。内容包括:1959—1977 年,在水文年鉴内刊布河湖水化学分析成果表,其中 1975 年起,进行河湖水质污染监测分析,并刊布水质监测分析成果表。1977 年起,水质监测资料由水利部治淮委员会负责汇编,单独刊印《淮河流域水质资料》;地下水资料由江苏省水文总站负责汇编,单独刊印《江苏省地下水资料》。1985 年起,水质资料整编由江苏省水文总站负责。

(9) 气象。内容包括:1950—1955 年,刊布气温、相对湿度、风向风力(速)、气压、地温、草温、日照、能见度、云量等逐日表。1956 年起,停刊。

截至 2021 年,连云港地区刊入逐年水文年鉴(含水质年鉴和单独刊印的地下水资料,以及 1988 年起不再刊印水文年鉴后的逐年电算整编)的主要项目资料有水位 1 878 站年,地表水温度 62 站年,流量 1 163 站年,含沙量 203 站年,降水量 2 951 站年,蒸发量 281 站年,河湖水质 2 232 站年,地下水位 2 631 站年,地下水温度 595 站年,地下水水质 1 586 站年,合计 13 582 站年。

三、径流站、小河站资料的整编

1957 年,在平原、水网区选择有封闭集水区界的代表河流设立径流站,探求降雨径流关系。由中心水文站(或专区水文分站)每年对径流资料进行整编分析。1964 年,江苏省水文总站对 1957—1960 年各径流站和径流实验站进行资料整编分析,组织审查后汇编成《江苏省径流站水文资料》专册刊印(油印本)。70 年代起,按水文分区设立的小河站,每年均由水文分站进行资料整编分析。1982—1988 年,小河站资料参加由江苏省水文总站组织的审查汇编工作,单独刊印为《江苏省小河站水文资料》。1989 年后,对逐年的小河站资料,省水文总站暂停刊印。连云港水文分局对 1989 年后的辖区小河站资料,组织整编,成果独立成册。本着水文资料共享的原则,江苏省水文水资源勘测局自 2006 年起恢复水文年鉴刊印工作。对 1989—2005 年的水文年鉴陆续进行汇编、审查及刊印工作。2018 年,初步完成水文年鉴的复刊刊印工作。

第三节 资料整编技术

一、水位资料整编

连云港境内淮河流域各水文测站的水位原采用“废黄河口基面”。

由于一直沿用 1949 年以前的水准测量成果,多年未复测,以及水准点高程变动等原因,造成同一水准面(或高程系)往往并不统一。50 年代初,华东水利部和治淮委员会组织进行精密水准测量,确定统一的废黄河口基面(精高)。1953 年起,连云港境内水文测站刊布水文资料,陆续采用经精密水准复测后的统一流域性基面,在基面名称后加注“(精高)”。

1955 年，根据水利电力部统一规定，各测站将 1954 年刊布水位资料所用的水准基面，各自予以冻结，作为本站专用基面，称为“冻结基面”。1956—1960 年刊印水文资料时，曾使用“测站基面”“标准基面”的称谓。其中，“测站基面”的概念与理论上特殊假定的测站基面有所不同，它是指测站最初使用的高程起算面，与现在使用的冻结基面概念相通；“标准基面”与现在使用的绝对基面概念相通。1956 年起，各站专用基面与废黄河口基面、黄海基面之间的高差值，均在水文年鉴刊布的逐日水位整编成果表头列出。

80 年代以来，省水利厅测量总队陆续向水文部门提供经过复测、平差以及用黄海基面表示的各引据水准点高程。1985 年水文年鉴中，各测站基本水准点高程同时以“测站（或冻结）基面”“废黄河口基面”“黄海基面（1956 年黄海高程系）”3 种高程基准分别表示，以便换算和对照使用。1990 年起，水位刊印表表头上，江苏省统一刊布表内水位（测站或冻结基面高程）与黄海基面（1956 年黄海高程系）高程的高差。

2016 年起，水位刊印表表头上，江苏省统一刊布表内水位（冻结基面高程）与 1985 国家高程基准高程的高差。省水利厅勘测设计院测量总队编印的江苏省二、三、四等级水准成果表第一册和第三册，省水利厅基本建设局编印的《水准成果表》第二册，以及 1969 年补编的第二册附册，是各水文测站作为引据水准点并据以引测本站基本水准点的主要依据。

1950 年以来，日平均水位的计算系用不同方法计算而得，如一日内水位变化平缓，或者变化虽较大但观测或摘录时距相等时，采用算术平均法；如一日内水位变化在 0.11 米以上，水位观测或摘录时距不等时，采用面积包围法。1986 年起，连云港水文水位、流量、泥沙等资料均用计算机整编，电算整编后日平均水位均用面积包围法计算。资料整编刊印的逐日平均水位表上，分别统计各月的平均水位，月最高、最低水位以及年平均水位，年最高、最低水位等月年特征值。通航河道的测站在表内统计各种保证率水位。

二、流量资料整编

流量资料整编方法的关键环节是水位（或水力因素）与流量关系的建立以及定线方法的确定。50 年代，在资料整编工作中，广泛吸取国外经验，并结合国内河流特性，整编技术迅速发展。连云港地处沂河、沭河下游，境内河道经常受上游过境水、下游变动回水顶托影响。随着水利建设的发展，各地陆续兴建大量堰闸涵管（隧洞）、水电站、抽水站等水工建筑物，较多河、渠经常受到水工建筑物启闭调节和控制运用的影响。针对这些特点,各类水文站流量资料的整编工作,根据测站特性、控制条件以及受河床冲淤、洪水涨落、变动回水等不同因素影响,分别采用单一曲线法(含临时曲线法)、落差校正法(含等落差法、定落差法、正常落差法、落差指数法)、连时序法、实测流量过程线法进行整编定线。

1956年,江苏省水文总站组织力量,在一些有代表性的堰闸、涵洞测站进行大量水文测验的试验研究。通过资料分析,先后提出堰闸(涵管)在不同出流状态时的流量定线方法(水力因素与流量系数的关系)等一系列相关定线方法;编写《堰闸水文测验及整编》一书,并由水利电力出版社于1958年出版。60年代,针对新建的电力抽水站开展水文测验的需要,通过测验分析,提出用水头(站上、下水位差)、电功率与合并效率系数建立关系定线推流的方法进行流量定线。上述方法汇编在水电部水利司1976年主编并出版的《水文测验手册》第三册"资料整编与审查"中。80年代,针对平原水网地区一些堰闸出现淹没堰流时水位差经常在0.05米以下的情况,采取拉长河段水尺间距以加大水位落差的方法,并提出用逐步图解法在双对数纸上点绘水力因素与流量关系求解参数的整编方法。这些方法在《水工建筑物测流规范》和水利部水文司委托江苏省水文总站主编的《水工建筑物测流》一书中均有反映。

在连云港境内,流量定线推流方法早期采用临时曲线法和连时序法(大兴镇、黑林、张疃、小许庄等河道站);后期采用国家基本站实测流量过程线法(大兴镇、小许庄等河道站)、闸坝系数法(石梁河水库站各分断面、小塔山水库站各分断面等),根据不同出流状态时水力因素与流量系数关系进行定线推流、落差指数函数法(临洪站),用上、下游水位差与流量建立关系定线。

2015年,小许庄水文站建设二线能坡法自动在线测流系统,并在之后进行了技术改造。小许庄水文站用缆道流速仪法测流对自动测流系统进行率定,关系线精度符合相关要求。

2017年年底,黑林站测流断面下游建成约1.5米高(主槽部分)的量水堰,量水堰近似人工跌水坎。经缆道流速仪法测流率定,精度满足要求。

2018年11月,临洪站、临洪(东)站断面各建一套座底式ADCP自动测流系统。经缆道流速仪法测流率定,精度满足要求。

2018年,江苏省水文水资源勘测局批复在流量小于80.0立方米每秒的应用范围内,小许庄站二线能坡法在线测流自动流量可在线报汛及直接用于流量资料整编。该函同时批复黑林站在断面水位33.23~34.23米之间时,采用量水堰开展在线推流，数据成果可用于报汛与整编。

2021 年，江苏省水文水资源勘测局批复在流量大于 80.0 立方米每秒的应用范围内，小许庄站二线能坡法在线测流自动流量可在线报汛及直接用于流量资料整编。7 月，省水文局批复临洪站断面 V-ADCP 自动测流系统在代表流速为 0.15～1.17 米每秒范围内、临洪(东)站断面在代表流速为 0.077～0.83 米每秒范围内，可采用率定的 V-ADCP 代表流速与断面流速关系开展流量计算，应用范围内流量资料可用于报汛与资料整编。

三、泥沙资料整编

1956 年，执行《水文测站暂行规范》后，泥沙资料采用单位水样含沙量(代表垂线含沙量)与断面平均含沙量相关法整编。一般河道站都是通过逐日一次或多次施测单位水样含沙量(简称“单沙”)以及在测流时结合施测断面平均含沙量(简称“断沙”)，采用单断沙关系曲线法即建立单沙断沙关系曲线，将单沙过程转为断沙过程。

四、降水量、蒸发量资料整编

降水包括雨、雪、雹等，人工观测站根据实测值统计逐日降水量，自记站按虹吸订正后的记录统计。1953 年以前，降水量以每日 9 时为日分界；1954—1955 年，改以每日 19 时为日分界；1956 年以后，统一以 8 时为日分界(1961 年、1962 年汛期，一度以 6 时为日分界)。水面蒸发量观测的日分界与降水量相同。

五、水质资料整编

1959 年，连云港水文主要监测河湖水化学成分，主要有 pH 值、侵蚀性二氧化碳、总硬度、总碱度、矿化度以及八大离子，河湖及地下水化学资料整编的方法和项目内容，均按《水文测验暂行规范》有关规定和江苏省水文总站编写的《水化学分析》及水化学资料整编补充规定进行。

1975 年，增加水质污染分析项目，有电导率、悬浮物、溶解氧、氨氮、亚硝酸盐氮、硝酸盐氮、高锰酸盐指数、化学耗氧量、生化需氧量、氰化物、砷化物、挥发酚、六价铬、汞、铁、磷。80 年代末，增加重金属和细菌类等项目监测。地表水及地下水质污染监测资料整编的方法和项目内容先后执行《淮河流域水质资料整编试行办法》《地下水观测试行规定》《水质监测规范》《地下水监测规范》《水环境监测规范》等相关办法、规范，以及省内有关补充规定。

1978—1984 年,地表水水质资料由淮委负责汇编,单独刊印《淮河流域水质资料》,执行《淮河流域水质资料整编试行办法》。1979 年 12 月,水利部水文局颁布《地下水观测试行规定》,地下水观测、整编按此规范要求执行。1984 年 12 月,水利部水文局颁布《水质监测规范》(SD 127—84),1985 年 1 月 1 日起执行。1996 年 10 月 31 日,中华人民共和国水利部批准发布《地下水监测规范》(SL/T183—96),12 月 1 日起地下水监测、整编按此规范要求执行。1998 年,水利部批准发布《水环境监测规范》(SL219—98),水环境监测、整编按此规范要求执行,替代《水质监测规范》(SD127—84)。2006 年 3 月 1 日,执行《地下水监测规范》(SL183—2005)。2014 年 3 月 16 日起,执行《水环境监测规范》(SL219—2013)。

1996 年,水利部对各水环境监测机构开展计量认证考核工作。同年 3 月,江苏省水环境监测中心(包括连云港等分中心),首次通过国家计量认证考核,获得国家计量认证合格证书,并分别于 2001 年 10 月、2006 年 12 月、2010 年 3 月、2013 年 5 月、2016 年 8 月通过国家计量认证复查换证评审。连云港分中心水质资料整编,严格执行江苏省水环境监测中心发布的质量手册等质量体系管理文件的相关要求进行。

1996 年,连云港分中心采用江苏省水环境监测中心镇江分中心开发的水质资料整编程序进行水质资料整编。2007 年,连云港分中心在采用原程序的基础上,同时采用省中心开发的水质数据库进行水质资料的整编和统计。2018 年,随着实验室信息化管理系统的推广应用,水质监测数据及信息收集的自动化处理水平得到提升,输出成果可直接用于资料整编和统计。

六、整编资料的检查

60 年代,对水文资料整编成果进行合理性检查已形成明确的制度。水文资料整编的检查,主要包括单站合理性检查与综合合理性检查两部分。单站合理性检查是利用本站资料进行的检查。单站合理性检查的内容包括本站各种水文要素变化过程的合理性检查,各种过程线的对照检查,历年同类关系曲线的对照检查等。表面统一检查是对整编成果图表中各有关项目的对照和各种图表相同或有关项目的对照,其目的在于消灭文字、数字、规格上不统一的现象,进一步消除资料中残存的错误,特别是较大的错误。检查内容包括各表的表头检查、规格符号的检查、旬月年特征统计检查及附注检查等。综合合理性检查包括上、下游同一要素过程线的对照的检查,水量、沙量平衡的检查,相邻站逐日降水量、月年蒸发量的对照等。

第四节 水文数据库

一、数据库建设

水文数据是国民经济建设重要的基本信息。1985 年，经水电部批准，在全国水文系统着手建设水文水资源信息预报服务系统，要求逐步达到水文测验、资料整编、刊印、存储、预报、计算、管理、服务等方面配套，中央、流域、省市以至基层形成系统。1990 年 12 月，水利部在北京召开全国水文数据库工作会议，部署全国分布式水文数据库的建库工作，江苏省是第一批建库的省份。1991 年 3 月，《江苏省水文数据库建设规划纲要》发布，要求分近期和远期两个阶段完成基本水文数据库的建库工作。近期目标是从 1991 年开始至 1995 年，初步建成全省水文数据库，要求完成 1991 年以前历年水文年鉴中手算的各种逐日表、月年统计表和摘录表数据的录入、校对、装载入库；完成 1988—1995 年水文年鉴(含水质和地下水资料)电算整编成果数据的转储装载入库；实现省二级结点库与各水文水资源勘测局为主的数据通信联网。远期目标是从 1996 年开始至 2000 年，基本建成全省水文数据库，要求完成水文年鉴中手算的各种实测成果表数据的录入、校对和装载入库；完成 1989—2005 年水文、水质、地下水各项电算整编成果数据的转储装载入库。

截至 1992 年年底，全省水文数据录入和装载入库工作，已完成向国家防总报汛各站 1991 年前历年水文年鉴中的水位、流量、降水量逐日表，逐潮高低潮位表和各时段最大降水量表等共 4 860 站年，数据量约为 6 兆。向省防办报汛的各站历年资料录入也已完成部分工作量。同时，省水文总站完成测站编码表的录入工作；完成编制电算整编数据转储系统软件的水位、流量、降水量逐日表和降水量摘录表、各时段最大降水量表(1)和表(2)；完成 VAX 机 ORACLE 数据库管理系统由 VMS4. X 版本环境升至 VMS5. 2 版本环境；完成入库数据标准结构设计和水文年鉴数据自动入库通用软件系统，建立专门的水文测站编码数据表结构；完成积累常用水文数据的数据库表结构的定义和合理化修正工作。

连云港水文分局建设有水情数据库、遥测数据库、整编数据库。水情数据库与遥测数据库为实时库，按照《实时雨水情数据库表结构与标识符标准》

(SL 323—2011)建设,数据库软件采用 oracle11g;整编数据库按照《基础水文数据库表结构及标识符标准》(SL 324—2005)建设,数据库软件采用 SQL SERVER2000。

二、水文数据计算机网络建设

1992 年,省水文总站利用邮电部门的公用分组数据交换网(X.25)将省中心与各水情分中心计算机互联,用于水情报汛信息传输。

1999 年 11 月,水利部国家防汛指挥系统建设项目领导小组办公室安排连云港开展国家防汛指挥系统示范区试点建设。2000 年,示范区连云港水情分中心开始建设,于 2001 年通过验收并投入运行,自动测报站点采用超短波通信机制,通过锦屏山中继站将水情信息传输至连云港水情分中心。水情分中心的建成投运,提高了水文测验能力,实现了水文信息采集、存储、传输、处理和转发的自动化和信息数字化。

2000 年,通过租用电信 2 兆比特每秒带宽 SDK 光纤线路,构建了省水利厅至 8 个厅属水利工程管理处、13 个市水利局、11 个市水文分局星形结构的骨干通信传输网。2012 年,带宽扩到 4 兆比特每秒。

2009 年,随着通信技术的进步,水文自动测报系统采用 2G 通信技术取代超短波技术,自动测报系统采用以 GPRS VPDN 为主信道、电信 CDMA VPDN 为辅信道的通信方案。连云港分中心采用 GPRS VPDN 专线,2 兆比特每秒带宽,具有专网固定 IP。省中心采用 CDMA VPDN 专线,通过省中心经水利专网在分中心形成网络节点作为备份信道。

2011 年,开展水情报汛站自动测报系统改扩建工程,连云港市省级报汛站点均完成自动测报设备安装。2012 年,开展水情报汛站自动测报系统改扩建工程增补项目建设,连云港市各整编站均完成自动测报设备安装。连云港分局具备了报汛站、整编站水位、雨量在线监测能力。

2017 年,连云港水文分局至省水利厅数据专线带宽扩到 10 兆比特每秒,同时增设连云港分局至东海、赣榆监测中心数据专线。

第六章 水文情报预报与信息化

由于水利建设和经济建设事业发展的需要，水文预报工作从无到有，先后开展石梁河水库、小塔山水库和燕尾港潮位水文预报，并进行一些相关内容的水情服务工作。随着经济社会的发展，技术手段不断更新，水文观测自动化、数据采集多样化和信息化建设等发展较快。水文信息化的发展目标是，通过现代通信、计算机网络等先进的信息技术在全行业的普遍应用，充分开发应用与水有关的信息资源，直接为防洪抗旱减灾，水资源的开发、利用、配置、节约、保护等综合管理及水环境保护、治理等决策服务。作为国家信息化建设的重要组成部分，水文信息化能够充分利用现代信息技术，深入开发和广泛利用水文信息资源，实现水文信息采集、传输、存储、处理和服务的网络化与智能化，全面提升水文事业管理水平和各项活动的效率、效能。

第一节 水文情报

一、水情站网

中华人民共和国成立前，连云港地区水文测站很少，大多已停止测验，水情报汛站更是寥寥无几。50 年代，开始水情站网的调整和增设，连云港地区的水情站网逐步能适应防汛、抗旱和生产建设的需要。在此基础上总结实践经验，提出水情站网布设原则，以最经济的水情测报站数量，达到能够控制和掌握所需水文情势的变化，满足水情服务和水文预报需要的目的。水情站通常在现有水文站网布局的基础上选定布设，同时考虑水情、雨情站网上的代表性和控制性，必要时增加现有重要水利控制工程观测站点，以满足国民经济各部门，特别是防汛抗旱、水利建设和工程管理运用方面对水情的需要，满足开展水文预报工作的需要。这一时期，水情站网发展较快。1950 年 6 月，苏北行署分别成立防汛指挥部，根据当地设置的水文站网和各级防汛指挥部门的需要，布设一批水情报汛站，其中部分重点站点配备专用无线电台发报水情。1954 年，淮河流域发生特大洪水，各水情报汛站在防洪中作用显著。1955 年，根据防汛抗旱和生产建设实际的不同要求，连云港地区水情站网分为常年站、汛期基本站和汛期辅助站 3 大类。常年站常年发报水情，汛期基本站在汛期每天发报水情，汛期辅助站只在水情、雨情达到或超过规定起报标准时发报水情。水情站拍报项目，一般有河水位、涵闸上下游水位、流量、闸门启闭情况、抽水量、降水量、蒸发量、地下水埋深、土壤含水率等。

60 年代初，国家政策进行调整，60 年代末水情站一度减少。70 年代初，水情站开始恢复和发展。80 年代，为适应改革开放、经济迅速发展的需要，水情站网发展较快。2005 年，连云港地区各类报汛站有 45 个。2010 年，连云港地区各类报汛站增加至 48 个。2021 年，连云港地区共有各类报汛站 57 个，其中水文部门报汛站有 26 个，工程管理部门报汛站有 31 个。报汛站中，包括向水利部报送的面雨量统计站点 8 个、蓄水量统计站点 11 个、水位站 4 个、墒情站 3 个、堰闸站 8 个、潮汐水情站 1 个、泵站 7 个。

二、水情拍报方法

（一）水利部制定颁发的水情拍报方法

1950 年 6 月 13 日，水利部颁发报汛办法共 21 条，对水情拍报的有关问题做统一规定。1951 年 4 月 30 日，水利部颁发报汛办法共 19 条及直接向中央报汛站一览表，办法对报汛时制、拍报办法及报汛站有关考证资料内容等做出具体规定，统一规定雨情、水情电码形式，电文由明码改为 5 字一组的密码。1954 年，水利部颁发修改的防汛办法，规定各报汛站的站号代码。1958 年，水利部水文局提出《水情电报拍报办法（初稿）》，其中包含水文预报拍报办法。1963 年 2 月，水利电力部印发《旱涝水情电报电码形式及拍报规定（试行稿）》。随后，对水情拍报办法进行全面系统的修订。1964 年 12 月，水利电力部颁发《水文情报预报拍报办法》和《降水量水位拍报办法》，规定自 1965 年汛期开始执行。由于抗旱工作和为农业生产服务的需要，1965 年 4 月，水利电力部颁发《旱涝测报须知（初稿）》，统一全国旱涝测报规定。1985 年 3 月，水利电力部颁发《水文情报预报规定》，并于同年 6 月 1 日起施行。随着计算机技术、网络技术、通信技术和数字技术的发展，水情信息的采集、传输、处理方式发生根本变化，《水文情报预报拍报办法》已经不能满足水文情报预报业务发展的需要。为推动水情工作的技术进步，统一技术标准，加强科学管理，更加适应防汛抗旱、水资源管理及国民经济建设的需要，为社会提供及时、全面的水文情报、预报服务，2004 年，在认真总结执行《水文情报预报拍报办法》的实践经验和吸取国际先进经验的基础上，按照 1989 年 4 月实施的《中华人民共和国标准法》、2003 年 3 月实施的《水利技术标准编写规定》和 2000 年 6 月实施的《水文情报预报规范》，制定《水情信息编码标准》，并于 2006 年执行。

（二）江苏省和连云港市制定颁发的水情拍报方法

70 年代，江苏省防汛抗旱指挥部（简称省防指）在布置水情测报工作时，一般都要提出当年的水情拍报工作要求和规定。省防指针对江苏实际情况，于 1972 年制定《江苏省水情拍报办法补充规定》，1989 年补充修订。为统一抗旱水情工作需要，省防指于 1978 年制定《土壤墒情测报办法》。2013 年，为防御和减轻水旱灾害、规范水情预警发布工作，省防指依据《江苏省水文条例》《江苏省防汛防旱应急预案》《水情预警发布管理办法（试行）》，制定《江苏省水情预警发布管理办法（试行）》，并颁布实施。

（三）汛期划分和报汛时制

连云港地区汛期的起讫时间划分，执行淮河流域沂沭泗运区汛期报汛时间，一般为 6 月 1 日至 9 月 30 日。1972—1974 年，省防指规定全省各站汛期报汛时间一律为 5 月 1 日至 10 月 10 日。1975 年，规定沂沭泗运区各站汛期报汛时间改为 6 月 1 日至 10 月 10 日。1979 年，省防指根据水电部、邮电部联合通知，规定省内长江流域和淮河流域（包括沂沭泗运区）各站汛期报汛时间均为 5 月 1 日至 9 月 30 日。

（四）全区各水情站的报汛时制

1953 年以前，报汛时制采用地方时。1953 年，按水利部规定统一采用北京时区标准时（东经 120 度标准时）报汛，各水情站水（雨）情测报日分界为 9 时。1954 年，采用国标规定，改以 8 时（北京时）为日分界。1961—1962 年汛期，按国家防总规定，一度以北京 6 时为日分界。1963 年汛期，恢复以 8 时为日分界。1986—1991 年，国家在夏季采用夏令时制期间，各水文站观测和报汛仍执行北京标准时。

三、水情拍报标准

（一）定时雨情、水情拍报标准

一般规定，汛期每日 8 时电报前一日降水量和当日 8 时的水位和相应流量、闸门启闭等。区内主要河湖、闸坝的重要水情站由国家防总指定，汛期每日 6 时向国家防总增报一次水情电报。

（二）时段雨情、水情加报标准

为掌握次暴雨降雨强度变化和河流洪水位涨落变化过程，规定 1 小时暴雨量达到或超过 30 毫米时，进行加报。时段加报根据不同段次要求进行。水位、流量达到规定的加报标准时，应进行加报。

（三）辅助水情站起报标准

汛期辅助报汛站，当工程抽水时，应加报抽水量及工程运行时间。非报汛站当日雨量超过 100.0 毫米时，需进行报汛。

四、水情传递与资料处理

中华人民共和国成立后至 90 年代中期，水文站的水情信息主要依靠邮电部门的通信系统传递至水情组。50 年代，连云港水情站将水情电报送到附近的邮电所拍报，再由收报邮电局派人将纸质电报送到收报单位。随着有线电话线路的发展，部分报汛站利用本单位电话或租借电话向邮电局传报水情，但多数报汛站仍直接将水情电报送至邮电局发报。直至 1995 年，连云港水情信息仍主要由测站通过邮电部门拍报。

1995 年，省水文局对全省水情电报传送方式进行重大变革，在省与市、市与市之间采用计算机网络进行水情传输。连云港水文建设第一条公用数据分组交换网，可与省水文信息中心进行水情数据远程通信，与市防汛抗旱指挥部进行水情信息传输，提高了水情传递速度和效率。测站主要通过无线对讲机及有线电话向水情组报汛，水情组将报文录入省水情传输系统后报送省局。90 年代末，测站水情信息通过有线电话自动入库。

1997 年，省水文局与连云港水文勘测处之间安装 X·25 专线。1999 年，升级安装 DDN 专线，水情信息传输的时效进一步得到提高。2001 年，连云港水文分局与连云港市防办之间建设一条 2 兆比特每秒专用光缆通信数字电路，实现省内水利系统内部数据通信。

2006 年 3 月，全省统一采用《水情信息编码标准》，同时启用省水文局开发的实时雨水情信息传输处理系统，实现语音电话报汛入库。

2016 年，启用手机报汛管理系统，测站人员利用手机通过该系统向水情中心报汛。

第二节　水文预报

一、流域性河道预报

根据沂沭泗地区防汛抗旱工作需要，1959 年，编制沂沭运流域短期洪水预报方案，并投入使用。1972 年，为提高水文预报水平，江苏省革委会水电局根据沂沭泗水系的水情特点编制《沂沭泗流域水情预报方案》。1990 年，对《沂沭泗流域水情预报方案》进行修订，由淮委沂沭泗水利管理局水情处汇编成《淮河流域实用水文预报方案·沂沭泗部分》，其中石梁河水库、安峰山水库、小塔山水库预报方案由连云港水文局编制，主要预报最高水位、最大入库流量、入流过程等洪水要素，预报精度均在乙等。根据国家防办和淮委防办的指示精神，沂沭泗水利管理局相继在 2000 年和 2010 年对方案进行第二次、第三次全面修订，编制了石梁河水库、安峰山水库、小塔山水库、三洋港闸站预报方案，汇编成《淮河流域沂沭泗水系实用水文预报方案》(上、下册)。

二、区域性河道预报

为满足防汛防旱、水资源及水利工程管理等需要，2014 年，连云港水文分局编制《连云港市中小河流预报方案》，方案达到乙等标准。

三、预报系统

60 年代至 90 年代，连云港水文预报作业全部依靠手工操作，相关图表查算需要大量的人力，且预报发布时间周期长；水文预报技术从产流、汇流机制分析计算和理论研究入手，将国外的一些传统技术方法如单位线、洪水演算模型等引进、消化吸收，并结合实际予以改进投入作业实践。连云港水文预报作业的主要参考依据是《沂沭泗流域水文预报方案》。

90年代末，随着计算机的普及和信息处理技术及预报技术的发展，洪水预报开始进入“现代洪水预报”的新阶段。2000年前后，采用计算机辅助计算进行预报，预报发布时效速度和精度得到提高。2010年，网络和数据库等信息技术发挥作用，大批业务信息系统相继投入使用。2015年，由北京金水信息技术发展有限公司开发的中小河流预警预报系统在江苏省水文系统推广使用，连云港水文基于该系统构建石梁河水库、小塔山水库、安峰山水库预报方案，实现人工干预下的系统预报作业。2016年，省局组织开发的江苏省雨水情分析评价系统面向全省推广使用。2017年，连云港水文开始利用河海大学开发的江苏沿江及海域潮位预报系统开展燕尾港、连云港台风期间沿海潮位增水预报。

第三节　水情服务

一、服务机构与服务方式

水情服务是指水文部门及时向社会有关方面，包括各级政府防汛防旱指挥机构、工业企业、交通航运、机关学校、城市建设公共事业单位、城乡居民提供水文情报与预报，使上述各部门及时采取防范措施，有效避免或减轻洪涝、旱及水污染灾害。中华人民共和国成立后，连云港地区水文情报预报在为防汛抗旱、水利工程施工、调度运行、防治水污染及其他国民经济建设等服务方面，发挥了重要作用。水情服务的主要服务方式有水文测报、水文预报、水情调查与分析、雨水情简报（快讯）、墒情简报、水情短信息、移动信息平台查询服务等，为连云港水文在市历次防洪、除涝和抗旱工作中发挥了显著的作用。2017年，连云港水文与市气象局合作，首次在连云港新闻综合频道播出连云港市重要水文站点水文信息。2018年，连云港市政府办公室出台《关于进一步加强水文工作的意见》，要求更好发挥水文工作在服务政府决策和社会公众、推动经济社会发展中的重要作用。2020年，连云港水文开始每月编制一次《水文服务专报》和《河长制水文专报》（蔷薇河、新沭河、新沂河），为连云港市生态文明建设和幸福河湖建设提供更细致、更有力的技术支撑和水文智慧。

二、防洪除涝

1194—1948年间，连云港地区有记载的较大洪涝灾害共计82次。中华人民共和国成立后，虽通过“导沂整沭”和“导沭经沙入海”等防洪工程措施，减轻了新沭河下游洪涝灾害的程度，但由于开辟导沭经沙就近入海通道和沂沭河洪水进一步扩大东调入海规模，使80%的沂沭河洪水经新沭河排泄并占用蔷薇河下游河段临洪河，蔷薇河失去原有顺畅的下泄河道，相关区域排水不畅。中华人民共和国成立后，连云港地区发生洪涝的年份大约有28个，灾情较为严重的年份为1957年、1970年、1974年、2000年、2005年、2012年、2018年及2019年。

1957年7月中旬，市区及赣榆县、东海县连降暴雨。赣榆县受涝面积为1.6万公顷，其中重灾5 300公顷，龙河6.5公里河堤漫溢，倒房250间；东海县受灾4.2万公顷，倒房3 823间；市郊农田被淹达953公顷，倒房69间。

1970年7月中下旬，沂沭河中下游地区连日暴雨。23日凌晨4时，蔷薇河水位上升，新浦因暴雨积水。23日20时，临洪闸下游因新沭河行洪，水位高达5.34米，临洪闸上游蔷薇河水位高达5.10米。23日21时，临洪闸下临洪河右堤台北盐场段分段决口，决口总长为350米。24日下午，城区积水1.0～1.5米，洪灾造成4人死亡，直接经济损失达3 000多万元。

1974年8月1日凌晨4时至2日8时，赣榆县普降大雨150～200毫米，西南部4小时降雨300毫米，各河暴涨，140个村进水。东海县4.47万公顷农田受淹，其中1.3万公顷绝收，倒房5万余间，损失存粮1.9万吨。海州区洪门乡遍地积水，133公顷菜田受淹，倒房1 300余间。赣榆县2.71万公顷农田积水，范河下游积水深达1米以上，6 000公顷农田绝收，倒房4万余间。蔷薇河各支流均出现历史最高水位，造成沭新河堤防决口，连云港市区因上游决口才保证了安全。

2000年，暴雨面广、量大、强度大，使灌南、灌云两县及市区的部分地区一片汪洋，造成全市受淹农田22万公顷，其中受灾15.89万公顷，绝产2.64万公顷，造成直接经济损失48亿元以上。城区积水严重，虽采取一系列强排措施，0.8～1.0米深积水仍达7天之久。

2005年7月31日至8月5日，连云港市普降暴雨，局部特大暴雨，全市各地的沟河湖库等均已满容或超过汛限水位，灌云、灌南、东海及市区出现了严重的洪涝灾害。此次暴雨致使在田农作物受淹，部分住宅民房进水、倒塌损坏，全市受灾人口达129.67万，成灾人口达100.59万，紧急转移安置人口79人；农作物受灾面积达10.99万公顷,成灾面积达7.73万公顷,绝收面积达1.79万公顷;倒塌房屋1 107间,其中倒塌民房739间,损坏房屋1 348间,住宅进水15 450户,受淹企业16家(停产半停产6家);损失粮食715吨,漫溢鱼塘5 839公顷,损失鱼类2 732吨,倒断树木3 508棵。因灾造成直接经济损失76 868万元,其中农业直接经济损失72 866万元。

2012年,“7·08”暴雨洪水造成连云港市全面成灾。根据政府相关部门统计,连云区、开发区、新浦区、海州区、赣榆县、东海县、灌云县、灌南县、云台山风景名胜区、徐圩新区等10个县(市、区)受灾。受灾人口达154.62万人,被水围困人数达0.51万人,紧急转移1.12万人;住宅受淹5.42万户,倒塌房屋0.16万间;农作物受灾面积达14.43万公顷,成灾面积达9.87万公顷,绝收面积达2.58万公顷,减产粮食46.22万吨,经济作物损失18 286.41万元,林果损失15.47万棵,死亡大牲畜26头,水产养殖损失5 600万吨;停产企业30家,公路中断27条次,供电中断20条次;损坏堤防19处、长10.47公里,损坏护岸191处,损坏水闸92座,损坏机电井358眼,损坏机电泵站130座。因洪涝灾害造成的直接经济损失达27.495亿元,其中农业直接经济损失达17.18亿元,工业交通业直接经济损失达3.44亿元,水利工程水毁直接经济损失达1.19亿元。

2019年,受第9号台风“利奇马”及北方冷空气共同影响,连云港市普降暴雨至大暴雨,局部特大暴雨。从8月10日6时至12日8时,连云港地区平均降雨量为151.2毫米,东海为214.4毫米。此次暴雨,造成全市受灾人口192 091人,转移安置人口1 429人;一般损坏房屋1 736间,倒塌房屋6间;农作物受灾面积约为44 273公顷,成灾面积约为26 015公顷,绝收面积约为358公顷;预计造成直接经济损失约12 151万元,其中农业损失约为9 144万元。没有人员伤亡的报告。

三、抗旱

1978年,连云港市境内发生历史罕见的严重干旱,春旱接着1977年冬旱,夏旱连着秋旱,旱时长,气温高,蒸发量大。盐河断航,蔷薇河水位降至1.5米以下。灌云县从3月初到7月初,基本无雨,但蒸发量高达1 000毫米,水位不断降低,水质下降;5.3万公顷农田受旱,旱地裂缝最宽达0.15米;新沂河北堤83公里处因干旱裂缝宽达0.25米,裂深6米有余。东海县小水库基本干涸,石梁河水库水位降至死库容以下,干旱成灾农田面积达2.7万公顷以上。

1997年5—6月,连云港长达48天干旱无雨,河库水位陡降,蔷薇河出现

1.26 米的水位，灌云伊山水位仅为 0.8 米左右，水资源供需矛盾十分突出，致使全市 25.33 万公顷农田作物受旱，22 万人和 9 万头大牲畜饮水困难，部分工业企业被迫停产。8 月 18 日至 20 日，又遭 11 号台风袭击，造成海堤决口 117 处，直接经济损失达 2.73 亿元。

2000 年 6 月 13 日，蔷薇河水位为 1.13 米，电厂、碱厂告急，双菱化工厂停产两天。6 月 20 日，灌云伊山盐河水位仅为 0.69 米，赣榆县青口河水位仅为 0.11 米。全市用水全面告急，23.33 万公顷农田受旱严重，10 万人发生饮水困难，给市区居民生活、港口和工农业生产造成了很大损失。

2001 年，连云港出现多年未遇的旱情。2000 年汛后至 2001 年 6 月，干旱较严重，降水量不足 75.0 毫米，仅占多年同期的 31%。据统计，2001 年 1—6 月，沭新闸平均调引江淮水 36.7 立方米每秒，引水水量为 5.74 亿立方米；新沂河南偏泓向灌云供水 20.0 立方米每秒。同时，利用盐东控制工程拦截回归水向灌南县供水外，还通过盐河南北套闸向灌云补水 30.0 立方米每秒左右。全市农作物受旱面积达 21.85 万公顷，成灾面积达 3.0 万公顷，农业经济损失达 1.34 亿元。

第四节 水文自动化与信息化建设

一、水文自动化

（一）水文测验技术变迁

中华人民共和国成立初期至 50 年代末，水位采用木桩或直立式搪瓷水尺人工观测，降水量采用直径为 20.0 厘米的雨量器（高出地面 0.7 米）人工观测，流量测验多采用手提流速仪；60 年代初，水位站陆续采用浮子式日记自记水位计，雨量观测采用虹吸式自记雨量计（高出地面 1.2 米），流量测验利用手摇缆道流速仪；1976—1979 年，石梁河水库（溢洪道）、黑林、大兴镇站先后改建成电动缆道，此后电动缆道逐步取代手摇缆道。21 世纪，连云港水文分局相继采用走航式 ADCP、时差法、H-ADCP、V-ADCP 等流量自动测验仪器，改变流速仪法定位、定点测验的方法。

自记水位、自记雨量的出现，是连云港水文测验自动化的开端。2001 年，国家防汛指挥系统示范区连云港水情分中心通过验收投入运行，进一步开创连云港水文测报方式走向自动化的新局面，提高了水文测验能力，实现了水文信息采集、存储、传输、处理和转发的自动化及信息数字化，推动了连云港市水文信息数字化建设和江苏省水文测验技术现代化建设的步伐。截至2021年，共有水位遥测站69个，雨量遥测站80个，蒸发遥测站2个，墒情遥测站3个，地下水遥测站66个，水土保持遥测站点16个，走航式ADCP测流设备16台，二线能坡法自动测流设施两处，V-ADCP自动测流设施两处，水工建筑物测流设施一处。

(二) 水文整编技术变迁

水文资料整编是将测验、调查和室内分析取得的各项原始资料，按科学的方法和统一的格式，整理、审查、复审、验收、汇编、刊印或储存等工作的总称。水文资料整编自中华人民共和国成立起步，整编技术经历从无到有、由粗到精、由不完备到逐步完善的过程，整编方式也经历从人工到电算的转变。

中华人民共和国成立后，华东军政委员会水利部组织南京水利实验处、长江水利工程总局和淮河水利工程总局，在南京成立水文资料整编委员会，对淮河、长江流域的历史水文资料进行广泛收集和系统整理，这是全国水文资料整编工作的开端，由此开始直至70年代末属于探讨开路阶段，资料整编采用纯人工、纯手工整编方式，单站水文资料整编人均需要3～5个月的时间。1977年3月，水电部水利司委托长办水文处主持，在汉口召开电子计算机整编水文年鉴经验交流会；7—9月，委托长办水文处在襄阳举办电子计算机整编水文资料短期训练班，省水文总站派员参加学习培训，为推动江苏省电算整编打下基础。

90年代，随着电子计算机技术的普及和应用，以及功能较强、使用方便的各类型机和配套的整编软件的推广使用，整编时间缩短，工作效率提高。1993—2003年，基于微型计算机DOS操作系统，包括水位、流量、泥沙、降水量、蒸发量、实测表等人工水文测验信息的水文资料整编，均由水流沙、实测表、降蒸等程序组成，且每个程序均是独立的。1997年，全省推广应用具有统一数据加工格式的整编程序，实现了全省水文系统计算机各类资料整编成果的统一。

2004—2011年，省局组织开发水文测验信息管理系统，实现了基于Windows操作系统，包括水位、流量、泥沙、降水量、蒸发量、实测表等人工水文测验信息的水文资料整编目标，由水流沙、实测表、降蒸等程序组成。2008年，水文测验信息管理系统新增对遥测数据的预处理功能，首度将遥测资料用于整编。

2012 年，经过多次修改完善的南方片资料整编程序，在连云港站区资料整编工作中得到全面应用。南方片水文资料整汇编软件(SHDP 2.0 版本)，由长江水利委员会水文局负责，长江中游水文水资源勘测局组织开发，主要功能为：在本系统平台下，实现整编数据录入、河道站水位流量含沙量整编、堰闸水位流量含沙量整编、潮水位整编、颗粒级配分析计算整编、降水量整编和固态存储水位降水数据处理以及汇编等模块。

2018 年，水文资料整汇编软件由 SHDP 2.0 版本升级为 SHDP 5.0 版本，通过用户权限管理系统与 SHDP 5.0 系统结合使用，实现整编网络化。此前的电算整编属于单机版整编，数据库是孤岛，审查人员对资料校对、审查亦不便；数据版本的问题未能得到解决，整编数据整合费时费力；资料整编经历测站整编、市局级集中审查、省局复审，阶段明显，历时长，时效性难以提高；提交的数据存在多源头、容易提交错误版本的问题。水文资料整汇编软件(SHDP 5.0 版)基于互联网，把各个站点的资料、整编人员、审查人员以及管理人员有机联系起来，构成集资料整编、资料审查、资料复审于一体的系统，对整编原始数据和成果，可以通过网络实时查询，体现成果质量控制的关键环节——过程控制，从而提高整编成果质量和工作效率。

水文资料整汇编软件(SHDP 5.0 版本)由管理员对系统的使用者分配权限。用户权限共分为 3 级，第一级为系统管理员，负责二级及以下权限分配，并维护数据源信息；第二级为流域机构或省级水文管理单位，为省级管理员，负责三级权限分配，并维护所属省局测站信息，在 5.0 系统中将测站一览表信息上传至用户权限管理系统；第三级为市局(勘测局)级水文管理单位，按层级分为勘测局管理员和测站整编人员，勘测局管理员负责分配所属测站整编人员的编辑、查看权限，测站整编人员只在用户权限管理系统中注册，没有登入用户权限管理系统的权限。

二、水文信息化

(一) 信息采集

中华人民共和国成立初期，连云港的水位、雨量、流量等水文要素基本采用人工观测。60 年代初，水位、雨量站陆续采用自记设备逐步实现自动采集、模拟记录；流量测验利用手摇缆道流速仪。90 年代，水雨情信息的数字化采集技术迅速发展,21世纪日臻完善。2001年9月,实现水雨情信息采集、存储、传输、处理和转发的自动化及信息数字化。2018年,实现地下水、墒情实时在线监测。

(二)信息传输

1949—1995年,水文站的水情信息主要依靠邮电部门的通信系统传递。1995年,全省水情电报传送方式发生重大变革,采用计算机网络进行水情传输。2006年,通过省水文局开发的实时雨水情信息传输处理系统,接收信息电话、遥测遥报系统等5种途径传输报文。2016年,开发手机报汛管理系统,测站人员利用手机通过该系统向水情科报汛,报汛更加便捷高效。

(三)信息处理

50年代,连云港水文的雨量、水位、流量等水文要素的记录、整理和计算全部依靠人工。2003年,引进走航式ADCP流量测验技术,测流软件直接生成断面流量数据。2009年,雨量、水位整编完全使用遥测数据。2018年,小许庄流量开始使用遥测数据整编。2020年,小许庄、小吴场、临洪、临洪(东)等站点的断面自动测流设施相继建成,流量资料的记录、整理和计算逐渐摆脱人工。2021年,大兴镇站侧扫雷达自动测流系统建成,并投入运行、率定。

(四)信息服务

作为重要的基础信息之一,水文信息在水利行业和社会经济的多个方面都有广泛应用。水文要以及时、准确的水文信息和分析预报成果在防汛抗旱中为决策提供科学依据,要为水资源配置、节约和保护等涉水事务的管理提供基础性服务。为努力实现这个目标,连云港水文信息服务经历从以发送电报、电话问答等定点、定时、小信息量的被动服务为主,发展到进入21世纪后利用互联网、专网和短信等实现随时随地、大信息量、主动服务的跨越。

连云港水文分局联合市防办定时发送水雨情短信,汛期及遇特殊雨情时加密发送;监视并及时传达连云港地区水情、雨情和墒情等信息,及时提供雨情、水情、墒情等统计分析服务。

2021年,连云港水情分中心向省防指发送雨水情信息267余万条,收译水雨信息12万条,编制水情日报表365份、连云港市水雨情分析14期、水情快讯12期、河长制专报12份、水文监测专报6份、水文服务月报12份,为领导决策提供了准确、及时的依据。

第七章　水文实验研究

中华人民共和国成立初期，结合江苏省水文工作的整体安排，根据连云港水文工作特点，开展各项水文实验工作。选择典型地区和代表性河流，设立径流实验站，开展水文站网布设、水文测验方法和技术等实验研究工作。70年代以来，连云港设立夹谷山、张疃、黑林、汪子头、小陆庄、郑园、和堂等径流站和小河代表站，以及乌龙河、花果山、二涧水库等径流小区等，为探求区域降雨径流关系积累了大量的水文数据。在《江苏省水文手册》修编工作过程中，新设立的花果山、二涧水库小区水文资料，为"江苏省水文资料匮乏山丘区的产汇流模型研制"提供了宝贵依据，该课题成果获得江苏省水利科技成果二等奖。

第一节　径流实验

一、区域代表站、小河站径流实验

1958年，在赣榆县设夹谷山径流实验站（后改称水利综合试验站），分设林业、梯田、坡耕地、荒坡试验区，探求山丘区不同下垫面径流变化规律。1959年，在东海县设东海径流站，探求山丘区河网化降雨径流关系。1961年6月，设石门头小河站；1970年撤销。

从70年代起，按照水文分区设立小河站、区域代表站，并列入水文基本站网。

1971年6月，在原石门头小河站上游，设立张疃小河站，探求山丘区降雨径流关系；1976年6月，在赣榆县设黑林站、汪子头站，探求赣榆山丘区降雨径流关系。

1979年起，增加小河站布设，复设张疃小河站，探求山丘区降雨径流关系；

1982 年 7 月,在东海县设小陆庄小河站,探求沂北山丘区小汇水面积降雨径流关系;在赣榆县设郑园小河站,探求赣榆县平原坡水区降雨径流关系。1983 年 5 月,在东海县设和堂小河站,探求沂北丘陵区降雨径流关系。

二、水文手册径流小区

因《江苏省水文手册》修编,需要探求现代水利工程以及下垫面变化等条件下,江苏省山丘区、平原坡水区和水网区等降雨径流关系,2016 年 6 月,在连云港市设立乌龙河径流小区,探求沂北平原区降雨径流关系;设立花果山、二涧水库径流小区,探求沂北区小汇水面积山丘区降雨径流关系。

2016—2017 年,花果山、二涧水库径流小区所观测的降雨径流资料,作为"江苏省水文资料匮乏山丘区的产汇流模型研制"课题的模型建立的率定依据之一,体现了两个径流小区原始资料的重要价值。该课题于 2018 年获得江苏省水利科技成果二等奖。

第二节　测验技术研究

一、平原水网区站网布设

平原地区有其独特的自然地理条件和水文特性,地势平坦,河网密布,水流串通,流向不定,无自然封闭的集水区界,加上水利工程调节控制和水资源开发利用的影响,主客水混淆,水账不清。长期以来,平原地区无统一的水文站网布设原则和办法,影响了水文工作的开展。1981 年,水利电力部水文司组织成立平原地区站网布设原则研究协作组,协作单位有江苏、浙江、湖北、上海、辽宁、河北、安徽、山东、天津、内蒙古等省(区、市)及流域机构的水文部门,并由江苏省、辽宁省水文总站牵头,开展协作研究工作。

1982 年,研究协作组在南京召开第一次协作会议,商讨研究任务。1985 年,在苏州东山召开第三次协作会议,考虑到南方平原水网区与北方平原区的自然条件和水文特性的差异,分南方水网区和北方平原区两个专业组进行工作。在此背景下,江苏省水文总站确定 5 个试验区,加强水文巡测工作,增加布设配套站点,开展基本情况调查,搞好试验资料分析和站网布设技术总结。总结提出,平原水网区站网布设应采取水量平衡原则与区域代表原则相结合,以基本站网为点、水文巡测为线、区域代表片为面，点、线、面结合的站网布设方法。在此基础上，由江苏省水文总站负责编写的《平原水网区水文站网布设和测验补充办法(讨论稿)》，经1986年在南京召开的第四次协作会议、1987年协作组碰头会议讨论，于1988年定稿。1990年，按水利部水文司意见，增加北方平原区内容，研究协作组在无锡召开第六次协作会议，由江苏省、辽宁省水文总站负责编写《平原地区水文站网布设试行办法(送审稿)》。1992年，水利部水文司在宁波召开评审会议审定，《平原地区水文站网布设试行办法》作为《水文站网规划技术导则》(国家行业标准)的配套性技术文件，印发各地试行。

二、堰闸、涵管测流技术

1954年起，省水文总站组织各堰闸水文站进行堰闸测流技术的试验研究，按闸上下水位、闸门开启宽度和高度、出流流态等因素，以实测流量率定孔流和堰流的流量系数，并建立相关因素与系数的关系，据以推算流量过程，较好地解决了堰闸水文测验的技术问题。1957年，在总结各种类型堰闸测验经验的基础上，编写《堰闸水文测验与整编》，系统地阐述水位、流态、流量的测验和资料整编方法，1958年被水利出版社列为“水文测站丛书”出版，后被编入水利电力部水文司主编的《水文测验手册》和部颁标准《水文年鉴编印规范》等文件中，在全国推广使用。

60年代，连云港水文对石梁河水库的南涵洞、北涵洞、孟曹埠干渠、北干渠涵洞、石梁河电站、北溢洪闸、南溢洪闸、小塔山水库的溢洪闸、东干渠涵洞、西干渠涵洞等口门，通过实测流量对水力因素与流量系数相关关系曲线进行率定，效果良好。

三、新仪器、新技术的应用

1996年4月，连云港水文部门首次联合使用测距仪、经纬仪对沭新闸地形进行测量，大大减轻了劳动强度，提高了工作效率。GPS和全站仪的应用，彻底摆脱了平板测绘的传统方法。

随着水文科技的发展，各类先进的流量测验仪器陆续在水文测验中推广应用。声学多普勒流速剖面仪，是测量流速剖面的有效仪器。它克服了传统流速仪难以获得整个水层连续、高频的流速数据的缺陷，可以同时测定多个单元层的流速。2003年，连云港水文分局首次采用声学多普勒流速仪，改变流速仪法定位、定点测验的方法，只需安装声学多普勒流速仪的测船沿断面往返两个测回,就能将断面流量测出。2009 年,通榆河专用站网建成 H-ADCP 流量自动测验设施。2015 年 10 月,小许庄站建成二线能坡法流量自动测报设施。2019 年,临洪站断面、临洪(东)站断面建成 V-ADCP 自动测流设施,开始试运行和流量比测。2021 年 5 月,大兴镇水文站安装了侧扫雷达自动流量测验系统。

第三节　水功能区保护研究

自 2004 年以来,连云港市地表水水功能区达标率一直处于全省偏低水平。2004—2016 年,达标率基本低于 50%(测次法评价),达标率偏低的原因主要与连云港地区面源污染及入河排污问题相关。2017 年汛期,连云港水文局开展蔷薇河沿线量质同步监测,对每场降雨前后 3 天的水质、水量同步监测,对蔷薇河沿线水质变化进行分析,研究降雨过程对水功能区水质的影响。为进一步强化水功能区管理,切实提高水功能区达标率、改善水环境、提升水生态文明建设水平,依据省政府办公厅《关于加强水功能区管理工作的意见》要求"到 2020 年全省重点水功能区达标比例达到 82%以上",以及《省水利厅、省发展和改革委员会、省环境保护厅关于开展水功能区达标整治工作的通知》要求,连云港分局开展连云港市所辖 5 县(市、区)省级水功能区达标整治方案编制。《水功能区达标整治方案(2017—2020)》对连云港市所辖 5 县(市、区)不达标的 84 个水功能区的污染状况进行了调查分析,依据达标要求提出了入河排污口整治、工业污染源防治、面源污染治理、内源控制、调水引流、水生态修复等工程措施和日常监管工程措施,为推进生态文明建设、落实最严格水资源管理、切实提高水功能区达标率提供了坚实的支撑。2017 年,省级重点水功能区达标率提升至 71.8%;2020 年,提升至 84.1%。

2011—2013 年,与丹华水利环境技术(上海)有限公司合作开展省水利厅科技项目研究:"蔷薇河 NH_4、COD 降解系数、纳污容量研究"。该项研究基于米 IKE11 模型,依据蔷薇河流域实测水文资料,建立蔷薇河流域降雨径流模型、水动力模型、河道水质模型,评估研究区域内生活面源、农业面源、重点排污口等污染源的影响,模拟研究 COD 和氨氮浓度在一维河网上的分布情况并确定污染物综合衰减系数,提出不同条件下各水功能区段的实际纳污能力,为水功能区的动态管理、长效管控提供技术支撑。

第八章　水文水资源分析计算

水文水资源分析计算是通过对水文测验和水文调查资料的综合分析，研究自然界水文现象的变化规律，正确分析水文水资源特征，并预测其未来可能发生的变化，为水利工程规划设计、水资源开发利用和管理保护以及国民经济建设提供科学的水文分析成果。

1949—1983年，东海县、赣榆县、连云港市区水文工作属于徐州水文部门管理，灌云县水文工作属于淮阴专区水文部门管理。1996年以前，灌南县水文工作属于淮阴专区水文部门管理。在1983年连云港水文管理部门成立之前，连云港水文分析计算、特征统计等相关工作，由徐州专区、淮阴专区统筹。

中华人民共和国成立后，为满足水利水电建设的需要，水文分析计算技术得到迅速发展。按照省水文总站统一部署，各地先后开展暴雨洪水分析、年径流分析、蒸发量分析等水文基本资料分析工作。50年代后期，连云港水文部门参与编制江苏省水文手册、水文统计、水文图集和有关水文专题报告。

90年代后期，连云港水文部门水文分析计算工作起步，且内容日益广泛，为合理开发利用、管理保护水资源，为开展水资源调查评价和水资源供需平衡预测等，为区域水利规划、工程、民航站场、火力发电、供电变电、厂矿企业等提供实用水文分析成果，社会效益显著。

第一节　区域水文统计和分析计算

区域水文分析计算是对大量实测水文资料，通过系统分析和地区综合，解决无资料地区各项水文特征值移用的重要手段。50年代后期，徐州水文部门参与研究水文现象的变化规律，分析计算徐州地区各项水文要素的特征值，并将分析成果汇编上报省水利厅，以供编印《江苏省水文手册》《江苏省水文统计》

《江苏省水文特征手册》《江苏省水文图集》等,以满足水利建设、防汛抗旱及工业、农业、交通、城建等基本建设工程规划设计的需要。

一、水文手册

1983 年以前,连云港地区水文工作属于徐州地区和淮阴地区水文部门管理。1958 年,为适应群众性水利建设运动的迅速发展,按照省水文总站的统一部署,依据水利电力部水利科学研究院制定的《水文手册编制提纲》,由徐州和淮阴水文部门,分析地区的自然地理、气候概况、月年降水量、年蒸发量、年径流量、长短历时暴雨、洪枯水流量、悬移质泥沙、河湖水化学成分、地下水等,汇总上报省水文总站,以供编印《江苏省水文手册》。

1959 年,省水文总站组织各地区水文部门修订《江苏省水文手册》,增加人类活动对年径流影响的分析、降水与地下水的关系、地下水与河沟水相互补给关系和圩区排水流量计算等内容。1976 年,省水利厅决定重新编制《江苏省水文手册》。此次修订的《江苏省水文手册》,资料延至 1974 年,编制时吸取近年来设计暴雨洪水计算的经验,补充水网圩区排涝模数等调查资料,其中有多项分析计算采用电子计算机进行。

2016 年,江苏省启动《江苏省水文手册》修编工作,在连云港市配套建设 3 处径流小区。以其中花果山、二涧水库径流小区 2016—2017 年的实测径流资料,作为省局《江苏省水文资料匮乏山丘区产汇流模型研制》科研课题模型率定的依据,成果获得 2018 年江苏省水利科技二等奖。

二、水文统计

1958 年,省水文总站组织各地区水文部门首次编印《江苏省水文统计》,连云港地区统计资料主要来源于历年刊布的水文年鉴,有少量降水量资料摘自地区气象部门。水文统计项目主要包括月年降水量、降水日数、水面蒸发量、平均水位、平均流量、洪枯水流量、长短历史暴雨等,并辅助统计少数站的气温、霜期、相对湿度等气象资料。1973 年,省水文总站牵头重新编印《江苏省水文统计》。此次修订的《江苏省水文统计》,增加水化学、年月平均地下水位和逐年各月引排水量的统计,各项资料统计截至 1971 年。1984 年刊印的《江苏省水文统计》为 1973 年《江苏省水文统计》的续编,各项资料的起讫时间为 1972—1982 年,并与 1971 年前的资料合并进行多年均值统计和极值排选。历年编印的《江苏省水文统计》均按流域分册刊印,连云港地区资料列入沂沭区刊印。

1958年9月,徐州水文局开始编制出版《徐州地区水文统计》。1981年4月,徐州水文局将自有记录以来截至1980年的水文资料统计整理后,出版《徐州地区水文统计》,共3册:第1册为降水量蒸发量,第2册为水位流量泥沙,第3册为大中型水库水位及蓄水量;同时出版《徐州地区水情手册》。《徐州地区水文统计》包含连云港地区东海县、赣榆县、连云港市区水文资料数据。

1980年,淮阴地区水利局编制出版《淮阴水利》,包含连云港地区灌云县、灌南县水文资料数据。

三、水文特征手册

1978—1980年,省水文总站组织各地区水文部门,开展《江苏省水文特征手册》编制工作。该手册于1980年4月刊印。手册汇编江苏省境内主要江、河、湖、库水文站及上游各流域有关水文站的水文特征,主要内容包括:河道特征及流域特征;主要测站的降水量、蒸发量、水位、流量、地下水多年均值和极值;各大流域重点测站逐年各月水位、流量及主要湖泊进出水量;50年代以来历年洪、涝、旱、潮典型年简介及其水文特征等。手册资料截至1977年,极值统计到1978年。

四、水文图集

《江苏省水文图集》包括可能最大暴雨图集、暴雨洪水图集、短历时暴雨图集和江苏主要河湖水质图集,共4册。

(一)江苏省可能最大暴雨图集

1975年8月,河南发生特大暴雨;11月,水利电力部在郑州召开全国防汛及水库安全会议,部署编制全国可能最大暴雨等值线图,作为核算全国水库保坝洪水的依据。1976年8月,省水文总站(各地区水文部门参与)和省气象局气象台共同成立编制江苏省可能最大暴雨等值线图工作小组,开展图集的编制工作。该成果经淮河片、华东片和全国多次拼图会议的审查和协调,于1978年刊印《江苏省可能最大暴雨图集》。该图集主要内容包括自然地理、气象水文站网、暴雨普查、暴雨档案、典型大暴雨个例分析、历史暴雨洪水调查及文献考证概况、实测最大24小时点雨量统计参数、露点及可降水分析、可能最大24小时点雨量估算及等值线图、可能最大暴雨时面深关系使用说明等。该图集资料截至1976年,反映了江苏省可能最大暴雨的自然规律,是江苏境内防洪安全复核的主要依据。该图集获1982年江苏省水利科技成果二等奖。

(二)江苏省暴雨洪水图集

根据水利电力部关于开展暴雨洪水分析计算的通知要求,省水文总站于1979年开始组织各地水文部门编制《江苏省暴雨洪水图集》。该图集以《江苏省水文手册》《江苏省可能最大暴雨图集》为基础,按照多种方法、综合分析、合理选定的原则计算暴雨洪水的各项参数,进行降雨产流、汇流计算。1982年年底,完成分析工作,提出各种历时设计暴雨和设计洪水的参数与图表。1983年,通过审查、协调、拼图、验收,并提出正式成果。1984年初,正式刊印。该图集主要内容为设计暴雨、设计洪水及使用说明。该图集获1985年江苏省水利科技成果二等奖。

(三)江苏省短历时暴雨图集

1984年,省水文总站组织各市水文部门开展《江苏省短历时暴雨图集》编制工作。图集资料截至1982年,内容包括汇编短历时暴雨(时段为10分钟、60分钟、6小时、24小时)的天气成因及分布、短历时暴雨统计参数的分析、各种短历时暴雨之间的变化规律等分析成果。

2005年5月,省水文局重新修订全省暴雨参数,并刊印《江苏省暴雨参数图集》。1984年之前的暴雨参数相关成果废止。

(四)江苏省主要河湖水质图集

按照水利电力部关于全国水资源调查和分析评价工作部署,省水文总站于1982年组织各地区水文部门,开展1981年江苏省主要河湖水质监测和普查资料整理分析汇编工作,收集环境保护部门的主要城镇废水量、污染事故等资料,在进行水质分析评价的基础上,编印《1981年江苏省主要河湖水质图集》。该图集内容包括水质站网、污染源分布、主要河湖水质综合评价、主要河湖水质单项评价等部分;附有水质监测站网分布图,主要城镇1981年废水量分布图,各县(市)1976—1980年农药使用量分布图,有机物污染年均值分布图,5项毒物污染年均值分布图,主要河湖1981年溶解氧、化学需氧量、氨氮、酚、氰化物、砷、汞、六价铬、氯化物9个项目单项评价的水质分布图。

五、连云港市防汛防旱手册

1996年12月,连云港水利局组织编制出版《连云港市防汛防旱手册》,连云港水文分局参与编写。该手册内容包括概述、主要水利工程、主要水利工程及水文站点水文特征值、防汛文件及防汛知识、相关地区水利工程简介和附图等章节。该手册的水文部分主要统计了水文站点的历年降水量，长、短历时暴雨，水位，潮水位，流量，径流量等水文数据。当年统计分析资料未包含灌南县相关水文站点。

1999 年 9 月，江苏省水利厅编制出版《江苏省防汛防旱手册》，连云港地区主要水文站点的水位、流量、洪峰传播时间等水文特征值编入手册。

六、区域暴雨洪水分析

2013 年，连云港水文分局受连云港市城乡建设局委托，承担了连云港市暴雨强度公式的研究和修编工作，项目负责人为洪光雨，参加人为朱振华、陈必奎。

2006 年，水利部水文局、淮河水利委员会编著出版《2003 年淮河暴雨洪水》，连云港水文分局洪光雨、李传利、李泰民、陈必奎为参加工作人员。

2006 年，沂沭泗水水利管理局编著出版《2003 年沂沭泗暴雨洪水分析》，连云港水文分局李泰民、陈必奎、李传利为参编人员，洪光雨为参加工作人员。

2012 年，《2012 年沂沭泗暴雨洪水分析》由沂沭泗管理局付印，连云港水文分局陈必奎、洪光雨为参编人员，胡必要、刘亚文、徐霞晴参加编写工作。连云港分局“连云港市 2012 年‘7・08’暴雨洪水分析”主要内容列入其中章节。

2020 年 10 月，《连云港市 2019 年暴雨洪水分析》由中国矿业大学出版社出版，主编为刘沂轩、洪光雨、王德维、朱振华、吴晓东，连云港水文分局其他部分技术人员参加编写工作。

2020 年 10 月，《2019 年新沭河暴雨洪水及下游段行洪能力分析》由中国矿业大学出版社出版，主编为刘沂轩、王欢、王德维、乐峰、崔恩贵，连云港水文分局其他部分技术人员参加编写工作。

2020 年 10 月，《连云港市历史典型暴雨洪水分析》由中国矿业大学出版社出版，主编为刘沂轩、胡必要、颜秉龙、唐春生、洪光雨，连云港水文分局其他部分技术人员参加编写工作。

七、年径流分析

年径流是河流水文的基本特征。研究径流的年际、年内变化规律，提出设计年径流及其分配过程，可以为径流调节计算和确定工程规模提供依据。

1971—1975 年,省水文总站组织采用月降雨径流关系法和水量平衡法等进行径流分析。此次分析工作,提出了江苏省年径流深等值线图、淮河片等片区月降雨径流关系图和各河流实测径流深及代表站多年径流深各月分配表等。1978—1984 年,水利部部署开展第一次水资源调查评价工作。徐州水文部门对年径流进行全面系统的统计分析,内容包括年径流还原计算、年月降雨径流关系、年径流系列特征值(均值、Cv、Cs)和径流的年内分配等。对平原水网区的径流还原及年径流估算开展专题研究,提出用流域蒸发差值法进行平原水网区径流还原计算的方法,该方法在全国水资源学术交流中得到专家、学者的广泛认可。通过本次调查工作,编制了水文测站天然年径流特征值及各月天然年径流量统计表等 6 种成果表,绘制了 1956—1979 年年平均径流深等值线图、变差系数等值线图等 4 幅成果图。

第二节　工程水文分析计算

连云港市工程水文分析计算的主要内容包括设计暴雨洪水分析、河床糙率分析、输水损失分析等。境内大中型水利工程规划设计中的水文计算主要由省、市水利勘测设计部门承担。水文部门历次刊印的水文手册、暴雨洪水图集和水文统计等,在全市水利规划及南水北调东线引水规划等水利工程设计的水文计算中得到广泛应用。

一、设计暴雨洪水分析

1950—1953 年,采用实际年型法估算防洪工程中的设计洪水,即将某一典型大水年实际发生的洪水作为工程设计的依据。1950 年,省、地区水利部门配合流域机构根据 1921 年、1931 年、1950 年 3 年的洪水资料,推算淮河 150 天可能最大洪水总量并将其作为设计洪水量和治理淮河的设计标准。由于实测水文资料系列短,对历史洪水缺乏深入调查研究,因此推求的设计洪水值偏小。

1955—1966 年,采用数理统计法开展暴雨洪水分析。1955 年,在编制淮河干流和沂沭泗水系规划中,省、地区水利部门配合治淮委员会,采用实测流量资料和数理统计法直接推算设计洪水。1956 年,省水文总站组织各地水文部门采用频率计算法对历年水文资料进行系统的分析计算。1958 年,提出各种频率长、短历时的暴雨量及计算参数,不同地区降雨径流关系、洪峰流量等分析成果。1960—1965 年，结合排涝防渍工程设计，省水文总站组织开展全省旱地降雨径流关系和徐淮平原区排涝模数验证计算，采用实测水文资料和总入流槽蓄演算法计算平原区的设计排涝模数。

1971 年，采用数理统计法、成因分析法等多种方法开展暴雨洪水分析。1971—1975 年，省水文总站在历次暴雨洪水分析的基础上，组织各地区水文部门采用 1974 年以前的实测水文资料，研究多个流域或地区的地理参数、暴雨参数与洪水参数之间的相互关系，通过降雨径流关系、推理公式、瞬时单位线、总入流槽蓄演算法和圩区排涝模数计算法等，进行产流、汇流计算，提出各种图表和参数等成果，在徐州地区农田基本建设、大中型水利工程的防洪复核与安全加固设计中得到应用。1976 年 8 月，省气象局、省水文总站联合开展江苏省可能最大暴雨研究工作，次年年底提出江苏省 24 小时可能最大暴雨等值线图、可能最大暴雨时面深关系等各项研究分析成果。

1978 年，水利电力部发文通知各省(市)开展暴雨洪水分析计算工作。各地水文部门参与全省采用电子计算机优选暴雨洪水的各项参数和进行产流、汇流计算。产流计算采用双曲线数学模型拟合降雨径流关系，代替以往的次降雨径流相关曲线法；汇流计算中设计洪水向稀遇频率做线性外延；推理公式法对汇流时间做地区综合。1982 年年底，完成各项分析，经全国专业性会议验收后，于 1984 年提出各种历时设计暴雨和设计洪水的参数和图表。

80 年代后期，逐步开展电力、交通、航运、水利、区域规划等工程的暴雨洪水分析计算工作。在分析计算的方法上，产流主要以江苏省地区综合的降雨径流关系、暴雨雨型和净雨分配等为依据，汇流主要以地区综合的不同流域特征和下垫面条件的单位线为主，对工程设计频率的暴雨洪水进行分析计算。据统计，1996—2021 年，连云港水文分局完成设计暴雨洪水类单体工程项目及流域水系综合项目共计 43 项。

1996 年，连云港水文分局受海州区农水局委托，完成桃花涧泄洪沟暴雨洪水分析计算，为桃花涧泄洪沟规模复核设计提供了依据。

1996 年，连云港水文分局受连云港市水利局委托，完成连云港市区防洪规划 5 条河流(大浦河、排淡河、烧香河、善后河、蔷薇河)的分析计算工作，为连云港市区防洪规划提供依据。

2001 年，连云港水文分局受相关设计单位委托，完成白塔埠机场新建民航油库拟选址暴雨洪水分析计算，为民用油库拟选址提供了设计依据。

2003 年，连云港水文分局完成燕尾港电厂设计洪水研究。

2005年，由省水文水资源勘测局承担、连云港分局参加的《新沭河续建工程江苏段水文分析报告》编制完成，为新沭河续建工程提供了设计依据。同年，连云港水文分局完成新海电厂设计洪水研究，大浦河流域设计洪水及大浦闸规模校核计算，义泽河闸、武障河闸、龙沟河闸、北六塘河闸、韩口河闸、兴庄河闸闸下潮水位分析计算及调查报告。

2008年，受连云港市水利局委托，连云港水文分局完成连云港市水系规划市区4条河（蔷薇河、鲁兰河、乌龙河、善后河）暴雨洪水分析计算。2008年10月，受连云港市防汛抗旱指挥部委托，连云港水文分局完成连云港市防汛河道主要节点警戒水位、保证水位分析计算，主要节点包括新沂河盐河南闸水位站、新沭河太平庄闸上、蔷薇河小许庄水文站、临洪水文站、盐河灌云水位站、龙沟闸水位站、善后河板浦水位站、大浦河玉带河闸闸前等。

2009年，连云港水文分局完成沂南片区12条河（甸响河、唐响河、一帆河、沂南小河、柴南河、柴米河、南六塘河、北六塘河、古屯河、武障河、盐河南段、公兴河）、沂北片区17条河（车轴河、牛墩界圩河、东门五图河、五灌河、滂沟河、西护岭河、叮当河、卓王河、八一河、云善河、埃子河、烧香河、塘沟河、石剑河、山前河、三里河、小伊河）、沭南片区7条河（黑泥河、民主河、马河、蔷北截水沟、石安河、磨山河、龙梁河）、沭北片区13条河（绣针河、柘汪河、石桥河、韩口河、龙河、兴庄河、沙汪河、青口河、朱稽副河、朱稽河、牛腿河、范河、一级截洪沟）暴雨洪水分析计算工作，为连云港市水系规划提供了设计依据。

2010年8月，连云港水文分局完成蔷薇河应急预案水文分析计算。2010年，市水利局根据城市防洪规划和河道现状，拟对大浦河及其支流进行整治，并重建大浦闸，受连云港市水利局的委托，连云港水文水资源勘测局承担了大浦河的设计洪水计算和大浦闸出水能力校核任务。

2011年，连云港水文分局完成海州区锦屏镇防洪规划分析任务。

2014年，连云港水文分局完成蔷薇河治理工程水文分析专题报告。

2015年，连云港水文分局完成花果山机场选址设计暴雨洪水分析计算。

2006—2021年，受供电部门委托，连云港水文分局共完成墅港、龙河、柘汪、房山、堆沟等10余处供变电所所址暴雨洪水分析计算工作，为供变电所设计提供依据。

二、河床糙率分析计算

河床糙率是河道规划、治理、水文计算的重要技术参数之一。省内沂沭泗运区多个水文站自1950年开始观测水面比降，测流后，采用曼宁公式计算河道糙率。1951年，华东军政委员会水利部行水测验小组会同徐州一等水文站在全区开展行水测验，于1953年1月在《华东水利测验丛刊》第十集上登载《1951年沂沭河汛期行水测验初步研究报告》。该报告提出，1950年汛期新沂河各主要测站的河床糙率和1951年汛期沂沭河流域各河流的河床糙率的分析计算成果，为当时的导沂工程提供设计依据。1963—1966年，省内各地采用巴甫洛夫公式计算河床糙率，计算成果在水文年鉴中刊布。1967年至70年代初期，大多数水文站停止观测水面比降。

1978年，为满足有关单位工程规划、设计洪水的需要，徐州站区对历年河床糙率资料进行整理分析。此次共收集分析资料14站，其中有一个站点测点少而散乱，无法找出平均水深与糙率的关系；从另外13站的资料可以看出平均水深与糙率呈现一定的变化规律，线型有正向（糙率随着平均水深的增大而减小）、反向（糙率随着平均水深的增大而增大）和弧形3种。

1997年，新沂河兴建海口控制工程。为进一步整治和提高新沂河的防洪标准，遵照上级水行政主管部门要求，淮沭河管理处水文站协同连云港水文分局分别于1996年、1998年、2000年和2003年，对沭东段进行糙率测验。

三、输水损失分析

针对江苏省苏北供水体制管理分散、用水粗放、浪费较为严重的现象，为优化省内水资源的有效管理和合理配置，提高供水保障水平，达到计划用水、计量用水和节约用水的目的，2000年4月22日至26日，省水文局组织开展第一期中、里运河及不牢河、淮沭新河、灌溉总渠等7个河段输水干线的输水损失水文测验工作，以便掌握沿程输水损失时空变化情况，从而为制定各县市用水计划、监督用水及进行水价改革提供科学依据。连云港水文分局承担淮沭河沭阳闸上游部分河段的水位和流量测验工作。

第三节　水资源调查和评价

水资源调查和评价是对水资源的数量、质量、时空分布特征和开发利用条件的分析评定，是水资源合理开发利用、管理和保护的基础，是国家或地方对水资源管理等有关问题的决策依据。

1981 年,根据江苏省水文总站部署,徐州水文分站与徐州地区水利设计院联合开展全区 1956—1979 年水文系列的水资源评价工作。

2005 年,受连云港市水利局委托,连云港水文分局承担《连云港市水资源综合规划》的编制任务,其中,连云港市水资源调查评价是水资源综合规划的基础。连云港市水资源调查评价,以 2000 年为基准年,取用 1956—2000 年系列资料,对降水量、蒸发量、泥沙、地表水资源量、地下水资源量、地表水水质、地下水水质、水资源总量和可利用量以及入海入境过境水量等进行全面计算、分析和评价。

2015 年,连云港分局承担《连云港市水资源综合规划》的修编任务,其中水资源调查评价基准年为 2015 年,资料取用 1956—2015 年。

2020 年,连云港分局再次承担《连云港市水资源综合规划》的编制任务,其中水资源调查评价基准年为 2021 年,资料系列取用 1956—2021 年。

2019 年,受旱情影响,通榆河北延调水工程开展了 3 次调水试验,验证通榆河北延工程调水方案,论证其送水能力和水质变化状况。2020 年 12 月,由水文分局自筹资金委托中国矿业大学出版社出版《通榆河北延送水工程 2019 年生态输水水文情势分析》,主编为刘沂轩、张海石、王桂林、唐春生、王震。

连云港分局还分别承担赣榆区、灌南县、东海县水资源综合规划的编制任务,并对规划区域进行了水资源调查评价工作。

第四节　水文水资源专题

一、地下水开发与利用

2018 年,连云港水文分局刘沂轩参与完成的研究项目“徐州矿井水综合生态治理技术及开发利用模式研究与应用”,获得省水利厅科技成果二等奖。

二、农业灌溉水利用系数测算分析

2012—2021 年,连云港水文分局受辖区市、区、县水利(水务)局委托,开展辖区内大、中、小型灌区农业灌溉水利用系数的测算和分析,站网科主要负责组织测算和编写辖区内灌溉水利用系数测算分析报告,为连云港市灌区用水管理、农业灌溉制度制定、水价改革和节约用水措施制定等提供技术依据。

第九章　水文科技

连云港水文分站成立以前，连云港地区的水文工作属于徐州和淮安地区水文部门管理，地区科技工作依托管理部门，没有独立的科研活动。中华人民共和国成立之前，水文专业人才不足，连云港地区从事水文工作的人员文化程度普遍不高。中华人民共和国成立后，根据水文事业发展的要求，国家加强对水文人才的培训，采取多种途径对水文职工进行业务培训，包括举办专业短期班、文化补习班，委托学校代培训等，逐步提高工作人员的从业水平和业务素质。连云港水文分站于1983年成立以后，开始推荐职工就读职工大学，鼓励职工通过各种途径提升学历。截至2021年年底，连云港分局在编49人，其中1人具备正高级职称，39人具备高、中、初级技术职称。

连云港水文系统主要科技活动起步于21世纪初，所获成果大部分为专业性成果，主要为科技课题成果、著述论文成果、专利著作权成果、科技咨询服务成果等几个方面。截至2021年，取得科技课题成果44项，其中市厅级三等奖以上的有10项；出版著作和发表论文181项；取得专利和著作权24项；取得科技咨询服务成果461项。

第一节　科技队伍

一、技术人员

江苏省水文系统技术人员原以技术级别定技术职称。1988年2月，经省水利厅职称改革领导评审通过并报省职改办批准，是嘉兴被评定为连云港水文技术队伍中的第一名高级工程师。

1994年，国家人事部、水利部印发《水利工程中、高级技术资格评审条件（试行)》,规定水利行业中、高级职称的相关资格条件和要求。随后,省水利厅根据上述文件精神印发《江苏省水利工程专业中、高级工程师资格条件(试行)》。1999年5月,省水利厅发布《江苏省水利工程专业技术职务任职资格推荐评审程序》。此后,全省水文系统的技术评定要求均按照此规定执行,各水文分局将符合资格条件的技术人员名单报送给省水文局组织人事部门,由省水文局统一上报至水利厅,由省水利厅工程技术任职资格评审委员会组织资格评审,中级职称评审结果报厅职称工作领导小组办公室审批后公布,高级职称评审结果报省职称工作领导小组办公室审批后公布。

2000年以来,连云港水文分局积极鼓励职工参加学历教育和职业培训,培养综合素质高、业务能力强的专业技术人才,先后有7人攻读工程硕士学位,16人参加第二本科学历学习,55人次参加测绘、水土保持、水资源论证、水资源调查评价等专业的职业培训,并取得相应资格证书。截至2021年年底,连云港水文分局核编50人,实有在编职工49人,其中专业技术人员39人,工勤人员10人。专业技术人员中,高级职称18人,中级职称14人,初级职称6人,未定职称1人,见表9-1。工勤人员中,高级技师1人,技师5人,高级工4人。

表9-1 连云港水文分局2021年年底在职在编专业技术人员职称情况

序号	姓名	性别	专业技术资格	取得时间
1	刘沂轩	男	正高级工程师	2019年10月
2	徐霞晴	男	高级工程师	2003年11月
3	洪光雨	男	高级工程师	2007年10月
4	王　震	男	高级工程师	2012年10月
5	伏开文	男	高级工程师	2012年10月
6	张海石	男	高级工程师	2013年11月
7	杨　慧	男	高级工程师	2013年11月
8	雷智祥	男	高级工程师	2014年10月
9	朱振华	男	高级工程师	2015年9月
10	冉四清	女	高级工程师	2016年9月
11	李　刚	男	高级工程师	2016年9月
12	周　云	女	高级工程师	2016年9月
13	程建敏	女	高级工程师	2017年10月
14	陶淑芸	女	高级工程师	2017年10月
15	吴晓东	男	高级工程师	2018年12月
16	王桂林	男	高级工程师	2019年10月
17	王　欢	男	高级工程师	2020年10月

表 9-1

序号	姓名	性别	专业技术资格	取得时间
18	武宜壮	男	高级工程师	2020 年 10 月
19	王根山	男	工程师	1998 年 12 月
20	刘亚文	男	工程师	2003 年 1 月
21	李　巍	男	工程师	2005 年 10 月
22	屠金良	男	会计师	2006 年 12 月
23	樊军生	男	经济师	2008 年 10 月
24	宋志勇	男	政工师	2008 年 12 月
25	周佳华	女	工程师	2011 年 8 月
26	张翠红	女	政工师	2015 年 11 月
27	刘炜伟	男	工程师	2016 年 9 月
28	彭晓丽	女	工程师	2016 年 9 月
29	王德维	男	工程师	2018 年 10 月
30	王崇任	男	工程师	2019 年 11 月
31	张巧丽	女	工程师	2020 年 9 月
32	刘　月	女	工程师	2021 年 11 月
33	倪　珊	女	助理会计师	2015 年 1 月
34	原瑞轩	男	助理工程师	2019 年 9 月
35	陆颖颖	女	实习研究员	2020 年 9 月
36	刘雨萱	女	助理会计师	
37	徐欣宜	女	助理工程师	2021 年 12 月
38	谢晓艳	女	实习研究员	2021 年 12 月

二、服务资质

1996 年 3 月，江苏省水环境监测中心（包括连云港等分中心）通过国家计量认证考核，获得国家计量认证合格证书，取得向社会发布具有法律效力的公正数据资格，并分别于 2001 年 10 月、2006 年 12 月、2010 年 3 月、2013 年 5 月、2016 年 10 月通过国家计量认证复查换证评审。截至 2021 年年底，连云港分中心通过计量认证的监测项目有地表水 47 项、地下水 51 项、饮用水 28 项、污水及再生水 19 项、水生生物 9 项。

(1) 地表水项目：水温、pH 值、溶解氧、高锰酸盐指数、化学需氧量、五日生化需氧量、氨氮、总磷、总氮、铜、锌、氟化物、硒、砷、汞、镉、铬（六价）、铅、氰化物、总氰化物、挥发酚、石油类、阴离子表面活性剂、硫化物、粪大肠菌群、硫酸盐、氯化物、硝酸盐氮、铁、锰、电导率、悬浮物、透明度、叶绿素、磷酸盐、丙烯酰胺、丙烯腈、甲基汞、多氯联苯、吡啶、松节油、苦味酸、铝、三氯甲烷、四氯化碳、苯、甲苯。

(2) 地下水项目:水温、色度、臭和味、浑浊度、肉眼可见物、pH 值、总硬度、溶解性总固体、硫酸盐、氯化物、铁、锰、铜、锌、挥发性酚类、阴离子合成洗涤剂、耗氧量、硝酸盐氮、亚硝酸盐氮、氨氮、氟化物、碘化物、氰化物、汞、砷、硒、镉、铬(六价)、铅、滴滴涕、六六六、总大肠菌群、细菌总数、电导率、总碱度、重碳酸盐、碳酸盐、矿化度、磷酸盐、铝、硫化物、钠、三氯甲烷、苯、甲苯、钾、钙、镁。

(3) 饮用水项目:色度、浊度、pH 值、溶解性总固体、总硬度、挥发酚类、四氯化碳、耗氧量、总碱度、碳酸盐、重碳酸盐、亚硝酸盐氮、碘、磷酸盐、硝酸盐氮、氯化物、氟化物、硫酸盐、氰化物、砷、汞、铜、锌、铅、镉、锰、铁、硒、铬(六价)、铝。

(4) 污水及再生水项目:pH 值、悬浮物、化学需氧量、五日生化需氧量、氨氮、总磷、总氮、石油类、挥发酚、总氰化物、砷、汞、六价铬、铜、锌、铅、镉、锰、铁。

(5) 水生生物项目:浮游动物数量、浮游动物生物量、底栖动物数量、底栖动物生物量、着生藻类数量、着生藻类生物量、大型水生维管束植物生物量、浮游植物量、浮游植物生物量。

2004 年 12 月,连云港水文分局取得水文水资源调查评价资质证书(乙级),同期开展相关业务,业务范围包括水文水资源监测(地表水水量监测、地下水水量监测、水质监测、水文调查、水文测量、水平衡测试、水能勘测);水文水资源情报预报(水文情报预报、水质预测预报、地下水预测预报);水文测报系统设计与实施;水文分析与计算;水资源调查评价(地表水水资源调查评价、地下水资源调查评价、水质评价)。

2002 年,由江苏省高级人民法院依照规定,将江苏省水文水资源勘测局连云港分局列入江苏省人民法院委托鉴定机构名录,鉴定类别为水文调查评价。连云港水文分局先后有 20 多名主要技术人员具备司法鉴定资质。

2007 年 10 月,连云港水文分局取得建设项目水资源论证资质证书(乙级),同期开展水资源论证工作,业务范围包括地表水,服务对象包括农林牧渔业、水利、火电、纺织、皮革、造纸、冶金、医药、机械、建筑业、商饮业、服务业。

2009 年,连云港水文分局取得水土保持方案编制资质,同期开展水土保持方案编制、水土保持监测、水土保持监理、水土保持设施评估、水土保持规划、小流域综合治理等相关工作。

第二节 教育培训

一、业务培训

自连云港水文分局成立以来，河海大学、扬州大学等水文、水利专业的大中专毕业生陆续被分配至各地水文站工作，水文系统的专业人才队伍不断强大。在业务培训上，连云港水文分局通过组织内部业务培训、派员参加外部业务培训、专业人才培养等形式加强业务培训，不断提升全体水文职工的业务技能。近年来，连云港水文分局专业技术人员和管理岗位人员的培训教育学时呈现逐年增加的趋势。2016 年，管理和专业技术人员培训人数为 36，培训总学时为 3 601，继续教育完成率为 97.2%；2017 年，管理和专业技术人员培训人数为 35，培训总学时为 3 986，继续教育完成率为 100%；2018 年，管理和专业技术人员培训人数为 37，培训总学时为 4 856，继续教育完成率为 91.9%；2019 年，管理和专业技术人员培训人数为 38，培训总学时为 5 088，继续教育完成率为 100%；2020 年，管理和专业技术人员培训人数为 41，培训总学时为 5 883，继续教育完成率为 100%。2021 年，连云港分局有在职职工 49 人，参加继续教育 49 人，其中管理岗位人员、专业技术岗位人员共计 43 人，完成继续教育学时者为 43 人，年度培训教育共计 7 669 学时，人均达 178.3 课时。

连云港水文分局自成立以来，组织内部水文测验、ADCP 等新仪器设备应用、水质取样监测、水质取样遥测及水情数据库应用技术学习，水文资料整编软件培训、消防安全培训、办公室综合业务培训近百次，累计培训超 1 000 人次。

为适应水文业务发展需要，连云港水文分局积极选派技术骨干参加省水文局、省水利厅、水利部等组织的水文业务培训，并将该项培训逐渐纳入专业技术人员申报职称评审的重要条件。通过水文、水资源调查评价，水资源论证，水土保持监测，工程测量，水质监测等业务培训，一大批水文职工取得专业资格证书。截至 2021 年年底，连云港水文分局有 17 人取得水质监测从业资格证书，14 人取得水土保持监测资格证书，14 人取得水资源论证资格证书，7 人取得水文、水资源调查评价资格证书，3 人取得工程测量资格证书。对水文岗位工勤技能岗位人员，省水文局根据省人社厅的具体要求进行省级考核，组织相应的培训学习，通过考核颁发相应的工人技术等级证书。截至 2021 年年底，连云港水文分局工勤技能岗位10人,通过培训考核,取得高级技师证书的有1人,技师5人,高级工4人。

二、学历学位教育

2001年以来,连云港水文分局先后有12名在职职工参加河海大学水文与水资源工程、工程管理等专业本科函授学习,并取得学历证书;有6名在职职工攻读河海大学水文与水资源工程硕士学位,并取得学位证书。2001年,连云港水文分局有3名职工参加河海大学工程管理专业本科函授学习,并取得本科学历证书。2006年,省水文局委托河海大学举办2007级水文水资源专业专升本函授班,连云港水文分局有5名在职职工参加学习,并获得本科学历证书。2013年,省水文局委托河海大学举办2013级水文水资源专业专升本函授班,连云港水文分局有4名在职职工参加学习,并获得本科学历证书。连云港水文分局先后有陶淑芸、朱振华、王震、程建敏、王欢、王德维等6名职工取得河海大学工程硕士学位。

截至2021年年底,连云港水文分局具有研究生学历(含学位)的有12人,具有本科学历的有27人,具有专科及以下学历的有10人。

第三节　重要科技活动

一、区域暴雨洪水研究

(一)城市暴雨强度公式修编

2012年6月,受连云港市城乡建设局的委托,江苏省水文水资源勘测局连云港分局承担《连云港市暴雨强度公式修编报告》的编写工作,项目负责人为洪光雨,参加人有朱振华、陈必奎。暴雨强度公式修编为连云港市基础建设工作更加科学、合理地开展,提供了有力的支撑。

随着连云港市经济社会的发展、城市化进程的加快,城市化引起的气候、降水、下垫面等因素变化,城市产流、汇流特性发生变化,加剧城市雨洪灾害,洪水对城市威胁加剧。城市排水系统存在问题,暴雨导致的洪水可冲毁道路、输电线路等设施,中断城市的运输、供水、供电等,影响城市的正常运转和市民的正常生活，城市积水问题可造成严重损失，城市排水问题亟须解决。

城市暴雨强度公式是城市雨水排水系统规划和设计的重要依据，其正确性直接关系到城市基础设施建设的投资规模和可靠性。

连云港市(市区)暴雨强度公式是80年代初由南京市建筑设计院采用CRA法编制的，采用1951—1979年市区单站资料，具体为：

$$q = \frac{3\,360.04(1 + 0.82\lg T)}{(t + 35.7)^{0.74}}$$

其中 q 为暴雨强度，单位为升每秒公顷，换算成规范规定的标准暴雨强度公式为：

$$i = \frac{20.16(1 + 0.82\lg T)}{(t + 35.7)^{0.74}}$$

随着近几十年降水数据的收集以及现有计算理论的完善，市区原有暴雨强度公式已无法适应现代城市的发展，亟待修订。连云港市地处南北过渡带，原有市区的暴雨强度公式不能较精确地代表连云港市4个县的暴雨强度，必须分别编制连云港市赣榆县、东海县、灌云县、灌南县的暴雨强度公式。

在编制过程中，选取的区域代表雨量站为临洪、青口、牛山、灌云、龙沟闸。暴雨取样采用年最大值法，资料取用近期1981—2011年的短历时暴雨资料，采用皮尔逊Ⅲ型分布目估适线法设计暴雨。

该次公式编制，采用蚁群算法(ACA)与寻优算法(OC)相结合，求解暴雨强度公式参数。

修订连云港市区暴雨强度公式：

$$i = \frac{9.5(1 + 0.719\lg T)}{(t + 11.2)^{0.619}}$$

编制赣榆县暴雨强度公式：

$$i = \frac{14(1 + 0.71\lg T)}{(t + 17.7)^{0.683}}$$

编制东海县暴雨强度公式：

$$i = \frac{12.4(1 + 0.689\lg T)}{(t + 9.9)^{0.676}}$$

编制灌云县暴雨强度公式：

$$i = \frac{12.7(1 + 0.686\lg T)}{(t + 16.7)^{0.671}}$$

编制灌南县暴雨强度公式：

$$i = \frac{13.3(1 + \lg T)}{(t + 16)^{0.709}}$$

该次暴雨强度公式修编的5个总公式平均绝对均方差均小于0.05毫米每分钟,全部满足规范要求。

该研究成果于2013年6月通过江苏省住房与城市建设厅在南京市举行的专家评审会评审,评审意见是:① 为提高城市排水工程建设的安全可靠性和经济合理性,保障城市排水防涝安全提供技术支撑,连云港市暴雨强度公式修编是必要的、适时的。② 资料取用1981—2011年水文短历时暴雨系列资料作为修编依据,以连云港市区及下辖四县各代表站修订连云港市区及编制下辖四县的各暴雨强度公式,资料可靠,代表性好。③ 报告采用年最大值选样法、基于皮尔逊Ⅲ型曲线、目估适线法进行暴雨频率计算,采用蚁群算法结合寻优率定暴雨强度公式参数,修订、编制的5个暴雨强度公式精度满足规范要求。

江苏省住房与城市建设厅于2013年12月对《连云港市暴雨强度公式修编报告》提出审核意见,同意将暴雨强度公式修订为:

$$i=\frac{9.5(1+0.719\lg T)}{(t+11.2)^{0.619}}$$

新公式主要适用于连云港市中心城区,周边地区可参照使用。同时将该审核意见抄送连云港市人民政府。

2014年4月,洪光雨参加编写的《城市暴雨强度公式编制和设计暴雨雨型确定技术导则》发布,洪光雨主要负责第3章(降雨资料和统计样本)与第5章(暴雨强度公式)的起草工作。

(二)《连云港市2019年暴雨洪水分析》出版

2020年10月,《连云港市2019年暴雨洪水分析》由中国矿业大学出版社出版,主编为刘沂轩、洪光雨、王德维、朱振华、吴晓东。

该项目为连云港分局发起的自研项目。

2019年8月,连云港市受台风“利奇马”影响,全市普降暴雨,局部特大暴雨,发生1974年以来最大洪水。在省委省政府的正确领导下,在全市干部群众日夜奋战、共同努力下,洪水安全过境入海,人员零伤亡,未出现溃坝决堤等水毁事件,取得了防台抗洪的双胜利。

全面、客观地描述2019年连云港市暴雨洪水,分析评价2019年洪水特征及防洪工程所发挥的作用,总结防台抗洪经验,将为今后连云港市防汛抗洪、水利规划、工程建设和水文情报预报等工作提供非常有价值的宝贵资料。

2019年8月洪水刚过,江苏省水文水资源勘测局连云港分局立即成立连云港2019年暴雨洪水分析工作小组,本着认真负责、科学求实的态度,进行了大量艰苦细致的野外调查和计算分析工作，全面分析了 2019 年暴雨的时空分布及暴雨成因、洪水过程及重现期等，并与历史洪水进行了分析比较，准确地反映了 2019 年连云港市暴雨洪水的特性，对 2019 年洪水期间防洪工程的运用情况、水文情报预报以及防台抗洪经验等进行了深入的分析，并针对存在的问题提出了有效的建议。

2019 年连云港市暴雨洪水特点之一为，降水量集中且雨量大。2019 年 8 月 10 日 6 时至 12 日 5 时，全市最大 12 小时降雨量为 90.9 毫米、最大 24 小时降雨量为 135.8 毫米，达到大暴雨量级。暴雨中心麦坡站最大 6 小时暴雨重现期为 121 年，超过百年一遇，历史排位第一；最大 24 小时暴雨重现期达 383 年，超 300 年一遇，历史排位第一；麦坡站最大 1 天、3 天暴雨重现期分别为 278 年、195 年，历史排位第一。

2019 年连云港市暴雨洪水特点之二为，降水量分布不均匀。8 月 10 日 6 时至 12 日 5 时，全市降水量为 146.7 毫米，东海县降水量为 205.2 毫米，比全市偏大 39.9%。全市东部降水量最少，大部分降水量在 100 毫米以下；北部与南部次之，大部分降水量在 100 毫米左右；西部降水量最大，大部分降水量大于 200 毫米。东海县是全市暴雨中心，降水量大于 300 毫米，最大点雨量麦坡站降水量达 362.5 毫米。

新沂河嶂山闸于 8 月 9 日 12 时开闸泄洪，至 17 日 17 时 05 分关闸。11 日 10 时 40 分，嶂山闸（闸下游）站出现年最大洪峰流量 5 220 立方米每秒，相应水位为 21.62 米；嶂山闸（闸上游）站最高水位出现在 8 月 15 日，为 23.57 米，超警戒水位 0.07 米，列有资料以来第 9 位。嶂山闸从 8 月 10 日首次开闸泄洪，到 8 月 17 日结束。嶂山闸总泄洪量为 16.75 亿立方米。嶂山闸站水位超过警戒水位累计为 1 天。受嶂山闸泄洪及区间来水的共同影响，新沂河沭阳站 8 月 12 日 6 时 55 分出现年最高水位 11.31 米，超过警戒水位 2.31 米，列有资料以来第 1 位；8 月 12 日 6 时 54 分沭阳站出现最大洪峰流量 5 900 立方米每秒（相应水位为 11.30 米），列有资料以来第 2 位；汛期径流量为 22.55 亿立方米。沭阳站水位超过警戒水位累计为 5 天。

蔷薇河小许庄站汛期径流量为 2.917 亿立方米，5—9 月径流量为 3.557 亿立方米。8 月 11 日 17 时 50 分，小许庄站出现年最大洪峰流量 302 立方米每秒，列有资料以来第 1 位。蔷薇河临洪（总）站年径流量为 5.842 亿立方米，汛期径流量为 4.408 亿立方米。8 月 17 日，临洪（总）站出现年最大洪峰流量 863 立方米每秒，历史最大。

蔷薇河小许庄站2019年洪峰流量和最大1天、最大3天、最大7天洪峰流量的重现期分别为41年、14年、17年、11年;临洪(总)站洪峰流量、最大1天、最大3天、最大7天洪峰流量的重现期分别为104年、17年、11年、13年。

(三)《2019年新沭河暴雨洪水及下游段行洪能力分析》出版

2020年10月,《2019年新沭河暴雨洪水及下游段行洪能力分析》由中国矿业大学出版社出版,主编为刘沂轩、王欢、王德维、乐峰、崔恩贵。

该项目为连云港分局发起的自研项目。

连云港市地处沂沭泗水系下游,存在上游水系河道坡降大、源短流急、洪水来得快、峰高量大且集中、预报期短等特点。受上游行洪、区域暴雨、城市内涝、外海风暴潮综合影响,连云港历史上洪涝灾害频繁。

2019年8月,受台风"利奇马"影响,沂沭泗流域发生强降雨,降水呈现总量多、强度大、时间较集中的特点,与降水过程对应,沂沭泗流域各河道均出现了不同程度的洪水过程,洪水主要特点是洪峰流量高、洪水总量大。

沂河干流临沂站8月11日16时出现洪峰流量7 300立方米每秒,相应水位(最高水位)62.28米。沭河干流重沟站于8月11日19时出现洪峰流量2 720立方米每秒,相应水位(最高水位)为57.13米。新沂河沭阳站于8月12日出现洪峰流量5 900立方米每秒,排名历史第2位;最高水位为11.31米,排名历史第1位。新沭河大官庄闸于8月11日出现洪峰流量为4 020立方米每秒,相应水位为51.76米。新沭河大兴镇站于8月11日20时55分出现洪峰流量3 850立方米每秒,排名历史第2位;相应水位为24.97米。新沭河石梁河水库站于8月11日18时30分出现洪峰流量3 500立方米每秒,排名历史第2位。

大兴镇站共出现两次明显的洪水过程。第一次洪水从8月2日4时45分流量为36.8立方米每秒(相应水位为22.23米)起涨,至2日14时55分出现715立方米每秒的洪峰流量(相应洪峰水位为22.50米);第二次洪水从10日9时10分(相应水位为23.09米)起涨,11日20时55分出现3 850立方米每秒的洪峰流量。

石梁河水库站于8月11日8时开闸泄洪,初始流量为300立方米每秒,相应水位为23.63米;后期逐渐加大,当日16时流量为1 520立方米每秒;8月12日7时50分出现洪峰流量3 430立方米每秒,相应洪峰水位为24.08米,为2019年最大洪峰;8月20日8时,水位降至24.49米,流量降为41.0立方米每秒。

受上游来水影响，太平庄闸出现明显洪水过程，12 日 13 时出现年最高水位 6.50 米。

受上游来水影响，三洋港闸(闸上)出现明显洪水过程，12 日 16 时 30 分出现年最高水位 3.51 米。

研究得出如下结论：

(1) 对新沭河 2012 年、2018 年、2019 年 3 次洪水资料的分析成果显示，新沭河行洪能力未达到设计标准。

(2) 2012 年行洪能力为 4 530 立方米每秒，是原设计标准的 70.8%。分析其原因，一是沭河下段滩面仍有大量鱼虾塘，未按设计清障，削弱了行洪能力；二是大浦排水通道尚未完全贯通。

(3) 2018 年行洪能力为 5 250 立方米每秒，是原设计标准的 82.0%，较 2012 年提高了 11.2%。分析其原因，一是 2018 年，大浦排水通道已经完工；二是新沭河治理过后，2012 年洪水(治理后第一场洪水)对河道起到了一定的清障作用，提高了河道的行洪能力；三是 2013—2017 年，石梁河水库连续 5 年没有泄洪，新沭河太平庄闸下游淤积明显，主要集中在主槽两侧新开挖的宽浅河槽部分，导致过水断面面积减少，行洪能力被削弱。

(4) 2019 年行洪能力为 5 060 立方米每秒，是原设计标准的 79.1%，较 2012 年提高了 8.3%，稍低于 2018 年。说明 2009 年治理过后，新沭河经过 2012 年、2018 年、2019 年 3 次洪水后，行洪能力趋于稳定。

研究给出如下建议：

(1) 开展不同水平年新沭河工程联合调度方案研究。工程调度放水冲沙是新沭河最为经济合理的防淤、减淤措施，应开展枯水年、平水年、丰水年新沭河沿线控制工程联合调度方案研究，保障新沭河行洪能力。

(2) 开展泥沙测验与研究工作。新沭河是一条季节性行洪河道，河道内滩地在非行洪期正常耕作。受人为活动和行洪的共同影响，河道存在泥沙淤积的情况较为明显，曾出现中流量、高水位、大防汛的严峻局面。建议开展新沭河泥沙测验与分析研究，为枯水年、平水年、丰水年新沭河沿线控制工程联合调度方案研究提供支撑。

(3) 加大行洪断面清障工作力度。新沭河中游(石梁河水库以下、太平庄闸以上)堤防内侧有白杨、榆树等林木，下游(太平庄闸以下、三洋港闸以上)有芦苇、盐蒿等天然植被，行洪期阻水严重。建议加大新沭河行洪断面的清障工作力度，保障新沭河行洪能力。

(4) 将三洋港闸上、下游清淤纳入常态工作。通过选取太平庄闸闸下 1 000 米、4 000 米和 9 500 米处 3 个现状实测断面与相应设计断面进行比较,显示新沭河下游段(太平庄闸以下、三洋港闸以上)淤积严重。同时,受潮汐及上游来水较少的共同影响,三洋港闸闸下淤积,闸下过水断面未达新沭河 50 年一遇治理工程设计标准。新沭河下游段(太平庄闸以下)行洪面积的减少,削弱了新沭河行洪能力。建议将三洋港闸上、下游清淤工作纳入常态,保障新沭河行洪能力。

(四)《连云港市历史典型暴雨洪水分析》出版

2020 年 12 月,《连云港市历史典型暴雨洪水分析》由中国矿业大学出版社出版,主编为刘沂轩、胡必要、颜秉龙、唐春生、洪光雨。

该项目为连云港分局发起的自研项目。

该项目研究过程中,将典型暴雨选取原则定为:① 降雨明显造成洪涝灾害;② 降雨级别达到大暴雨、特大暴雨级别;③ 场次降雨量占全年降雨量的比例高;④ 连云港市本地发生强降雨的同时,遇外来洪水过境的情况优先考虑;⑤ 降雨资料的代表性、一致性、可靠性好。

该项目研究过程中,选取 1974 年“8 · 12”暴雨、1991 年“7 · 14”暴雨、2000 年“8 · 30”暴雨、2003 年“7 · 16”暴雨、2005 年“7 · 31”暴雨、2007 年“9 · 19”暴雨、2012 年“7 · 08”暴雨、2019 年“8 · 10”暴雨,共 8 场历史典型暴雨,分别从暴雨成因、暴雨时空分布和重现期等方面对每一场暴雨特征进行详尽分析,并通过这些特征对历史场次降水进行比较。在此基础上,客观地记述了当年灾情情况,分析成灾原因。以上除 1991 年“7 · 14”暴雨形成的洪水未造成灾情外,其他典型暴雨洪水均产生程度不同的灾情,2000 年“8 · 30”暴雨灾情尤其严重。

根据暴雨洪水特点、受灾区域以及连云港市地理、地势特点分析,连云港地区发生洪灾的主要原因有以下几个方面:

(1) 地理特点。连云港市沿境内云台山脉淤积平原而建的城区,三面高水合围,一面临海,极易遭受洪涝灾害和海洋风暴潮袭击。

(2) 客水压境,洪灾威胁。中华人民共和国成立后由山东和江苏两省分别实施的“导沭整沂”“导沂整沭”工程,使沂沭泗 7.96 万平方公里流域的大部分洪水通过新沂河、新沭河在连云港市入海,解决了黄河夺淮后苏北鲁南地区水系紊乱的局面,但也使连云港市成为“洪水走廊”。沂沭泗洪水“东调南下”工程,使从市区过境的新沭河 50 年一遇泄量扩大到 6 400 立方米每秒,加上流经市区的区域性排洪河道蔷薇河的影响，每遇客水过境，极易形成洪灾，给城市防洪造成很大威胁 。

(3) 因洪、因潮致涝。新沭河、蔷薇河行洪水位和海洋高潮水位均高于市区河道水位。每当客水过境或遇高潮袭击时，内河排水严重受阻，城区因失去排水出路而形成涝灾。

(4) 低洼区、圩区排水标准低，易于成灾。暴雨洪水过程中，低洼区、圩区极易成灾。原因为低洼区、圩区排水标准低，目前圩区标准为 5 年一遇左右，城市市政排水标准为 1～2 年一遇。

(5) 城区不透水下垫面影响。快速的城市化，导致城区不透水地面比例增加，降雨入渗量减少，使得径流系数增大。

(6) 山丘区洪水影响。云台山及锦屏山山脉位于连云港市城区，在其中部分山涧末端建有 18 座小型水库，总集水面积为 41.57 平方公里，占整个山区面积的 19.3%。山涧及水库洪水到达山脚下即进入平原河网，没有山前倾斜过渡丘陵地带，加重了山丘区周边涝情。

研究分别从水文、气象和水利角度提出建议：

(1) 水文基本建设方面。水文测报手段相对落后，水文站网密度需加大，水文巡测需要进一步加强。

(2) 需加强预报预警。需加强暴雨天气预警，加强洪水预报方法研究，并积极探索降雨洪水的耦合预测，推进连云港地区洪水预报系统建设。

(3) 需加大防洪减灾工程投入。一是进行城区排涝能力治理，二是加强连云港市生态环境治理，三是加强农田排水工程建设。

(五)《2012 年沂沭泗暴雨洪水分析》付印

《2012 年沂沭泗暴雨洪水分析》由沂沭泗管理局付印，连云港分局陈必奎、洪光雨为参编人员，胡必要、刘亚文、徐霞晴参加编写工作。连云港分局编写的连云港市 2012 年“7・08”暴雨洪水分析主要内容被列入其中章节。

连云港市 2012 年“7・08”暴雨洪水分析，是连云港分局在“7・08”特大暴雨后迅速安排启动的暴雨洪水调查研究项目。2012 年 7 月 8 日 4 时至 9 日 4 时，连云港市突降特大暴雨，暴雨以连云港市区为中心，市区临洪站最大 24 小时降雨量为 304.2 毫米，市区凤凰嘴站最大 24 小时降雨量为 420.0 毫米，大桅尖站最大 24 小时降雨量为 418.6 毫米。暴雨中心在市区云台山东南侧的凤凰嘴至大桅尖一线，300 毫米等值线基本涵盖连云港市区，200 毫米等值线涵盖赣榆县东南部、东海县东部、连云港市区及灌云县北部少部分区域。市区大部地区严重滞涝。

2012年7月9日,连云港分局及时组织两个暴雨洪水调查小组,分头调查市区主要河流、街道、低洼片区等的滞涝情况、洪水痕迹等。从7月9日至8月24日,仅走访、标记洪痕、洪痕测量等外业工作就出动技术人员18人,总计97个工日,调查包括当时的新浦区、海州区、连云区、东海县的岗埠农场等区域滞涝痕迹,市区的几条主要河流如大浦河、龙尾河、东盐河、排淡河、烧香河洪水痕迹,市区18座小型水库及塘坝等洪水痕迹等。

调查成果包括暴雨成因、暴雨过程、暴雨等值线、暴雨重现期、河流洪水位、小型水库洪水位、内涝水位和洪灾损失情况等。

该次暴雨成因主要是副热带高压外围强盛的西南暖湿气流和北方冷空气持续交汇于连云港地区,形成上干冷、下暖湿的不稳定层结,产生强烈的上升运动。

该次洪涝调查采用现场勘测与走访居民相结合的方法,对城区洪水进行了详尽的调查,共调查主城区7条河25个节点水位,主城区41个点涝水位、54个点涝水深。

连云港市城区市政管网排水标准一般为1～2年一遇,而本次暴雨最大3小时降雨量达28年一遇,造成市区严重积水,积水面积基本涵盖全部平原区,积水深度一般为30.0～50.0厘米。调查到的最大积水深出现在海州区啤酒厂宿舍,积水深达1.5米。

与降水过程相对应,市区河流各节点断面在主雨峰后相继出现最高水位。大浦河从上游到下游沿线节点断面出现3.86～3.47米的最高水位,排淡河从上游到下游沿线节点断面出现3.72～2.92米的最高水位,烧香河从上游到下游沿线节点断面出现3.85～2.82米的最高水位。

二、水质水生态科学研究

2011年7月,连云港水文分局与连云港市水利局合作,对烧香河农业用水区及烧香支河工业用水区两个水功能区纳污能力及限制排污总量开展研究,为水功能区管理、水资源开发利用与保护提供科学技术支撑。

2010年9月,连云港水文分局与省水文局联合申报江苏省水利科技项目“蔷薇河NH_4、COD降解系数、纳污容量研究”,研究内容为蔷薇河污染物降解因子、提出不同工况下蔷薇河纳污容量,项目负责人为陈必奎,项目组组长为张海石，项目联系人为王震，项目完成人有陈静、洪光雨、周云、陶淑芸，丹华水利环境技术（上海）有限公司负责模型研究、搭建、率定和技术报告编写等。该项目利用DHI公司MIKE 11模型建立并率定水质模型，以模拟COD和氨氮浓度时空变化并确定氨氮、COD综合衰减系数，提出不同工况下蔷薇河的纳污容量，为实现给定条件下蔷薇河纳污能力及水质状况预测、有效处置突发性污染事故、促进水资源开发利用与保护提供了技术支撑。历经2年多的研究及后期的补充完善，2015年2月8日，该项研究成果正式通过水利厅组织的专家验收，相关成果应用取得了良好的经济效益及社会效益。

2012年2月，为贯彻落实2011年中央1号文件要求，连云港水文分局按照省水利厅及省水文局相关文件要求，对连云港市86个水功能区纳污能力及限制排污总量开展研究。该研究为建立以限制入河排污总量为核心的水功能区限制纳污制度、从严核定河湖水功能区水域纳污能力、制定分阶段限制排污总量、保护区域水环境、促进社会经济可持续发展，提供有效依据。

2012年3—5月，连云港水文分局与省水文局合作开展通榆河北延送水工程向蔷薇河应急供水联用试运行水文监测分析研究，为了解各供水关键节点调水前后水质变化、掌握应急供水指令下达后达到Ⅲ类水调入蔷薇河所需最短时间、验证通榆河北延工程输水能力以及泵站、涵闸、河道是否达到设计要求，提供科学支撑。

2012—2013年，连云港水文分局开展连云港市水资源战略保障措施研究，为连云港市今后一定时期内水资源开发利用和管理活动提供参考依据，为水利工程建设、水资源管理决策起到引导作用，为经济社会可持续发展提供水文支撑和保障。该项研究于2012年7月28日通过连云港市水利局组织的专家审查。

2016年5月，连云港水文分局与江苏省水利科学研究院合作，对连云港市城乡饮用水源安全保障、水生态保护与修复、水功能区达标建设、非常规水源利用等水生态文明规划专题开展研究，为连云港市生态文明建设提供科学依据。

2020年12月，《通榆河北延送水工程2019年生态输水水文情势分析》由中国矿业大学出版社出版，主编为刘沂轩、张海石、王桂林、唐春生、王震。本项目为连云港分局发起的自研项目。2019年7—12月，为缓解苏北地区旱情，江苏省水利厅首次启用通榆河北延送水工程，累计实施3次抗旱调水，连云港水文分局抢抓机遇，开展了为期6个月的调水过程水质、水量、水生态同步监测，获得了大量一手水文技术数据。为充分发挥水文技术支撑作用，连云港水文分局提前谋划,精心准备,组织技术力量,对 2019 年难得一遇的长时段监测成果进行分析整理,开展通榆河北延送水工程 2019 年生态输水水文情势分析研究,旨在分析通榆河调水现状,发现存在的不足,助力通榆河工程更好地发挥经济、社会、生态效益。该项研究可为连云港的抗旱工作提供指导和参考,促进通榆河北延送水工程沿线节水和治污工作,优化区域水资源配置,改善区域水环境质量,也可为下一步实现通榆河北延送水工程的常态供水提供科学的技术支撑。

三、水文水资源研究

2018 年,刘沂轩参加省水利厅科技立项课题“徐州矿井水综合生态治理技术及开发利用模式研究与应用”研究。本项研究为刘沂轩调入连云港分局之前的科研成果。

2018 年,刘亚文、周佳华参加省水利厅科技立项课题“江苏省水文资料匮乏山丘区产汇流模型研制”研究。

四、水文自动测报信息技术研究

李刚作为主要参加人完成数项科技研究,主要有:2012 年,参加“江苏省水文自动测报系统数据传输规约研究及应用”项目研究,同年作为主要编写人参编“江苏省水文自动测报系统数据传输规约”(DB32/T 2197—2012,江苏省地方标准);2014 年,参加“水文自动测报系统集成与整合关键技术研究与应用”研究和“水利数据中信息数据汇集共享及应用服务技术研究”项目的研究。

五、水文测验新仪器新技术及基础理论研究

(一)地下水专用监测井成井方法研究

“地下水监测井钻探工艺与施工技术”为徐州水文分局、青岛地质工程勘察院、徐州中国矿大岩土工程新技术发展有限公司联合研究的项目。该项成果为《地下水监测井钻探工艺与施工技术》,2019 年 1 月由中国矿业大学出版社出版。主编为刘沂轩、刘洪华、熊彩霞、曹久立、李沛。该项研究为刘沂轩调入连云港分局之前的科研成果。

该研究成果系统、全面、针对性地介绍地下水监测井钻探工艺与施工技术方面的知识,包括基本理论与概念,钻探设备与材料材质,金刚石钻进,钢粒钻进,冲击回转钻进,硬质合金钻进,岩(矿)芯及土样的采取,钻孔弯曲,钻孔冲洗

与护壁堵漏，孔内事故的预防与处理，施工技术与成井工艺，机台管理与安全生产技术，施工质量、安全督查及技术要点等。

该研究成果具有以下特色：一是在钻探工程技术相关教材的基础上，偏重于地下水监测井的施工技术与管理；二是体现了水文地质学和地下水监测站网规划相关的专题内容；三是从地下水监测井的角度对成井工艺进行了详细阐述，特别对新材料（如 PVC-U）在施工中存在的问题及其解决办法进行了介绍；四是对地下水监测井施工管理及监督检查进行了阐述，以区别同类用书。

（二）水位观测冻结基面理论研究

在基层测站具体水位观测工作中，测站冻结基面高程系统建设、水准测量和考证工作是非常重要的基础性工作，而冻结基面理论是支撑这些工作的重要理论依据。

2017 年，连云港水文分局刘亚文、冉四清、朱振华、周佳华对冻结基面理论开展了再研究工作。本次研究工作历时 3 年。

在继承和发扬传统冻结基面正确理论的基础上，获得如下研究成果和结论：

(1) 创设“初始赋值基面”概念，用以区分第一次使用的两个基面，揭示测站冻结基面的自定义来源，进一步厘清冻结基面概念，做到概念清晰无误，易于通透理解。第一次使用的两个基面分别指第一次赋予基本水准点高程数值的基面，以及由该高程数值标定的起算面。

(2) 揭示冻结基面的自定义特点、原理和传承规律，强化测站冻结基面高程系统的独立地位，即每个测站的冻结基面高程系统都是自定义（或再定义）的、独立的高程系统，与其他绝对基面高程系统是平等的关系，不存在隶属关系或强弱主次之别，只是来源（定义）和应用范围不同而已。

(3) 首次提出冻结基面在系统内部传承的论断。传统理论中把常态（基本水准点完好）下基本水准点作为内部高程测量的最高引据点是正确的，但没有内部传承的明确论述，尤其对于非常态（基本水准点变动或者灭失）的情况下，关于内部测量最高引据的论述缺位，极易导致一些认识错误。通过再次研究，明确提出在非常态下，传承误差有限且可控的内部摄行传承规则，弥补了传统理论缺位，与传统的常态下高程引据理论相整合，形成完整的冻结基面内部传承理论。非常态下冻结基面的传承规则是该项研究的核心成果。

(4) 首次提出测站冻结基面消亡的论断。在测站冻结基面高程系统内部无法完成本站冻结基面传承的条件下,则本站冻结基面消亡。

(5) 强调站内和站外测量的界点,即以基本水准点为界,理论上明确阻止绝对基面对测站冻结基面的渗透和干扰,维护测站冻结基面的稳定。

(6) 首次提出测站冻结基面与某绝对基面的关系测量,其本质是两个高程系统水准原点之间的连测的论断,即基面关系测量是测站冻结基面高程系统的基本水准点与某绝对基面高程系统的水准原点之间的连测。

(7) 明确提出在地质不稳定地区(如地下水超采引起地面沉降的地区)的水文站,因基岩埋深太深,基本水准点、参证点基础无法嵌入基岩的,则应该嵌入不受人类活动影响的深厚坚硬持力层。

(8) 对于原有站点的相关问题,如提高标准建设水准设施等问题的处理,该研究也给出了具体可行的方法。

该次冻结基面理论再研究成果,可作为水文从业人员在建设水准设施、测量和考证工作中的学习参考材料,促进精准通透地理解冻结基面概念,深度掌握冻结基面原理,避免认识误区,提高测量和考证工作准确性,维护测站冻结基面长期稳定。该研究成果《冻结基面的理论阐述》以论文形式发表于《治淮》(2019 年 4 月),并于 2020 年 11 月向国家版权局申请作品登记(有部分修改,国作登字-2020-A-01172091)。

六、规划、水功能区划及达标整治研究

(一) 水文事业规划

2013 年 12 月,连云港水文分局编制完成《连云港市水文事业发展规划》,同年 12 月 6 日,该规划获连云港市人民政府发文批复。

(二) 水资源开发利用、水工程及水环境等方面的规划

2005 年,编制《连云港市地下水压采方案》《连云港市入河排污口整治规划》;2007 年,编制《连云港市水资源综合规划》;2010 年,编制《连云港市水资源战略保障措施研究》;2013 年,编制《连云港市水资源保护规划》;2014 年,编制《连云港市市区主要河道岸线保护利用规划》《连云港市地下水开发利用规划(修订)》《连云港市地下水压采方案》;2015 年,编制《灌云县地下水压采方案》;2016 年,编制《灌南县水资源综合规划》《连云港市水资源综合规划(修编)》;2017 年,编制《灌云县节水型社会建设"十三五"规划》《灌南县节水型社会建设

“十三五”规划》;2020年,编制《连云港市水资源综合规划》《赣榆区地下水利用与保护规划》《赣榆区水资源综合规划》《灌南县地下水利用与保护规划》《连云港市地下水利用与保护》;2021年,编制《灌云县水资源综合规划》。

(三)水土保持方面的规划

2008年12月,编制《连云港市水土保持规划(2008—2030)》《连云港市海州区水土保持规划(2008—2030)》《连云港市新浦区水土保持规划(2008—2030)》《连云港市连云区水土保持规划(2008—2030)》《连云港市开发区水土保持规划(2008—2030)》;2011年5月,编制《东海县水土保持规划(2011—2030)》;2015年12月,编制《江苏省水土保持规划》;2016年9月,编制《灌云县水土保持规划(2016—2030)》。

(四)水功能区划、水源地达标整治方案

2008年,编制《北六塘河地表水(环境)功能区划调整方案论证报告》;2009年,编制《烧香河地表水(环境)功能区划调整方案论证报告》;2013年,编制《古泊善后河灌云农业用水区地表水(环境)功能区划调整方案论证报告》《东海县沭新河水源地达标建设方案》;2014年,编制《小塔山水库水源地达标建设方案》;2015年,编制《连云港市新增水域地表水功能区划报告》《蔷薇河连云港水源地达标建设方案》;2016年,编制《连云港市水生态文明建设总体规划专题报告》;2017年,编制《连云港市蔷薇湖水源地达标建设方案》《赣榆区水功能区达标整治方案(2017—2020年)》《灌南县水功能区达标整治方案(2017—2020年)》《东海县水功能区达标整治方案(2017—2020年)》《灌云县水功能区达标整治方案(2017—2020年)》《连云港市区水功能区达标整治方案》;2018年,编制《赣榆区青口河莒城湖应急水源地达标建设方案》。

第四节 科技成果

一、科技课题与成果

2005—2021年,共编制水资源开发利用、保护、节水、水环境水生态和入河排污口整治、河道岸线保护利用等各种水利规划、水文事业发展规划等共计17

项。受市、县等各级政府水利主管部门委托，连云港水文分局先后研究编制连云港市水资源综合规划、水资源保护规划，赣榆区、灌云县、东海县、灌南县水资源综合规划，灌云县、灌南县节水型社会建设“十三五”规划，赣榆区、灌南县地下水利用与保护规划，连云港市水生态文明建设总体规划、入河排污口整治规划等。

2008—2016 年，共编制 8 个区域水土保持规划。受市、县（区）等各级政府委托，连云港水文分局先后研究编制连云港市、海州区、连云区、开发区、东海县、灌云县等区域水土保持规划，连云港水文分局参加了江苏省水土保持监测规划的研究编制工作。

2012 年，完成省水利厅立项的科技课题“蔷薇河 NH_4、COD 降解系数、纳污容量研究”，这是连云港分局（同省水文局联合研究）首次完成的科技立项。

2012 年，完成“连云港市暴雨强度公式修编”，这是首次受委托研究的非规划类科技服务项目攻坚课题。

2012 年，参编沂沭泗水文局组织编制的《2012 年沂沭泗暴雨洪水分析》，将连云港分局组织研究的连云港市 2012 年“7・08”暴雨洪水调查成果主要内容编入。

2012 年，连云港水文分局人员参加“江苏省水文自动测报系统数据传输规约研究及应用”项目研究。

2014 年，连云港水文分局人员参编“城市暴雨强度公式编制和设计暴雨雨型确定技术导则”研究。

2014 年，连云港水文分局人员参加“水文自动测报系统集成与整合关键技术研究与应用”研究。

2014 年，连云港水文分局人员参加“水利数据中信息数据汇集共享及应用服务技术研究”项目。

2014 年，连云港水文分局人员参加“连云港市多水源联合调度”课题研究。

2015 年，连云港水文分局人员参加“水文自动测报系统集成整合关键技术研究与应用”课题研究。

2017 年，连云港水文分局人员参加“哈密煤田隐伏古湖床控水机制及防治水关键技术研究”课题研究。

2017 年，连云港水文分局人员主编“地下水监测井钻探工艺与施工技术研究”，并制作视频教材。

2018 年，连云港水文分局人员参加省水利厅科技立项课题“徐州矿井水综合生态治理技术及开发利用模式研究与应用”研究。

2018年，连云港水文分局人员参加省水利厅科技立项课题“江苏省水文资料匮乏山丘区产汇流模型研制”研究。

2019年，连云港水文分局人员参加“淮北煤田隐伏富水体电磁波场井上下立体探测技术及应用项目”课题研究。

2019年，连云港水文分局人员参加“城郊矿区高承压太灰水动态引流疏降关键技术研究”课题研究。

2020年，连云港水文分局发起“连云港市2019年暴雨洪水分析”专项研究，并完成著述，当年由中国矿业大学出版社出版。

2020年，连云港水文分局发起“2019年新沭河暴雨洪水及下游段行洪能力分析”专项研究，并完成著述，当年由中国矿业大学出版社出版。

2020年，连云港水文分局发起“连云港市历史典型暴雨洪水分析”专项研究，并完成著述，当年由中国矿业大学出版社出版。

2020年，连云港水文分局发起“通榆河北延送水工程2019年生态输水水文情势分析”专项研究，并完成著述，当年由中国矿业大学出版社出版。

2005—2021年连云港水文系统科技课题成果情况见表9-2。

表9-2 2005—2021年连云港水文系统科技课题成果情况

序号	完成时间	课题成果	立项单位	承担单位或参加人员
1	2005年	连云港市入河排污口整治规划		连云港水文分局
2	2007年	连云港市水资源综合规划		连云港水文分局
3	2008年	连云港市水土保持规划(2008—2030)		连云港水文分局
4	2008年	连云港市海州区水土保持规划(2008—2030)		连云港水文分局
5	2008年	连云港市新浦区水土保持规划(2008—2030)		连云港水文分局
6	2008年	连云港市连云区水土保持规划(2008—2030)		连云港水文分局
7	2008年	连云港市开发区水土保持规划(2008—2030)		连云港水文分局
8	2011年	东海县水土保持规划(2011—2030)		连云港水文分局
9	2012年	蔷薇河NH_4、COD降解系数、纳污容量研究	江苏省水利厅	承担单位：省水文局，连云港水文分局；项目负责人：陈必奎；项目组长：张海石；项目联系人：王震；项目完成人：陈静、洪光雨、周云、陶淑芸
10	2012年	连云港市暴雨强度公式修编	连云港市住房和城乡建设局	连云港水文分局
11	2012年	2012年沂沭泗暴雨洪水分析	沂沭泗管理局	参编人员：陈必奎、洪光雨；参加人：胡必要、刘亚文、徐霞晴

表 9-2(续)

序号	完成时间	课题成果	立项单位	承担单位或参加人员
12	2012 年	江苏省水文自动测报系统数据传输规约研究及应用	江苏省水文水资源勘测局	参加人:李刚
13	2013 年	连云港市水文事业发展规划		连云港水文分局
14	2013 年	连云港市水资源保护规划		连云港水文分局
15	2014 年	城市暴雨强度公式编制和设计暴雨雨型确定技术导则	住房和城乡建设部，中国气象局	参编人员:洪光雨
16	2014 年	水文自动测报系统集成与整合关键技术研究与应用	江苏省水文水资源勘测局	参加人:李刚
17	2014 年	水利数据中信息数据汇集共享及应用服务技术研究	江苏省水文水资源勘测局	参加人:李刚
18	2014 年	连云港市多水源联合调度	江苏省通榆河北延送水工程建设处	参加人:陈必奎、洪光雨
19	2014 年	连云港市市区主要河道岸线保护利用规划		连云港水文分局
20	2014 年	连云港市地下水开发利用规划(修订)		连云港水文分局
21	2015 年	水文自动测报系统集成整合关键技术研究与应用	江苏省水文水资源勘测局	参加人:李刚
22	2015 年	江苏省水土保持监测规划	江苏省水利厅	承担单位:省水文局;参加人:程建敏
23	2016 年	灌云县水土保持规划(2016—2030)		连云港水文分局
24	2016 年	灌南县水资源综合规划		连云港水文分局
25	2016 年	连云港市水生态文明建设总体规划专题报告		连云港水文分局
26	2016 年	连云港市水资源综合规划(修编)		连云港水文分局
27	2017 年	灌云县节水型社会建设“十三五”规划		连云港水文分局
28	2017 年	灌南县节水型社会建设“十三五”规划		连云港水文分局
29	2017 年	地下水监测井钻探工艺与施工技术		主编:刘沂轩
30	2017 年	哈密煤田隐伏古湖床控水机制及防治水关键技术研究		参加人:刘沂轩
31	2018 年	徐州矿井水综合生态治理技术及开发利用模式研究与应用	江苏省水利厅	参加人:刘沂轩
32	2018 年	江苏省水文资料匮乏山丘区产汇流模型研制	江苏省水利厅	参加人:刘亚文、周佳华
33	2019 年	淮北煤田隐伏富水体电磁波场井上下立体探测技术及应用项目		参加人:刘沂轩

表 9-2(续)

序号	完成时间	课题成果	立项单位	承担单位或参加人员
34	2019 年	城郊矿区高承压太灰水动态引流疏降关键技术研究		参加人:刘沂轩
35	2020 年	连云港市水资源综合规划		连云港水文分局
36	2020 年	赣榆区地下水利用与保护规划		连云港水文分局
37	2020 年	赣榆区水资源综合规划		连云港水文分局
38	2020 年	灌南县地下水利用与保护规划		连云港水文分局
39	2020 年	连云港市 2019 年暴雨洪水分析	自研项目	承担单位:连云港水文分局;主编:刘沂轩、洪光雨、王德维、朱振华、吴晓东
40	2020 年	2019 年新沭河暴雨洪水及下游段行洪能力分析	自研项目	承担单位:连云港水文分局;主编:刘沂轩、王欢、王德维、乐峰
41	2020 年	连云港市历史典型暴雨洪水分析	自研项目	承担单位:连云港水文分局;主编:刘沂轩、胡必要、唐春生、洪光雨
42	2020 年	通榆河北延送水工程 2019 年生态输水水文情势分析	自研项目	承担单位:连云港水文分局;主编:刘沂轩、张海石、王桂林、唐春生、王震
43	2021 年	灌云县水资源综合规划		连云港水文分局
44	2021 年	灌云县地下水利用与保护规划		连云港水文分局

二、科技课题成果获奖情况

1985 年,是嘉兴研制的 E601 型蒸发器防冻裂装置,获得水利电力部松辽水利委员会东北水利科学技术进步三等奖。

1987 年,是嘉兴研制的 E601 型蒸发器防冻裂器,获得内蒙古自治区科学技术进步三等奖。

2012 年,李刚参加“江苏省水文自动测报系统数据传输规约研究及应用”项目研究,研究成果于当年获得省水利科技进步奖二等奖。

2014 年,李刚参加“水文自动测报系统集成与整合关键技术研究与应用”“水利数据中信息数据汇集共享及应用服务技术研究”两项课题研究,研究成果均获得当年省水利科技进步奖一等奖。

2014 年,陈必奎、洪光雨参加“连云港市多水源联合调度”课题研究,研究成果获得当年省水利科技进步奖三等奖。

2015 年,李刚参加“水文自动测报系统集成整合关键技术研究与应用”项目研究,研究成果获得中国水利行洪协会颁发的大禹水利科学技术奖三等奖。

2017 年,刘沂轩参加“哈密煤田隐伏古湖床控水机制及防治水关键技术研究”课题研究,研究成果获得中国煤炭工业学会、中国煤炭学会颁发的中国煤炭工业科学技术三等奖。

2018 年,刘沂轩参加“徐州矿井水综合生态治理技术及开发利用模式研究与应用”课题研究,研究成果获得省水利厅科技进步奖二等奖。

2018 年,刘亚文、周佳华参加“江苏省水文资料匮乏山丘区产汇流模型研制”课题研究,研究成果获得省水利厅科技进步奖二等奖。

2019 年,刘沂轩参加“淮北煤田隐伏富水体电磁波场井上下立体探测技术及应用项目”课题研究,研究成果获得中国煤炭工业学会、中国煤炭学会颁发的中国煤炭工业科学技术二等奖。

2019 年,刘沂轩参加“城郊矿区高承压太灰水动态引流疏降关键技术研究”课题研究,研究成果获得中国煤炭工业学会、中国煤炭学会颁发的中国煤炭工业科学技术二等奖。

连云港水文系统科技课题成果获奖情况见表 9-3。

表 9-3 连云港水文系统科技课题成果获奖情况

序号	课题名称	获奖名称	授奖单位	获奖时间	连云港分局获奖个人
1	E601 型蒸发器防冻裂装置	东北水利科学技术进步三等奖	水利电力部松辽水利委员会	1985 年	是嘉兴
2	E601 型蒸发器防冻裂器	内蒙古自治区科学技术进步三等奖	内蒙古自治区科学技术进步奖评审委员会	1987 年	是嘉兴
3	江苏省水文自动测报系统数据传输规约研究及应用	省水利科技进步二等奖	江苏省水利厅	2012 年	李　刚
4	水文自动测报系统集成与整合关键技术研究与应用	省水利科技进步一等奖	江苏省水利厅	2014 年	李　刚
5	水利数据中信息数据汇集共享及应用服务技术研究	省水利科技进步一等奖	江苏省水利厅	2014 年	李　刚
6	连云港市多水源联合调度	省水利科技进步三等奖	江苏省水利厅	2014 年	陈必奎 洪光雨
7	水文自动测报系统集成整合关键技术研究与应用	大禹水利科学技术奖三等奖	中国水利学会	2015 年	李　刚

表 9-3(续)

序号	课题名称	获奖名称	授奖单位	获奖时间	连云港分局获奖个人
8	哈密煤田隐伏古湖床控水机制及防治水关键技术研究项目	中国煤炭工业科学技术三等奖	中国煤炭工业协会,中国煤炭学会	2017 年	刘沂轩
9	徐州矿井水综合生态治理技术及开发利用模式研究与应用	省水利科技进步二等奖	江苏省水利厅	2018 年	刘沂轩
10	江苏省水文资料匮乏山丘区产汇流模型研制	省水利科技进步二等奖	江苏省水利厅	2018 年	刘亚文 周佳华
11	淮北煤田隐伏富水体电磁波场井上下立体探测技术及应用项目	中国煤炭工业科学技术二等奖	中国煤炭工业协会,中国煤炭学会	2019 年	刘沂轩
12	城郊矿区高承压太灰水动态引流疏降关键技术研究	中国煤炭工业科学技术三等奖	中国煤炭工业协会,中国煤炭学会	2019 年	刘沂轩

三、著作和论文

(一)著作

2019 年起,连云港水文分局职工参加科技研究项目,出版著作 5 部,包括《地下水监测井钻探工艺与施工技术》《连云港市 2019 年新沭河暴雨洪水及下游段行洪能力分析》《连云港市 2019 年暴雨洪水分析》《通榆河北延送水工程 2019 年生态输水水文情势分析》《连云港市历史典型暴雨洪水分析》,见表 9-4。

表 9-4 连云港水文系统科技著作出版情况

序号	著作名称	研究单位	主编姓名	出版单位	出版时间
1	地下水监测井钻探工艺与施工技术	江苏省水文水资源勘测局徐州分局、青岛地质工程勘察院、徐州中国矿大岩土工程新技术发展有限公司	刘沂轩 刘洪华 熊彩霞 曹久立 李 沛	中国矿业大学出版社	2019 年 1 月
2	连云港市 2019 年新沭河暴雨洪水及下游段行洪能力分析	江苏省水文水资源勘测局连云港分局	刘沂轩 王 欢 王德维 乐 峰 崔恩贵	中国矿业大学出版社	2020 年 10 月

表 9-4(续)

序号	著作名称	研究单位	主编姓名	出版单位	出版时间
3	连云港市 2019 年暴雨洪水分析	江苏省水文水资源勘测局连云港分局	刘沂轩 洪光雨 王德维 朱振华 吴晓东	中国矿业大学出版社	2020 年 12 月
4	通榆河北延送水工程 2019 年生态输水水文情势分析	江苏省水文水资源勘测局连云港分局	刘沂轩 张海石 王桂林 唐春生 王　震	中国矿业大学出版社	2020 年 12 月
5	连云港市历史典型暴雨洪水分析	江苏省水文水资源勘测局连云港分局	刘沂轩 胡必要 颜秉龙 唐春生 洪光雨	中国矿业大学出版社	2020 年 12 月

(二)论文

连云港水文分局职工是嘉兴,1987 年 6 月在《水文科技情报》发表论文《冰期蒸发量观测方法》,这是连云港水文分站成立以后可查询到的水文职工最早发表的论文。1985 年 5 月,是嘉兴调入连云港水文分站工作,之前在内蒙古自治区红山水库水文实验站工作期间,即 1959 年 5 月—1985 年 5 月,是嘉兴在《水文》等刊物上发表的多篇关于蒸发量测验仪器和技术方面的论文,一并统计。经统计,截至 2021 年年底,连云港水文分局职工共发表论文 176 篇。

1994 年以前,连云港水文分局职工发表论文 14 篇。其中,测验技术方面的论文 8 篇,水文计算方面的论文 2 篇,整编技术方面的论文 2 篇,暴雨分析论文 1 篇,预报技术方面的论文 1 篇。

2000 年以后,连云港水文分局职工积极开展各类学术研究,论文研究的内容大多紧扣水文行业发展热点、时代关注主题,如水文分析计算、水资源、水环境、水文测验、资料整编、水利水文管理、新技术应用、水土保持、水文地质、工程技术等。

2003—2010 年,连云港水文分局职工共发表论文 37 篇。其中,测验技术方面的论文 2 篇,资料整编技术方面的论文 1 篇,水环境方面的论文 7 篇,水资源分析方面的论文 8 篇，水文计算方面的论文 12 篇，水文预报方面的论文 2 篇，水土保持等方面的论文 2 篇，新技术应用、水文地质、工程技术等方面的论文各 1 篇。

2011—2015 年，连云港水文分局职工共发表论文 48 篇。其中，测验技术方面的论文 7 篇，水环境方面的论文 9 篇，水资源分析方面的论文 6 篇，水文计算方面的论文 8 篇，水利管理方面的论文 5 篇，水土保持方面的论文 4 篇，新设备应用方面的论文 2 篇，新技术应用方面的论文 4 篇，水文地质方面的论文 2 篇，工程建设方面的论文 1 篇。

2016—2021 年，连云港水文分局职工共发表论文 77 篇。其中，测验技术方面的论文 7 篇，水环境方面的论文 13 篇，整编技术方面的论文 2 篇，水资源分析方面的论文 9 篇，水文计算方面的论文 16 篇，水利管理方面的论文 7 篇，水土保持方面的论文 4 篇，水力学方面的论文 1 篇，新技术应用方面的论文 14 篇，测验基础理论方面的论文 1 篇，测绘技术方面的论文 1 篇，水文预报方面的论文 1 篇，水利信息化方面的论文 1 篇。

2011—2021 年，连云港水文职工共有 15 篇论文获奖。

连云港水文系统职工科技论文发表情况和获奖情况分别见表 9-5 和表 9-6。

表 9-5 连云港水文系统职工科技论文发表情况

序号	论文名称	类型	刊物名称	连云港分局作者	外单位合作者	发表时间
1	蒸发皿避风器和计数器	测验技术	水文	是嘉兴		1959 年 5 月
2	如何防止蒸发器冰冻破裂	测验技术	水文	是嘉兴		1959 年 12 月
3	E-601 型蒸发器冰期观测方法介绍	测验技术	人民黄河	是嘉兴		1984 年 1 月
4	红山水库冰面蒸发实验研究	测验技术	内蒙古水利科技	是嘉兴		1984 年 12 月
5	E-601 型蒸发器的防冻裂措施	测验技术	东北水利水电	是嘉兴		1984 年 12 月
6	E-601 型蒸发器的冻裂原因及其防冻裂装置	测验技术	水利水电技术	是嘉兴		1985 年 5 月
7	冰期蒸发量观测方法	测验技术	水文科技情报	是嘉兴		1987 年 6 月
8	连云港市 1985 年 9 月特大暴雨分析	暴雨分析	江苏水利科技	是嘉兴		1990 年 6 月
9	内蒙古红山水库冰面蒸发的实验研究	测验技术	水文	是嘉兴		1992 年 1 月
10	受变动回水影响的河道站水位流量关系分析及单值化处理	整编技术	江苏水利	徐霞晴		1992 年 9 月
11	孔堰流互换时的临界状态曲线分析	整编技术	江苏水利	潘元全		1993 年 4 月
12	用灰色分析法求解流域退水衰减系数的探索	水文计算	水资源保护	徐霞晴 冉四清		1993 年 12 月

表 9-5(续)

序号	论文名称	类型	刊物名称	连云港分局作者	外单位合作者	发表时间
13	石梁河水库定振波的初步分析	水文计算	江苏水利科技	徐　坚 徐霞晴		1994 年 10 月
14	地下水动态预测的灰色双控模型	水文预报	水文	徐霞晴		1994 年 12 月
15	地下水开发利用中的环境问题及对策	水环境	江苏水利	刘沂轩	熊彩霞	2003 年 5 月
16	浅析石梁河水库水资源质量及其保护	水资源	江苏水利	陈必奎		2003 年 12 月
17	从龙泉河小流域治理谈生态建设与可持续发展	水环境	水土保持研究	陈必奎	穆如发	2003 年 12 月
18	徐州市市区岩土体工程地质特征研究	水文地质	化工矿产地质	刘沂轩	李明武 王　猛	2005 年 6 月
19	城市化进程与水资源可持续利用的对策研究	水资源	地下水	刘沂轩	徐庆军 王　猛	2005 年 7 月
20	连云港市地表水资源评价	水资源	江苏水利	胡必要		2006 年 1 月
21	小流域水文计算的分析与应用	水文计算	中国水运(理论版)	徐霞晴		2007 年 4 月
22	水文资料实行校审、编印分工制度的可靠性分析及错误率预测	整编技术	中国水运(理论版)	冉四清 徐霞晴		2007 年 5 月
23	水面线计算在堤防工程设计中的总结分析	水文计算	中国水运(理论版)	冉四清 徐霞晴		2007 年 6 月
24	灰色预测控制理论在超长期季节灾变预报中的应用	水文预报	中国水运(理论版)	徐霞晴		2007 年 7 月
25	连云港潮水位变化对设计潮位的影响分析	水文计算	治淮	洪光雨		2007 年 7 月
26	升卧式闸门的安装及启闭机联合调试	工程技术	江苏水利	胡必要	孙亚东 张　楠	2007 年 8 月
27	海堤达标工程小型涵闸规模分析的简易算法	水文计算	江苏水利	洪光雨 李泰民		2007 年 9 月
28	以小型水库为水源的建设项目水资源论证问题探讨	水资源	治淮	洪光雨 陈必奎		2007 年 9 月
29	连云港市山丘区浅层地下水资源量评价	水资源	中国水运	刘亚文		2007 年 10 月
30	小塔山水库上游水土保持水沙特性分析	水土保持	江苏水利	徐霞晴 冉四清		2008 年 6 月
31	加强用水计量管理促进计划用水节约	水资源	中国水运	潘元全		2008 年 8 月
32	蔷薇河整治的必要性探讨	水文计算	水利发展研究	李传利 李　巍	宋海红 王祥干	2008 年 8 月

表 9-5(续)

序号	论文名称	类型	刊物名称	连云港分局作者	外单位合作者	发表时间
33	连云港市蒸发量变化趋势分析	水文计算	治淮	徐霞晴 刘亚文 冉四清		2008年9月
34	连云港市水资源配置研究	水资源	江苏水利	潘元全		2008年10月
35	应用Excel软件开发安峰山水库水文预报演算程序	水文预报	水利信息化	伏开文 洪光雨		2009年1月
36	防洪影响评价报告表可行性探讨及应用情况分析	水文计算	治淮	伏开文 洪光雨		2009年1月
37	连云港市降水时空分布及变化趋势分析	水文计算	伴水行	朱振华		2009年1月
38	连云港市旱情分析与防旱抗旱对策探讨	水文计算	治淮	李传利 李　巍		2009年2月
39	连云港市小型水库防洪现状及对策	水文计算	江苏水利	李传利 李　巍	秦思厚	2009年4月
40	连云港市地下水监测工作思考	测验技术	地下水	雷智祥		2009年6月
41	基于Excel VBA语言定制水质评价函数	水环境	2009年淮河流域水环境检测技术交流会论文集	王　震		2009年9月
42	蔷薇河警戒水位、保证水位分析	水文计算	江苏水利	朱振华 周　云		2009年9月
43	连云港市2008年秋冬旱情分析与抗旱措施	水文计算	中国防汛抗旱	李传利 李　巍	秦思厚	2009年10月
44	连云港市重点水功能区水质监测与分析	水环境	中国水运	周　云 朱振华		2010年1月
45	浅谈开发建设项目水土保持设施验收技术评估	水土保持	杨凌职业技术学院学报	程建敏	鄂轶静 李海东	2010年3月
46	浅谈surfer软件在水文工作的应用	新技术应用	治淮	王　震		2010年4月
47	连云港市石梁河水库水体变化及富营养化分析与防治对策浅析	水环境	治淮	周　云		2010年7月
48	连云港市主要水库的富营养化评价分析	水环境	治淮	周　云		2010年7月
49	基于mapInfo快速制作水功能区质量评价图	水环境	南通职业大学学报	王　震		2010年9月

表 9-5(续)

序号	论文名称	类型	刊物名称	连云港分局作者	外单位合作者	发表时间
50	连云港市地下水资源开发利用与保护探讨	水资源	人民长江	雷智祥	张海云 朱丽向	2010年9月
51	溶解氧测定方法分析研究	测验技术	治淮	陶淑芸 王　震 王桂林		2010年12月
52	浅析RTK结合测深仪在水下地形测量中的应用	新设备应用	硅谷	武宜壮		2011年5月
53	论健全水利单位内部控制体系	水利管理	行政事业资产与财务	屠金良		2011年5月
54	沭新渠灌区不同年份农业供水量调查分析	水文计算	江苏水利	李　巍 周佳华	陈　静 董淳桓	2011年9月
55	宿城水库小流域水土保持综合治理方案研究	水土保持	江苏水利	程建敏		2011年11月
56	立足水利发展"十二五"规划,构建立体水质监测体系	测验技术	治淮	陶淑芸		2011年12月
57	浅析如何加强事业单位"小金库"的清理	水利管理	财经界	屠金良		2011年12月
58	GPS-RTK结合测深仪在水下地形测量中的应用	新设备应用	科技传播	杨　慧 武宜壮		2012年4月
59	浅谈水土保持监测网络与信息系统监测点的设计	水土保持	治淮	程建敏		2012年4月
60	ArcGIS在水下地形测量内业处理中的应用	新技术应用	科技资讯	杨　慧		2012年7月
61	小塔山水库流域水土保持与河流泥沙特性分析	水土保持	亚热带水土保持	陈必奎 伏开文 程建敏		2012年9月
62	生化需氧量(BOD)测定方法浅析	测验技术	人民长江	陶淑芸		2012年12月
63	江苏省通榆河北延送水工程连云港水质水量自动监测系统设计	测验技术	水利建设与管理	雷智祥		2012年12月
64	对事业单位建立业绩评价的一些看法	水利管理	中国外资	屠金良		2012年12月
65	小塔山水库洪水分析	水文计算	治淮	杨　慧		2013年1月
66	连云港市城市饮用水源地方案设置探讨	水环境	治淮	杨　慧		2013年1月
67	东海县饮用水水源地安全状况评价	水环境	治淮	张海石		2013年1月

表 9-5(续)

序号	论文名称	类型	刊物名称	连云港分局作者	外单位合作者	发表时间
68	水库水资源利用存在的问题及应对策略探讨	水资源	治淮	程建敏		2013 年 4 月
69	浅述海州湾局部海域水文测验泥沙特性	水文计算	中国水运(下半月)	杨　慧 王桂林		2013 年 6 月
70	气泡间隔流动注射分析技术应用难点分析	测验技术	陕西水利	王桂林		2013 年 7 月
71	做好江苏水文设施工程建设的几点思考	工程建设	黑龙江水利科技	雷智祥		2013 年 7 月
72	浅谈自动电位滴定技术发展及在常规检测中的应用	测验技术	江苏水利	王桂林 陶淑芸		2013 年 8 月
73	基于 Elman 神经网络的工业节水潜力计算方法及应用	新技术应用	水电能源科学	刘炜伟	李　玲 林洪孝	2013 年 11 月
74	水文自动测报系统中 GPRS 通信技术的应用	新技术应用	黑龙江水利科技	李　刚	陆　益	2013 年 11 月
75	浅谈水生态技术在蔷薇湖建设中的应用	水环境	治淮	吴晓东		2013 年 12 月
76	浅述连云港市水资源现状	水资源	治淮	张海石 杨　慧		2013 年 12 月
77	连云港市水资源保障战略措施研究	水资源	连云港市农村水利论文集	吴晓东		2014 年 1 月
78	江苏省北六塘河水功能区连云港段功能区划调整方案研究	水环境	治淮	雷智祥 朱振华 聂启勇		2014 年 5 月
79	东海县区域主要水体水环境状况研究	水环境	治淮	周　云 朱振华 徐立燕	陈李敏	2014 年 8 月
80	石梁河水库富营养化及生态修复措施研究	水环境	华东七省水利学会论文集	王桂林 陶淑芸	郭　涛	2014 年 9 月
81	徐州丰沛平原区深层地下水降落漏斗演变特征与成因机理研究	水文计算	华北水利水电大学学报(自然科学版)	刘沂轩	熊彩霞	2014 年 10 月
82	徐州市区岩溶发育特征及成因机理研究	水文地质	江苏水利	刘沂轩	杜珍应	2014 年 10 月
83	对事业单位绩效工资激励的对策思考	水利管理	经济视野	樊军生	苏仕林	2014 年 11 月
84	事业单位绩效审计评价体系浅析	水利管理	企业改革与管理	樊军生	苏仕林	2014 年 11 月
85	某钢铁厂水平衡测试及节水措施研究	水资源	人民长江	吴晓东		2014 年 11 月

表 9-5(续)

序号	论文名称	类型	刊物名称	连云港分局作者	外单位合作者	发表时间
86	张集水源地岩溶发育及岩溶地下水富集特征	水资源	地下水	刘沂轩	曹久立	2014 年 11 月
87	浅谈中小河流洪水的难点与对策	水文计算	水资源开发与管理	王　欢		2015 年 1 月
88	连云港市地下水监测现状及对策分析	测验技术	全国水文监测新技术应用学术研讨会论文集	程建敏 刘亚文		2015 年 1 月
89	浅谈连云港市灌溉水有效利用系数测算工作	水文计算	2014 年度水利学会主题征文	程建敏		2015 年 1 月
90	对水文测验技术标准中存在的问题对策的几点分析	测验技术	环球人文地理	王　欢		2015 年 2 月
91	连云港市蔷薇河流域非点源污染模型研究	水环境	治淮	陶淑芸 王　震		2015 年 2 月
92	地质构造对徐州市区岩溶地下水控制作用研究	水文地质	能源技术与管理	刘沂轩	杜珍应 曹久立	2015 年 2 月
93	连云港古泊善后河水功能区划调整研究	水环境	治淮	陶淑芸		2015 年 5 月
94	赣榆区农田灌溉水有效利用系数测算分析	水文计算	治淮	朱振华		2015 年 8 月
95	不同种植方式对水稻灌溉需水量的影响研究	水文计算	江苏水利	程建敏		2015 年 8 月
96	蔷薇河流域水污染治理研究	水环境	江苏水利	吴晓东		2015 年 9 月
97	连云港徐圩新区水资源供给保障措施研究	水资源	治淮	吴晓东 刘炜伟 王德维		2015 年 9 月
98	ICP-MS 在蔷薇河地表水体重金属分布特征研究中的应用	新技术应用	人民长江	陶淑芸 王桂林		2015 年 11 月
99	开发建设项目水土保持监测探讨	水土保持	亚热带水土保持	程建敏 刘亚文	刘成高 徐天文	2015 年 12 月
100	蔷薇河生态系统健康状况评价	水环境	江苏水利	吴晓东 刘炜伟	徐晓峰	2016 年 1 月
101	连云港市临洪水文站水位流量关系浅析	整编技术	江苏水利	徐立燕 周　云 李　巍 潘元全		2016 年 1 月

表 9-5(续)

序号	论文名称	类型	刊物名称	连云港分局作者	外单位合作者	发表时间
102	浅谈城区河道岸线利用存在的问题及保护对策	水利管理	中国水运(下半月)	王德维 周　云 冉四清 程建敏		2016年2月
103	江苏沿海低山丘陵区水土流失发展态势与对策研究	水土保持	江苏水利	冉四清		2016年2月
104	连云港市赣榆区饮用水安全保障措施浅析	水环境	治淮	周　云		2016年3月
105	江苏省水土流失遥感监测数据系统的研究与设计	水土保持	水利信息化	乐　峰	蒋新新 方　瑞 赵　倩 苗宝文	2016年4月
106	连云港市水资源量现状及演变情势研究	水资源	治淮	王德维 冉四清 周　云		2016年5月
107	基于二线能坡法的自动测流系统设计与应用研究	测验技术	江苏水利	王德维 胡必要 周　云 冉四清		2016年5月
108	农田灌溉水有效利用系数测算分析初探	水文计算	治淮	刘亚文 程建敏	王东芳	2016年5月
109	基层水文部门办公室管理工作中常见的问题及对策	水利管理	办公室业务	张翠红		2016年5月
110	连云港市“十三五”地下水资源保护研究	水资源	治淮	王德维 雷智祥		2016年7月
111	连云港市“十二五”农业灌溉用水有效利用系数测算与评价	水文计算	江苏水利	王德维 周　云 程建敏		2016年8月
112	不同类型水源地主要污染物分布特征及健康风险评价	水环境	水电能源科学	陶淑芸 王桂林		2016年8月
113	蔷薇河污染模型建立与生态修复措施研究	水环境	人民珠江	陶淑芸 王桂林		2016年8月
114	城区河道岸线利用存在的问题及保护对策	水利管理	江苏水利	王德维 周　云 冉四清 程建敏		2016年9月

表 9-5(续)

序号	论文名称	类型	刊物名称	连云港分局作者	外单位合作者	发表时间
115	连云港市典型河湖水生态状况调查评价研究	水环境	江苏水利	陶淑芸 王桂林		2016年9月
116	小塔山水库水资源配置及保障措施研究	水资源	江苏水利	吴晓东 刘炜伟 彭晓丽		2016年11月
117	连云港市4座水源水库富营养化评价及防治	水环境	江苏水利	彭晓丽		2016年11月
118	基于多时相遥感数据的矿区地表植被与土壤变化监测	新技术应用	地矿测绘	刘沂轩	刘　誉 杜珍应 曹久立	2016年12月
119	地下水位自动监测信息采集应用系统研究	新技术应用	江苏水利	郦息明	陈　霞 周　强	2017年1月
120	连云港市降雨径流关系特征分析	水文计算	江苏水利	吴晓东 徐立燕 周　云 王桂林		2017年1月
121	浅谈水文年鉴汇编及其质量控制	整编技术	江苏水利	王德维 冉四清 胡必要		2017年1月
122	连云港市典型河湖健康评价	水环境	江苏水利	王桂林 郦息明 陶淑芸		2017年3月
123	基于SBAS技术的概率积分法矿区沉降量提取模型	新技术应用	煤炭科学技术	刘沂轩	耿智海 杨俊凯 杜珍应 曹久立	2017年3月
124	GIS在水文水资源中的运用实践研究	新技术应用	水资源开发与管理	武宜壮		2017年4月
125	赣榆区琴岛天籁片区前沿海域泥沙特性研究	水文计算	江苏水利	吴晓东 王桂林	徐晓峰	2017年6月
126	基于突变理论的水资源开发利用风险评价	水资源	2017中国水资源高效利用与节水技术论坛论文集	王德维 郦息明 朱振华		2017年6月

表 9-5(续)

序号	论文名称	类型	刊物名称	连云港分局作者	外单位合作者	发表时间
127	土壤墒情自动监测与人工烘干法比测研究	测验技术	江苏水利	王德维 徐立燕 周　云 吴晓东 李　巍		2017 年 7 月
128	融合 D-InSAR 和 Offset-tracking 技术的矿区沉降信息提取	新技术应用	河南理工大学学报(自然科学版)	刘沂轩	杨俊凯 范洪冬 杜珍应 曹久立	2017 年 8 月
129	水生态文明城市建设现状评价研究——以连云港市为例	水环境	江苏水利	郦息明		2017 年 9 月
130	无压输水系统水流过渡时间的影响因素探究	水力学	三峡大学学报(自然科学版)	张巧丽	周建旭	2017 年 10 月
131	ICP-MS 法同时测定地表水中 6 种金属元素	测验技术	污染防治技术	彭晓丽		2017 年 11 月
132	连云港市地下水压采方案及保障措施	水资源	水资源保护	程建敏 王根山	王　丽	2017 年 12 月
133	朱稽河流域生态修复区植被动态变化状况分析	水土保持	中国水土保持	王崇任 高　菲	王　斌 仲　军 高之栋	2017 年 12 月
134	全面推行河长制下的水文工作转型思考	水利管理	中国水利报	尤迎华		2018 年 1 月
135	连云港东海县水功能区达标整治方案研究	水环境	江苏水利	王桂林	庄乾义 郭　涛	2018 年 3 月
136	基于 RS 和 GIS 的江苏省水土流失重点预防区和治理区定量监测	水土保持	水土保持通报	乐　峰	李　盟 方　瑞 吴　芳 张　雪	2018 年 4 月
137	基于突变理论的水资源开发利用风险评价研究	水资源	治淮	王德维 朱振华 程建敏 聂启勇		2018 年 4 月

表 9-5(续)

序号	论文名称	类型	刊物名称	连云港分局作者	外单位合作者	发表时间
138	加强基层水文职工人文关怀和心理疏导的探讨	水利管理	办公室业务	张翠红	徐　委	2018 年 4 月
139	蔷薇河流域水文特性分析	水文计算	陕西水利	李海军		2018 年 6 月
140	城区河道岸线管控研究	水利管理	建设生态水利推进绿色发展论文集	王德维 李　巍 张巧丽 殷怀进		2018 年 8 月
141	连云港市水资源承载能力评价研究	水资源	江苏水利	徐立燕 李　炜 聂其勇 胡菲菲		2018 年 9 月
142	浅析水文测量工作出现误差的原因及解决措施	测绘技术	黑龙江水利科技	王　欢 封一波		2018 年 12 月
143	连云港市降水时空分布及变化趋势分析	水文计算	中国水运	朱振华 周　云		2018 年 12 月
144	高洪期大兴镇水文站流量测验精简分析	测验技术	水利技术监督	王　欢 封一波 殷怀进		2019 年 2 月
145	连云港市水资源监测能力提升研究	测验技术	山西水利科技	王德维		2019 年 2 月
146	连云港市蔷薇河水质时空变化特征分析	水环境	污染防治技术	彭晓丽		2019 年 3 月
147	江苏省水资源承载力计算分析与评价研究	水资源	人民珠江	张巧丽		2019 年 3 月
148	矩形量水堰在黑林水文站低水流量测验中的运用	测验技术	水利信息化	王　欢 封一波 武宜壮 刘炜伟	夏　超	2019 年 4 月
149	冻结基面的理论阐述	测验基础理论	治淮	刘亚文 冉四清 朱振华 周佳华		2019 年 4 月
150	新暴雨特性下连云港市暴雨公式研究	水文计算	水利规划与设计	王　欢 洪光雨 封一波		2019 年 5 月

表 9-5(续)

序号	论文名称	类型	刊物名称	连云港分局作者	外单位合作者	发表时间
151	连云港市莒城湖应急饮用水源地达标建设方案研究	水环境	江苏水利	王桂林 陶淑芸		2019年6月
152	城区河道岸线管控研究	水利管理	水利规划与设计	王德维 殷怀进		2019年8月
153	基于分类计算法的规划水资源论证需水总量预测研究——以连云港市徐圩新区为例	新技术应用	水利水电快报	王德维 王　欢 武宜壮	张　超	2019年9月
154	小许庄水文站二线能坡法自动测流系统应用与分析	测验技术	治淮	封一波 武宜壮 胡菲菲 殷怀进 胡必要		2019年9月
155	赣榆区莒城湖应急水源论证研究	水文计算	江苏水利	王德维 吴晓东	张　超 谢瑞敏	2019年10月
156	连云港市1956—2018年降水变化特征研究	水文计算	中国水能及电气化	王德维 王　欢 武宜壮		2019年10月
157	2018年新沭河特大洪水行洪分析	水文计算	中国防汛抗旱	封一波 王　欢 王　波		2019年12月
158	连云港市农田灌溉水有效利用系数测算及其变化特征分析	水文计算	治淮	武宜壮		2020年2月
159	临洪小流域(湿地)水土流失综合治理措施设计研究	水土保持	中国水土保持	程建敏	李　沛 徐天文	2020年3月
160	水资源利用与经济发展协调关系探析	水资源	江苏水利	潘元全 张巧丽 徐立燕		2020年5月
161	2019年台风“利奇马”期间新沂河行洪分析	水文计算	中国防汛抗旱	刘炜伟		2020年8月
162	县区级水土保持规划的做法与思考	水土保持	中华人民共和国治淮70年论文集	程建敏 武宜壮 雷智祥		2020年9月
163	垂向声学多普勒流速剖面仪自动测流系统警示标志应用	新技术应用	江苏水利	唐春生 李　刚	李聂贵 蒋新新	2020年9月

表 9-5(续)

序号	论文名称	类型	刊物名称	连云港分局作者	外单位合作者	发表时间
164	基于AHP-FCE法的水文设施维修改造项目绩效评价	水利管理	江苏水利	李　刚	焦芳芳 陈晶晶 刑　亚	2020年10月
165	连云港市区水环境治理思路探讨	水环境	第十届江苏水论坛论文集	吴晓东 刘炜伟	任晨曦	2020年10月
166	沂沭泗水系新沭河下段现状行洪能力分析	水文计算	中国防汛抗旱	吴晓东 刘炜伟	任晨曦	2020年12月
167	台风利奇马期间新沭河行洪分析	水文计算	地下水	刘炜伟 吴晓东 王　欢		2021年1月
168	水文水资源信息化建设探讨	水利信息化	区域治理	周佳华		2021年2月
169	实时洪水预报研究进展与展望	水文预报	江苏水利	刘炜伟 吴晓东	盖永伟 管西柯	2021年2月
170	东海县“8·10”暴雨特性分析	水文计算	水利科技与经济	吴晓东 王德维 刘炜伟	任晨曦	2021年2月
171	走航式ADCP测流精度控制措施研究	新技术应用	江苏水利	王德维 李　巍 张巧丽	华　晨	2021年2月
172	通榆河北延送水工程连云港段调水抗旱分析	水文计算	江苏水利	陶淑芸 王桂林 王　震 雷智祥	郭　涛	2021年5月
173	GIS技术在水文水资源领域的应用	新技术应用	数字化用户	周佳华		2021年9月
174	水质环境监测中样品采集与保存过程的质量控制研究	水环境	商品与质量	彭晓丽 王崇任 袁瑞轩		2021年11月
175	FFZ-01Z自动蒸发站在石梁河水库水文站的应用分析	新技术应用	黑龙江水利科技	周佳华 张巧丽	朱佳奕	2021年12月
176	基于AHP-FCE的现代灌区工程健康评价模型研究	新技术应用	灌排水学报	周佳华	张　尧 姚怀柱 房　凯 丁继辉	2021年12月

表 9-6 连云港水文系统职工论文获奖情况

序号	论文名称	获奖名称	评奖单位	获奖时间	论文作者
1	小塔山水库状况与污染防治	连云港市水利学会 2011 年会论文优秀奖	连云港市水利学会	2011 年	陶淑芸 王桂林
2	徐州市水资源承载能力多情景评价	2010 年度省水利厅系统优秀青年论文三等奖	江苏省水利厅	2011 年	刘沂轩
3	立足水利发展"十二五"规划构建立体水质监测体系	第一届连云港自然科学优秀学术成果奖优秀奖	连云港市政府	2013 年	陶淑芸
4	生化需氧量(BOD)测定方法浅析	第二届连云港自然科学优秀学术成果奖三等奖	连云港市政府	2014 年	陶淑芸
5	连云港市饮用水源地格局规划与水资源保护措施研究	2014 年度连云港市水利学会年会论文一等奖	连云港市水利学会	2015 年	陶淑芸
6	蔷薇河污染模型建立与生态修复措施	中国水利学会环境水利专业委员会 2015 年年会学术研讨会论文二等奖	中国水利学会	2015 年	陶淑芸 王桂林
7	连云港市蔷薇河流域非点源污染模型研究	2015 年度连云港市水利学会年会论文一等奖	连云港市水利学会	2016 年	陶淑芸 王 震
8	蔷薇河流域水污染治理研究	2015 年度连云港市水利学会年会论文二等奖	连云港市水利学会	2016 年	吴晓东 刘炜伟
9	浅谈连云港市灌溉水有效利用系数测算工作	2015 年度连云港市水利学会年会论文三等奖	连云港市水利学会	2016 年	程建敏
10	连云港市典型河湖健康评价研究	第八届江苏水论坛优秀青年论文奖 第四届连云港自然科学优秀学术成果奖三等奖	江苏省水利学会	2016 年	王桂林 郦息明 陶淑芸
11	基于突变理论的水资源开发利用风险评价研究	2017 年第三届青年治淮论坛优秀论文	中国水利学会 水利部淮河水利委员会	2017 年	王德维 朱振华 程建敏 聂其勇
12	不同类型水源地主要污染物分布特征及健康风险评价	第四届连云港自然科学优秀学术成果奖二等奖	连云港市政府	2018 年	陶淑芸 王桂林
13	连云港市典型河湖健康评价研究	第四届连云港自然科学优秀学术成果奖三等奖	连云港市政府	2018 年	王桂林 陶淑芸
14	城区河道岸线管控研究	"建设生态水利,推进绿色发展"主题征文优秀论文	中国水利经济研究会	2018 年	王德维 李 巍 张巧丽 殷怀进
15	临洪小流域(湿地)水土流失综合治理措施设计研究(2020)	江苏省水土保持协会 2021 年度优秀论文一等奖	江苏省水土保持协会	2021 年	程建敏 李 沛 李天文

四、专利和著作权

2018年起，连云港局职工开展各类科技研创工作，至2021年，共取得实用新型专利20项，外观设计专利1项，软件著作权2项，文字作品登记著作权1项，见表9-7。

表9-7 连云港水文系统专利和著作权成果情况

序号	名称	颁授单位	类型	专利权、著作权人	授予时间
1	一种双测头地下水水位监测仪	国家知识产权局	实用新型专利	徐立燕 张海石 程建敏 洪光雨 吴晓东 李 巍 王德维	2018年8月
2	一种防滑防缠绕水位计	国家知识产权局	实用新型专利	朱振华 唐春生 张海石 刘融融 吴晓东 刘亚文 王德维 李永勋	2018年9月
3	水文设备多元化信息监管系统V1.0	国家版权局	计算机软件著作权	王 欢 杨 帆	2019年3月
4	自记水位井自动清淤装置	国家知识产权局	实用新型专利	王 欢 封一波 殷怀进 刘炜伟 武宜壮 王德维 吴晓东 王桂林	2019年5月
5	一种水质污染酸性检测装置	国家知识产权局	实用新型专利	王桂林 陶淑芸 张海石 唐春生 王 震 杨 慧 雷智祥 陆 隽 王 欢	2019年7月
6	一种实验室危险化学品可控温安防智能储藏柜	国家知识产权局	实用新型专利	陶淑芸 王桂林 张海石 唐春生 王 震	2019年8月
7	一种水土保持监测径流模拟装置	国家知识产权局	实用新型专利	雷智祥 胡菲菲 杨 慧 王桂林 封一波 刘亚文 刘炜伟 徐立燕	2019年11月
8	一种防淤积水位自记台	国家知识产权局	实用新型专利	王德维 朱振华 徐立燕 王 欢 雷智祥 吴晓东 李 巍 张巧丽 周 云 武宜壮 程建敏	2019年12月
9	一种水土保持监测分流系数的测定系统	国家知识产权局	实用新型专利	雷智祥 张海石 陶淑芸 李海军 樊军生 周佳华 王德维 王 波	2019年12月

表 9-7(续)

序号	名称	颁授单位	类型	专利权、著作权人	授予时间
10	一种防淤积水位自记台	国家知识产权局	实用新型专利	王德维 朱振华 徐立燕 王　欢 雷智祥 吴晓东 李　巍 张巧丽 周　云 武宜壮 程建敏	2020 年 1 月
11	新型水位遥测集成系统	国家知识产权局	实用新型专利	刘沂轩 乐　峰 王　震 王德维 王桂林 周佳华 陈卫华 包新刚 李　政	2020 年 1 月
12	水位测量仪	国家知识产权局	外观设计专利	刘沂轩 乐　峰 王　震 王德维 王桂林 周佳华 陈卫华 包新刚 李　政	2020 年 1 月
13	一种圆形扇叶式ADCP测流载体	国家知识产权局	实用新型专利	王　欢 王德维 刘沂轩 洪光雨 张海石 乐　峰 刘亚文 吴晓东 王桂林 胡菲菲 李海军 封一波	2020 年 5 月
14	一种用于测流的三体船	国家知识产权局	实用新型专利	王德维 王　欢 刘沂轩 刘亚文 洪光雨 张海石 乐　峰 王　震 李　巍 朱振华 封一波 李海军 胡菲菲	2020 年 5 月
15	一种水尺零点高程测量专用尺垫	国家知识产权局	实用新型专利	王德维 刘沂轩 洪光雨 张海石 乐　峰 王　震 王　欢 李　巍 吴晓东 刘亚文 程建敏 王桂林 李海军 封一波	2020 年 5 月
16	一种水文用雨量计清淤装置	国家知识产权局	实用新型专利	刘炜伟 吴晓东 王　欢 周佳华 张巧丽 王德维	2020 年 6 月
17	遥测数据导出软件V1.0计算机软件	国家版权局	软件著作权	周佳华 刘炜伟 李　巍 雷智祥 武宜壮 刘亚文	2020 年 6 月
18	一种水尺零点高程测量专用尺垫	国家知识产权局	实用新型专利	王德维 刘沂轩 洪光雨 张海石 乐　峰 王　震 王　欢 李　巍 吴晓东 刘亚文 程建敏 王桂林 李海军 封一波	2020 年 11 月

表 9-7(续)

序号	名称	颁授单位	类型	专利权、著作权人	授予时间
19	一种圆形扇叶式ADCP测流载体	国家知识产权局	实用新型专利	王　欢　王德维　刘沂轩　洪光雨　张海石　乐　峰　刘亚文　吴晓东　王桂林　胡菲菲　李海军　封一波	2020年11月
20	冻结基面的理论阐述	国家版权局	文字作品著作权	刘亚文　冉四清　朱振华　周佳华	2020年11月
21	一种用于地下水监测设备的保护装置	国家知识产权局	实用新型专利	乐　峰　程建敏　方　瑞　雷智祥　刘沂轩　张海石　洪光雨　王　震　陶淑芸　李　盟　周　云　王德维	2021年2月
22	一种用于测流的三体船	国家知识产权局	实用新型专利	王德维　王　欢　刘沂轩　刘亚文　洪光雨　张海石　乐　峰　王　震　李　巍　朱振华　封一波　李海军　胡菲菲	2021年2月
23	一种农业水利用农田灌溉技术	国家知识产权局	实用新型专利	朱佳奕　周佳华	2021年7月
24	一种水利工程用管道清理装置	国家知识产权局	实用新型专利	周佳华　朱佳奕	2021年7月

第五节　专业技术咨询服务

由于水文行业自身发展需要以及社会经济发展对水文技术提出的新需求，80年代，连云港水文逐渐开展面向社会的科技咨询服务，部分为水利决策提供技术支撑，部分为有偿服务。有偿服务所得款项大部分用于加强水文基础设施建设、工作条件改善等；部分按照政策用于非全额拨款的补充经费，如解决职工的福利、改善生活条件、逐渐缩小与社会其他部门的收入差距等，对本地水文行业发展发挥了较强的推动作用。科技咨询服务项目，也促进了水文行业从业人员扩大学习面、依托水文优势实现一专多能，并与社会各行各业产生了广泛的联系和技术工作交流，提高了水文专业的社会竞争力和社会知名度。

一、水文简报、公报

连云港水文分站从1983年成立起，就派员驻连云港市水利局防汛抗旱指挥部办公室，开展水情服务工作，每日向防办提供水情日报，截至2021年年底，累计提供水情日报14 600份。1998年起，每年向市水利局提供水资源公报，累计提供报告24份。2003年起，每月通报水功能区水环境水质情况，累计发布通告228份。2014年起，每年提供典型河湖健康评价报告，累计提供报告8份。2020年8月起，为全面服务河长制工作，连云港水文分局主动编制新沭河、新沂河、蔷薇河河长制水文专报、连云港市水文监测专报、水文服务专报等不同类型专报、河长制月报。2021年起，每月提供水文服务月报，累计提供月报36份。1983—2021年，合计提供各类日报、月报、年报及其他报告等14 896份。

二、规划

2005—2021年，连云港水文分局共向当地政府或者水利主管部门，提供24项规划类服务，包括市、县、区的水资源综合规划、水体保持规划、地下水开发利用与保护规划、节水型社会建设规划、排污口整治规划等。

三、水资源调查评价

2004年12月，连云港水文分局取得水文、水资源调查评价资质证书（乙级）。截至2021年，在各类水资源综合规划过程中，相应提供8项区域水资源调查评价服务项目。

四、综合水文测验

连云港水文分局凭借水文行业专业优势，较早开展了综合水文测验，包括大型河道水文测验、海洋潮汐水文测验等。1999—2021年，共计提供40项大型水文测验服务项目。个别项目连续多年提供服务，如连云港市、三县、两区灌溉水利用系数测算分析计算，系从2012年起提供的服务项目，至2021年，已经连续10年，且在继续提供服务。

五、水文分析计算

水文分析计算服务内容主要是为规划区域、河道或者其他企业、单体工程等提供设计暴雨洪水计算服务。1996—2021年，共计提供44项水文分析计算课题服务,其中包括花果山国际机场选址等重点项目工程设计暴雨洪水计算等。

六、测绘

80 年代后期,赣榆水文中心站率先开始为地方提供小型测绘服务,主要针对粮食部门、供销部门等下属单位。

90 年代,连云港分站测绘逐渐铺开,以服务水利测量为主。

早期的测绘服务工作主要依托水准仪、经纬仪、钢尺、皮尺等配合小平板进行测量、手绘地形图等,90 年代中后期才配置激光测距仪,总体测绘技术装备落后。

21 世纪,逐步引进全站仪、RTK、测深仪等先进测绘仪器、先进成图软件系统等,测绘工作效率获得提升,测绘业务逐步延伸至公路、港口、航道等领域。

1991—2021 年,共计提供 51 项大中型测绘项目服务。其中,连云港市、县、乡河道疏浚工程监理项目从 2005 年连续提供服务至 2012 年。

七、水土保持

2009 年,连云港水文分局取得水土保持方案编制资质。2007—2021 年,连云港水文分局完成 20 项水土保持方案报告书(表)项目及 14 项建设项目水土保持监测、监理、设施验收评估等。

八、防洪影响评价

2004—2021 年,连云港水文分局完成 129 项建设项目工程防洪影响评价服务项目。其中,2004—2010 年完成 36 项,2011—2015 年完成 71 项,2016—2021 年完成 22 项;有 10 个以上项目属于省管项目。

九、水资源论证

1999—2021 年,连云港水文分局完成 59 项水资源论证服务项目。其中,1999—2010 年,完成 17 项,主要是核电、煤电、热电、物质能以及饮水安全工程等水资源论证项目;2012—2021 年,完成 42 项。2016 年完成的“连云港石化产业基地总体发展规划水资源论证”项目,属于水利部组织审查项目。

十、排污口设置论证

2006—2021 年,连云港水文分局完成 19 项排污口设置论证服务项目。其中,2006—2007 年完成 4 项,2012—2021 年完成 15 项,主要是污水处理厂论证项目。

十一、方案

2005—2021 年,连云港水文分局完成关于水功能区划调整、水源地达标建设、地下水压采、小流域综合治理、防洪预案以及评估等方案类技术咨询服务项目计 41 项。

十二、司法鉴定

2002 年,经连云港水文分局申请,连云港市中级人民法院上报,由江苏省高级人民法院依照规定,将江苏省水文水资源勘测局连云港分局列入江苏省人民法院委托鉴定机构名录,鉴定类别为水文调查评价。这是当年省水文 10 件大事之一。连云港水文分局先后有 20 多名主要技术人员具备司法鉴定资质。

2002—2021 年,受连云港市中级人民法院、宜兴人民法院、赣榆区人民法院委托,连云港水文分局先后开展 6 项水文调查评价类司法鉴定业务。

第十章　水文管理

在民国四年(1915年),设立灌云内水洋桥站、海口洋桥站。民国十八年(1929年)7月,国民政府在南京设导淮委员会,水文工作由该委续办。中华人民共和国成立初期,全国分6个大行政区,除华北地区外,各大区水文工作实行水利部、大区和省三级管理,且以大区水利部门管理为主的体制。1951—1952年,曾在东徐圩和大浦先后短暂设立二等站,分别就近管理当地周边水文测站的工作;东徐圩和大浦站均隶属于新安(今新沂市新安)一等站管理。50年代初,上级水利部门在徐州设立区域水文管理机构。1957年5月,大浦水文站作为江苏省水利厅水文总站9个派出机构之一,管理所辖水系水文工作。之后,随着经济社会的发展和水利机构的设置变更,水文工作的主办机构和管理体制多次更迭。1983年国家地市体改时,江苏省将原徐州地区的赣榆、东海两县与原淮阴地区的灌云县划归连云港。1983年3月12日,经江苏省编制委员会批复,成立连云港水文分站(江苏省水文水资源勘测局连云港分局的前身),辖区水文工作由连云港水文分站管理。1996年8月,灌南县划归连云港市管辖,该县辖区水文工作同时划归连云港水文水资源勘测处管理。随着改革开放的深入,各项水文制度和法规逐步健全、完善。依据这些规章制度、法律法规,各项业务和内部管理不断加强,取得显著效果。连云港水文分站成立初期,较为注重业务生产工作,宣传工作相对薄弱。自90年代开始,与相关行业的兄弟单位联合举办纪念活动,每年通过布置展板、发放资料、现场法律咨询等各种形式参与“世界气象日”“世界水日”“中国水周”“水法日”“测绘宣传日”等活动,宣传行业知识,增强社会曝光率。连云港水文分局注重加强精神文明建设,加强水文宣传,树立水文行业社会形象,水文行业影响力不断提升。

第一节 机构演变

近现代意义上，连云港市开始设立正规的水文站点，是在1915年设立的灌云洋桥站，用于观测潮水位和内水。1917年设立海州站，1929年设立燕尾港站，1930年设立龙沟站，等等。

连云港水文分站成立前，连云港地区水文工作分别隶属于徐州地区（新海连市、东海县、赣榆县）、淮阴地区（灌云县、灌南县）水文部门管理。其中，1952年之前，新海连市及徐州部分地区属山东省管辖，连云港境内东徐圩、大浦曾先后设立二等站就近管理周边站点水文工作，东徐圩二等站、大浦二等站隶属于新安（今新沂市新安）一等站。1957年5月，大浦水文站作为江苏省水利厅水文总站9个派出机构之一，管理所辖水系水文工作。1983年3月，连云港水文分站成立，管理市区、东海县、赣榆县、灌云县范围水文工作。1996年7月，灌南县水文工作划归连云港水文分站管理。

1983年3月，为适应市管县的新体制，经江苏省机构编制委员会《关于同意调整省属水文站网体制的批复》，将徐州、淮阴、盐城、扬州、南通、苏州、镇江地区水文分站名称改为徐州、淮阴、盐城、扬州、南通、苏州、镇江市水文分站，增设无锡、常州、连云港市3个水文分站，核定连云港市水文分站事业编制25人。东海、赣榆、灌云县内各水文站划归连云港市水文分站，由省水利厅领导、省水文总站管理，此后相应的机构和管理体制趋于稳定。

1984年3月，省编制委员会批复同意江苏省水利厅水文总站改称江苏省水文总站，为水利厅直属处级事业单位。1985年2月，江苏省水文总站下发《关于分站机构设置的批复》，同意设置政秘股、测验股、分析研究股、后勤股、水质监测站。1987年3月，省计经委和劳动局联合发文批复，同意从1987年起将徐州、连云港等水文分站的劳动工资计划和人员编制，划归省水利厅统一管理，划拨基数以1986年年报数为准。

1991年12月，连云港市水文分站更名为江苏省连云港水文水资源勘测处，下设3个副科级水文中心站。1992年6月，原各市水文分站正副站长任水文水资源勘测处正副主任。1992年9月，江苏省水文总站发布《关于各水文水资源勘测处内设机构更改名称的通知》，要求自1992年10月1日起，原勘测处机关设置的各股一律改为科，级别不变，仍为股级；各勘测处机关科室的设置，以较大站区4～5个、较小站区3～4个为宜,原则上暂不增设新的机构,有关技术咨询、综合经营可不作为行政科室建制,列为经济实体;各勘测处机关股改科后,各科室的设置要报总站批准。原股长改为正、副科长由各处办理任命手续,报总站备案。1997年3月,省水利厅下发《关于同意成立扬泰、淮宿水文水资源勘测局及水文水资源勘测处更名为水文水资源勘测局的批复》,同意将南京、徐州等水文水资源勘测处更名为“江苏省××水文水资源勘测局”。按照这一通知精神,江苏省连云港水文水资源勘测处更名为江苏省连云港水文水资源勘测局。1998年5月,省水利厅发文,明确11个水文水资源勘测局为副处级全民事业单位。

2002年5月8日,根据水利厅文件,连云港水文水资源勘测局编制数由56人调整为50人。

2004年7月13日,根据省水利厅下发的《关于同意省水文水资源勘测局所属11个水文水资源勘测处更名的批复》,江苏水文水资源勘测局所属11个水文水资源勘测局更名为“江苏省水文水资源勘测局××分局”。连云港水文水资源勘测局更名为江苏省水文水资源勘测局连云港分局。

2012年5月8日,根据省水利厅下发的《关于同意调整省水文水资源勘测局各分局内设机构的批复》,江苏省水文水资源勘测局连云港分局调整后的内设机构为办公室(监察室)、站网科、水质科、水资源科、规划建设科。

2012年7月6日,根据省机构编制委员会办公室下发的《关于省水利厅所属事业单位清理规范的批复》,清理规范后的江苏省水文水资源勘测局连云港分局编制数为50人。

2015年12月8日,根据省水文局下发的《关于同意调整连云港分局内设机构的批复》,同意将江苏省水文水资源勘测局连云港分局现有水情科职责并入站网科,撤销水情科,增设水资源科。

2017年9月28日,根据《省水利厅关于调整省水文水资源勘测局所属水文分局内设机构规格的批复》,同意所属13个市水文分局内设机构调整为正科级规格,核定江苏省水文水资源勘测局连云港分局内设5个科室,即办公室(监察室)、站网科、水质科、水情科(实为规划建设科)、水资源科,核定办公室科级职数为一正二副,其余为一正一副。

1983年3月,连云港市水文分站成立,东海、赣榆、灌云县内各水文站划归连云港水文分站,下设3个中心站,分别为赣榆水文中心站、临洪水文中心站(管理市区和灌云县水文站点)、东海水文中心站。

1994 年 4 月，赣榆、东海水文中心站定为副科级单位。

1995 年 10 月，根据江苏省水利厅批复，临洪水文中心站定为副科级单位。

1995 年 7 月，江苏省水文总站批复同意成立连云港水环境监测分中心。

2006 年 6 月，原江苏省水文水资源勘测局连云港分局临洪、赣榆、东海水文中心站更名为江苏省水文水资源勘测局连云港分局新浦、赣榆、东海水文水资源监测中心。

2014 年 12 月，原江苏省水文水资源勘测局连云港分局新浦、赣榆、东海水文水资源监测中心分别更名为江苏省水文水资源勘测局连云港城区监测中心（正科级）、江苏省水文水资源勘测局赣榆监测中心、江苏省水文水资源勘测局东海监测中心。

1983—2021 年连云港水文系统历任单位负责人情况见表 10-1。

表 10-1　1983—2021 年连云港水文系统历任单位负责人情况

任职时间	单位名称	单位负责人	职务
1983.12—1990.8	连云港市水文分站	徐　坚	副站长
1986.12—1989	连云港市水文分站	汪嘉夫	副站长
1990.8—1995.2	连云港市水文分站	徐　坚	站长
1993.5—1995.2	连云港市水文水资源勘测处	李庆善	副主任
1995.2—1997.6	连云港市水文水资源勘测处	马安成	副主任
1995.2—1999.7	连云港市水文水资源勘测处	宋慧明	副主任
1995.2—1997.6	连云港市水文水资源勘测处	李传利	副主任
1997.6—2001.7	连云港水文水资源勘测局	张泉荣	副局长、局长
1997.6—1999.3	连云港水文水资源勘测局	郦息明	副局长
1997.6—1999.7	连云港水文水资源勘测局	李传利	主任工程师
1999.3—2001.8	连云港水文水资源勘测局	陈必奎	局长助理
1999.7—2001.7	连云港水文水资源勘测局	李太民	副局长
1999.7—2010.12	连云港水文水资源勘测局	宋慧明	副书记
1999.7—2001.10	连云港水文水资源勘测局	尤迎华	局长助理
2001.8—2009.7	连云港水文水资源勘测局	李太民	局长
2001.9—2009.7	连云港水文水资源勘测局	陈必奎	副局长
2009.8—2015.8	连云港水文分局	陈必奎	局长
2010.5—2017.7	连云港水文分局	徐霞晴	副局长
2010.5—	连云港水文分局	张海石	副局长
2015.9—2017.8	连云港水文分局	郦息明	局长
2017.8—2018.7	连云港水文分局	尤迎华	代理局长

表 10-1（续）

任职时间	单位名称	单位负责人	职务
2017.8—2019.10	连云港水文分局	唐春生	副局长（挂职）
2018.7—2019.5	连云港水文分局	王文辉	代理局长
2019.5—	连云港水文分局	刘沂轩	局长
2019.6—	连云港水文分局	洪光雨	副局长
2019.6—2021.2	连云港水文分局	乐　峰	副局长
2021.2—	连云港水文分局	李　刚	副局长

第二节　制度建设

1962 年 10 月 1 日，中共中央、国务院下发文件，批转水电部党组《关于当前水文工作存在的问题和解决意见的报告》，对国家基本站网的规划、设置、调整、裁撤的审批权收归水利电力部，基本站一律收归省、市、自治区水利厅（局）直接领导，以及水文测站职工列为勘测工种等事项做出明确批复。

1989 年 5 月至 1996 年 9 月，江苏省政府、水利部、江苏省水利厅先后颁布下发《江苏省保护水文测报设施暂行规定》《水文管理暂行办法》《关于新建水利工程有关水文观测设施用房等问题的通知》《关于印发“江苏省贯彻〈水文管理暂行办法〉实施细则”的通知》等一系列政策文件。

2007 年 4 月 25 日，《中华人民共和国水文条例》颁布，自 2007 年 6 月 1 日起施行，中国水文发展史上第一部法规由此诞生，为顺利开展水文工作提供法律保障。2009 年 2 月 13 日，经江苏省第十一届人民代表大会常务委员会第七次会议通过的《江苏省水文条例》颁布，于 2009 年 3 月 22 日施行，2002 年 1 月 21 日江苏省人民政府发布的《江苏省水文管理办法》同时废止。这两个条例的颁布实施，有利于水文事业的发展、行业管理工作的规范和设立一系列新的法律制度，但由于对全局性的问题关注较多，因而对水文管理的规定一般都比较原则化。为全面贯彻落实国家和省水文条例，迫切需要结合连云港市水文工作实际制定一部操作性较强的地方性、规范性文件，以便规范全市水文管理工作、促进水文事业发展、提升水文服务于经济社会发展的能力。

2020 年 1 月，连云港水文局会同连云港市水利局成立“进一步加强水文工作的意见”起草工作小组；7 月 30 日，市政府办公室印发《关于进一步加强水文工作意见的通知》。该意见为连云港市政府层面出台的首个支持连云港水文事业发展的文件，有助于地方政府加强对水文工作的管理和指导，有利于水文行业进一步强化职能、更好地发挥公益服务作用。

第三节 水文业务管理

一、站网管理

中华人民共和国成立后，1951 年水利部发布各级水文测站之名称及业务文件，明确水文总站、水文实验站、一等水文站、二等水文站、三等水文站、水位站、雨量站、临时站等 8 个类别测站的名称及其业务内容。50 年代初期，江苏省内各级水文测站一般实行工作月报（包括本月工作完成情况和下月工作计划等）、年度工作计划、汛期工作总结及年度工作总结等制度，规定领导站对所属测站负责工作布置、指导和督促检查，特别是汛前和汛期工作检查。1955 年，水利部颁发《水文测站暂行规范》，明确水文测站的性质和工作要求。1956 年 6 月，水利部颁发《水文测站暂行组织简则》，内容包括水文测站的类型和等级、水文测站的基本任务和工作内容、水文测站人员编制和仪器设备配置等。1958 年 9 月，省水利厅根据水利电力部关于水文测站管理体制下放的精神，将各中心水文站下放专区管理，在专区水利局内设立水文科（股）。

1963 年 12 月，省水利厅对全省水文测站制定和颁发测站任务书，自 1964 年 1 月 1 日开始执行。1964 年，水文体制改为水电部部属建制后，水电部江苏省水文总站根据有关文件，结合省内的实际情况，于当年 5 月制定印发《江苏省水文站网管理工作暂行条例》，使各级水文机构在站网管理方面做到有章可循，对加强全省水文工作的统一管理起到积极作用。同时，将《水文测验暂行规范》的主要内容缩编成 100 条的《贯彻水文测验规范检查簿》，由各级水文测站按月对照检查，以促进水文职工学习、贯彻规范，提高测验成果质量。

1970 年，江苏省革委会生产指挥组发布通知，将各专区水文分站及所属水文测站下放给所在地区水电局领导。徐州专区水文分站下放至水利部门领导。水利部在 1974 年颁发的《水文测验试行规范》总则中，对测验人员、测站任务提出要求。为加强站网管理，江苏省水文总站每年汛前下达年度水文站网调整计划（包括水文巡测计划），指导和督促做好站网的增设、撤销、迁移、改级等任务。1978 年，江苏省水文总站结合站网调整充实情况，根据《水文测验试行规范》规定，重新制定各类水文测站的测站任务书,由省水利厅颁发,自 1980 年 1 月起全面贯彻执行。

1981 年,根据水利部的部署,江苏省水文总站决定先在徐州、盐城、苏州地区进行站队结合试点,随后逐步推广。水文勘测站队结合是水文基层组织和站网管理方式的改革。徐州市水文分站针对本地区水文特点,因地制宜,以县为单位,在县城建立基地,组建水文中心站,进行大站带小站和驻测、巡测、调查相结合的试验。80 年代初,建立适合站区特点、适应水文监测与水资源评价要求的"站队结合"模式的有 10 个县(市)水文中心站,其中赣榆、东海、临洪 3 个水文中心于 1983 年划归连云港市水文分站管理,此后由各监测中心管理区域内站点水文测验。站队结合推进了点、线、面结合的水文站网布局。实行站队结合的分站和中心站,随着测验方式的改革,进一步发展水文巡测、调查,提高水文站网密度,扩大资料收集范围;加强站网管理,提高测报质量。中心站实行岗位目标管理责任制,进一步明确岗位职责,测站管理和委托站管理工作得到加强;拓宽水文服务范围,扩大水文服务效果。实行站队结合后,中心站可统一调度人员、优化人员结构,做到驻测、巡测与调查相结合,拓宽服务范围;带动测验、调查、分析相结合,促进试验研究工作的开展。站队结合的分站和勘测队,可集中使用人力,发挥水文部门人员、技术资料和设备优势,开展水文科技咨询服务;解决大部分职工的后顾之忧,稳定水文队伍。

80 年代中期,江苏省水文总站开始对测站管理改革进行探索,一些站区制定和试行岗位责任制、经费承包和目标管理等各种形式的规章制度,如测报质量奖惩和外勤津贴浮动制度,委托站基本津贴加质量奖励办法等。面广量大的水文委托观测员是水文队伍的重要组成部分,鉴于多年来委托站津贴过低、测报质量下降等问题,1986 年,省水文总站印发《关于加强水文委托站管理工作的意见》《江苏省水文委托站管理办法(试行)》,并实行委托站基本津贴加质量奖励的办法,对提高委托站测报质量发挥了显著作用。2011 年,省水利厅出台《江苏省水文系统水文委托观测员管理暂行办法》,制定了新的委托员观测管理办法。2014—2021 年,由于雨量、地下水、墒情等监测站逐步由人工监测过渡为自动遥测,以及部分委托员年龄过大等,连云港水文分局陆续辞退一大批委托员。1987 年 9 月,水电部颁发《水文仪器设备的配置和管理暂行规定》,江苏省水文总站结合实际情况,逐步付诸实施。鉴于水文站测报设施和仪器设备时有被盗窃、毁坏的事件发生,1989 年 5 月 30 日,江苏省人民政府颁发《江苏省保护水文测报设施的暂行规定》,要求各级地方人民政府和有关部门贯彻执行。

1990 年,省水利厅印发《关于在全省水文系统进一步开展"争先创优"评比竞赛活动的通知》,提出按照测验和整编、水文服务、站网管理以及精神文明建设等四大项进行检查、评分,其中站网管理工作要求建立健全以岗位责任制为中心的各项管理制度。基层测站实行以五定(定任务、定指标、定经费、定质量、定奖惩)为主要内容的岗位责任制,并根据完成工作任务的情况、劳动纪律、安全生产等指标进行考核,与测站野外工作津贴、增收节支奖金以及第一线技干上浮工资等挂钩浮动发放。"争先创优"活动每年由江苏省水文总站组织力量,对照标准要求,逐一检查评分,获各分站中前三名和站区水文站第一名的单位,由省水利厅在全省水文工作会议上进行表彰,授予"争先创优"先进单位、先进个人荣誉,并给予物质奖励。1992 年 11 月,水利部发布《重要水文站建设暂行标准》和第一批重要水文站名单(其中江苏 34 站),水文站网管理和水文站建设得到加强。

2000 年,连云港水文分局开始进行水文自动测报系统建设。截至 2021 年,共建成遥测站 179 处。根据遥测站点多、分布广、路程远的特点,连云港水文分局实行市局、监测中心、测站三级管理,合理划分管理节点。分中心建有值班日志台账,记录每日网络设备运行、遥测数据入库情况。自 2020 年起,遥测管理和维护采取服务外包方式,与外包公司签订遥测运维合同,每两个月对全站区遥测站点进行一次巡检,遇到遥测数据故障 24 小时内完成维修。近年来,遥测故障排除及时,遥测数据在线率、完整率均达到 99%以上。2007 年 12 月,通榆河北延送水工程开工建设,通榆河北延送水工程连云港段水文与通信设施共新建灌河地涵、新沂河北堤涵洞、凤凰嘴、刘顶 4 个水文站,改造小潮河闸、盐河南闸、板浦 3 个水位站。2011 年 7 月,根据省水利厅下发的《关于同意撤销张疃水文站申请的行政许可决定》,撤销位于淮河流域沭河水系新沭河中游支流大沙河上的张疃水文站,停测水位、流量测验项目,保留张疃雨量站。2011 年 4 月,江苏省中小河流水文监测系统土建及附属设施工程连云港标段项目开工建设,截至 2013 年,共新建 16 个水位站、7 个水文站。

2018 年,连云港市国家地下水工程井开始运行,按照水利部印发的《国家地下水监测工程(水利部分)运行维护管理办法》《江苏省地下水自动监测站运行管理办法》,地下水监测站管理实行属地管理制,连云港水文分局统一负责所辖区域内地下水监测站的运行与维护管理。每天由专人负责查阅监控地下水运行维护软件数据库,填写自动监测站日志;一旦发现信息中断,在 24 小时内查明原因,并及时恢复;属于设备故障的,3 个工作日内恢复。相关工作人员将当日数据与前一日数据进行比较,差值超过 1 米的站点进行标注并注明原因。每季度巡查一次辖区内监测站点,并定期维护;巡查时填写巡查记录表。每半年进行一次人工与自动监测对比观测，误差较大的需要对设备进行校核。每年至少安排一次维护性抽水，每5年进行一次洗井，特殊情况应及时洗井。

截至2021年年底，连云港市有国家基本水文站6个，国家基本水位站8个，基本降水量站34个，蒸发量站3个，泥沙站2个，地下水国控井45个。各种专项监测站网情况如下：水土保持监测径流场1个，小流域降雨径流实验小区3个，省界断面控制水文站2个，苏北供水水文站3个，通榆河调水水文站4个，中小河流预警水文站7个、水位站16个，新沭河报汛水位站2个，中型水库水位站8个，墒情监测站3个，省级地下水监测井21眼，市级地下水监测井9眼，各种专用水质监测站点273个（其中集中式饮用水源地、应急备用水源地监测断面13个，水功能区监测断面111个，规模以上入河排污口监测断面39个，浅层地下水质监测井38眼，国控地下监测井45眼，水生态监测站5个，水质水量同步自动监测站3个，以及其他各类专用站19个）。水文监测项目涵盖水位、流量、降水、蒸发、土壤墒情、地下水、水质、水生态、水土保持等，实现了流域性河道、区域骨干河道、大中型水库的全覆盖，能够及时提供雨量、水位、流量、水质水生态及土壤墒情等水文要素信息。

二、行业管理

随着改革开放的进一步深入，1991年10月，水利部颁发《水文管理暂行办法》。该办法明确规定：水利部是全国水文行业主管机关，省一级水行政主管部门是所辖范围的水文行业主管机关，其所属水文机构负责实施具体管理。该办法要求建立水文和水资源评价资格认证制度，建立水文数据和水资源评价成果审定制度，明确水文经费渠道，实行公益服务和有偿服务相结合的原则，加强站网管理，保护测验设施，加强水文工作全面规划等，为加强水文行业管理提供依据。

为加强江苏省水文行业管理，根据《中华人民共和国水法》和水利部发布的《水文管理暂行办法》，结合省内实际情况，江苏省水利厅制定和印发《江苏省贯彻〈水文管理暂行办法〉实施细则》，细则共6章37条。该细则规定水文机构在本辖区内的主要职责是：① 贯彻执行《水文管理暂行办法》及其他有关法律、法规；② 负责水资源勘测、水质监测、水资源调查评价工作的归口管理；③ 负责水文资料的审定、裁决和汇总管理；④ 承担水文站的规划、勘测、设站、水文测验、资料整编、水文情报预报、水文特性分析计算及水资源调查评价等工作，向各级政府和全社会提供优质水文服务；⑤ 具体进行水文专业规划与计划的编制和实施工作，促进水文科技发展；⑥ 负责省水利厅授权的其他水文行业管理工作。

实施细则第九条明确规定，根据水利部颁发的《水文、水资源调查评价资格认证管理办法》，省水利厅对全省从事水文、水资源调查评价工作的单位实行资格审查认证制度。经过审查，取得水文工作资格认证的单位才能承担规定范围内的水文工作任务。甲级证书，经省水利厅审查后报水利部审批和颁发，乙级和丙级证书，由省水文机构负责审查，报厅审批颁发。没有取得资格证书的单位、个人不得从事水文和水资源调查评价工作。

1991 年，省水利厅印发并经水利部转发《关于新建水利工程有关水文观测设施、用房问题的通知》。该通知明确规定：① 基本建设必须为工程管理运行创造条件。今后，凡新建水利工程，其设计应考虑为工程管理运行所必需的水文观测基础设施（如水文测流缆道、自记水位计台等）、报汛通信设备、水文管理用房、职工宿舍等。工程概预算中，应包含上述水文设施的投资。② 改建、扩建和加固工程，应比照新建工程的办法，在编制工程概算时，增列必要的水文基础设施费用。③ 水文基础设施设计及概算，由负责该工程设计的单位统一编报。此项措施为水文站网的建设、管理和水文事业的发展，提供必要的物质条件。

第四节　精细化管理

2017 年，连云港水文分局站网科负责组织编制连云港水文站点精细化管理。2019 年，《连云港水文测站操作手册》初稿基本完成。连云港水文测站精细化管理计划实施站点有：所有国家基本水文测站和中小河流水文测站，即大兴镇、石梁河水库、临洪、小许庄、小塔山水库、黑林 6 个水文站；燕尾港、龙沟闸、小潮河闸、盐河南闸、善后新闸、板浦、安峰山水库、连云港等 8 个水位站；桃林等 34 个降水量站和中小河流水文站 7 个、水位站 15 个。实施方案包括测站观测设施、站容站貌、管理制度、仪器设备管理、测验技术管理、测验质量管理、整编管理等内容。截至 2021 年年底，已完成文本编制工作，待审查。

2017 年，水资源科负责组织编制江苏水文精细化管理《赣榆水土保持监测站操作手册》。截至 2021 年年底，已完成文本编制工作，待审查。

2020 年 4 月，水质科负责组织编制江苏水文精细化管理连云港水环境监测分中心《实验室精细化管理工作手册》，2020 年 12 月 22 日，该手册通过省水文局组织的专家审查。

第五节　经 费 管 理

一、水文经费来源

1952 年 5 月,江苏省水文经费由华东军政委员会水利部按水文分区分别划拨,由流域与地方分管。1953 年,苏南、苏北行署合并建省,成立江苏省水利厅,下设各市水文分站,由中央人民政府水利部直辖。1956 年 6 月,江苏省水利厅下文将水文分站改称为水文总站,水文经费由省水利厅统一拨付,徐州水文经费由省水文总站拨付。1963 年 7 月,省人民委员会同意全省水文站网收归省水利厅领导,徐州专区中心水文站及所属测站由省水利厅水文总站统一管理,其水文经费统一由省水利厅拨付。1964 年 4 月,中国人民解放军水利电力部军管会通知将水利电力部所属各省(市、区)水文总站及基层水文测站的管理下放给各省(市、区)革委会领导,水文经费由省水电局拨付。1970 年 11 月,江苏省革委会生产指挥组通知,徐州专区水文分站及所属水文测站下放给所在地区水利局领导,其水文经费由省水电局下达经费指标,地区水利局掌握使用。1980 年 6 月,江苏省编制委员会同意全省水文站网恢复由省水利厅统一管理体制后,全省水文经费由省水利厅核拨,徐州水文经费由省水文总站下达,省财政厅拨付,直至 1983 年 3 月连云港水文分站的经费管理方式一直未变。

二、水文经费管理

(一) 水文事业相关经费

1. 水文事业费

水文事业费一直在水利事业费财政科目下列支,主要包括人员经费和业务费。中华人民共和国成立初期,在当时水文职工生活和测验设施标准要求均比较低的情况下,水文事业费主要用于发展水文事业。在该阶段,水文事业费中的人员经费和业务费大约各占 50%。主要水文仪器,如经纬仪、水准仪、平板仪、流速仪等均由上级主管部门配发或调拨。1958—1962 年,徐州中心水文站下放专区水利部门管理;1959 年,部分水文测站又陆续下放所在县水利部门管理,在这期间水文经费不单独核算。1964—1968 年,水文站网收归水电部建制,水文事业费由水利电力部直接核拨，全省每年一般在 0.5 万～1.5 万元之间。1969 年 5 月，水文管理体制下放，水文中心站再度撤销，水文业务并入水利电力局管理，水文经费不单独核算。1976 年，恢复成立省水利局水文总站。1980 年，恢复由省水利厅水文总站统一管理体制，徐州分站恢复由省水文总站管理下达经费。在这段时期，水文事业费逐年有所上升，1976 年徐州水文事业费为 106 万元，1980 年为 133 万元，其中人员经费占事业费的 40%左右。1983 年 3 月，连云港水文分局成立，此后，省水利厅直接划拨经费给连云港水文分局。2003 年，实行部门预算后，人员经费按实际发放标准核定，日常公用支出按定额核定，至 2015 年，一直保持在人均 1 万元左右。2017 年，财政下拨水文事业费 1 332.76 万元，人员经费占水文事业费的 90%。2018 年，财政下拨水文事业费 1 589.11 万元。2019 年，财政下拨水文事业费 1 467.99 万元。2020 年，财政下拨水文事业费 2 029.3 万元。2021 年，财政下拨水文事业费 1 577.81 万元。

2. 水质监测费和地下水观测费

随着水文业务范围的扩大，从 1980 年开始增加地下水观测和水质监测专项经费。1978 年，北方地下水工作会议明确规定，水利部门的地下水观测费在农田水利费内解决。1980 年 5 月，水利部下达《关于加强地下水观测研究工作的意见》，指出地下水观测工作经费在农田水利补助费中解决。1978 年，水电部和财政部联合通知，要求各地财政部门和水利部门从 1979 年起，应把水质监测工作所需经费在水利事业费年度预算中安排，列为预算支出科目第 94 款水利事业费中第 82 项。自 1980 年起，省水文总站从水利事业费项下拨付水质监测费，至 2003 年，平均每年拨付 3 万～5 万元。2004 年，根据部门职责，财政不再下达水质监测经费，所需经费在水文事业费中列支。

3. 技术改造费

1979 年，水利电力部为改变水文技术装备落后情况，专项批拨水文站网技术改造经费，主要用于水文测验缆道化，水位、雨量自记化等技术改造，以及测报自动化试点和大型仪器设备购置等。1979 年，水电部专项下达水文站网技术改造经费 80 万元，经省财政调剂后实拨 76 万元，其中徐州 6 万元左右。1980 年起，省财政不另专项安排水文技术改造经费。

（二）防汛费

1964 年 3 月，财政部、水电部发布的《水利事业计划、财务和物资管理暂行办法》中明确规定，水文部门向各级防汛部门报汛的费用在防汛费内解决。专用站按服务对象，经费分别从工程投资、工程管理费、企业管理费、勘察设计费内解决。防汛费，主要包括水文情报预报的汛情传递电话电报费、通信线路的架设维修费、租用电台费、汛期巡测费及特大洪水年水文设施遭受毁坏后的整修与重建费。1992年后，水文防汛费均由省财政厅逐一下达。2017年，财政下拨防汛费14万元。2018年，财政下拨防汛费72.3万元。2019年，财政下拨防汛费12万元。2020年，财政下拨防汛费8.5万元。2021年，财政下拨防汛费3.5万元。

(三)基本建设费

1964年水文站网收归水利电力部建制后，开始有专项水文基建经费。1964—1968年，水利电力部共拨付省基建费55.42万元，由省水文总站集中管理，主要用于部分测站站房建设和仪器设备的购置。60年代末至70年代初，测站管理体制下放，基建费分散管理。1987年4月，国家计委、财政部、水电部联合发出《关于加强水文工作的意见的函》，对解决水文工作困难和经费不足问题，提出请各省(市、区)在水利水电基建费中，每年划出一定数额投资拨给水文部门用于发展水文事业。1991年9月，省水利厅发布通知，明确新建水利工程的设计，应考虑为工程管理运行所必需的水文观测基础设施、水文管理用房、职工宿舍等，工程概预算中，应包括上述水文设施的投资。

2011年以来，根据江苏省水文局要求，连云港水文分局按基本建设程序，单独编报基本建设项目可行性研究报告、项目建议书、项目初步设计报发改委审批。根据省发展和改革委员会《关于江苏省中小河流水文监测系统实施方案(2011年度)的批复》，江苏省中小河流水文监测系统(2011年度)土建及附属工程连云港标自2012年4月20日开工建设，工程概算为542.5万元，建设内容主要包括改造小许庄、临洪水文站2个，新建戴庄等水位站17个，板浦地下水监测井重凿，工程于2013年7月27日完工。

江苏省中小河流水文监测系统(2012—2013年度)连云港市水位观测设施工程，自2013年8月10日开工建设，工程概算为196.67万元，建设内容主要包括光明大桥水文站、四圩闸水文站、善后新闸水文站、四队大桥水文站、小骆庄水文站、柴门水文站范口水文站水位自记台及附属设施，范口水文站附属水位站水位自记台及附属设施，工程于2014年4月30日完工。

2015年4月，江苏省发展和改革委员会下发《江苏省水文基本站达标建设工程项目可行性研究报告的批复》，批复江苏省水文基本站达标建设工程连云港土建及附属工程标建设，建设内容包括黑林水文站、小塔山水库水文站、安峰山水位站、龙沟闸水位站、板浦水位站、汤沟雨量观测场、新安降蒸观测场等达标建设。

2015 年 4 月，赣榆区发展改革委员会发布《关于对赣榆水文巡测基地工程项目建议书的批复》，同意建设赣榆水文巡测基地工程的项目立项，工程总投资为 696.55 万元，建设地点位于赣榆经济开发区内，占地为 0.3 公顷，主要建设生产业务用房 607 平方米、附属设施 210 平方米，并配套购置相关仪器设备。

2019 年 10 月，《省发展改革委关于江苏省水环境监测中心连云港分中心设施及装备达标建设工程项目建议书的批复》下发，同意实施连云港分中心设施及装备达标建设工程。

（四）专项补助费

从 1978 年开始，水电部在直属水文基建经费中安排一定数额补助地方水文基建项目，重点推动各地水文勘测站队结合基地建设。水电部水文局为支持各地水文部门加强水文试验研究，推动站队结合试点，自 1981 年起，每年给各省（市、区）水文部门下达专项补助经费。

（五）水资源费

从 2010 年开始，省财政下达水资源费，用于水资源监测管理、水质化验仪器运行维护。2017 年，下拨水资源费 151.5 万元。2018 年，下拨水资源费 118.5 万元。2019 年，下拨水资源费 77 万元。2020 年，下拨水资源费 177 万元。2021 年，下拨水资源费 93 万元。

三、财务管理制度

连云港水文分局系统经费，主要是按照上级主管部门的政策规定和规章制度进行管理使用，同时也结合连云港水文分局工作实际情况制定细则和实施办法进行规范和管理。

中华人民共和国成立初期，江苏省各水文站的经费、仪器、设备均由华东水利部统筹安排，由流域与省分管。淮河流域机构管理的水文测站，其水文经费和仪器设备由淮河水利工程总局管理；苏南、苏北水利部门管理的测站，其经费和仪器设备由主管水利部门管理，1957 年由省水利厅统一管理。1964 年，水文站网收归水电部建制后，水电部江苏省水文总站根据《水利事业计划、财务和物资管理暂行办法》《水文测站管理条例草案》《水文站主要仪器设备配备意见》，于1964年5月制定《江苏省水文站网财务管理暂行办法》《江苏省水文仪器设备物资管理暂行办法》,加强对水文经费、器材设备的管理。1967年至70年代初,水文管理体制下放,财务、器材工作由地、县管理。

1981年,水文体制恢复省管后,省水文总站于6月27日重新制定颁发《江苏省水文站网财务管理暂行办法》,对全省水文事业费、防汛费、基建费的预算管理、资金管理、经费结报、财务管理权限划分、财经纪律和财务监督,以及有关会计业务处理做出具体规定。全省水文系统的财务管理分成总站、分站两级;总站按二级机关会计单位办理,分站按三级机关会计单位办理;基层站、队为报销单位。水文事业费(包含防汛费)的领拨和结报,采取按年编报年度预算、按季编造用款计划、分月拨给经费、月终报送简报、定期会审结报的办法。基建费的领拨和结报,采用专项审批拨款、逐项办理结报、定期填送报表的办法。同年,省水文总站重新制定颁发《江苏省水文仪器设备物资管理暂行办法》,对全省水文仪器设备的领用、财置、调拨、借用以及管理养护、检修、报损等做出明确规定,各级水文站做到领用、借用按制度,使用、保养按规定,切实管好、用好、养好各项仪器设备物资。20世纪90年代至2021年,连云港水文分局依据省水利厅、省局制定的财务相关规定要求,对本单位财务进行管理,对专项资金使用及预算执行管理、差旅费管理、创收服务激励等方面制定相应的管理办法。2014—2021年,连云港水文分局制定完善《差旅费报销管理规定》《公务交通费用报销暂行办法》《分散采购管理办法》《连云港水文局合同管理办法》《财务报销指南》《创收服务激励实施办法》等财务管理制度20余项,进一步强化内控管理,严格差旅费、劳务费、评审费等报支手续审核。

第六节 人事管理

一、人力资源管理

(一)在职在编人员管理

根据江苏省水文局统一部署,按照精简、高效、公开、平等、竞争、择优原则和科学设岗、双向选择等形式,于2002年、2006年、2009年实施3次内部人事制度改革,通过聘用制度转换事业单位的用人机制,逐步实现事业单位人事管理由身份管理向岗位管理转变。这3次内部人事制度改革均按照定责、定岗、定员的要求科学制定“三定”方案,在实施过程中严格按照方案规定的程序规范操作,确保改革实现预期目标。为保证聘用制度的实际效果,调动各类人员的积极性,加强聘后管理,分别制定工作人员岗位目标考核办法。考核办法规定,对不同岗位人员的考核以德、能、勤、绩为主要内容,重点突出工作实绩和效益,实施分类量化考核,坚持平时考核与年终考核相结合,考核结果作为工资分配和晋级、增资、续聘、解聘及奖惩的主要依据。

2012年3月,根据江苏省水文分局《关于做好全省水文系统岗位设置实施工作的通知》,连云港水文分局核定各层级岗位分配方案和岗位设置。2012—2016年,根据岗位晋升情况,连云港水文分局自行对全局在职职工进行岗位设置聘用工作。

2016年9月起,岗位分配由省水文局在全省水文系统中统筹进行,每年开展一次岗位聘用工作。

2018年9月,《省水文局关于印发〈江苏省水文水资源勘测局岗位设置管理工作实施办法〉的通知》印发,省水文局修订岗位晋级条件,岗位竞聘难度加大,岗位供需矛盾突出。

连云港水文分局2021年年底在职人员名册见表10-2,连云港水文分局历年退休人员名册见表10-3。

表10-2 连云港水文分局2021年年底在职人员名册(49人)

姓名	参加工作时间	职务	职称
刘沂轩	2000年8月1日	局长	正高级工程师
张海石	1997年8月1日	副局长	高级工程师
洪光雨	1985年7月1日	副局长	高级工程师
李　刚	2004年7月1日	副局长	高级工程师
周　云	2004年7月1日	副主任	高级工程师
王桂林	2007年7月30日	副科长	高级工程师
张翠红	2009年7月13日		政工师
宋　彬	2002年1月1日		高级工
倪　珊	2016年8月22日		助理会计师
陆颖颖	2019年8月19日		研究实习员
刘雨萱	2020年11月1日		助理会计师
谢晓艳	2021年10月15日		研究实习员

表 10-2(续)

姓名	参加工作时间	职务	职称
朱振华	2003 年 7 月 1 日	副科长	高级工程师
周佳华	2005 年 7 月 1 日	副科长	工程师
王　欢	2009 年 7 月 10 日	副科长	高级工程师
冉四清	1983 年 3 月 1 日		高级工程师
王根山	1988 年 8 月 1 日		工程师
李　炜	1981 年 1 月 1 日		技师
吴晓东	2010 年 8 月 26 日		高级工程师
张巧丽	2017 年 8 月 9 日		工程师
刘炜伟	2013 年 8 月 9 日		工程师
刘　月	2015 年 8 月 4 日		工程师
王　震	1997 年 9 月 1 日	科长	高级工程师
王德维	2012 年 7 月 31 日		工程师
王崇任	2012 年 8 月 13 日		工程师
彭晓丽	2013 年 8 月 9 日		工程师
原瑞轩	2018 年 8 月 23 日		助理工程师
徐欣宜	2020 年 11 月 1 日		助理工程师
杨　慧	1988 年 8 月 1 日	科长	高级工程师
程建敏	2005 年 7 月 1 日	副科长	高级工程师
刘亚文	1982 年 7 月 1 日		工程师
陶淑芸	2006 年 7 月 1 日		高级工程师
胡菲菲	2009 年 9 月 1 日		高级工
雷智祥	2000 年 7 月 1 日		高级工程师
宋志勇	1980 年 12 月 27 日		政工师
屠金良	1988 年 8 月 1 日		会计师
樊军生	1992 年 8 月 1 日	副主任	经济师
徐霞晴	1983 年 7 月 1 日		高级工程师
徐立燕	1987 年 7 月 1 日		高级技师
李　巍	2001 年 8 月 1 日		工程师
封一波	1990 年 4 月 1 日	主任	技师
武宜壮	2005 年 7 月 1 日	副主任	高级工程师
聂其勇	1988 年 12 月 1 日		高级工
殷怀进	1992 年 12 月 1 日		技师
王　波	2000 年 12 月 1 日		高级工
李海军	1991 年 12 月 1 日	主任	技师
伏开文	1984 年 7 月 1 日	副主任	高级工程师
蒋德志	1988 年 12 月 1 日		技师
余　鑫	2021 年 10 月 14 日		

表 10-3 连云港水文分局历年退休人员名册(25人)

姓名	参加工作时间	职称(原职务)	退休时间
茅　定	1950年3月1日	工程师	1995年10月1日
韩桂云	1960年9月1日	工程师	1994年12月1日
是嘉兴	1956年8月1日	高级工程师	1996年5月1日
侍　刚	1956年1月1日	高级工	1988年6月1日
闻启祥	1951年5月1日	高级工	1988年6月1日
赵芳九	1962年10月1日	工程师	1997年3月1日
王　维	1962年10月1日	工程师	1999年12月1日
于文浦	1970年7月1日	高级工	2003年2月17日
张明秀	1986年6月1日	初级工	1996年9月1日
封必庆	1957年7月1日	高级工	1994年12月1日
张兴彩	1970年7月1日	高级工	2001年2月1日
殷恒章	1961年9月1日	工程师	2001年5月1日
宋光徐	1969年3月1日	高级工程师	2010年1月1日
郇明锦	1970年6月1日	工程师	2010年11月1日
宋慧明	1969年3月1日	政工师(副书记)	2011年1月1日
李传利	1976年8月1日	工程师	2011年11月1日
刘益健	1970年12月1日	助理工程师	2012年10月1日
李雪芹	1983年5月1日	技师	2013年12月1日
周加福	1979年12月1日	技师	2016年9月1日
吴学文	1975年10月1日	助理工程师	2017年6月1日
李庆善	1981年7月1日	工程师	2017年11月1日
孙步连	1974年6月1日	技师	2017年11月15日
侍晓易	1992年12月1日	高级工	2021年9月1日
潘元全	1983年7月1日	高级工程师	2021年11月1日
胡必要	1985年7月1日	高级工程师	2021年11月1日

随着新技术、新设备的投入应用，水文系统更加重视干部人才队伍建设，省局、连云港水文分局多次出台加强人才建设、干部人才交流、基层锻炼的文件，启动“333高层次人才培养工程”“511人才培养工程”“111人才工程”，以及后备干部建设等一系列人才建设工程，组织参加全国水文勘测工技能大赛、长江委水文局技术大比武、全省水质监测技能竞赛等高层次活动，促进干部队伍、专业技术人才队伍、高技能人员队伍建设。连云港水文分局涌现出多名优秀人才代表。刘沂轩获评正高级工程师职称；王德维获得江苏省第六届水文勘测技能竞赛第一名，被评为优秀选手；王崇任、彭晓丽荣获2021年江苏省水利系统水质

监测技能竞赛三等奖;2012 年,封一波被确定为全省水利系统首批“111 人才工程”培养对象;2014 年,程建敏被确定为全省水文系统首批“511 人才培养工程”培养对象;2017 年,徐立燕被确定为全省水利系统第二期人才工程培养对象;2019—2020 年,周云连续两年被省水利厅评为优秀党务工作者。

(二)委托人员管理

1986 年 2 月,为加强委托站规范化管理,江苏省水文总站印发《关于加强水文委托站管理工作的意见》《江苏省水文委托观测站管理办法(试行)》。

1997 年,江苏省水文总站印发《关于对水文委托员辞退后实行生活补助有关问题的处理意见》,对辞退的委托员给予一次性生活补助或定期生活补助,连云港水文水资源勘测处上报水文总站审批。

2011 年,省水文局印发《江苏省水文系统委托观测员管理暂行办法》,旨在加强全省水文委托员的管理,更好地维护水文委托员的合法权益,构建和谐稳定的劳动关系,保证水文事业可持续发展。连云港水文分局根据该办法规定,与水文委托员签订非全日制劳动合同,与超过法定退休年龄但不满 65 周岁的水文委托员签订劳务合同;与超过 65 周岁的水文委托员解除劳动合同关系,并按照该办法对他们给予一次性辞退补助。

随着水文技术不断革新,观测站陆续改为遥测站点,数据为网络传输,不再需要人工观测数据。连云港水文分局开始对站点委托人员及超过法定退休年龄且满 60 周岁的水文委托员解除劳动合同关系,对不超过法定退休年龄且不满 60 周岁的水文委托员分批次签订看管协议。截至 2019 年年底,连云港水文分局与委托员全部解除非全日制劳动用工关系,并签订看管协议,委托员由用工方式均改为看管方式。

(三)劳务派遣人员管理

为解决人才紧缺问题,2005 年,经江苏省水文局同意,连云港水文分局陆续招用编外人员到基层水文测站、水质科、办公室等部门从事水文测报、水质监测、后勤保障等工作,并与编外人员签订劳动合同,按规定为编外人员缴纳养老、医疗、失业、工伤、生育保险和公积金。

为规范编外用工的使用管理、减少劳动纠纷,2014 年,连云港水文分局根据江苏省水文局《江苏省水文系统水文委托员管理暂行办法的通知》和《中华人民共和国劳动合同法》,与派遣公司签订人事代理协议,所有编外用工改为人事代理方式。2019 年，编外用工全部改为劳务派遣方式，劳务派遣公司与劳务人员签订合同，劳务派遣公司统一为劳务人员缴纳养老、医疗、失业、工伤、生育保险及公积金，相关经费由连云港水文分局支付给劳务派遣公司。同时，劳务人员加入连云港水文分局工会，成为工会会员，其福利由连云港水文分局发放。

为规范劳务派遣人员管理、激励劳务派遣人员工作积极性、促进各项工作全面发展，2020 年 11 月，连云港水文分局根据《中华人民共和国劳动法》《中华人民共和国劳动合同法》《中华人民共和国劳动合同法实施条例》等相关法律法规规定，结合单位实际，制定《连云港水文分局劳务派遣用工管理暂行办法》，明确劳务关系双方权利义务，明确规定派遣用工的使用管理、薪酬福利、管理考核、奖惩处罚等。该办法进一步明确了劳务派遣人员的岗位职责，维护了单位和劳务派遣人员双方的权益。

二、工资、社保、福利

（一）工资

1949—1985 年，连云港水文系统实行等级工资制（1983 年 3 月前，工资关系在徐州）。1985 年，国家对机关事业单位人员工资进行改革。新的工资制度是以职务工资为主要内容的结构工资制。工资的构成由职务工资、基础工资、工龄工资、奖励工资 4 个部分组成。1992 年，根据江苏省水文总站下发的《关于水文系统执行野外地质勘探工资标准的通知》，连云港水文系统人员开始执行地质勘探工资标准。1993 年 10 月，连云港水文系统专业技术人员执行专业技术职务等级工资，工资主要分为技术职务工资和岗位津贴两个部分；管理岗位人员执行职务等级工资制，工资主要分为职务工资和目标管理津贴两个部分；技术工人执行工勤技术等级工资制，工资主要分为技术等级工资和岗位津贴工资两个部分。工资中的津贴部分占全部工资的 30%；单位根据职务与技术职称制定岗位系数，按系数发放工资。自 1993 年 10 月 1 日起，工资标准每两年调整一次，工资标准调整后津贴相应提高。2006 年，机关事业单位工资进行改革，工资结构发生变化，主要由岗位工资、薪级工资、绩效工资、津贴工资组成。岗位工资：专业技术人员中，正高级专业技术岗位的人员，分别执行一至四级岗位工资标准；副高级专业技术岗位的人员，分别执行五至七级岗位工资标准；中级专业技术岗位人员，分别执行八至十级岗位工资标准；助理级专业技术岗位人员，分别执行十一至十二级岗位工资标准；员级专业技术岗位人员，执行十三级岗位工资标准。薪级工资:工作人员按照个人套改年限、任职年限和岗位等级,结合工作表现,套改相应的薪级工资,每年在年度考核合格基础上增加一级。津贴工资:艰苦行业补贴、野外勘测工作津贴、水质化验有毒岗位津贴。绩效工资:国家对事业单位绩效工资分配实行总量调控和政策指导。事业单位在上级主管部门核定的绩效工资总量内,按照规范的分配程序和要求,采取一定系数的分配形式和办法,自主决定本单位绩效工资的分配。绩效工资分配以工作人员的实绩和贡献为依据,合理拉开差距。

2010年1月1日,根据有关政策,连云港水文分局实施绩效工资。绩效工资包括基础性绩效和奖励性绩效两部分,其年度总量由省人社厅核定。2012年,连云港水文分局制定绩效工资实施方案,经职工大会审议通过并报上级部门审批后执行。2013年以后,连云港水文分局绩效工资均按省人社厅核定的年绩效工资总额发放。2015年,人力资源社会保障部、财政部发布《关于调整野外地质勘探工作人员基本工资标准的通知》,从2014年10月1日起,提高基本工资标准,同时将部分绩效工资纳入基本工资。2018年1月,连云港水文分局制定《连云港水文分局创收服务激励实施办法》,该办法规定了适用范围、激励对象、激励总量、激励办法等。激励办法坚持总量控制,以及鼓励直接人员兼顾支撑保障人员的激励原则。激励总量的45%为创收激励,用于奖励直接参与创收人员;45%为创优激励,用于奖励项目支撑人员;10%为局长激励基金,用于奖励年度各项工作有功人员。在弥补单位绩效工资总量120%控高线的缺口后,在创收结余中按不高于20%的比例提取激励资金,提取的激励资金总量控制在人均1.5万元以内。2019年,停止执行《连云港水文分局创收服务激励实施办法》。

(二)社会保险

医疗保险制度:连云港市于2000年7月出台《连云港市城镇职工基本医疗保险实施细则》。2000年7月至今,连云港水文分局在职和退休人员享受连云港市医疗保险待遇。医疗保险费缴纳由单位和个人共同承担。

失业保险:1999年,连云港水文分局按照《失业保险条例》和连云港市社保部门规定,为在职在编人员缴纳失业保险。

工伤保险:2004年,连云港水文分局按照《工伤保险条例》和连云港市社保部门规定,为在职在编人员缴纳工伤保险。

生育保险:1999年10月,连云港水文分局按照《江苏省城镇企业职工生育保险规定》和连云港市社保部门规定，为在职在编人员缴纳生育保险。

养老保险制度：连云港水文分局按照上级主管部门规定从2014年10月1日起，实行社会统筹与个人账户相结合的基本养老保险制度，基本养老保险费由单位和个人共同承担。

（三）福利

2018年6月，江苏省水利厅工会印发《关于贯彻落实〈江苏省总工会关于贯彻落实全国总工会基层工会经费收支管理办法的实施细则〉的意见》。该意见对工会会员的福利做出具体规定：① 节日慰问品为每人每年1 800元，分3次发放。② 生日慰问蛋糕券为每人每年400元。③ 会员生病住院，应予看望慰问。住院未经手术的给予不超过1 000元的慰问金，住院并手术的给予不超过2 000元的慰问金。④ 工会会员去世时，给予不超过3 000元的慰问金，会员直系亲属（本人的配偶、父母和子女）去世时，给予不超过2 000元的慰问金。⑤ 会员本人及家庭因大病、意外事故等原因致困时，可参照会员生病住院一次性给予1 000～2 000元的慰问金。会员本人及家庭因家庭变故等原因致子女就学（国内本科及以下年级）困难的，可给予帮扶助学金，义务教育阶段每学年可给予不超过1 000元的助学金，非义务教育阶段每学年可给予不超过2 000元的助学金。连云港水文分局工会会员福利参照该意见执行。

三、住房保障

根据《连云港市市区职工住房补贴实施办法》，自1998年开始，连云港市水文分局进行住房制度改革。截至2004年，赣榆中心、东海中心、分局机关公有住房按房改方案出售给职工，同时按月发放住房公积金（月工资总额的5%～12%）、老职工提租补贴（月工资总额的4.9%～6.1%）、新职工住房补贴（月工资总额的10%）。老职工住房面积未达标的，2014年年底前，将差额部分以住房补贴形式一次性发放完毕。1998年11月30日后参加工作的新职工，单位为其逐月缴存的住房补贴纳入住房公积金统一管理，补贴基数与住房公积金缴存基数相同。

2003年7月1日，根据《转发市房管局等部门关于调整2003年度房改有关政策意见的通知》，连云港水文分局职工公积金的单位和职工个人缴存比例分别调整为10%，在职职工住房（租金）补贴调整为4.9%，离退休人员住房（租金）补贴调整为6%；另外，新职工有10%的住房补贴随公积金逐月缴存。

2017年1月1日,根据《关于调整市级机关住房(租金)补贴和逐月住房补贴比例的通知》,连云港水文分局老职工和离退休人员住房(租金)补贴比例分别由4.9%和6%调整到15%;新职工逐月住房补贴比例由14.9%(含随公积金逐月缴存的10%)调整到22%。

2018年1月1日,根据财政局通知精神,连云港水文分局老职工和离退休人员住房(租金)补贴比例由15%调整到18%;新职工逐月住房补贴比例由22%(含随公积金逐月缴存的10%)调整到23%;新职工提租补贴的10%部分随工资发放,不再缴入公积金。

2019年7月1日,根据财政局通知精神,连云港水文分局职工住房补贴提取比例统一调整为26%(原比例为老职工18%、新职工23%、离退休人员18%)。

第七节　科技咨询服务管理

一、水文服务管理

连云港水文分局主要根据国家、省水利厅和省水文总站的有关规定和标准,并结合连云港水文实际情况制定实施细则,对水文服务工作进行规范和管理。

为推动水文改革的深化和事业的发展,按照省水利厅对水利改革的部署,1984年7月,省水文总站制定《江苏省水文技术对外服务各项收费标准及分成使用试行办法》。为进一步加强对水文技术咨询有偿服务的管理,根据水电部的有关规定,1988年,江苏省水文总站制定《江苏省水文技术对外服务收费标准》。江苏省水利厅将该收费标准报省物价局备案,并在全省颁发试行。该收费标准对收费的范围、原则、办法、标准等都做了较明确的规定,改变了以前有偿服务界限不清、收费混乱的状况。同时,省水文总站修订了《江苏省水文技术对外服务暂行管理办法》,对有偿服务的范畴、收费原则及标准、收入的分配和使用,以及财务管理的要求,均做出具体规定。该办法规定,有偿服务毛收入扣除直接和间接成本后的纯收入,不得少于毛收入的30%;同时强调对有偿服务收入加强财务管理,无论是通过银行转账或收取现金,都应统一由单位财务部门(人员)出具由财政部门制发的统一票据,并按规定分户立账、分项核算和编制财务报表，从而将有偿服务纳入行政事业财务管理工作的正常轨道。1988年年底，全省水文技术对外服务被列入“江苏省第三批省以上收费项目”，水文科技咨询服务工作走上正轨。

1992年5月，国家物价局、财政部联合发布关于中央管理的水利系统行政事业性收费项目及标准的通知，其中明确各级水文部门为工农业、交通运输业、地质矿产、环境保护等行业和企事业单位生产经营和创收活动提供的各种专项服务（包括提供水文资料、报汛、水质化验等），可以本着自愿互利的原则开展有偿服务。水文专业有偿服务费的具体标准暂由省级物价部门会同财政部门制定。1994年11月，江苏省物价局、财政厅、水利厅转发水利部关于《水文专业有偿服务收费管理试行办法》的通知。1997年11月，连云港水文分局结合工作实际，出台《连云港市水文技术咨询服务和综合经营管理试行办法》。2001年6月，根据上级部门的相关规定，结合连云港水文工作实际情况，连云港水文分局制定《连云港市水文科技咨询有偿服务管理暂行办法》。该办法对服务项目的组织机构、业务管理、收支标准、财务管理和保障措施等做出明确规定。2014年，上述规定不再执行。

二、有偿经营管理

为更好地开展综合经营和水文科技咨询服务，由江苏省水文水资源勘测局连云港分局全资投资的连云港曼宁科技咨询有限公司于2003年2月成立，注册资本为18万元，在连云港市海州区市场监督管理局登记注册，为有限责任公司。公司法人先后为杨慧、张海石、吴学文、伏开文。公司经营范围包括水文测报和水情预报，水资源评价，供用水计量，水环境质量监测，水环境调查与评价，水质变化规律与趋势分析，深、浅层地下水动态监测和动态分析，水土保持与地形测量相关的技术开发、技术转让、技术咨询和技术服务。

2020年9月，按照江苏省省级党政机关和事业单位经营性国有资产集中统一监管改革相关文件精神，连云港水文分局启动连云港曼宁科技咨询有限公司清算关闭工作，2021年11月将公司关闭。

三、经营服务项目

连云港水文分局充分发挥技术优势，培养科技人才，投身地方经济建设，先后取得水文水资源调查评价、水资源论证、水土保持监测及监理、供用水计量、水环境监测等资质，大力开展水文科技咨询服务工作。随着水利工作由工程水利向资源水利、生态水利的转型，连云港水文分局以“大水文”发展理念为指导，拓展服务范围，从单纯地为水利服务，向交通、电力、建筑等各行业拓展，从服务工程水利向服务资源水利、生态水利、民生水利拓展。

连云港水文分局先后承担了全市水资源综合规划、农村饮水安全保障规划、城市水源地建设方案优化论证、全市入河排污口调查、水资源公报等专项课题的研究工作，为水资源合理配置、科学开发做出重要贡献；承担了建设项目的水资源论证、洪水影响评价、水平衡测试、工矿企业取、退水水质监测工作，为水资源合理开发、节约与保护发挥重要作用；承担了连云港市重要河库的水功能区划分、饮用水水源地建设、水质水量监测等工作，社会效益显著。

2008 年，连云港水文分局在《灌南县饮水工程地表水源可行性论证报告》中，建议以北六塘河为水源地，并及时开展北六塘河水功能区调整方案论证工作，编制《北六塘河地表水(环境)功能区划调整方案论证报告》，为省政府将北六塘河(连云港段)水功能区由原保留区调整为饮用水水源区提供依据。

2013 年，在连云港市政府提出建设蔷薇湖改善饮用水工程之际，连云港水文分局及时向上级提出增建沭新渠复线供水工程，编制《利用沭新渠作为蔷薇河复线向蔷薇湖送水可行性论证报告》，得到省水利厅领导、市重大项目办、市领导和专家们的同意和支持。

连云港石化产业基地是全国七大石化产业基地之一，为服务好这一重大项目，连云港水文分局组织精干力量，攻坚克难，编制《连云港石化产业基地总体发展规划(修编)水资源论证报告书》，并通过了水利部的审查。这是市级水文局在水利部通过的第一个区域性水资源论证报告。

第十一章　党群工作

水文事业改革发展的实践证明，各项工作的不断发展和水文现代化的实现，关键在于党的领导。在省水利厅党组、省水文局党委的坚强领导下，连云港水文分局党的建设不断加强，从支部到党总支成立，基层党组织力量不断壮大、政治功能不断增强，全面从严治党得到进一步落实，工会、共青团、妇委会等群团组织的桥梁与纽带作用进一步发挥，党员干部职工的凝聚力、向心力进一步增强。连云港水文分局营造出风清气正、团结奋斗的政治生态。为适应水文事业不断发展的要求，从90年代起全市水文系统逐步加强精神文明建设、文化建设和水文宣传工作，内强自身素质、外树水文行业良好的社会形象，为水文事业全面可持续发展提供强大动力支持。

第一节　党的建设

一、组织建设

1985年8月，连云港水文分站党支部成立，党群组织关系隶属于市水利局。2017年12月，江苏省水文局党委正式将全省水文系统各市水文机构党群组织关系上收，统一管理。

随着水文事业的不断发展，水文党员队伍迅速壮大，从党支部到党总支成立，连云港水文系统的组织建设不断增强。1985年8月，连云港水文分站党支部成立，沈珏明、徐坚、汪嘉夫组成支部委员会，沈珏明任党支部书记。2019年12月，连云港水文分局党总支成立，第一届总支部委员会由刘沂轩、洪光雨、乐峰、王震、王桂林组成，刘沂轩任书记，乐峰任纪检委员。2021年3月，因人事调整，乐峰的组织关系转到省水文局，李刚任总支部委员会纪检委员。2020年6

月，为充分发挥支部战斗堡垒作用和党员先锋模范作用，连云港水文分局实行“一个科室＋监测中心”的方式，组建成立3个党支部，密切机关与基层关系，强化党建引领。第一党支部主要由办公室和赣榆中心组成，支部委员会由雷智祥（书记）、李海军、张翠红组成；第二党支部主要由水质科和东海中心组成，支部委员会由武宜壮（书记）、杨慧、殷怀进组成；第三党支部主要由站网科、水资源科和城区中心组成，支部委员会由王欢（书记）、吴晓东、胡菲菲组成。1985年8月党支部成立时党员数为9人，截至2021年年底，连云港水文分局共有34名党员，其中在职党员27人（预备党员1人）、退休党员7人。1985—2021年连云港水文分局党组织领导班子情况见表11-1。

表11-1　1985—2021年连云港水文分局党组织领导班子情况

党组织名称	任职时间	书记	委员
连云港水文分站党支部	沈珏明	徐　坚　汪嘉夫	1985年8月至1989年4月
连云港水文分站党支部	徐坚(副)	汪嘉夫　宋慧明	1989年5月至1992年2月
连云港水文分站党支部	徐　坚	宋慧明　李庆善	1992年3月至1999年5月
连云港水文局党支部	张泉荣	宋慧明(副书记)	1999年6月至2002年3月
连云港水文局党支部	李泰民	宋慧明　陈必奎	2002年4月至2006年1月
连云港水文局党支部	李太民	宋慧明　陈必奎	2006年2月至2009年10月
连云港水文局党支部	陈必奎	宋慧明	2009年11月至2010年9月
连云港水文局党支部	陈必奎	王　震　雷智祥	2010年10月至2015年10月
连云港水文局党支部	郦息明	王　震　雷智祥	2015年11月至2017年7月
连云港水文局党支部	尤迎华	王　震　雷智祥	2017年8月至2018年6月
连云港水文局党支部	王文辉	唐春生(副书记) 王　震　雷智祥	2018年7月至2019年5月
连云港水文局党支部	刘沂轩	唐春生　王　震 雷智祥	2019年6月至2019年11月
连云港水文局党总支	刘沂轩	洪光雨　乐　峰 王　震　王桂林	2019年12月至2021年2月
连云港水文局党总支	刘沂轩	洪光雨　李　刚 王　震　王桂林	2021年3月至今
连云港水文局第一党支部	雷智祥	张翠红　李海军	2020年6月至今
连云港水文局第二党支部	武宜壮	杨　慧　殷怀进	2020年6月至今
连云港水文局第三党支部	王　欢	胡菲菲　吴晓东	2020年6月至今

二、思想建设

连云港水文分局一向重视思想建设，特别是2000年以后，连云港水文分局通过系列专题教育或者活动，不断加强干部职工思想教育，大力宣传党的政策、方针、理论，思想建设取得实实在在的效果。

2005年1月至2006年6月，连云港水文分局开展保持共产党员先进性教育活动，以实践“三个代表”重要思想为主要内容，广大党员受到了深刻的教育。

2008年9月至2009年2月，连云港水文分局开展深入学习实践科学发展观活动。学习实践活动分学习调研、分析检查、整改落实三个阶段进行，使党员干部进一步加深了对科学发展观的理解，增强了贯彻落实科学发展观的自觉性和坚定性。

2010年7月至2011年11月，连云港水文分局开展以创建先进基层党组织、争当优秀共产党员为主要内容的创先争优活动。学习实践活动激发了广大党员推动科学发展的积极性、创造性，使党员在日常工作中更加积极地发挥先锋模范作用。

2014年2月至9月，连云港水文分局开展党的群众路线教育实践活动。实践活动紧紧围绕“为民务实清廉”的主题，以解决“四风”问题为抓手，以中层及以上党员干部为重点，按照“学习交流、听取意见”“查摆问题、开展批评”“整改落实、建章立制”三个环节，推进开展。实践活动引导党员干部牢固树立群众观点，大力弘扬优良作风，使党员干部思想进一步提高、作风进一步转变，党群干群关系进一步密切，党员为民、务实、清廉的形象进一步树立。

2015年5月，连云港水文分局开展“三严三实”专题教育。本次专题教育不是一次活动，不分批次、不划阶段、不设环节，融入经常性学习教育，重点围绕“四专题一强化”（讲好“三严三实”专题党课、开展“三严三实”专题学习研讨、组织“三严三实”专题调研、召开“三严三实”专题民主生活会和组织生活会，强化整改落实和立规执纪）组织实施。

2016年5月，连云港水文分局开展“学党章党规、学系列讲话，做合格党员”学习教育。本次学习教育不是一次活动，不分批次、不划阶段，面向全体党员，是对党员正常教育、经常教育的再规范、再提醒，把抓实抓好学习教育真正融入党员正常教育、日常管理中。

2019年6月，连云港水文分局开展“不忘初心、牢记使命”主题教育。本次学习教育以县处级以上领导干部为重点，在全党开展，以深入学习贯彻习近平新时代中国特色社会主义思想、锤炼忠诚干净担当的政治品格、团结带领全国各族人民为实现伟大梦想共同奋斗为根部任务,以“守初心、担使命、找差距、抓落实”为总要求。

2021 年 3 月,连云港水文分局开展党史学习教育,通过专题学习、专题培训、专题宣讲、专题组织生活会、连云港水文公众号,以每日推送“百年党史·天天读”等形式,加强党史学习教育。

连云港水文分局通过制订详细计划和方案,不断推动各项专题学习走向深入,坚持每月学、结合业务学、指导实践学。

三、党建特色

2017 年,连云港水文分局以学习型单位建设为基础,以“争先、创新、创优”为目标,建立标准党员活动室,创建“SOUL”党建工作法。2019 年,创立“五个一”(每天学一组党的理论知识、每周办一次主题学习活动、每月温一堂党的章程准则、每季看一部警示教育电影、每年做一次思想检视剖析)学习教育模式。2020 年,党总支构建“五源”党建工作法,完成“党员之家”标准化建设。2021 年,党总支坚持政治统领,党建先行,以品牌培育为抓手,推动党建工作高质量发展,创建“连心哨·水先锋”党建品牌,探索建立“54321”五步党建工作模式,打造“N+X+3”模式主题党日和理论学习中心组“363”学习模式,推动党建工作和业务工作高位对接、深度融合。第一党支部创建“心连心”党建工作法,第二党支部创建“四线”党建工作法,第三党支部创建“先锋+”党建工作法。

四、纪检监察

随着党中央对反腐败工作的日益重视,省水利厅、省水文局从组织机构、监察人员队伍建设等方面逐渐充实、健全纪检监察工作。2001 年 7 月,省水利厅批复徐州、连云港、盐城等 11 个水文局设立监察室,与综合科合署办公。同年 9 月,省水文局任命宋志勇为连云港水文分局监察室主任。2011 年 10 月,王震任办公室(监察室)主任。2019 年 5 月,省水文局出台《党风廉政监督员制度》,连云港水文分局自 2019 年 6 月起,聘任 2 名党风廉政监督员,连云港水文分局纪检监察力量不断充实和加强。2018 年 8 月,周云为纪检监察员。2019 年 6 月,党支部副书记唐春生兼任纪检委员。2019 年 12 月,连云港水文分局党总支成立,乐峰任纪检委员。2021 年 3 月,连云港水文分局党总支补选,李刚任党总支纪检委员。

五、结对共建

连云港水文分局党总支广泛开展与兄弟单位、社会其他行业、经济薄弱村等结对共建活动，通过党建共建、支部结对、党建搭桥等模式，助力乡村脱贫，形成党建共建创新新模式。

2014 年 6 月，连云港水文分局与赣榆区黑林镇大树村结对共建。2017 年 6 月至 2019 年 12 月，连云港水文分局与赣榆区厉庄镇岭南村开展城乡结对、文明共建活动，援建村中道路一条，费用为 10 万元。2019 年 11 月，连云港水文分局党支部与省水利工程质量监督中心站党支部签订党建共建协议。2020 年 5 月，连云港水文分局党总支与省水利工程规划办公室党支部结对共建。2020 年 7 月，省水文局、连云港水文分局与连云港市赣榆区城头镇润河村开展城乡结对、文明共建活动。2020 年 12 月，连云港水文分局党总支与江苏海洋大学马克思主义学院党总支开展结对共建。通过结对共建活动，连云港水文分局不断建立健全党建工作帮建、党员干部帮带和党内关怀帮扶长效机制，形成资源共享、党建共做、优势互补、协调发展的基层党建工作新格局。

2020 年 5 月，连云港水文分局 3 个党支部成立后，分别开展党建共建活动。2020 年 12 月，第三党支部与江苏海洋大学艺术设计学院艺术基础教研室党支部结对共建。2021 年 6 月，第一党支部与省水文局机关第四党支部结对共建。各共建党组织通过工作交流座谈、在重要时间节点联合开展党建主题文化活动、交流互鉴党建工作成果等，取得了学习上常交流、工作上多研究、活动上勤沟通、资源上互共享的有利成果，促进了共建双方融合发展。

第二节 群团组织

一、工会

1983 年，连云港水文分局成立后不久就成立了工会委员会。1985 年 4 月，连云港水文分站工会委员会换届选举，宋光徐、汪嘉夫、郇明锦、宋慧明、祁新荣当选为新一届工会委员，宋光徐任工会副主席。1986 年 3 月，工会换届选举，汪嘉夫、郇明锦、张明学、赵芳九、刘亚文组成新的工会委员会，汪嘉夫任工会委员会副主席。1988 年 5 月，工会委员会改选，郇明锦、赵芳九、宋光徐、张明学、李庆善组成新的工会委员会，郇明锦、宋光徐任副主席。连云港水文工会管理一直归属地方水利局工会。连云港水文分局职工积极参加市水利局工会举办的羽毛球比赛、篮球比赛、象棋比赛、演讲比赛等，并取得较好成绩，在全市水利系统展现水文人良好形象。

随着工会建设不断加强，工会的组织建设进一步规范。2006 年 2 月，连云港水文分局工会委员会改选，潘元全、徐霞晴、冉四清当选为新一届工会委员，潘元全为工会主席。2011 年 3 月，连云港水文分局工会委员会换届选举，张海石、李海军、张翠红当选为新一届工会委员，张海石任工会主席。2014 年 12 月，连云港水文分局工会委员会换届选举，张海石、李海军、伏开文、张翠红、乔本荣当选新一届工会委员，张海石任工会主席。2019 年 5 月，连云港水文局工会委员会换届选举，张海石、王欢、周佳华、吴晓东、钱晶晶当选为新一届工会委员，张海石任工会主席。2019 年 8 月，连云港水文分局工会获得江苏省总工会颁发的江苏省工会法人资格，连云港水文分局工会隶属关系正式上收至江苏省水文局工会统一管理。

二、共青团

1984 年 10 月，经共青团连云港市机关委员会批复，成立连云港水文分站团支部，刘亚文为团支部副书记，李庆善为团支部组织委员，刘希清为团支部文体委员。1986 年 2 月，共青团进行改选，刘亚文为团支部书记，刘希清为宣传委员，潘元全为组织委员。连云港水文分局团支部通过组织青年参加理论学习、无偿献血、文明交通等志愿服务活动，引领团员青年爱岗敬业、奋发进取、建功立业。

2000 年，事业单位人才引进实行公开招聘制度，高校优秀大学毕业生陆续踏入水文行业，也加入了共青团干部队伍。2007 年 5 月，经党支部推荐，团支部大会通过，周佳华任团支部书记，陶淑芸为团支部副书记。2018 年 7 月，连云港水文局团支部委员会换届选举，倪珊任团支部书记，张巧丽、张晨为团支部委员。新时代团支部班子成员，思想活跃、工作热情高、干劲足，围绕全局中心工作，带领团员青年投身志愿服务、扶贫帮困、交通协勤等文明有礼实践活动之中，为连云港市文明城市建设、为连云港水文分局形象塑造贡献力量。2020 年 12 月，省水文局第一届团代会在南京召开，全省水文系统团组织关系正式上收省水文局统一管理。

三、妇联组织

连云港水文分局妇联组织（女职工委员会）于2014年12月成立，并选举产生第一届委员会，委员会委员有张翠红、周佳华、乔本荣，张翠红任主任。2018年5月，妇联换届选举，周云、张翠红、乔本荣当选新一届妇联委员，周云为主任。

第三节 文明创建

在精神文明创建工作中，连云港水文分局按照水文局、中心、测站三级管理方式，积极创建三级先进集体和先进单位，文明创建工作被摆在重要工作日程。1989年，连云港水文分站黑林水文站被省水利厅评为全省水文系统先进集体，1990年11月，连云港水文分站赣榆水文中心站被水利部评为全国水文系统先进集体。1991年，连云港水文分站被省水利厅评为全省水文系统先进集体。1995年，连云港勘测处新浦水文中心站被省水利厅评为全省水文系统先进集体。1997年，连云港勘测局石梁河水库水文站被省水利厅评为全省水文系统先进集体。2001年，连云港勘测局水环境监测中心被省水利厅评为全省水文系统先进集体。2003年，连云港勘测局赣榆水文中心站被省水利厅评为全省水文系统先进集体。2005年，连云港水文分局新浦水文中心站被省水利厅评为全省水文系统先进集体。2007年5月，连云港水文分局办公室被省水利厅评为全省水文系统2005—2006年度先进集体。

连云港水文分局积极服务防汛抗旱工作，得到各级领导的表扬，获得市委、市政府等各级部门的表彰。1992年，连云港勘测处东海水文中心站被省水利厅评为抗洪测报先进集体。2006年2月，连云港水文分局被市委、市政府评为防汛防旱先进集体。2012年11月，连云港水文分局被市委、市政府评为防汛防台工作先进单位。2013年1月，连云港水文分局石梁河水库水文站被水利部评为2011—2013年度全国水情先进报汛站。2013年4月，连云港水文分局被省防指评为2012年度全省防汛防旱先进集体。

2004年，根据省水文局印发的《江苏省水文系统创建文明测站评选实施细则》，江苏省水文系统持续深入开展达标水文站、文明水文站创建活动、文明创建与水文测站日常管理有机结合、相互促进。2004年12月，连云港水文分局石梁河水库水文站被省水利厅评为全省水文系统文明水文站。

2004—2005 年,在创建省局文明测站的基础上,按照部水文局《关于做好全国水文系统文明水文站推荐工作的通知》要求,连云港水文分局从思想觉悟高、政治素养强、业务技能全面精准、工作质量优良可靠、劳动纪律规范严明、管理制度全面合理等方面强化文明测站创建。2005 年 3 月,连云港水文分局石梁河水库水文站被水利部评为全国水文系统文明水文站。

2007 年,在创建省级和全国文明测站的同时,连云港水文分局把创建全省水利系统文明单位摆在精神文明建设重要位置,扎实开展创建活动。通过抓学习、强业务、树道德,全面建设一支高素质干部职工队伍,努力打造文明单位新形象。经过全局职工的共同努力,机关作风显著转变,内部管理水平显著提高。2008 年 12 月,省水利厅授予连云港水文分局 2007—2008 年度全省水利系统文明单位荣誉称号。2013 年 3 月,省水利厅授予连云港水文分局 2011—2012 年度全省水利系统文明单位荣誉称号。

2013 年,连云港水文分局重视文明创建内涵拓展与不断深化,拓展省级、市级青年文明号等文明创建载体,进一步深化文明创建工作。2013 年 8 月,连云港水文局水质科被江苏省委省级机关工委评为省级机关江苏省青年文明号。2015 年 5 月,连云港水文分局水质科省级机关江苏省青年文明号被再次确认。

连云港水文分局水环境监测分中心加强日常管理,提升业务水平。2013 年 11 月,水利部水文司授予连云港水环境监测分中心优秀实验室荣誉称号。

在创建全省水利系统文明单位和青年文明号的同时,连云港水文分局积极编制精神文明创建工作规划和年度精神文明创建工作方案,开展精神文明创建工作,传播文明风尚,文明创建取得实实在在的效果。2005—2021 年,连云港水文分局连续 17 年被连云港市委评为连云港市文明单位。

2013 年,连云港水文分局提出创建江苏省文明单位的工作目标,并制定创建计划和实施方案。在全体干部职工的努力下,2016 年 9 月,连云港水文分局被省精神文明建设指导委员会授予 2013—2015 年度江苏省文明单位荣誉称号。2021 年12 月,连云港水文分局再获 2019—2021 年度江苏省文明单位荣誉称号。

连云港水文分局在做好系统内文明创建工作的同时,积极参与地方文明创建,发挥水文防汛防旱等重要支撑作用,服务地方经济建设发展。坚持党风廉政建设,筑牢思想道德防线;加强文化建设,丰富水文文化内涵;注重加强职工教育学习培训,提高队伍整体素质;开展志愿服务、公益宣传等文明实践活动,为连云港市创建全国文明城市贡献力量。2014 年 2 月,连云港市委授予连云港水文分局重大事项重点工程优秀服务单位荣誉称号。2018 年 4 月，连云港市委、市政府授予连云港水文分局创建全国文明城市工作先进单位荣誉称号。

1983—2021 年连云港水文分局获得集体荣誉情况见表 11-2。

表 11-2　1983—2021 年连云港水文分局获得集体荣誉情况

序号	获得荣誉单位名称	荣誉	授奖单位	授奖时间
1	连云港水文分站黑林水文站	全省水文系统先进集体	省水利厅	1989 年
2	连云港水文分站 赣榆水文中心站	全国水文系统先进集体	水利部	1990 年 11 月
3	连云港水文分站	全省水文系统先进集体	省水利厅	1991 年
4	连云港勘测处东海水文中心站	抗洪测报先进集体	省水利厅	1992 年
5	连云港勘测处新浦水文中心站	全省水文系统先进集体	省水利厅	1995 年
6	连云港勘测局石梁河水文站	全省水文系统先进集体	省水利厅	1997 年
7	连云港勘测局赣榆水文中心站	全省水文系统先进集体	省水利厅	1999 年
8	连云港勘测局水环境监测中心	全省水文系统先进集体	省水利厅	2001 年
9	连云港勘测局赣榆水文中心站	全省水文系统先进集体	省水利厅	2003 年
10	连云港勘测局石梁河水文站	全省水文系统文明水文站	省水利厅	2004 年 12 月
11	连云港勘测局石梁河水文站	全国文明水文站	水利部	2005 年 3 月
12	连云港水文分局新浦水文中心站	全省水文系统先进集体	省水利厅	2005 年
13	连云港水文分局	防汛防旱先进单位	市政府	2006 年 2 月
14	连云港水文分局	全省水利先进单位	省水利厅	2006 年 12 月
15	连云港水文分局办公室	全省水文系统 2005—2006 年度先进集体	省水利厅	2007 年 5 月
16	连云港水文分局	连云港市 2005—2006 年度文明单位	市政府	2007 年 10 月
17	连云港水文分局	2007—2008 年全省水利系统文明单位	省水利厅	2008 年 12 月
18	连云港水文分局	2007—2009 年度连云港市文明单位	连云港市委	2010 年 3 月
19	连云港水文分局	2010—2011 年度连云港市文明单位	连云港市委	2012 年 9 月
20	连云港水文分局	防汛防台工作先进单位	市委、市政府	2012 年 11 月
21	连云港水文分局石梁河水库水文站	2011—2013 年度全国水情先进报汛站	水利部	2013 年 1 月
22	连云港水文分局	2011—2012 年度全省水利系统文明单位	省水利厅	2013 年 3 月
23	连云港水文分局	2012 年度全省防汛防旱先进集体	省防指	2013 年 4 月
24	连云港水文分局水质科	省级机关江苏省青年文明号	江苏省委省级 机关工委	2013 年 8 月
25	连云港水环境监测分中心	优秀实验室	水利部水文司	2013 年 11 月
26	连云港水文分局	重大事项重点工程优秀服务单位	市委	2014 年 2 月
27	连云港水文分局	连云港市 2012—2013 年度文明单位	市委	2014 年 8 月

表 11-2（续）

序号	获得荣誉单位名称	荣誉	授奖单位	授奖时间
28	连云港水文分局水质科	省级机关江苏省青年文明号	中共江苏省委省级机关工作委员会、共青团江苏省委	2015 年 5 月
29	连云港水文分局	2013—2015 年度江苏省文明单位	省精神文明建设指导委员会	2016 年 9 月
30	连云港水文分局	档案工作三星级	江苏省档案局	2016 年 12 月
31	连云港水文分局	创建全国文明城市工作先进单位	市委、市政府	2018 年 4 月
32	连云港水文分局	首届水文情报预报技术竞赛团队三等奖	省水利厅	2018 年 7 月
33	连云港水文分局	江苏省第六届水文勘测技能竞赛“组织奖”	江苏省水利厅、江苏省总工会、江苏省人力资源和社会保障厅	2020 年 11 月
34	连云港水文分局	2018—2019 年度连云港市文明单位	市文明办	2020 年 12 月
35	连云港水文分局	2019—2021 年度江苏省文明单位	江苏省精神文明建设指导委员会	2021 年 12 月

第四节　水文宣传

连云港水文分局长期以来坚持向社会宣传水文事业讯息。2020 年 7 月，连云港市政府办公室出台《关于进一步加强水文工作的意见》。该意见为连云港市政府层面出台的首个支持水文事业发展的文件，有助于地方政府加强对水文工作的管理和指导，有益于水文行业进一步强化职能、更好地发挥公益服务属性。该意见出台后，连云港水文分局通过社区活动、传统媒体、新媒体等多渠道加强宣传工作。

一、社区宣传

2009 年 3 月，连云港水文分局开展多种形式宣传《江苏省水文条例》，如在广场向过往市民发放水文知识宣传单、走进学校开展水文科普宣传等，大力宣传水文条例知识和连云港水文工作。

每年的世界水日和中国水周期间，连云港水文分局都会制定宣传方案，通过走进服务企业、组织政府部门相关人员座谈会、接受电视台采访、走进高校和企业等方式，向广大市民宣传水文、节水等科普知识，并开展节水、护水等志愿服务活动等。

二、传统媒体宣传

连云港水文分局在《中国水利报》《连云港日报》《苍梧晚报》以及水利部水文司网站、省水利厅网站、省水文局网站等登载介绍连云港水文分局各方面工作信息、新闻动态和经验做法等。2021 年 3 月，在第二十九届世界水日和第三十四届中国水周宣传活动开启时，连云港水文分局党总支书记、局长刘沂轩作为特邀嘉宾，接受连云港广播电视台专访，连云港广播电视台以“因水而生顺水而为，为水资源集约安全利用提供技术支撑”为题进行报道，呼吁观众节约水资源、珍惜水资源、保护水资源。同年 4 月 26 日，连云港广播电视台对连云港水文分局汛前准备工作进行专访，在电视台《在你身边》节目中播出。同年 7 月 30 日，连云港广播电视台对连云港水文分局战台风“烟花”防汛测报工作进行专题采访和报道。

三、新媒体宣传

2017 年年底，连云港水文分局创建“连云港水文”微信公众号，向社会推送水文信息，把新闻宣传工作贯穿到水文服务的全过程。此公众号成为连云港水文分局对外宣传报道的重要途径，进一步加强了水文与社会各界的信息交流与沟通，全方位宣传连云港水文，展示连云港水文的行业形象。2019 年起，连云港水文分局充分利用“学习强国”学习平台加强水文宣传，如宣传水文工作取得的成绩，宣传水文部门为提升经济社会发展推出的新举措、新进展，深入广泛宣传相关政策法规等。

四、宣传成果

对重大活动，连云港水文分局进行提前谋划，制定宣传方案，跟踪报道，将一些比较好的经验做法在省级以上新闻媒体刊载。2019—2021 年，连云港水文分局有近 50 篇经验宣传稿件在省级以上新闻媒体刊发，其中节水宣传、服务生态、党建工作等多篇高质量报道被“学习强国”学习平台和《中国水利报》《新华日报》等媒体转载。这些稿件及时将水文在防汛防旱减灾、突发水污染监测、服务河湖长制等工作中的重要作用传播出去，彰显了连云港水文分局全体职工的精神风貌，提升了连云港水文分局的美誉度和社会影响力。

为突出水文工作亮点,连云港水文分局围绕民生水文、世界水日、汛前准备、防汛测报等重点工作,开展专题报道,制作宣传短片,很好地宣传连云港水文分局的主责主业和重点工作。在人物宣传上,连云港水文分局积极树立王德维这一宣传典型,开展先进事迹报道,产生了较好的典型宣传和引路的效果。

第十二章　人　　物

连云港水文分局广大职工敬业爱岗、刻苦学习、细心钻研、不断开拓、努力奋进，为收集地方水文资料、探求水文规律和测验方式、研究水资源特征及开发利用情况、服务经济社会发展做出了巨大贡献。连云港水文分局先后培养了一大批水文专业人才、科技人才、文化建设人才，这些先进典型人物分别受到江苏省水利、水文等机构，以及连云港市政府和相关单位的表彰和奖励。

第一节　人物简介

是嘉兴，1936 年生，江苏常州人，1956 年 8 月参加工作，1985 年 5 月从内蒙古自治区红山水库水文实验站调到连云港水文分站，1988 年被评为高级工程师，是连云港市水利系统第一个被评为高级工程师的技术人员。1985 年 11 月，是嘉兴个人研制完成的“E601 型蒸发器防冻裂装置”被水利电力部松辽水利委员会授予东北水利科学技术进步三等奖；1987 年 11 月，该项目被内蒙古自治区授予水利科学技术进步三等奖。

洪光雨，1963 年生，江苏灌云人，1985 年 7 月参加工作，连云港水文分局副局长，2010 年度全省水利系统先进个人。先后参与连云港市城市防洪规划，连云港市东部城区防洪规划、连云港市水资源综合规划等大型规划工作和新沭河 50 年一遇工程等重点水利工程的水文分析计算工作。2014 年，获省水利科技进步三等奖。2016 年 3 月，主编的《连云港石化产业基地总体发展规划水资源论证报告书》正式获得水利部批复。该报告书是全国第一个石化产业基地规划水资源论证报告书，是全国第一个由水文系统独立编制且通过水利部审查的水资源论证报告书。

冉四清，1964 年生，重庆万州人，1983 年参加工作，高级工程师。1992 年，获得江苏水文系统水文勘测工(甲组)技术比赛第五名。

封一波,1973年生,江苏东海人,1990年4月参加工作。2001年12月,获得江苏省第三届水文勘测技能竞赛全能第九名;2012年4月,被确定为江苏省水利系统"111人才工程"培养对象。

刘沂轩,1975年生,陕西淳化人,2000年8月参加工作,连云港水文分局局长,2019年10月被评为正高级工程师。先后参加国家"973计划"、国家重点研发计划、江苏省水利科技科研项目4项,获得中国煤炭工业科学技术二等奖1项、三等奖2项,江苏省水利科技进步奖二等奖1项。先后主编《地下水监测井钻探工艺与施工技术》《连云港市历史典型暴雨洪水分析》《连云港市2019年暴雨洪水分析》《通榆河北延送水工程2019年生态输水水文情势分析》《2019年新沭河暴雨洪水及下游段行洪能力分析》等5部专业技术图书,发表论文40余篇,取得发明专利2项,取得实用新型专利7项。2021年,被省委省政府评为全省防汛抗洪工作先进个人。

李刚,1981年生,江苏宜兴人,2004年7月参加工作,连云港水文分局副局长。作为主要参加人完成数项科技研究,并获奖。2012年,参加"江苏省水文自动测报系统数据传输规约研究及应用"项目研究,获省水利科技优秀成果二等奖;2012年,作为主要编写人参编《江苏省水文自动测报系统数据传输规约》(DB32/T 2197—2012,江苏省地方标准);2014年,参加"水文自动测报系统集成与整合关键技术研究与应用"项目研究,获省水利科技优秀成果一等奖,并获2015年大禹水利科学技术奖三等奖;2014年,参加"水利数据中信息数据汇集共享及应用服务技术研究"项目研究,获省水利科技优秀成果一等奖。

胡菲菲,1986年生,江苏东海人,2009年9月参加工作。2017年7月,获得省水利厅工会委员会"名人家风家训伴我行"征文活动纪念奖;2019年,获得中国水利政研会庆祝中华人民共和国成立70周年征文活动优秀奖;2020年11月,获得江苏省第六届水文勘测技能竞赛三等奖,并获江苏省水利技术能手称号。

王德维,1987年生,江苏睢宁人,2012年7月参加工作。2018年,撰写的论文《城区河道岸线管控研究》获得中国水利经济研究会"建设生态水利,推进绿色发展"主题征文活动优秀论文;2020年8月,获得连云港市最美水利人提名奖;2020年11月,获得江苏省第六届水文勘测技能竞赛第一名,并获优秀选手称号。

王崇任,1987年生,江苏连云港人,2012年7月参加工作。多次参加国家认证认可监督管理委员会和水利部能力验证考核，均顺利通过；2021 年 10 月，获得“建功‘十四五’ 奋进新征程”江苏省水利系统水质监测技能竞赛三等奖。

彭晓丽，1987 年生，山东聊城人，2013 年 8 月参加工作。2016—2021 年，发表《连云港市 4 座水源水库富营养化评价及防治》《ICP-MS 法同时测定地表水中 6 种金属元素》等专业论文 6 篇，取得实用新型专利 3 项，参与编制排污口设置论证报告、水功能区达标建设方案、河湖健康评价报告、入河排污口监测报告以及水质评价、取水核查、水功能区修编报告等多项专题报告；2021 年 10 月，获得“建功‘十四五’ 奋进新征程”江苏省水利系统水质监测技能竞赛三等奖。

第二节 人物表录

1992—2021 年连云港水文分局获得国家和省级荣誉先进个人情况见表 12-1，2006—2021 年连云港水文分局获得其他荣誉先进个人情况见表 12-2。

表 12-1 1992—2021 年连云港水文分局获得国家和省级荣誉先进个人情况

序号	姓名	荣誉	授奖单位	授奖年份
1	是嘉兴	东北水利科学技术进步三等奖	水利电力部松辽水利委员会	1985
2	是嘉兴	内蒙古自治区科学技术进步三等奖	内蒙古自治区科学技术进步奖评审委员会	1987
3	冉四清	江苏水文系统水文勘测工(甲组)技术比赛第五名	省水利厅	1992
4	李传利	2002—2003 年度全省水文系统先进个人	省水文局	2003
5	李传利	2006—2007 年度全省防汛防旱先进个人	省防汛防旱指挥部	2007
6	李　炜	2007—2008 年度全省水文系统先进个人	省水利厅	2009
7	李海军	2007—2008 年度全省水文系统先进个人	省水利厅	2009
8	王建华	2009 年度全省水文系统先进个人	省水利厅	2010
9	张翠红	2008—2009 年度全国水利职工教育优秀研究成果三等奖	中国水利教育协会	2010
10	侍晓易	首届“水歌曲”演唱大赛民族唱法优秀奖	水利部精神文明办	2010
11	刘沂轩	2010 年全省水文系统十佳青年科技标兵	省水文局	2011
12	刘沂轩	2010 年度省水利厅系统优秀青年论文三等奖	省水利厅	2011
13	刘沂轩	全省水文系统优秀共产党员	省水文局	2011
14	张翠红	建党 90 周年征文比赛一等奖	省水利厅	2011
15	王　震	2010 年全省水文系统十佳青年科技标兵	省水文局	2011
16	洪光雨	2010 年度全省水利先进个人	省水利厅	2011
17	张海石	2010—2011 年度全省水文系统先进个人	省水利厅	2012

表 12-1（续）

序号	姓名	荣誉	授奖单位	授奖年份
18	封一波	第一期“111 人才工程”培养对象	省水利厅	2012
19	李　刚	省水利科技进步奖二等奖	省水利厅	2012
20	程建敏	“局训在我心中”征文二等奖	省水文局	2012
21	李　刚	省水利科技进步奖一等奖	省水利厅	2014
22	李　刚	省水利科技进步奖一等奖	省水利厅	2014
23	程建敏	全省水文系统首批“511 人才培养工程”培养对象	省水文局	2014
24	陈必奎 洪光雨	省水利科技进步三等奖	省水利厅	2014
25	侍晓易	省级机关首届孝星称号	省级机关孝星组委会	2014
26	刘沂轩	第三届江苏水利新闻摄影作品水利人物类二等奖	江苏省水利信息中心	2014
27	刘沂轩	第三届江苏水利新闻摄影作品水利人物类二等奖	江苏省水利信息中心	2014
28	李　刚	大禹水利科学技术奖三等奖	中国水利学会	2015
29	乔楚涵	全省水文系统“在党为党、在岗有为”演讲二等奖	中共省局委员会	2016
30	张翠红	全省水文系统“在党为党、在岗有为”征文三等奖	中共省局委员会	2016
31	王　维	庆祝建党 95 周年和红军长征胜利 80 周年书画摄影比赛三等奖	省水利厅	2016
32	徐立燕	第二期“111 人才工程”培养对象	省水利厅	2017
33	刘沂轩	中国煤炭工业科学技术三等奖	中国煤炭工业协会、 中国煤炭学会	2017
34	张翠红	“名人家风家训伴我行”征文活动二等奖	省水利厅工会委员会	2017
35	胡菲菲	“名人家风家训伴我行”征文活动纪念奖	省水利厅工会委员会	2017
36	王德维 朱振华 程建敏 聂其勇	2017 年第三届青年治淮论坛优秀论文	中国水利学会水利部 淮河水利委员会	2017
37	刘沂轩	省水利科技进步奖二等奖	省水利厅	2018
38	刘亚文 周佳华	省水利科技进步奖二等奖	省水利厅	2018
39	张翠红	全国水利系统 2017 年度优秀水利思想政治工作及水文化研究成果二等奖	中国水利职工思想 政治工作研究会	2018
40	张翠红	全省 2018 乡情微调研优秀文章二等奖	中国共产党江苏省 水利厅机关委员会	2018
41	唐春生	2017 年度民主评议党员优秀等次	省水文局党委办公室	2018
42	杨　慧	2017 年度民主评议党员优秀等次	省水文局党委办公室	2018
43	吴晓东	2017 年度民主评议党员优秀等次	省水文局党委办公室	2018
44	王　欢	2017 年度民主评议党员优秀等次	省水文局党委办公室	2018

表 12-1(续)

序号	姓名	荣誉	授奖单位	授奖年份
45	王　震	2017 年度民主评议党员优秀等次	省水文局党委办公室	2018
46	周　云	2017 年度民主评议党员优秀等次	省水文局党委办公室	2018
47	王　波	2017 年度民主评议党员优秀等次	省水文局党委办公室	2018
48	唐春生	江苏省水文系统优秀共产党员	中共江苏省水文水资源勘测局委员会	2018
49	王　波	江苏省水文系统优秀共产党员	中共江苏省水文水资源勘测局委员会	2018
50	周　云	江苏省水文系统优秀党务工作者	中共江苏省水文水资源勘测局委员会	2018
51	王　欢	江苏省水利厅首届水文情报预报技术竞赛个人三等奖	江苏省水利厅	2018
52	王桂林	2017 年度《江苏水利》优秀论文三等奖	江苏省水利学会	2018
53	王德维	“建设生态水利，推进绿色发展”主题征文优秀论文	中国水利经济研究会	2018
54	刘亚文 周佳华	水利科技进步奖二等奖	江苏省水利学会	2018
55	刘沂轩	中国煤炭科学技术二等奖	中国煤炭工业协会、中国煤炭学会	2019
56	刘沂轩	中国煤炭科学技术二等奖	中国煤炭工业协会、中国煤炭学会	2019
57	倪　珊	全省水文系统优秀共青团员	共青团江苏省水文水资源勘测局委员会	2019
58	王桂林	全省水文系统优秀青年	共青团江苏省水文水资源勘测局委员会	2019
59	王德维	全省水文系统优秀青年	共青团江苏省水文水资源勘测局委员会	2019
60	唐春生	2018 年度民主评议党员优秀等次人员	江苏省水文水资源勘测局党委办公室	2019
61	周　云	2018 年度民主评议党员优秀等次人员	江苏省水文水资源勘测局党委办公室	2019
62	洪光雨	2018 年度民主评议党员优秀等次人员	江苏省水文水资源勘测局党委办公室	2019
63	王德维	2018 年度民主评议党员优秀等次人员	江苏省水文水资源勘测局党委办公室	2019
64	雷智祥	2018 年度民主评议党员优秀等次人员	江苏省水文水资源勘测局党委办公室	2019
65	王　欢	2018 年度民主评议党员优秀等次人员	江苏省水文水资源勘测局党委办公室	2019

表 12-1(续)

序号	姓名	荣誉	授奖单位	授奖年份
66	王　震	2018年度民主评议党员优秀等次人员	江苏省水文水资源勘测局党委办公室	2019
67	王德维 张翠红 张巧丽	全省水文系统安全生产知识竞赛一等奖	省水文局	2019
68	洪光雨	2018年度省水文系统优秀共产党员	中共江苏省水文水资源勘测局委员会	2019
69	唐春生	2018年度省水文系统优秀共产党员	中共江苏省水文水资源勘测局委员会	2019
70	周　云	2018年度省水利厅系统优秀党务工作者	中共江苏省水利厅党组	2019
71	杨　慧 樊军生 倪　珊 张　曼 乔本荣 钱晶晶	全省水文系统第二届羽毛球比赛团体一等奖	省水文局	2019
72	胡菲菲	“砥砺奋进七十载,追梦水利新征程——庆祝中华人民共和国成立70周年”征文优秀奖	中国水利职工思想政治工作研究会	2019
73	王　震 朱振华	优秀共产党员	中共江苏省水文水资源勘测局委员会	2020
74	周　云	优秀党务工作者	中共江苏省水文水资源勘测局委员会	2020
75	周　云	2020年度全省水利优秀宣传员	江苏省水利信息中心	2020
76	王德维	江苏省第六届水文勘测技能竞赛优秀选手	江苏省水利厅、江苏省总工会、江苏省人力资源和社会保障厅	2020
77	胡菲菲	江苏省第六届水文勘测技能竞赛三等奖	江苏省水利厅、江苏省总工会、江苏省人力资源和社会保障厅	2020
78	胡菲菲	江苏省水利技术能手	省水利厅	2020
79	刘沂轩	全省防汛抗洪工作先进个人	中共江苏省委、江苏省人民政府	2021
80	周　云	省水利厅系统优秀党务工作者	中共江苏省水利厅党组	2021
81	王崇任	江苏省水利系统水质监测技能竞赛三等奖	省水利厅	2021
82	彭晓丽	江苏省水利系统水质监测技能竞赛三等奖	省水利厅	2021

表 12-2 2006—2021 年连云港水文分局获得其他荣誉先进个人情况

序号	姓名	荣誉称号	授奖单位	授奖年份
1	陈必奎	连云港市水文系统先进个人	连云港水文分局	2006
2	杨 慧	连云港市水文系统先进个人	连云港水文分局	2006
3	胡必要	连云港市水文系统先进个人	连云港水文分局	2006
4	屠金良	连云港市水文系统先进个人	连云港水文分局	2006
5	王 震	连云港市水文系统先进个人	连云港水文分局	2006
6	李 炜	连云港市水文系统先进个人	连云港水文分局	2006
7	孙步连	连云港市水文系统先进个人	连云港水文分局	2006
8	伏开文	连云港市水文系统先进个人	连云港水文分局	2006
9	徐立燕	连云港市水文系统先进个人	连云港水文分局	2006
10	李太民	年度优秀共产党员和优秀党务工作者	连云港市水利局	2007
11	陈必奎	年度优秀共产党员和优秀党务工作者	连云港市水利局	2007
12	宋惠民	年度优秀共产党员和优秀党务工作者	连云港市水利局	2007
13	陈必奎	连云港市水文系统先进个人	连云港水文分局	2007
14	洪光雨	连云港市水文系统先进个人	连云港水文分局	2007
15	张海石	连云港市水文系统先进个人	连云港水文分局	2007
16	杨 慧	连云港市水文系统先进个人	连云港水文分局	2007
17	王 震	连云港市水文系统先进个人	连云港水文分局	2007
18	李 炜	连云港市水文系统先进个人	连云港水文分局	2007
19	周佳华	连云港市水文系统先进个人	连云港水文分局	2007
20	郇明锦	连云港市水文系统先进个人	连云港水文分局	2007
21	朱振华	连云港市水文系统先进个人	连云港水文分局	2008
22	李海军	连云港市水文系统先进个人	连云港水文分局	2008
23	宋志勇	连云港市水文系统先进个人	连云港水文分局	2008
24	王 震	连云港市水文系统先进个人	连云港水文分局	2008
25	郇明锦	连云港市水文系统先进个人	连云港水文分局	2008
26	李 炜	连云港市水文系统先进个人	连云港水文分局	2008
27	潘元全	连云港市水文系统先进个人	连云港水文分局	2008
28	武宜壮	连云港市水文系统先进个人	连云港水文分局	2008
29	周佳华	连云港市水文系统先进个人	连云港水文分局	2008
30	陈必奎	2008 年度市水利学会先进会员	连云港市水利局	2009
31	张海石	2008 年度市水利学会先进会员	连云港市水利局	2009
32	陈必奎	连云港市水文系统先进个人	连云港水文分局	2009
33	陶淑芸	连云港市水文系统先进个人	连云港水文分局	2009
34	朱振华	连云港市水文系统先进个人	连云港水文分局	2009
35	李 炜	连云港市水文系统先进个人	连云港水文分局	2009
36	屠金良	连云港市水文系统先进个人	连云港水文分局	2009

表 12-2(续)

序号	姓名	荣誉称号	授奖单位	授奖年份
37	武宜壮	连云港市水文系统先进个人	连云港水文分局	2009
38	郇明锦	连云港市水文系统先进个人	连云港水文分局	2009
39	蒋德志	连云港市水文系统先进个人	连云港水文分局	2009
40	吴学文	连云港市水文系统先进个人	连云港水文分局	2009
41	李海军	连云港市水文系统先进个人	连云港水文分局	2009
42	武宜壮	2007—2009 年度市级机关优秀团员	连云港市机关工委	2010
43	周佳华	入选水利学会 2010 年年会论文	连云港市水利学会	2010
44	李　巍	入选水利学会 2010 年年会优秀论文	连云港市水利学会	2010
45	李传利	入选水利学会 2010 年年会论文	连云港市水利学会	2010
46	洪光雨	2009 年度先进个人	连云港水文分局	2010
47	张海石	2009 年度先进个人	连云港水文分局	2010
48	周佳华	2009 年度先进个人	连云港水文分局	2010
49	朱振华	2009 年度先进个人	连云港水文分局	2010
50	徐立燕	2009 年度先进个人	连云港水文分局	2010
51	封一波	2009 年度先进个人	连云港水文分局	2010
52	雷智祥	2009 年度先进个人	连云港水文分局	2010
53	樊军生	2009 年度先进个人	连云港水文分局	2010
54	周加福	2009 年度先进个人	连云港水文分局	2010
55	王建华	2009 年度先进个人	连云港水文分局	2010
56	洪光雨	2009—2010 年度市级机关学习型党员干部	连云港市机关工委	2011
57	陈必奎	全市水利系统优秀党务工作者	连云港市水利局	2011
58	刘沂轩	纪念建党 90 周年征文比赛三等奖	徐州市水利局	2011
59	李　炜	2010 年度先进个人	连云港水文分局	2011
60	程建敏	2010 年度先进个人	连云港水文分局	2011
61	周佳华	2010 年度先进个人	连云港水文分局	2011
62	吴学文	2010 年度先进个人	连云港水文分局	2011
63	殷怀进	2010 年度先进个人	连云港水文分局	2011
64	樊军生	2010 年度先进个人	连云港水文分局	2011
65	李庆善	防汛排涝工作先进集体和先进个人	连云港市水利局	2012
66	胡必要	防汛排涝工作先进集体和先进个人	连云港市水利局	2012
67	刘沂轩	2010—2012 年创先争优优秀共产党员	徐州市水利局	2012
68	程建敏	2012 年度水文系统先进个人	连云港水文分局	2012
69	洪光雨	2012 年度水文系统先进个人	连云港水文分局	2012
70	徐立燕	2012 年度水文系统先进个人	连云港水文分局	2012
71	张翠红	2012 年度水文系统先进个人	连云港水文分局	2012
72	王桂林	2012 年度水文系统先进个人	连云港水文分局	2012

表 12-2(续)

序号	姓名	荣誉称号	授奖单位	授奖年份
73	殷怀进	2012 年度水文系统先进个人	连云港水文分局	2012
74	李庆善	2012 年度水文系统先进个人	连云港水文分局	2012
75	王桂林	2011 年度基础业务标兵奖	连云港水文分局	2012
76	洪光雨	2011 年度突出贡献奖	连云港水文分局	2012
77	胡必要	2011 年度科技成果奖	连云港水文分局	2012
78	李庆善	市级机关先进基层党组织优秀共产党员	连云港市机关工委	2013
79	雷智祥 周 云 陶淑芸 王桂林	2010—2011 年度连云港市自然科学优秀学术成果奖优秀奖	连云港市自然科学优秀学术成果奖评委办	2013
80	李 巍	连云港市第一次全国水利普查先进个人	连云港市水利局	2013
81	张海石	“从水说起”征文活动一等奖	连云港市羽山·大禹文化研究协会	2014
82	陶淑芸	“从水说起”征文活动二等奖	连云港市羽山·大禹文化研究协会	2014
83	杨 慧	“从水说起”征文活动三等奖	连云港市羽山·大禹文化研究协会	2014
84	胡菲菲	“从水说起”征文活动三等奖	连云港市羽山·大禹文化研究协会	2014
85	张翠红	“从水说起”征文活动三等奖	连云港市羽山·大禹文化研究协会	2014
86	雷智祥	“从水说起”征文活动三等奖	连云港市羽山·大禹文化研究协会	2014
87	王桂林	“从水说起”征文活动三等奖	连云港市羽山·大禹文化研究协会	2014
88	程建敏	“从水说起”征文活动三等奖	连云港市羽山·大禹文化研究协会	2014
89	吴晓东	“从水说起”征文活动三等奖	连云港市羽山·大禹文化研究协会	2014
90	周 云	“从水说起”征文活动三等奖	连云港市羽山·大禹文化研究协会	2014
91	樊军生	第二届水文化周活动羽毛球比赛男子单打二等奖	连云港市水利局	2014
92	陶淑芸 王 震	优秀论文一等奖	连云港市水利学会	2015
93	吴晓东 刘炜伟	优秀论文二等奖	连云港市水利学会	2015
94	程建敏	优秀论文三等奖	连云港市水利学会	2015

表 12-2(续)

序号	姓名	荣誉称号	授奖单位	授奖年份
95	杨　慧	2013—2015 年市级机关优秀共产党员	连云港市机关工委	2015
96	张海石	市水利学会优秀会员	连云港市水利学会	2016
97	洪光雨	市水利学会优秀会员	连云港市水利学会	2016
98	倪　珊	全市水利系统"传承长征精神、投身水利发展"文艺汇演三等奖	连云港市水利局	2016
99	宋　彬	创建省三星级标准做出突出贡献	连云港市档案局	2017
100	胡菲菲	创建文明单位优秀个人	连云港市委市政府	2018
101	陶淑芸	第四届连云港市自然科学优秀学术成果二等奖	连云港市人民政府	2019
102	王桂林	第四届连云港市自然科学优秀学术成果三等奖	连云港市人民政府	2019
103	朱振华	爱岗敬业标兵	连云港水文分局	2019
104	王　欢	业务技术标兵	连云港水文分局	2019
105	王德维	青年科技标兵	连云港水文分局	2019
106	周　云	文化建设标兵	连云港水文分局	2019
107	王德维	连云港市最美水利人提名奖	中共连云港市委宣传部、连云港市水利局	2020
108	胡菲菲	"从抗疫大考看制度优势"演讲比赛三等奖	连云港市水利局	2020
109	张巧丽	"从抗疫大考看制度优势"演讲比赛优秀奖	连云港市水利局	2020
110	倪　珊	"从抗疫大考看制度优势"演讲比赛优秀奖	连云港市水利局	2020
111	武宜壮	爱岗敬业标兵	连云港水文分局	2020
112	陶淑芸	业务技术标兵	连云港水文分局	2020
113	王德维	青年科技标兵	连云港水文分局	2020
114	倪　珊	文化建设标兵	连云港水文分局	2020
115	袁瑞轩	爱岗敬业标兵	连云港水文分局	2021
116	吴晓东	业务技术标兵	连云港水文分局	2021
117	王崇任	青年科技标兵	连云港水文分局	2021
118	胡菲菲	文化建设标兵	连云港水文分局	2021

附　　录

附录一　法律法规

江苏省水文条例

（2009年1月18日江苏省第十一届人民代表大会常务委员会第七次会议通过　根据2017年6月3日江苏省第十二届人民代表大会常务委员会第三十次会议通过的《江苏省人民代表大会常务委员会关于修改〈江苏省固体废物污染环境防治条例〉等二十六件地方性法规的决定》修正）

第一章　总　　则

第一条　为了加强水文管理，规范水文工作，发展水文事业，为开发、利用、节约、保护水资源和防灾减灾服务，促进经济社会的可持续发展，根据《中华人民共和国水法》《中华人民共和国防洪法》和《中华人民共和国水文条例》等法律、行政法规，结合本省实际，制定本条例。

第二条　在本省行政区域内从事水文站网规划与建设，水文监测与预报，水资源调查评价，水文监测资料汇交、保管与使用，水文设施与水文监测环境的保护等活动，应当遵守本条例。

第三条　水文事业是国民经济和社会发展的基础性公益事业。省人民政府应当将水文事业纳入国民经济和社会发展规划，并将水文事业所需经费列入本级财政预算，予以保证；设区的市、县（市、区）人民政府应当根据当地经济社会发展的需要，从资金等方面支持和促进本行政区域水文事业的发展。

第四条 省人民政府水行政主管部门主管全省的水文工作,其直属的水文机构(以下简称省水文机构)具体负责组织实施管理工作。

省水文机构派驻到设区的市的水文机构(以下简称市水文机构)在省水行政主管部门和当地人民政府的领导下,具体负责组织实施派驻地的水文管理工作,同时接受当地水行政主管部门的指导。

从事水文活动的其他单位,应当接受水文机构的行业管理。

第五条 县级以上地方人民政府应当加强水文现代化设施建设,鼓励和支持水文科学技术的研究、推广和应用,培养水文科技人才。

第二章 水文规划与站网建设

第六条 省水行政主管部门应当根据国家水文事业发展规划、流域水文事业发展规划和本省经济社会发展需要,组织编制全省水文事业发展规划,征求省有关部门意见后,报省人民政府批准实施,并报国务院水行政主管部门备案。

设区的市水行政主管部门应当根据全省水文事业发展规划和本地经济社会发展需要,组织编制本行政区域的水文事业发展规划,经征求省水行政主管部门意见后,报本级人民政府批准实施。

第七条 水文站网建设实行统一规划。省水文机构应当根据全省水文事业发展规划,组织编制全省水文站网建设规划,报省水行政主管部门、发展和改革部门批准后,作为水文站网建设的依据。

省水文机构应当根据经济社会发展需要及水文情势变化,适时调整全省水文站网建设规划,并报原批准机关批准。

全省水文站网的设置情况由省水文机构向社会公布。

第八条 水文站网建设应当纳入基本建设计划,按照国家固定资产投资项目建设程序组织实施。

新建、改建、扩建水利工程需要配套建设或者更新改造水文测站的,应当将水文测站的建设或者更新改造经费纳入工程建设概算。直接为水利工程提供服务的水文测站,其运行管理经费应当在水利工程维护经费中安排。

设区的市、县(市、区)因本行政区域经济社会发展需要设立的专用水文测站,其建设和运行管理经费由本级人民政府承担。

第九条 国家重要水文测站的设立和调整,由省水行政主管部门报国务院水行政主管部门直属水文机构批准。其他国家基本水文测站的设立和调整,由省水行政主管部门批准,并报国务院水行政主管部门直属水文机构备案。

第十条　设立专用水文测站，不得与国家基本水文测站重复；在国家基本水文测站覆盖的区域，确需设立专用水文测站的，应当报经省水文机构批准；属于流域管理机构审批的，由省水文机构报流域管理机构批准。

申请设立专用水文测站应当具备下列条件：

（一）具有开展水文监测工作必要的场地和基础设施；

（二）具有必需的水文监测专用技术装备和计量器具；

（三）具有相应专业的技术人员。

专用水文测站由设立单位建设和管理；设立单位无能力管理的，可以委托水文机构管理。

撤销专用水文测站，应当报原批准机关批准。

第十一条　因重大工程建设确需迁移国家基本水文测站的，建设单位应当在建设项目立项前向省水行政主管部门提出申请，由省水行政主管部门审查批准或者转报国务院水行政主管部门直属水文机构、流域管理机构批准。水文测站迁移所需费用由建设单位承担。

建设单位提出申请时，应当提交迁移水文测站论证报告。论证报告由建设单位自行编制，也可以委托有关机构编制。论证报告应当包括迁移位置、监测环境、应急监测措施、对比观测方案、经费预算等内容。

迁移国家基本水文测站的，有关水文机构应当采取应急措施，保证水文监测工作在迁移期间的正常开展。

第三章　水文监测与情报预报

第十二条　从事水文监测的单位应当遵守国家水文技术标准、规范和规程，保证监测质量。

任何单位和个人不得漏报、迟报、错报、瞒报水文监测数据，不得伪造水文监测资料。

第十三条　水文机构应当加强对江河湖库、地下水等水体的水量、水质的监测，为防汛防旱、水资源管理与保护、水生态修复、水环境应急治理提供及时、准确的监测资料。

市水文机构可以委托符合规定条件的单位或者个人承担雨量、水位等水文监测项目。受委托的单位或者个人应当按照委托事项和要求从事项目监测。

第十四条　水文机构应当加强对水功能区水质状况的动态监测，编制水功能区水质监测简报；发现重点污染物排放总量超过控制指标，或者水功能区水质未达到水域使用功能对水质要求的，应当及时报告有关人民政府及其水行政主管部门，并向环境保护行政主管部门、供水主管部门和渔业行政主管部门通报。

第十五条 水文机构应当加强对饮用水源地水量、水质的监测，编制饮用水源地水文情报预报；发现被监测水体的水量、水质等情况发生变化可能危及饮用水安全，或者可能发生突发性水污染事件的，应当加强跟踪监测和调查，并及时将监测、调查情况报所在地人民政府及其水行政主管部门、环境保护行政主管部门和供水主管部门。

第十六条 水文机构应当加强水文巡测和调查分析工作，建立健全水文监测应急机制，加快水文自动监测和快速反应能力建设，完善监测手段，提高公共服务水平。

第十七条 县级以上地方人民政府应当加强水情、雨情、旱情等信息监测系统和洪水预警预报系统建设。承担水文信息采集和情报预报任务的水文测站，应当及时准确地向县级以上地方人民政府防汛防旱指挥机构和水行政主管部门提供实时水情信息及水文情报预报。

水文机构为编制水文情报预报需要使用其他部门和单位设立的水文测站的水文资料时，有关部门和单位应当及时提供。

第十八条 水文情报预报实行向社会统一发布制度。

重要水文情报预报、重要洪水情报预报、灾害性洪水情报预报和旱情分析预报，由县级以上地方人民政府防汛防旱指挥机构发布；其他水文情报预报和洪水情报预报，由县级以上地方人民政府防汛防旱指挥机构、水行政主管部门或者水文机构发布。禁止其他单位和个人向社会发布水文情报预报。

广播、电视、报纸和网络等新闻媒体应当按照规定和要求及时向社会播发、刊登水文情报预报，并标明发布机构名称和发布时间。

水行政主管部门依法发布水文情报预报，环境保护行政主管部门依法发布水环境状况信息，应当按照国家规定加强协调配合。

第十九条 无线电、通信管理部门应当按照国家有关规定为水文监测工作提供通信保障。任何单位和个人不得挤占、干扰或者破坏水文机构使用的无线信道和有线通信线路。

第四章 水资源调查评价

第二十条 水行政主管部门应当根据经济社会发展需要，遵循客观、科学、系统、实用的原则，按照国家标准组织开展水资源调查评价工作。

水资源调查评价包括水资源基础资料的收集整理和分析、水资源数量评价、水资源质量评价、水资源利用现状及其影响评价、水资源综合评价等内容。

第二十一条 全省和跨设区的市的水资源调查评价工作由省水行政主管部门会同有关部门组织，具体工作由具有相应技术能力的单位承担。其他水资源调查评价工作由设区的市水行政主管部门会同有关部门组织，具体工作由具有相应技术能力的单位承担。

第二十二条 全省和跨设区的市的水资源调查评价成果由省水行政主管部门组织审定，其他水资源调查评价成果由设区的市水行政主管部门组织审定。

第二十三条 从事水文水资源调查评价的单位应当符合法律、行政法规和国务院水行政主管部门规定的条件。

第五章 水文资料汇交与使用管理

第二十四条 水文监测资料实行统一汇交制度。从事水文监测的单位应当按照下列规定汇交监测资料：

（一）国家基本水文测站的当年监测资料由市水文机构整编后，于次年一月底前向省水文机构汇交；

（二）其他从事水文监测的单位的当年水文监测资料由监测单位整编后，于次年二月底前向所在地市水文机构汇交。

第二十五条 省水文机构应当妥善存储和保管汇交的水文监测资料，并建立水文数据库和水文信息共享平台，为公众查询和获得水文监测资料提供便利。

基本水文监测资料应当依法公开，但属于国家秘密的除外。

国家机关决策和防灾减灾、国防建设、公共安全、环境保护等公益事业需要使用水文监测资料和成果的，应当无偿提供；其他情形需要使用水文监测资料和成果的，按照国家有关规定收取费用，并实行收支两条线管理。因经营性活动需要提供水文专项咨询服务的，应当签订有偿服务合同。

第二十六条 编制重要规划、进行重点项目建设和水资源管理等使用的水文监测资料应当完整、可靠、一致。

第六章 水文设施与监测环境保护

第二十七条 任何单位和个人不得侵占、毁坏水文站房、水文缆道、测船码头、监测场地、监测井、专用道路、水文通信设施等水文监测设施,不得擅自使用、移动水文监测设施。

国家基本水文测站的水文监测设施设备因水毁、雷击、山体滑坡、风暴潮等遭受破坏的,当地人民政府和水行政主管部门应当及时组织修复,确保其正常运行。

第二十八条 国家依法保护水文监测环境。任何单位和个人都有保护水文监测环境的义务。

水文监测环境保护范围按照不小于以下标准的原则划定:

(一)测验河段:省管以上河道的水文测验断面上、下游各一千米,其他河道的水文测验断面上、下游各五百米;

(二)测验设施:测验操作室、自记水位计台、过河缆道的支架(柱)及锚碇等周边以外二十米;

(三)水文观测场:水文观测场地周边以外十米,观测场周边十米以外有障碍物的,障碍物与观测仪器的距离不得少于障碍物顶部与仪器口高差二倍。

第二十九条 市水文机构应当会同水文测站所在地的县级人民政府水行政主管部门,提出水文监测环境保护范围的具体方案,报县级人民政府确定,并在保护范围边界设立地面标志。

第三十条 禁止在水文监测环境保护范围内从事下列活动:

(一)种植高秆作物,堆放砂石、煤炭等物料,修建建筑物、构筑物,停靠船只;

(二)取土、挖砂、采石、爆破和倾倒废弃物;

(三)在监测断面取水、排污或者在过河设备、气象观测场、监测断面的上空架设线路;

(四)设置坝埂、网箱、鱼罾、鱼簖等阻水障碍物;

(五)其他对水文监测有影响的活动。

第三十一条 水文监测人员在河道、公路、桥梁上进行水文监测时,应当按照国家有关规定设置警示标志,过往船只、车辆应当减速慢行或者避让,公安、交通等部门和海事管理机构应当予以协助。

水文监测专用车(船)执行防汛抢险、突发性水污染事件测报等紧急任务,通过公路、桥梁、船闸时,有关单位应当优先予以放行,并按照规定免收过路、过桥、过闸费。

第七章　法律责任

第三十二条　违反本条例规定的行为,《中华人民共和国水文条例》已有处罚规定的,从其规定。

第三十三条　违反本条例第二十七条第一款规定的,由水行政主管部门责令停止违法行为,限期恢复原状或者采取其他补救措施,并可以按照下列规定处以罚款:

(一)侵占监测场地、专用道路、测船码头等水文监测设施的,处以二千元以上一万元以下罚款;

(二)毁坏水文站房、水文缆道、监测井、水文通信设施等水文监测设施的,处以一万元以上五万元以下罚款;

(三)擅自使用、移动水文监测设施的,处以一千元以上五千元以下罚款。

第三十四条　违反本条例规定,从事本条例第三十条所列活动的,由水行政主管部门责令停止违法行为,限期恢复原状或者采取其他补救措施,并可以按照下列规定处以罚款:

(一)种植高秆作物,停靠船只,或者设置网箱、鱼罾、鱼簖等阻水障碍物的,处以二百元以上一千元以下罚款;

(二)修建建筑物、构筑物,设置坝埂,或者堆放砂石、煤炭等物料的,处以五千元以上一万元以下罚款;

(三)取土、挖砂、采石、爆破和倾倒废弃物的,处以二千元以上五千元以下罚款;

(四)在监测断面取水、排污或者在过河设备、气象观测场、监测断面的上空架设线路的,处以二千元以上一万元以下罚款。

第八章　附　　则

第三十五条　本条例自2009年3月22日起施行。2002年1月21日江苏省人民政府发布的《江苏省水文管理办法》同时废止。

水文监测环境和设施保护办法

(2011 年 2 月 18 日水利部令第 43 号发布　根据 2015 年 12 月 16 日《水利部关于废止和修改部分规章的决定》修正)

第一条　为了加强水文监测环境和设施保护,保障水文监测工作正常进行,根据《中华人民共和国水法》和《中华人民共和国水文条例》,制定本办法。

第二条　本办法适用于国家基本水文测站(以下简称水文测站)水文监测环境和设施的保护。

本办法所称水文监测环境,是指为确保准确监测水文信息所必需的区域构成的立体空间。

本办法所称水文监测设施,是指水文站房、水文缆道、测船、测船码头、监测场地、监测井(台)、水尺(桩)、监测标志、专用道路、仪器设备、水文通信设施以及附属设施等。

第三条　国务院水行政主管部门负责全国水文监测环境和设施保护的监督管理工作,其直属的水文机构具体负责组织实施。

国务院水行政主管部门在国家确定的重要江河、湖泊设立的流域管理机构(以下简称流域管理机构),在所管辖范围内按照法律、行政法规和本办法规定的权限,组织实施有关水文监测环境和设施保护的监督管理工作。

省、自治区、直辖市人民政府水行政主管部门负责本行政区域内的水文监测环境和设施保护的监督管理工作,其直属的水文机构接受上级业务主管部门的指导,并在当地人民政府的领导下具体负责组织实施。

第四条　水文监测环境保护范围应当因地制宜,符合有关技术标准,一般按照以下标准划定:

(一) 水文监测河段周围环境保护范围:沿河纵向以水文基本监测断面上下游各一定距离为边界,不小于五百米,不大于一千米;沿河横向以水文监测过河索道两岸固定建筑物外二十米为边界,或者根据河道管理范围确定。

(二) 水文监测设施周围环境保护范围:以监测场地周围三十米、其他监测设施周围二十米为边界。

第五条　有关流域管理机构或者水行政主管部门应当根据管理权限并按照本办法第四条规定的标准拟定水文监测环境保护范围,报水文监测环境保护范围所在地县级人民政府划定,并在划定的保护范围边界设立地面标志。

第六条　禁止在水文监测环境保护范围内从事下列活动：

（一）种植树木、高秆作物，堆放物料，修建建筑物，停靠船只；

（二）取土、挖砂、采石、淘金、爆破、倾倒废弃物；

（三）在监测断面取水、排污，在过河设备、气象观测场、监测断面的上空架设线路；

（四）埋设管线，设置障碍物，设置渔具、锚锭、锚链，在水尺（桩）上拴系牲畜；

（五）网箱养殖，水生植物种植，烧荒、烧窑、熏肥；

（六）其他危害水文监测设施安全、干扰水文监测设施运行、影响水文监测结果的活动。

第七条　国家依法保护水文监测设施。任何单位和个人不得侵占、毁坏、擅自移动或者擅自使用水文监测设施，不得使用水文通信设施进行与水文监测无关的活动。

第八条　未经批准，任何单位和个人不得迁移水文测站。因重大工程建设确需迁移的，建设单位应当在建设项目立项前，报请对该水文测站有管理权限的流域管理机构或者水行政主管部门批准，所需费用由建设单位承担。

第九条　在水文测站上下游各二十公里（平原河网区上下游各十公里）河道管理范围内，新建、改建、扩建下列工程影响水文监测的，建设单位应当采取相应措施，在征得对该水文测站有管理权限的流域管理机构或者水行政主管部门同意后方可建设：

（一）水工程；

（二）桥梁、码头和其他拦河、跨河、临河建筑物、构筑物，或者铺设跨河管道、电缆；

（三）取水、排污等其他可能影响水文监测的工程。

因工程建设致使水文测站改建的，所需费用由建设单位承担，水文测站改建后应不低于原标准。

第十条　建设本办法第九条规定的工程，建设单位应当向有关流域管理机构或者水行政主管部门提出申请，并提交下列材料：

（一）在水文测站上下游建设影响水文监测工程申请书；

（二）自行或者委托有关单位编制的建设工程对水文监测影响程度的分析评价报告；

（三）补救措施和费用估算；

（四）工程施工计划；

(五)审批机关要求的其他材料。

第十一条 有关流域管理机构或者水行政主管部门对受理的在水文测站上下游建设影响水文监测工程的申请,应当依据有关法律、法规以及技术标准进行审查,自受理申请之日起二十日内作出行政许可决定。对符合下列条件的,作出同意的决定,向建设单位颁发审查同意文件:

(一)对水文监测影响程度的分析评价真实、准确;

(二)建设单位采取的措施切实可行;

(三)工程对水文监测的影响较小或者可以通过建设单位采取的措施补救。

第十二条 水文测站因不可抗力遭受破坏的,所在地人民政府和有关水行政主管部门、流域管理机构应当采取措施,组织力量修复,确保其正常运行。

第十三条 在通航河道中或者桥上进行水文监测作业时,应当依法设置警示标志,过往船只、排筏、车辆应当减速、避让。航行的船只,不得损坏水文测船、浮艇、潮位计、水位监测井(台)、水尺、过河缆道、水下电缆等水文监测设施和设备。

水文监测专用车辆、船只应当设置统一的标志。

第十四条 水文机构依法取得的无线电频率使用权和通信线路使用权受国家保护。任何单位和个人不得挤占、干扰水文机构使用的无线电频率,不得破坏水文机构使用的通信线路。

第十五条 水文监测环境和设施遭受人为破坏影响水文监测的,水文机构应当及时告知有关地方人民政府水行政主管部门。被告知的水行政主管部门应当采取措施确保水文监测正常进行;必要时,应当向本级人民政府汇报,提出处置建议。该水行政主管部门应当及时将处置情况书面告知水文机构。

第十六条 新建、改建、扩建水文测站所需用地,由对该水文测站有管理权限的流域管理机构或者水行政主管部门报请水文测站所在地县级以上人民政府土地行政主管部门,依据水文测站用地标准合理确定,依法办理用地审批手续。已有水文测站用地应当按照有关法律、法规的规定进行确权划界,办理土地使用证书。

第十七条 国家工作人员违反本办法规定,在水文监测环境和设施保护工作中玩忽职守、滥用职权的,按照法律、法规的有关规定予以处理。

第十八条 违反本办法第六条、第七条、第九条规定的,分别依照《中华人民共和国水文条例》第四十三条、第四十二条和第三十七条的规定给予处罚。

第十九条 专用水文测站的水文监测环境和设施保护可以参照本办法执行。

第二十条 本办法自2011年4月1日起施行。

附录二　重要文件

（一）市政府办公室印发关于进一步加强水文工作意见的通知

连云港市人民政府办公室文件

连政办发〔2020〕50号

市政府办公室印发关于进一步加强
水文工作意见的通知

各县、区人民政府，市各委办局，市各直属单位：

《关于进一步加强水文工作的意见》已经市政府同意，现印发给你们，请认真贯彻落实。

连云港市人民政府办公室

2020年7月30日

（此件公开发布）

—1—

关于进一步加强水文工作的意见

水文工作是国民经济和社会发展的基础性、公益性事业。为进一步加快我市水文事业发展，推动水文现代化建设，更好发挥水文工作在服务政府决策和社会公众、推动经济社会发展中的重要作用，根据《中华人民共和国水文条例》《江苏省水文条例》等相关法规和文件规定，结合我市实际，提出如下意见。

一、充分认识加快水文事业发展的重要性

（一）准确把握新时代水文工作的基本定位。习近平总书记关于“节水优先、空间均衡、系统治理、两手发力”的治水思路，为强化水治理、保障水安全指明了方向，是当前和今后一个时期做好水文工作的总体方针和科学指南。作为基础性的公益事业，水文工作已从主要为水利工作服务，拓展到为水利、农业、工业、交通、城建、生态环境保护等领域及社会公众提供多方位服务。各地、各部门要充分认识和准确把握水文工作的发展定位，全面推进水文事业新发展。

（二）巩固水文对水利改革发展的支撑作用。“水利工程补短板、水利行业强监管”是当前水利改革发展的总基调。破解短板效应，离不开全面系统、及时准确的水文信息支撑。防洪工程需要水文监测预警提供科学依据，供水工程需要强化水量水质动态监测，生态修复工程需要加强生态流量监测分析，实施河湖管理、水资源调度、区域用水总量管控等需要实时的水文数据，水

—2—

文的服务范围更为广阔、服务领域更加深入，对水文工作提出了更高要求。

（三）强化水文对经济社会发展的支撑作用。水文工作的不间断监测、科学分析和准确研判，不仅为防汛抗旱、抢险救灾决策指挥和水资源管理提供了科学依据，也为城建、交通等涉水基础设施建设提供了技术支撑。为深入贯彻落实新时代治水兴水战略，需要进一步完善水文制度体系，创新发展水文科技，强化水文基础设施建设，加快水文现代化发展步伐，提升服务支撑保障。

二、全面提高水文管理与服务水平

（一）充实和完善水文监测站网。优化调整现有水文站网，加快建设城市水文监测站网、地下水监测站网、水质监测站网、水土保持水文监测站网及暴雨区水文监测站网。推广先进的水文技术，及时改造和完善各类水文基础设施设备，提升水文应急机动监测能力。大力推广应用新装备、新技术，不断提高水文信息采集、传输和处理自动化水平，逐步建成集存贮、查询、发布、分析、应用于一体的水文水资源信息共享平台。

（二）加强水文预警预报体系建设。加快构建水文信息综合预警预报平台，建立和完善水文、水利及相关部门协同会商、信息共享的水文预警预报联动机制，不断提高水文综合预警预报能力。健全水文预警信息发布网络，按照管理权限及时准确发布雨情、水情和旱情信息、洪水预报，建立全天候、全方位、全覆盖的信息发布体系，及时向社会公众播发预警信息。

—3—

（三）依法保护水文监测环境、设施设备。水利、水文部门依法确定水文监测环境保护范围，并在划定的保护范围边界设立地面标志。水利、应急、住建、交通、自然资源、供电、通信等相关部门依法加强对水文设施的管理和保护，任何单位和个人不得侵占、毁坏或者擅自移动、使用水文监测设施，不得从事危害水文监测设施安全、干扰水文监测设施运行、影响水文监测结果的活动。对影响水文监测的建设工程，应在立项前征得水文部门同意，经有管理权限的主管部门批准方可实施。

（四）拓展水文的社会服务功能。各地、各部门要充分利用水文专业技术和成果，把水文水资源监测分析纳入日常工作，做好行业监管的支撑保障。水利部门要把水文机构出具的雨量、水量等水文监测数据作为水事纠纷裁决、调解以及水资源保护、调（供）水的技术依据。各部门要加强与水文机构的沟通交流，围绕城市防洪、河（湖）长制、水生态城市建设、地下水保护、企业节水、水事纠纷处理、水土保持等民生事项联合开展课题研究，及时掌握经济社会发展和基层群众对水文的需求，不断拓展水文工作的服务领域，充分发挥水文信息的基础支撑作用。

三、加强对水文事业发展的组织领导

各地、各部门要进一步加强对水文工作的领导，认真落实水文法律法规。要将水文事业发展纳入国民经济和社会发展规划，研究制定具体意见措施，在制定政策、安排资金等方面给予倾斜支持。要认真落实“工程带水文”政策，新建、扩建、改建水利

—4—

工程同步建设水文监测工程，并将水文监测设施建设经费列入需要配套水文测站的涉水工程概算，实行同时设计、同时施工、同时竣工验收。要加强水文宣传工作，面向全社会积极宣传水文知识和水文科技，让社会更多了解水文、关心水文、支持水文，不断提高水文工作的社会认知度和影响力。要充分发挥电视、报刊、广播、互联网等新闻媒体作用，以群众喜闻乐见的形式加强水文宣传,为加快推进水文事业发展营造良好的舆论氛围和社会环境。

—5—

抄送：市委各部门，市人大常委会办公室，市政协办公室，市纪委监委，市法院，市检察院，连云港警备区。

连云港市人民政府办公室　　2020年7月30日印发

—6—

（二）市政府关于连云港市水文事业发展规划的批复

连 云 港 市 人 民 政 府

连政复〔2013〕22号

市政府关于连云港市水文事业发展规划的批复

市水利局：

你局《关于上报<连云港市水文事业发展规划>的请示》（连水〔2013〕41号）收悉。经市政府研究，现批复如下：

一、原则同意你局编制的《连云港市水文事业发展规划》（以下简称《规划》），请认真组织实施。

二、原则同意《规划》提出的目标和任务，要切实做好与城市总体规划、水利现代化规划以及其它各类水利专项规划的衔接和协调，突出重点，因地制宜，合理布局。

三、你局要按照《规划》要求制定好年度实施计划，加强对各县区的指导和督查。市有关部门要配合做好《规划》的实施工作。各县区要围绕《规划》和年度实施计划，认真履行相关建设程序，扎实做好各项工作，确保《规划》落实到位。

连云港市人民政府

2013年12月6日

—1—

抄送：各县区人民政府，市发改委、财政局、交通局，环保局、国土资源局、海洋与渔业局、气象局。

—2—

连云港市水文事业发展规划

（连云港市水利局，江苏省水文水资源勘测局连云港分局，
2013年12月制定）

1　现状评价与需求分析

1.1　基本情况

连云港市位于江苏省东北部，处于我国沿海中部的黄海之滨，介于东经118°24′～119°48′、北纬33°59′～35°07′之间，是亚欧大陆桥东桥头堡，东临黄海，与韩国、日本隔海相望；西部与本省徐州市的新沂市、宿迁市的沭阳县相邻；南部与本省淮安市的涟水县、盐城市的响水县相连；西北部与山东省临沂市的郯城、临沭和莒南三县相邻，北部与山东省日照市的岚山区接壤。全市总面积约为7 444 km^2，占全省总面积的7.31%。

连云港市地处淮河流域沂沭河下游，地势从西北向东南由高到低，属于低山丘陵和平原地貌。平原区面积约为5 589 km^2、占总面积的75.1%，主要为冲洪积倾斜平原和海积平原。地面高程一般为2～10 m，绝大多数在3～5 m之间，西高东低，地形坡降平缓，尤其是灌云、灌南一带海积平原变化更小，地面高程一般为3～4 m之间。山丘区面积约为1 855 km^2、占总面积的24.9%，主要由云台山脉、锦屏山脉、灌云南岗-龙苴一带岗岭区、东海县西部南马陵山南缘低山丘陵和赣榆县西部山丘区等组成。西部、北部山丘山势低缓，一般海拔在200 m以下；东部云台山的玉女峰，高程约为625 m，为本市也是全省最高峰。

连云港市属暖温带季风气候区，市区多年平均气温为14.5 ℃(1981—2010年)，最高气温为40.2 ℃(2002年)，最低气温为－18.1 ℃(1969年)，灌南县多年平均气温为14.3 ℃(1981—2010年)，灌云县多年平均气温为14.2 ℃(1981—2010年)，东海县多年平均气温为14.1 ℃(1981—2010年)，赣榆县多年平均气温为13.9 ℃(1981—2010年)。全市全年无霜期约为220天，多年平均降雨量为908.5 mm(1956—2010年系列)；雨量年内分配不均匀，全年60%左右的降雨量集中在6～8月，降雨量的年际间变化也较大，四级资源区面平均最大、最小年雨量比值为2.19～2.38，行政区面平均最大、最小年雨量比值为2.20～2.61，同一单站最大、最小年雨量比值为2.12～3.91。全市多年平均蒸发量为843.8 mm，由南向北递增；蒸发量的年内分配不均匀，5—8月蒸发量约占全年蒸发量的50%。

连云港市平原区自然植被多为落叶阔叶林和常绿针叶林混交，滨海地区有部分盐生植被，山区自然植被多为常绿针叶林，栽培植被一般为作物植被(包括水稻、玉米、甘薯、花生、大豆、棉花等)、经济林及果园(葡萄、苹果、梨等)。

连云港市地处淮河流域沂沭河下游，辖区分属沂河水系、沭河水系和滨海诸小河水系。灌南、灌云县和市区东南部属沂河水系，东海县、市区大部和赣榆县南部地区属沭河水系，赣榆县其他大部地区属滨海诸小河水系。

由于地处淮河流域沂沭河的最下游，流域洪水由入海通道新沂河、新沭河入海，承担上游7.96万km^2流域面积大部分洪水的泄洪任务，是著名的“洪水走廊”。市境内除上述两条流域性重要河流外，还有灌河、蔷薇河、盐河、善后河、青口河和龙王河等大型区域性河流，以及50余条地方骨干河流。

连云港市拥有144座大、中、小型水库：大(2)型水库3座，其中石梁河水库是江苏省最大的人工水库；中型水库8座；小型水库133座。

1.2 水文发展现状

连云港市水文事业经过多年的发展，初步建成了一定规模的防汛站网体系。近年来，水文监测能力逐步提高，遥测方式及信息传输网络化基本满足了防洪(大河、大水库)、防潮等防汛抗旱信息需求。但中小河流、中小水库预警站点稀少，水资源专用、行政区界控制、入海控制等站网基本空白，城市水文专用站网严重不足，与城市发展及规划不相匹配。

1.2.1 水文站网

现状站网由地表水、地下水、水质等基本站网体系组成。

1983年实行市管县以来，辖区内基本水文站网进行了多次调整，逐步得到优化。截至2010年年底，全市共有水文站7个、水位站7个、雨量站44个、泥沙站2个、蒸发站3个、浅层地下水站39个、深层地下水站39个、基本水质监测站10个、水功能区站39个(现状连云港市水文基本站网见附表1～附表5、附图1～附图5，本书略)。地表水监测站网只能满足控制全市大河、大水库、主要供水干河等水文基本特性的要求。

由于没有进行系统的规划与建设，从站网密度或控制节点来看，远远不能满足城市防洪、中小河流防洪、中小水库防洪、区域防汛抗旱和实行最严格水资源管理制度的需要；从站网布局上来看，还存在不少空白区；从站网功能上来看，远远不能满足经济社会发展和水利建设的需要。

1.2.2 监测能力

现状水文站流量测验以缆道为主、水工建筑为辅，少数站紧急测流时采用

ADCP；水位、雨量观测以机械式日记式自记水位计、自记雨量计记录数据为主，部分站采用固态存储长期自记，全市向省级及以上报汛的水位、雨量遥测率已经达到100%；悬移质水样处理一般采用过滤烘干称重法，蒸发观测采用E-601型蒸发器进行人工观测；水质监测以实验室监测为主；地下水监测以测绳法监测为主。

从监测手段来看，面对突发的重大水事件的应急能力不足，面对社会对水文的面广量大的信息需求，遥测、网络等新技术的应用刚刚起步且投入不足。

水文基础设施、测报仪器设备近年来得到一定程度的改善。2000年以来，对50%左右的水文测站进行了重建或改造，配备了基本水文测验仪器，水文站生产办公条件等有了一定改善，水文测站监测能力、标准有所提高。但水文巡测工作尚未形成站队结合体制，目前基层监测中心建设标准较低，技术装备不足，没有配置专用巡测车，整体巡测能力较弱，与水利部提出的水文巡测"机动灵活、快速反应、综合服务"的要求差距较大。江苏省水环境监测中心连云港分中心主要从事包括地表水、地下水、大气降水、生活饮用水(含天然饮用矿泉水)、污水及其再生利用水、土壤与底质等六大类的水环境质量监测工作，检测参数55项。近年来，连云港分中心的实验室面积、恒温面积有所增加，配置了多台套实验室分析仪器，配备了一台套水质移动监测设备，监测能力进步较大，初步满足常规监测与应对突发水污染事故监测的需要。

1.2.3　信息服务

目前，水文部门利用省水利骨干网进行水情信息的传输、处理和管理服务，市水文部门的国家防汛指挥系统水情分中心基本运行环境已经建成，水文部门建设了内、外网网站，通过网页形式发布各项水文信息，依托水情信息交换系统、水情遥测传输系统和市水情信息数据库、水文遥测数据，为各级水利职能管理部门提供水文信息服务。同时，加强了基础资料的分析和评价，编制各类公报、通报、简报，为政府部门防洪调度、水资源利用、水污染防治等提供了较好的信息服务。

1.2.4　管理体系

江苏省水文水资源勘测局连云港分局系省水文水资源勘测局下设的副处级事业单位。分局共设置3个水文水资源监测中心(副科级)。

水文政策法规体系建设不断加强，为水文工作的开展和业务范围的拓展提供法律依据，为水文事业的发展提供法律保障。2009年1月，江苏省人大常委会通过了《江苏省水文条例》，标志着江苏省水文事业进入有法可依、规范化管理的新阶段。此外，《江苏省水资源管理条例》《江苏省人民代表大会常务委员会关于加强饮用水源地保护的决定》，均明确了水文部门开展水质、水量监测和发布水文情报预报的职责。

水文投入的渠道主要包括中央补助、省级财政投入,其中主要依靠省级财政按部门预算拨款,中央补助经费所占份额较小。目前,水文经费投入只在部分专项任务方面得到市财政的支持和补充。

全市水文职工队伍整体素质进一步提高,文化层次有所提升,高素质、高学历、高技能人才数量明显增长。

1.3 取得的成就与存在问题

多年来,水文部门不断加强水雨情监测和分析,及时提供基础数据和预测预报成果,为防汛抗旱决策和水利工程调度运行提供科学依据;大力开展水文水资源调查评价和论证工作,加强水功能区、饮用水水源地、地下水、入河排污口、供水调水等的动态监测和水量水质综合评价,参与用水定额制定、水平衡测试、供水计量监测等工作,为水资源管理提供服务;积极参与生态应急补水调水、城市水生态系统保护与修复及水土保持监测和研究等工作,为水生态建设、水环境保护等做了大量工作;积极应对突发性水事件,对相关水体水量水质进行动态监测、及时分析,为应对突发公共事件提供信息保障;通过长期设站观测,积累了约8 000站年的水文资料,为水利工程规划和建设管理以及经济社会发展积累了大量长系列水文基础资料,提供了可靠服务。

随着社会经济高速运转和水利事业的蓬勃发展,水文面临着良好的发展机遇,也承受着巨大的挑战,水文工作取得了一定的成绩但也还存在着不少的问题。水文承担的任务与其管理体制及投入机制不相适应;水文的发展明显滞后于全市经济社会以及水利的发展和需求。

1.3.1 水文基本站网初具规模,站网布局与功能存在不足

经过不断的调整、补充,现有水文站网收集的资料,对人类认识自然、研究自然、改善人与自然的关系提供了系统可靠的依据,在长期的防汛抗旱、工程规划设计以及近年的水资源管理、水环境保护等工作中发挥了重要作用。但随着经济社会的发展和治水新思路的确立,水文站网布局和功能已不能满足需求,水文站网未能随着水情和工情的较大变化而及时调整,现有站网框架体系不能满足以行政区划为单元的区域水资源管理和保护的需要,为河、湖(库)保护与管理服务的水文监测站点明显不足(尤其是中小河流、中小水库),城市水文站满足不了城市建设的需要等。

1.3.2 水文信息采集与传输逐渐走向自动化,水文测报能力仍然落后

水文部门积极推进新仪器新技术在水文信息采集传输工作的应用,ADCP、

H-ADCP测流仪器逐步使用，遥测与固态存储水位、雨量仪器广泛应用，水质智能化、高效化、专业化的实验室分析仪器快速引进，移动实验室及水量水质自动监测预警仪器设备的起步应用，计算机与通信新技术的应用使全市水文信息采集与传输时效性和可靠性明显提高。但部分水文测站基础设施建设标准偏低，设施设备老化，水文监测中心布局不合理，水文巡测尚未形成体制，基地建设进展较慢，应急机动测报能力不强；新仪器、新技术应用进展缓慢，水文测验精度、频次不能满足新时期水文水资源监测的要求；江苏省水环境监测中心连云港分中心还存在实验室面积尚不达标、常规仪器数量不足、大型分析仪器缺乏等问题，对于一些突发性污染事故及水质突变过程很难及时、全面跟踪调查和监测。

1.3.3　水文工作任务不断增加，科学实验及基础研究工作滞后

水文部门在原有工作的基础上，开展了供水调水监测、水功能区的全覆盖监测、集中式饮用水水源地监测、主要入河排污口（淮河流域）监测、突发性水污染事故应急跟踪监测，水文工作范围进一步扩大，服务领域不断拓宽，任务日益繁重。全球气候变化和人类活动影响的加剧，给水文工作提出了许多新课题，水文科学实验及基础研究整体上仍显薄弱，基础技术、关键技术研究不够，新技术的推广应用力度有待加强。

1.3.4　水文信息共享与服务逐步展开，服务手段和水平有待提高

水文部门在对原始监测资料进行分析加工的基础上，逐步开展水资源公报、水情简报、水质简报、水质快报、水功能区通报、饮用水水源地水质旬报、地下水季报等的编制，及时发布水文信息，为决策部门和社会公众提供了更多的服务。但尚未建立有效的水文服务与共享机制，各种储藏介质（纸质、数据库）纷杂，存储标准各异，部分数据库尚未按标准建设，水文信息的效能未充分发挥；应用系统的开发仅仅停留在立足水文自身业务工作的需要上，面向领导机构决策和社会公共服务方面做得不够。

1.3.5　水文机构与队伍建设有新进展，水文管理体制不顺、运行机制不活

江苏省水文水资源勘测局连云港分局是市级水文管理机构，是副处级单位，直属省水利厅领导，近年来积极推进市级水文机构的省市双重管理，以便强化市级水文部门在地方经济社会建设中的职责和作用，更好地在当地开展各项工作。但目前，本市市级水文机构隶属省级管理的同时亦属地方市级管理的双重管理体制改革进展缓慢，行业管理难度较大；水文系统内部缺乏激励竞争机制，投入渠道不畅，日常工作经费和运行维护管理经费缺乏。

1.3.6 水文政策法规建设有所突破,体系尚不完善

江苏水文政策法规体系建设工作逐步加强,相继出台了《关于新建水利工程有关水文观测设施、用房等问题的通知》《关于加强水文工作的决定》《江苏省水文管理办法》《江苏省水文站网分类管理、分级负担实施办法》《江苏省水文条例》等,尤其是《江苏省水文条例》的颁布实施,标志着江苏省水文工作进入依法管理的新时代。但与条例相配套的市级一系列管理制度、管理办法等尚未制定,没有形成一套完整的政策法规体系,不利于条例的贯彻执行,已有法规的宣传、执行力度也不够。

1.3.7 人才结构有待改善,人员编制偏少

水文部门人才队伍建设成果斐然,本科以上学历占比为56%,大专以上占比为85%,管理水平特别是技术管理水平明显提高。

但是,职工队伍综合素质亟待提高,年龄结构、专业结构、知识结构有待调整,高层次、复合型人才相对缺乏。水文服务领域的不断拓宽,以及社会对水文信息的需求的增加,将促使水文站网(尤其是中小河流、中小型水库防汛站网)暴发性增长,水文基层管理人员、技术人员需及时补充,人员编制明显不足。

1.4 需求分析

水是生命之源、生产之要、生态之基,水文事业作为国民经济和社会发展的重要基础性公益事业,在构建社会主义和谐社会和全面建设小康社会的奋斗进程中,肩负着十分重要的责任和使命。经济社会的可持续发展面临着日趋严重的水资源短缺、旱涝灾害和水环境恶化等问题,解决好这些问题,要求水文工作以科学发展观为指导,为防汛抗旱提供科学的决策支持,为水资源统一管理提供坚实的信息支撑,为生态环境和经济建设提供全面优质的服务。

1.4.1 经济社会发展对水文工作的需求

在连云港市总体规划中,城市被定位为:国际性海滨城市、现代化的港口工业城市和山海相拥的著名旅游城市。这充分表明连云港市城市发展的未来值得期盼。

2010年,连云港市地区生产总值达到1 150亿元,连云港进入千亿产值城市行列,展现了快速发展态势。进入国家战略层面的连云港沿海开发战略,必将给连云港市的各项建设带来良好的发展机遇。

随着社会经济的发展和人民生活水平的提高,社会对水文信息的需求越来越大,对水文工作的要求越来越高。因此,水文部门要从过去主要控制大江大河雨水情及水质特性,发展为为各行业各部门及人民群众所关心的区域提供涉

水信息与服务，从过去主要为防汛抗旱和水利工程建设服务，发展到为水资源开发和节约保护及各项水利工作提供全面服务；从主要为水利工作服务，拓展到为水利、农业、工业、气象、交通、环保、国土、民政、国防等各个领域及社会公众提供全方位服务。水文行业要逐步发展成为立足水利、面向社会提供全面服务的行业。

1.4.2　水利现代化对水文工作的需求

连云港市未来五年经济社会发展的目标、战略重点、主要任务和政策取向，要求水利部门提升水安全保障能力、水资源配置能力、水环境保护能力，以水资源的可持续利用支撑经济社会的可持续发展。水利部门力争通过5年左右的努力，初步建成现代化的水利综合保障体系。力争绝大部分地区遇到一般洪涝基本不受损失，最大限度地减轻灾害损失，保障人民生命财产安全，保证经济社会发展大局稳定；满足人民生活、经济社会发展和生态环境用水需求，一般干旱年份生活、生产用水基本不受影响，特殊干旱年份大部分地区生活用水和重点工业用水有保障；江河湖库得到有效保护，城乡饮用水水源安全保障能力明显提高，水环境状况有所改善，为基本实现水利现代化奠定基础。水文工作是水利事业的基础，水文工作现代化是水利事业现代化的基础。随着国家对水利事业的高度重视和水利事业的快速发展，水文部门在进一步提高防汛测报的准确性和及时性，提高机动监测和应急监测能力，加强预测预报预警；水文部门应提高水资源监测能力，加强水资源监督性监测，加强水文资料的深加工和分析论证，为水资源的开发、利用、节约、配置和保护提供全面的信息与服务；水文部门应转变工作思路，扩大服务范围，加强对关系民生问题的涉水要素的监测和研究，在城乡居民饮水安全、农村河道疏浚整治、中小型水库除险加固、改善城乡水环境、涉水休闲旅游等工作中，积极发挥作用；水文部门应强化以水功能区监测为重点的水质监测工作，拓宽监测范围，增加监测频次和监测项目，加强以湖泊、水库为重点的生态监测，维护江河湖泊的健康生态。总之，水文部门要适应新形势，围绕新任务，转变工作思路，调整工作重心，以科学准确的水文水资源信息、以全面优质的技术服务，支撑水资源的可持续利用、保证水利中心工作的圆满完成。

1.4.3　实施最严格的水资源管理制度对水文工作的需求

随着经济社会发展和人民生活水平的提高，水资源短缺和水污染等问题越来越突出，已成为制约经济社会发展的重要因素。为加强水资源管理和保护等工作，必须实行最严格的水资源管理制度，确立水资源管理“三条红线”。明确水资源开发利用红线,严格实行用水总量控制;明确水功能区限制纳污红线,严格控制入河排污总量;明确用水效率控制红线,坚决遏制用水浪费。实施最严格的水资源管理制度,需要水文部门进一步优化站网,增设行政区界控制站、敏感地区的监测站;在原有地表水监测、地下水监测、水质监测的基础上,参与取水计量监测、行业用水监测;充分利用高新科技、先进技术,实现远程、在线自动监测,并通过自动采集、自动传输、自动分析,提高监测和服务能力。只有这样,水文工作才能为实施最严格的水资源管理制度提供更有效的信息和更可靠的保障。

1.4.4 水文行业自身可持续发展的需求

水文行业在为经济和社会发展服务的同时,其研究的领域和服务的范围也随着经济社会的发展而不断发展。新时期治水新思路的确立,对水文工作规划提出了许多新的任务,提出了更高的要求,提供了新的机遇,注入了新的活力。同时,水文事业也面临着许多新的挑战和严峻的考验。目前,水文行业自身发展还存在许多困难和矛盾,与我市"两个率先"的要求和水利现代化的要求不相适应。要解决这些问题,必须加快水文行业现代化建设,实现发展理念、技术手段、工作方法、科技水平、体制机制、人才队伍等各个方面的改革与创新,全面提高水文行业的综合服务能力,努力开创水文行业发展的新局面。

2 目标与任务

水文事业是国民经济和社会发展的基础性公益事业,也是水利工作的重要基础和技术支撑。近年来,受全球气候变化影响,水旱灾害事件呈频率加快、强度加大、危害加深的态势。同时,随着经济社会快速发展和城市化进程的加快,水文水资源条件发生深刻变化,水利工作所面临的洪涝旱灾治理、水资源供给、水环境保护等任务越来越艰巨。这对水文工作提出了更新、更高的要求,水文的基础地位更加重要,支撑作用更加突出,承担的任务更加繁重,发展前景也更加广阔。

"十二五"乃至今后一段时期,是建设小康社会、积极推进现代化进程的重要时期,水文事业必须全面科学规划,创新发展思路,拓宽服务领域,改革发展模式,加快提升为水利与经济建设的支撑能力和为社会公共服务的水平。

2.1 指导思想

以科学发展观为指导,积极践行可持续发展的治水思路,紧紧围绕水利中心工作和经济社会发展需求,坚持立足水利、面向社会的水文发展方向,以加快水文现代化建设为主题，以转变水文发展方式为主线，以加强水文水资源监测体系建设为基础，以提高预测预报能力为重点，以推进体制机制改革为动力，以提供全面优质服务为目标，以强化科技创新和队伍建设为保障，统筹规划、突出重点、适度超前、全面发展，加快推进水文事业从侧重局部建设向注重整体发展转变，从技术导向型向服务导向型转变，从数据服务型向成果服务型转变，从行业水文向社会水文转变，从战略高度实现从传统水文向现代水文转变，努力提高水文事业现代化水平，为经济社会发展提供有力支撑。

2.2　基本原则

(1) 立足水利，面向社会。服务水利和经济社会发展，这是水文工作的出发点和立足点，始终是水文工作的中心任务，也是水文发展的核心理念。要在服务好防汛抗旱、水利建设、水资源管理等水利中心工作的同时，围绕经济社会发展各项涉水事务和社会公众需求，大力拓宽水文服务领域，努力增强水文社会服务的功能。

(2) 统筹兼顾，协调发展。坚持地表水与地下水监测分析并重、水量与水质监测分析结合、防汛与抗旱服务并举、流域与区域兼顾，统筹建设平原与山区、城市与农村的各类水文站网，不断拓展水文测站的功能，促进水文事业全面协调发展。

(3) 统一标准，强化管理。把加强水文行业管理放在更加突出的位置，统一站网规划，统一技术标准，统一信息发布，统一资料管理，统一监测仪器计量检定，全面提高水文行业管理水平。

(4) 因地制宜，分类指导。水文工作要结合区域发展战略，完善发展布局，针对区域水资源特点和水利发展定位，明确水文工作发展重点，与区域内水利工程建设总体格局相对应，与区域水问题的规划、管理和研究以及区域内社会经济发展的基本需求特征相适应，更好地为区域经济社会发展服务。

(5) 完善体制，创新机制。建立与水文工作的性质、特点和任务相适应的体制和机制，是推动水文事业可持续发展的重要保障。要根据水文工作的基础性、公益性、流域性和区域性的特点，继续完善按行政区划原则进行的水文机构设置；积极推行共建共管、双重管理体制；积极探索和实践县级水文行业管理和机构建设；协助建立健全《江苏省水文条例》配套法规和制度；建立和完善各级政府对水文行业建设与运行的稳定投入机制。在内部运行机制上，加快基层测站管理模式和测报工作方式的改革，积极推行竞争上岗，岗位聘用，建立绩效工资制度，为水文事业的可持续发展提供政策和制度保障。

(6) 注重科技,提高水平。把水文事业现代化建设放在突出位置,大力提升水文工作自动监测、应急机动监测能力,加快通信计算机网络系统、数据库、信息共享平台、业务应用系统建设。充分运用现代科学技术,深入研发和广泛利用水文水资源信息资源,加强水文数据的深加工,实现各类水文水资源信息及其处理的数字化、网络化、集成化、智能化、可视化,促进信息交流和资源共享,提高水文事业的自动化、信息化和现代化水平。

2.3 规划水平年

规划基准年:2010 年。

近期水平年:2015 年。

远期水平年:2020 年。

2.4 主要目标

根据水利及其经济社会可持续发展的要求,按照水利事业发展总体布局,围绕水利事业对经济社会可持续发展的社会保障、资源保障和生态环境保障三大任务,针对防洪减灾、水资源供给、水资源保护、农村水利等需求,以满足水利中心工作和经济社会发展需求为总体目标,基本建成布局合理、功能齐全的水文站网体系;机动灵活、现代化程度较高的水文信息采集体系;畅通快捷、技术先进的水文信息传输服务体系;综合配套、保障有力的水文运行管理体系。建成与全市水利及经济社会发展相协调的保障型、技术型、服务型的先进的现代水文事业。至 2020 年,全市基本实现水文事业现代化。

现代水文监测网络基本建成。立足现有站网功能的延伸和拓展,增加有应用需求的专用站。在以国家基本站网为骨干的基础上,基本建成水情、水资源、水质、城市水文等四大监测网络。形成站网布局合理、功能完善、密度适当、项目齐全、点面结合的现代水文监测站网体系。

水文基础设施建设全面达标。依据水利部《水文基础设施建设及技术装备标准》,根据测站水文特性,对各类水文站进行建设改造,加快水文巡测基地、水环境分中心建设,各类水文基础设施全部达到国家规定的标准。

水文要素自动监测和应急机动监测能力全面提升。全面实现雨量、水位(含地下水站水位)自动测报,逐步实现重要测站流量实时在线自动监测,提高泥沙、蒸发(含气象要素)测验仪器与分析设备的自动化水平;建立旱情自动监测系统,建成标准较高、反应快速、机动灵活的实验室监测和移动监测、自动监测相结合的水质监测系统。实现水文要素监测长期自记、数字存储、自动传输和处理。

水文信息服务水平大幅度提高。运用现代信息技术，建成整体性能接近或达到国内先进水平的水文信息服务系统。建设安全、高效的计算机通信网络系统，建成水情、水质、地下水等基础数据库，开发满足不同需求的水文业务应用系统，构建水文信息共享平台。切实提高水文综合信息服务能力。

水文管理体制和运行机制改革取得突破。配合建立符合实际具有地域特色的水文政策法规制度、技术标准、现代化指标体系，健全水文体制双重管理、共建共管和内部竞争激励、良性循环的运行管理机制，形成以公共财政为主渠道的稳定增长的水文投入机制，改革水文测报方式、创新基层管理组织形式。

行业能力建设取得重要进展。水文人才队伍不断壮大，整体素质和能力全面提高；水文新技术、新方法、新仪器广泛运用，水文信息化与现代化建设快速推进。连云港市水文事业发展规划主要指标见附表 2-1。

附表 2-1　连云港市水文事业发展规划主要指标

指标		现状	近期目标	远期目标	指标性质
水文站网	基本雨量站密度/平方公里每站	196	181	181	约束
	基本水文站密度/平方公里每站	1 063	744	744	约束
	浅层地下水站密度/平方公里每站	5 200	3 400	3 400	约束
	基本水质站/个	10	14	14	预期
	水功能区监测站点/个	40	103	103	约束
	水源地监测站/个	7	13	13	约束
	行政区界监测断面/个	2	35	51	预期
	城市防洪除涝站点/个	8	67	67	预期
测站测报能力	测站设施达标率	50%	100%	100%	约束
	雨量站自动测报率	41%	100%	100%	约束
	水位站自动测报率	60%	100%	100%	约束
	具备条件的流量站自动测报率		50%	100%	约束
水文巡测	巡测基地数/个	0	3	5	预期
	巡测基地达标率	0	40%	100%	约束
	巡测到达现场时间/小时		1.5	1.5	约束
水质监测	水环境监测(分)中心/个	1	1	1	预期
	分析能力/项	55	75	109	预期
	水质自动监测站/个	0	3	6	预期
	水质水量移动监测车/辆	0	1	1	预期
信息服务系统	业务应用系统开发率	20%	70%	100%	预期
	水文预报精度合格率	60%	80%	90%	预期
	信息公众发布率	30%	80%	100%	预期

2.5 重点任务

(1) 着力抓好水文站网优化调整。按照基本水文站网与调查站点相结合和满足应用服务需求的原则,着重在重点防洪区、重要城镇、重要水源地、省市县行政区界、水功能区、主要入河(湖)排污口、水库、调水干线和地下水超采漏斗区等缺少水文测站控制的地区进行补充和完善,调整和优化受水利工程影响的水文站,增加发展水文巡测站点,最大限度地满足各方面的社会需求,满足经济和水利事业快速发展的需要。

(2) 切实提高水情预测预报水平。为防汛抗旱提供水文情报预报服务,是水文工作的立足之本。在及时、准确提供水情信息的同时,尤其要注重水文遥测系统的维护和管理,增强实时性和快捷性;注重对特殊水情的加测加报和突击性的行洪测验以及暴雨洪水的调查与巡测,满足调度需要;注重水文分析评价和水文预报工作,为指挥决策提供科学依据。

(3) 突出加强水资源监测评价。着力加强水功能区、集中式饮用水水源地、调水供水干线、大中型水库、行政区界、主要入河排污口等水域的水质水量监测和地下水超采区、沉降区动态监测工作,开展水生态监测工作,抓好突发性水污染事件的跟踪和调查。加强对监测资料的综合分析和评价,抓好各类公报、简报、通报的编制和发布,实施最严格水资源管理制度,落实"三条红线"控制管理,为社会公众提供全面、优质、高效的水文信息服务。

(4) 大力发展城市水文事业。根据城市发展、水资源保障、水环境保护、水生态修复和市政建设等实际需求,科学规划城市水文工作,在市区主城区和近郊的主要水源地、主要河道、纳污水体、风景名胜区及其他敏感水体布设水文站网,开展城市水文、环境水文、生态水文、区域水文等新课题、新领域的监测与研究,为城市建设、经济发展、供水安全、环境保护、生态修复等提供全方位的水文服务。

(5) 加强水文巡测。针对区域自然特性和雨洪特点,为满足地区水量平衡计算和水资源管理、水环境保护的需要,详细规划巡测线,设立沿海、省市县界水文巡测线路,扩大水文巡测覆盖面和资料收集范围,建立健全水文巡测工作机制,抓好巡测基地(县级水文监测中心)基础设施和巡测能力建设。

(6) 加快推进水文测报工作方式和管理模式的改革。根据站网的不同性质、作用和类别,研究和采取不同的测验方法、精度控制、建设标准和管理形式。对条件较好的测区,以水文巡测基地为基础,实现驻测、巡测、间校测和调查相结合的管理模式,研究和推进水文测验精简模式;对站网优化和新建工程需要增设的大量站点，尽可能采用巡测、自动监测和长期自记技术，避免驻测站、固定站的大量增加；对已积累长系列资料且具有较好水位流量关系的站，按“无人值守、有人看管”的模式，装备相应的仪器和设备；对突发性水污染事故和水旱灾害，建立健全应急监测机制，完备应急监测手段，提高快速反应能力；对自动采集的数据，实现替代人工观测报汛，直接进行资料整编。进一步推进以遥测、巡测、长期自记等主要技术手段为主的测报方式改革，取代分散驻测、固守断面、人工观测的传统测报模式，实现作业方式和管理的现代化，提高工作效率和质量，促进生产力发展。

(7) 不断强化科技创新和人才队伍建设。坚持科研与生产相结合、近期与远期相结合、基础研究与成果推广相结合、自主创新与设备引用相结合、高新技术与传统方法相结合的指导方针，开展水文测验技术、水文信息传输及处理技术、水文水资源预测预报技术、水文水资源特征及规律，以及水文新技术、新仪器、新方法在水文工作中的应用等方面的基础研究。建设水文科技服务平台，健全人才培养机制，构建分层次教育培训体系，重视高层次、高技能人才培养，为现代水文事业的发展提供动力和保障。

(8) 全力推进水文事业现代化进程。加强水文工作规划编制和基础性工作，做好项目储备；加强水文基础设施规范化、标准化建设；加快水情、水资源、水质、地下水等各类信息采集系统自动化建设；扩充和完善结构合理、快速顺畅、安全可靠的水文信息网络设施；建成水情、水质、地下水等基础数据库，并建设数据库备份中心；建成水文数据处理、水文水资源预测预报及评价分析、实时动态监视与视频会商、办公自动化等各类水文业务应用系统；充分应用水文数据交换、管理和信息共享平台。不断提高水文信息在采集、传输、处理、存储、应用、服务等各个环节的现代化水平，全力推进水文事业现代化进程。

3　水文站网布局

水文站网是水文部门开展监测、分析、评价、服务等一切工作的基础。为满足水利及经济社会发展对水文资料的要求，应根据科学的布站原则，对水文测站进行总体布局，按照不同类别、功能分别规划站网，并使之相互协调配套，形成整体的水文站网体系。

水文站网布局规划的原则和思路，一是立足于现有站网功能的延伸和拓展。在对现有水文站网进行全面分析评价的基础上，充分发挥水文站网综合效能，完善现有站网在水资源配置监督、水资源保护、城市水文等方面的监测功能，力求一站多能，量质同步，避免重复设站。二是着力满足实行最严格水资源管理制度的需求。加强水资源调配系统、行政区界、城市防洪、城市供水、重要水源地、水功能区、地下水超采漏斗区、大中型水库、主要入河排污口等的水文站网建设。三是紧密结合水利工程建设，为区域供水和区域治理等重点水利工程服务。四是充分考虑水文特点，着力进行水文测验方式改革，大力发展巡测，避免和减少驻测站的大量增加。五是改变现有站网空白区及局部过稀的状况，满足面上水资源计算需求。

按照站网类别，可将水文站网划分为基本站和专用站两类进行规划，又将专用站按照其功能又划分为水情监测、水资源配置、水资源保护、水生态环境监测和城市水文监测等五类站网进行规划。

3.1 基本站网

基本站是为经济社会综合需要，经统一规划而设立的水文测站，由水文部门建立和管理，在规定时间内连续进行观测，收集的资料应刊入水文年鉴或存入数据库。基本站是水文监测的骨干站网，需要保持相对稳定，应长期和不间断地收集水文资料，探求水文要素在时间和空间上的基本特征和变化规律，以满足各方面需要。

基本水文站按观测项目可分为流量站(通常称水文站)、水位站、雨量站、蒸发站、泥沙站、地下水站、水质站等七类。连云港市现状水位站网见附表1～附表5、附图1～附图5(本书略)。

完善流量控制站。升级安峰山水库水位站为基本水文站，全面掌握大型水库进出水量；升级龙沟闸水位站为基本水文站；新设通榆河北延工程控制站灌北地涵水文站(水质水量自动监测)为基本水文站；降级张疃基本水文站为雨量站；新设通榆河支线控制站凤凰嘴水文站(水质水量自动监测)为基本水文站。基本水文站规划新设、改级、改建站点情况见附表3-1。

附表3-1　基本水文站规划新设、改级、改建站点情况

序号	所在河流名称	站点名称	站别	测验项目	性质
1	厚镇河	安峰山水库	水文	流量、水位、雨量	升级在建
2	通榆河	灌北地涵	水文	水位、雨量、流量(自动)、水质(自动)	新设在建
3	通榆河	凤凰嘴	水文	水位、雨量、流量(自动)、水质(自动)	新设在建
4	北六塘河	龙沟闸	水位	流量、水位、雨量	水位站升级为水文站
5	大沙河	张疃	雨量	雨量	水文站降级为雨量站

调整水位站网。新设新沂河三百弓水位站；升级安峰山水库水位站、龙沟闸水位站为水文站。水位站规划新设、改级站点附见表3-3。规划后基本水文、水位站网情况见附表6、附图6(本书略)。

附表3-2　水位站规划新设、改级站点情况

序号	所在流域名称	所在河流名称	站点名称	站别	地址	性质
1	淮河	新沂河	三百弓	水位	灌云县燕尾港镇三百弓	新设
2	淮河	新沭河	安峰山水库	水文	东海县安峰山水库	水位站升级为水文站
3	淮河	北六塘河	龙沟闸	水文	灌南县新安镇龙沟闸	水位站升级为水文站

加强雨量和蒸发量观测。雨量观测应能控制月年雨量和暴雨特征值在大范围内的分布规律，适当增加空白区雨量监测站点。增设灌南、汤沟、烧香河闸雨量站。在灌云雨量站增设蒸发量观测项目，增加面上蒸发量观测密度。降水蒸发站规划新设、增设站点情况见附表3-3。规划后基本降水、蒸发量站网情况见附表7、附图7(本书略)。

附表3-3　降水蒸发站规划新设、增设站点情况

序号	所在河流名称	站点名称	站别	测验项目	性质
1	盐河	灌云	降水量	雨量、蒸发量	增项(蒸发)
2	盐河	灌南	降水量	雨量	新设
3	柴南河	汤沟	降水量	雨量	新设
4	烧香河	烧香河闸	降水量	雨量	新设

加强地下水观测。连云港市现状浅层基本观测井有39眼，部分平原区地下水观测井设站年限较长，已达设站目的，予以撤销；部分观测井设站需求和功能已消失，予以撤销；保留山丘区观测井和部分平原区观测井。经调查研究和分析，拟撤销的浅层地下水观测井情况见附表3-4。规划后浅层地下水站网情况见附表8、附图8(本书略)。

附表3-4　拟撤销的浅层地下水观测井情况

序号	测井类别	测井分类	已达设站目的	设站需求或功能已丧失	不具备代表性
1	东海县房山镇草街村中	基本井	√		
2	东海县驼峰乡旱塘村供销社住宅院内	基本井	√		
3	东海县横沟乡横沟村供销社后院内	基本井		√	

附表 3-4(续)

序号	测井类别	测井分类	已达设站目的	设站需求或功能已丧失	不具备代表性
4	东海县青湖镇青南村南 50 米	基本井		√	
5	东海县岗埠农场场部西北	基本井	√		
6	赣榆县墩尚乡岳庄村北 100 米	基本井	√		
7	赣榆县城南乡一沟村中	基本井		√	
8	赣榆县门河乡刘门河村	基本井			√
9	赣榆县石桥乡石桥村北角	基本井	√		
10	赣榆县沙河镇刘庄村南角	基本井	√		
11	赣榆县罗阳乡前罗阳村青罗公路西 50 米	基本井		√	
12	赣榆县海头镇李巷村中	基本井		√	
13	赣榆县九里乡九里村 204 国道东 200 米	基本井	√		
14	灌云县板浦镇石河村中	基本井	√		

强化水质监测。增加省界控制站和水源地保护站点,规划新增 4 个基本水质站,见附表 3-5。规划后基本水质站网情况见附表 9、附图 9(本书略)。

表 3-5 规划新增基本水质站情况

序号	所在流域名称	所在河流名称	站点名称	所在水功能区名称
1	淮河	蔷薇河	茅口水厂	蔷薇河连云港市海州饮用水水源区
2	淮河	青口河	黑林	青口河鲁苏缓冲区
3	淮河	石门头河	张疃	石门头河鲁苏缓冲区
4	淮河	绣针河	绣针河大桥	绣针河鲁苏缓冲区

3.2 专用站网

专用站是因特定目的而设立的水文测站,不具备或不完全具备基本站的特点。专用站是基本站的重要补充,可以弥补基本站观测资料的不足。根据经济社会发展和水利中心工作对水文工作的需求,重点规划建设水情监测、水资源配置、水资源保护、水生态环境、城市水文等五大专用水文站网体系。

3.2.1 水情监测站网

水情监测站网是为防汛抗旱、水资源调度服务,以提供及时的水文情报预报为主要目的的一系列站点的总称。水情监测站网的规划是以防汛抗旱的工作需要为主线,顺应从“由控制洪水向洪水管理,由单一抗旱向全面抗旱”的转变,优先考虑防洪排涝,兼顾解决抗旱、水资源调配、城乡饮用水安全等与经济发展及民生密切相关的问题，坚持应用需求与水文分区相结合，大中小水库、河流、调水河道与行政区划相结合，准确、及时、全面地提供水情信息。根据水情监测的重点和实际，水情监测站网分为省、市级报汛站，中小河流水情监测站和中小型水库预警监测站三类进行规划。

3.2.1.1　省、市级报汛站

按照《水情信息编码标准》，省、市级报汛站分河道站、闸坝站、排灌站、水库站、潮位站、雨量站、墒情站等七类站网进行调整、完善。规划市级以上报汛站网见附表10及附图10（本书略）。

3.2.1.2　中小河流水情监测站

2015年以前，针对中小河流治理建设规划所确定的21条中小河流，统筹规划中小河流治理中各类水文站网，拓展水文测站功能，重点加强中小河流水位、雨量监测，部分河流进行流量监测，全面提高中小河流水文监测预警水平，确保中小河流发生洪水时能及时预警，为中小河流防洪安全提供及时、准确的指挥决策信息。规划中小河流站点见附表11、附图11（本书略）。

3.2.1.3　中小型水库预警监测站

加快中小型水库预警监测系统建设。依托已经建成运行的江苏水利信息网络，建设覆盖全市8座中型水库和133座小型水库的水雨情信息自动采集系统，构建中小型水库水雨情信息传输系统，建设中小型水库实时数据库和工程基础数据库，开发信息查询系统、水文预报系统和辅助决策支持系统，充分发挥中小型水库在防洪、灌溉、城乡供水和水产养殖等方面的重要作用。中小型水库预警监测站点见附表12、附图12（本书略）。

3.2.2　水资源配置监测站网

水资源配置监测的目的是着力解决当前水资源过度开发、用水浪费、水污染严重三大突出问题，实现水资源开发利用控制、用水效率控制、限制纳污，在有限的水资源承载能力和水环境承载能力约束下，保障经济社会可持续发展对水资源的合理需求。水资源配置监测站网是监控河湖水质水量在不同区域的交换情况而布设的一系列站点。根据水资源配置监督工作的重点，主要从调水工程监测、行政区界监测两个方面进行规划。

3.2.2.1　调水工程水文站网

加强跨流域、跨区域调水工程水质水量监测。重点布设调引江淮水输水干线主要节点控制站，淮沭新河进入连云港总控（桑墟）、通榆河北延输水干线主要节点（灌北地涵、新沂河北堤涵洞、刘顶、凤凰嘴）等水文控制站，掌握出入水量及水质情况，为水利工程的科学调度提供依据，为缓解水资源短缺和生态环境恶化、保障地区经济开发及水环境，实现水资源优化配置，提供翔实的水质水量信息。调水工程供水线规划新设站点见附表13、附图13（本书略）。

3.2.2.2 行政区界监测站网

加强行政区界水质水量监测。按照水量大、水质差的设置原则，在县级以上交界断面（市界、省界的行政交界断面）分期布设水文监测站点，近期规划控制交界断面污染物总量70%的行政区界监测站网，远期规划控制交界断面污染物总量80%的行政区界监测站网，为以行政区域为单元进行用水计量考核、环境资源区域补偿提供依据，从而有助于水行政主管部门建立水资源总量控制管理的基本框架体系，形成有效的监督机制和科学的管理手段，满足水资源监督管理需要。行政区界规划新设站点共51个，近期实施35个临时站，控制交界断面70%的污染物总量；远期实施51个固定站，控制交界断面80%的污染物总量。行政区界规划站网见附表14、附表14-1、附表14-2及附图14（本书略）。

3.2.3 水资源保护监测站网

水资源保护监测是水行政主管部门实行最严格的水资源管理制度的基础。水资源保护监测站网是监控地表水水质状况、河湖污染负荷、深层地下水动态变化的一系列站点。根据水资源保护的工作重点，主要从水功能区监测、饮用水水源地监测、入河排污口监测、深层地下水监测4个方面进行规划。

3.2.3.1 水功能区监测站网

强化水功能区监测，为水功能区监督管理服务。建成覆盖全市所有水功能区的水文站网，并增加国家、省级重点水功能区的监测频次，为水功能区水质达标考核、限制纳污，加强水功能区监督管理提供第一手信息。在开展常规指标监测的基础上，全面开展有毒有机物的监测，从而更加全面科学地评价水功能区水质状况。水功能区规划监测站网见附表15、附图15（本书略）。

3.2.3.2 水源地监测站网

加强饮用水水源地水质监测，保障饮用水水源地水质安全，保障人民群众的身体健康和社会稳定。对省水利厅公布的全市饮用水水源地实施全面监测，掌握饮用水水源地水质状况及存在问题，为水源地的监督和管理提供可靠的依据，提高公共服务水平。对于不安全的水源地应加强监测，加大站点布设密度。加大水源地监测的预警性，开展水源地水文情势预报工作。规划水源地监测站网见附表16、附图16（本书略）。

3.2.3.3 入河排污口监测站网

加大入河排污口监测力度,掌握全市入河排污口排放及水体纳污总量,为水行政主管部门切实履行入河排污口监督管理的职责、提出限制排污总量意见、推进入河排污口综合整治提供支撑,促进全市水资源质量根本好转。监测站网的设置必须涵盖建制城镇和重点乡镇,并在多年监测、统计与分析的基础上,不断完善入河排污口监测站网。对排放污水量大、考核污染物排放量大、浓度高或排入敏感水体的入河排污口重点加强监测。规划入河排污口监测站网见附表17、附图17(本书略)。

3.2.3.4　深层地下水监测站网

完善深层地下水监测站网。突出重点兼顾区域,对现有站网进行合理优化,满足水资源合理配置及地下水修复与保护的需求。站网布设按照地下水的赋存特性,覆盖孔隙水、裂隙水等类型。对地下水超采区,地下水漏斗区、地下水环境保护区、地下水功能区、沿海地区、省市边界地区、地下水特殊类型区进行加密布设。连云港市现状深层地下水监测井共有39眼,根据上述布设原则,拟保留21眼区域控制监测井,撤销18眼区域控制监测井,新设10眼区域控制监测井,新设2眼超采区监测井,新设2眼地热区监测井,新设1组地表地下水量交换监测井(排井共5眼)。规划后共40眼深层地下水监测井,见附表18、附图18(本书略)。

3.2.4　大中型水库水质监测站网

加大以大中型水库为主要对象的水质水环境监测力度。以11个大中型水库为主,建设大中型水库水质监测站网,对大中型水库水环境质量进行有效监测。大中小型水库水质监测规划站点见附表19、附图19(本书略)。

3.2.5　城市水文监测站网

随着城市化进程不断加快,城市防洪、城市供水、水域污染、河道淤积、生态退化、热岛效应、地下水严重开采等涉水问题为社会所关注,城市资源型缺水、水质型缺水问题越来越突出。解决这些问题需要抓紧布设城市水文站网。

加强城市水文监测,顺应经济社会发展的形势,满足城市化快速发展对水文工作的需求。将全市主城区作为规划范围,着重从城市防洪、水资源管理和保护、城市水质等方面入手,全面规划,建成类别齐全、功能完备、手段先进的城市水文站网。

在以上基本站网以及其他专用站网(水情监测、水资源配置监测、水功能区保护等)规划基础上,对城市防洪除涝监测站网进行重点充实规划,以满足和适应城市经济社会发展需求。

充实城市防洪除涝站网,主要考虑补充水文、水位和雨量监测站,为城市防洪除涝提供支撑,为研究城市化后水文特征变化规律积累资料。水文(位)站规划布设在城区主要防洪排涝河道(新沭河、蔷薇河、大浦河、烧香河、排淡河等)的上中下游或工程控制节点上,对小型水库水情实施全面监测,雨量站布设密度控制在每20～30平方公里一站。城市水文、水位、降水、蒸发量及水质监测站网规划见附表20～附表22及附图20～附图22(本书略)。

3.3 水文巡测线

连云港市境内河网纵横交错,河流相互串通,水量交换频繁,沿海口门众多,水文情势复杂。同时,连云港市位于江苏省东北部,与山东为邻,省际交界交换水量较大。为适应区域防汛抗旱、水资源保护以及算清水账,进行水资源分析研究的需要,除布设基本流量站外,还需要布设巡测线,以补充监测站点不足,满足不同目的需求。

根据实际需要,设置省际(苏鲁)交界巡测线和沿海巡测线,充分监测水量、水质变化情况。省际(苏鲁)交界巡测线沿东海县西部边界、赣榆县西北边界,长135公里;沿海巡测线北起绣针河河口,南至灌河两岸(灌南县境内),长约180公里。巡测线见附图23(本书略)。

4 水文监测能力建设

按照“准确、及时、高效”的目标,建设现代化的水文监测能力体系。驻测与巡测互为补充,水量监测与水质监测统筹考虑,常规监测、机动监测、自动监测3种监测能力同步提高。

4.1 测站基础设施及技术装备建设

加快水文测站基础设施建设。以《水文基础设施建设及技术装备标准》为依据,逐步开展水文测站升级改造和达标建设,提高水文测站防洪能力、测洪能力和现代化水平。

实施水文测站达标建设工程。重点建设省以上重要水文站基础设施,消灭危房及危旧设施,配备先进测验仪器,改变部分水文测报基础设施建设标准偏低、设施设备老化的状况。测站水文测验设施建设应同时满足防洪标准和测洪标准的要求。当出现防洪标准相应洪水时,能保证设施设备和建筑物不被淹没、冲毁,人身安全有保障。当发生测洪标准相应洪水时,测验设施设备能正常运行,测报工作能正常开展。

加快先进测验仪器设备的配备,大力发展水文要素的自动采集,提高监测的现代化水平。雨量、水位(包括潮水位站和地下水位站)全面实现遥测、长期自记、数字存储、自动传输及处理。蒸发及其观测辅助项目(气象要素)逐步采用自动监测。流量以常规流速仪法为基础,进一步加强全自动测流缆道的研究与应用;推广快速定位技术和非接触技术进行流速、流向监测,在重点防洪地区、重要水源地、重要调水干线建设流量自动监测站或配备流量自动监测仪器设备;对适宜采用水工建筑物测流和应用水位流量关系推流的测站,采用相应的方法实现流量在线监测;符合巡测条件的测站流量施测采用移动监测。泥沙测验以应用积时式采样器为基础,加强研究与应用声学、光学、电磁原理等物理方法的泥沙测验和分析仪器,提高悬移质泥沙测验采样与分析的效率、精度和稳定性。水质监测主要采用实验室常规监测、移动监测、自动监测 3 种方式,以实验室常规监测为主。在城市主要水源地、敏感水域等建立自动监测站 6 个,其中"十二五"时期建成 3 个、远期建成 3 个,提高对水污染的实时监测与预警能力。墒情监测采用固定式或便携式监测仪器,逐步建立由墒情监测、水文模型分析和遥测分析相结合的旱情自动监测系统。

4.2　巡测基地建设

水文巡测是驻测的补充,巡测基地是开展水文巡测工作的基础。建立巡测机制,推进"减少驻测、发展巡测"的工作模式,结合河网密布、水工建筑物众多、水文情势错综复杂的情况,充分发挥水文巡测工作在扩大水文工作服务范围、提高工作效率、促进基层测站管理、改善基层生产生活条件、稳定职工队伍等方面的巨大作用。

巡测基地的布局与功能。根据规划及发展需要,拟在市区及下辖四县各设立一个水文巡测基地,负责各自辖区的水文管理、巡测等工作。

将现有东海、赣榆两个水文水资源监测中心改建为相应县级辖区的水文巡测基地,将现有新浦水文水资源监测中心办公生产用房改建为城市水文巡测基地。新建灌南、灌云两个巡测基地,分别承担相应行政辖区内水文监测、管理、巡测的水文任务。水文巡测机制的建立和巡测基地的建设,将为处置突发性水事件提供及时、准确的监测信息,为城市防洪、供水安全和改善人居环境提供技术支撑,为县域经济社会发展、防汛防旱、水资源管理、水环境保护等建设管理提供全方位服务。

加强巡测基地能力建设。结合经济社会的发展和现有县级水文监测中心状况,区分轻重缓急,有计划、有重点地进行规划与建设,优先考虑城市建设需求,循序改建原有监测中心,逐步推进和完善县级区域巡测基地的建设。进行巡测基地达标建设,一是加强基础设施建设,包括观测、实验、生产场地、办公、生产用房等基础设施建设;二是配备必需的巡测技术装备,大力推广 GPS、ADCP、H-ADCP、电波流速仪等新仪器、新设备的应用。

4.3 水环境监测分中心达标建设

建设和完善与连云港市经济社会发展相适应的、符合可持续发展要求的水质监测网点体系;全面提升实验室监测能力、应急机动监测能力,建设"国内先进,省内一流"的水质监测实验室。

实施江苏省水环境监测中心连云港分中心达标建设工程。按照《水文基础设施建设及技术装备标准》及环境监测站建设标准,具备《地表水环境质量标准》要求的 109 项分析能力。

鉴于连云港水环境监测分中心实验室面积、仪器设备等至今未满足规范要求的现状,规划购置实验室用房、配备必要的仪器设备,以满足规范要求,整体实现达标。

强化水质应急监测能力建设。加强水质应急机动监测,积极应对突发性水污染事故。为基层巡测基地配备部分水质现场监测装备,提高水污染事故的预警监测及快速反应能力,装备水质现场监测设备。

5 水文业务信息应用系统建设

依托省水利厅网络传输系统,在水文信息资源共享存储、集中交换和综合服务的基础上,面向地方需求,不断深化水文资料深加工,研发服务于防灾减灾、水资源开发利用、水资源和水生态环境保护等涉及的水文业务的应用系统,满足防汛防旱、水资源管理、河库治理及社会各方面对水文信息服务的要求。

6 投资匡算

6.1 规划总投资

在贯彻执行国家及水利部现行有关工程概(估)算文件、政策的前提下,本着实事求是、科学有据的原则,编制投资匡算。主要材料的估算价格,采用公布的建筑安装工程材料价格,为 2010 年价格水平;仪器设备单价采用市场调研价格。在此基础上,分别对各类测站、水环境分中心、巡测基地等,进行典型设计估算。

根据规划目标和项目建设要求,连云港市水文事业发展规划 2011—2020

年总投资为16 979.58万元，其中水文站网投资为12 518.58万元，水文巡测基地投资为2 780万元，水质监测分中心投资为1 531万元，水文信息服务体系投资为150万元。投资匡算实施分期规划见附表6-1。总投资匡算见附表23(本书略)。

附表6-1　连云港市水文事业发展规划投资实施分期规划情况　单位:万元

序号	项目名称	总投资	2011—2015年	2016—2020年
一	水文站网	12 518.58	6 800.58	5 718
二	水文巡测基地	2 780	780	2 000
三	水质监测分中心	1 531		1 531
四	水文信息服务体系	150	150	
合计		16 979.58	7 730.58	9 249

6.2　近期主要建设项目

根据水文事业发展总体目标，结合全市水利发展布局和重点任务，按照统一规划、分期分步实施的原则，“十二五”期间，在水文基础设施和信息化建设的主要方面是基于基本站达标、部分专用站网达标建设的测站基础设施建设和技术装备建设、改建巡测基地建设、水文信息化能力建设等。

6.2.1　基本站达标建设

按照有利生产、方便生活、先进实用等原则，对照《水文基础设施建设及技术装备标准》，对基本水文站进行达标建设。升级基本水位站为基本水文站2个；新建3个雨量站、1个蒸发量站(增项)，为基本水文测站全面达标打下基础。

水文测站基础设施建设和设备配置，根据工作任务、人员编制确定。生产业务用房必须与生产需要相匹配，建设用地必须与生产业务用房规模相匹配，严格控制生产用房建设。

主要建设内容包括测验河段基础设施、流量、水位、雨量观测设施、生产业务用房及附属设施，以及水位计、雨量计、蒸发器、测流缆道或H-ADCP、GPS、全站仪、水准仪、遥测终端设备等监测仪器设备等。

6.2.2　专用站达标建设

6.2.2.1　水情监测站达标建设

近期建设的报汛站点为3个闸坝站(武障河闸、六塘河闸、义泽河闸)水情站点，主要建设内容是流量测验基础设施、设备。

近期建设的中小河流水情监测站点主要包括9个水文站、12个水位站，以及全部小型水库水情(水位)监测站133个。

水文(流量)站主要建设内容包括测验河段基础设施、流量、水位、雨量观测设施,生产业务用房及附属设施,以及水位计、雨量计、测流缆道或H-ADCP、全站仪、水准仪、遥测终端设备等监测仪器;中小河流水位站及小型水库水情站。

测报项目为水位、雨量,主要建设内容包括水位、雨量观测设施,以及水位计、雨量计、遥测终端设备等。

6.2.2.2 水资源配置站达标建设

水资源配置站达标建设包括调水工程水质水量自动监测站4个和行政区界临时站点35个。水质水量自动监测站主要建设内容为水位、流量基础测验设施,水质、水量自动测验设备,以及水文信息遥测设备终端。行政区界临时站点主要建设内容为断面标志、水位人工观测设施等。

6.2.2.3 水资源保护、水库水质监测站网及城市水质站

建设内容为必要的基础设施设备等。

6.2.3 城市水文站网建设

城市水文站网建设包括15个水文站、13个水位站、11个雨量站建设,以及1个蒸发量站的增项建设。测站主要建设内容为水位、流量、雨量、蒸发量基础测验设施。

6.2.4 改建巡测基地建设

改建两个县级水文监测中心,分别是东海水文监测中心和赣榆水文监测中心。目前,这两个县级水文监测中心建设标准较低,无法满足机动、快速、灵活的巡测机制需求。根据新的水文形势发展需要,有必要将已有的县级水文监测中心改建为相应辖区巡测基地。近期将赣榆水文监测中心改建为相应辖区的水文巡测基地,征地新建生产办公用房及购置巡测设备;将东海水文监测中心改建为东海水文巡测基地,新建生产办公用房及购置巡测设备。

6.2.5 水文信息化能力建设

研发面向地方水行政主管部门的水文信息系统,主要内容为软件研制。

6.3 经费筹措

基本水文站网建设由省级以上财政支持。专用站网原则上采取多渠道投入办法:一方面,根据规划批复内容积极向中央和省级财政申请立项,争取拨款;另一方面,加大地方投入力度,多渠道解决建设资金。

根据实际情况,地方拟承担城市防洪除涝站网建设经费以及面向地方水行政主管部门的水文信息应用系统研发经费。经费筹措情况见附表6-2。市级承

担站网建设建设规划见附表24(本书略)。

附表6-2　连云港市水文事业发展规划建设投资筹措情况　单位:万元

序号	项目名称	总投资	市级	省级
一	水文站网	12 518.58	2 049.22	10 469.36
二	水文巡测基地	2 780		2 780
三	水环境监测分中心	1 531		1 531
四	水文信息服务体系	150	150	
合计		16 979.58	2 199.22	14 780.36

7　保障措施

7.1　健全水文政策法规体系

根据《江苏省水文条例》,结合地方实际,积极推进市级、县级水文条例或水文管理办法的制定、颁布实施。

7.2　加快水文管理体制改革

加快实现市级水文机构"以省为主、省市结合"的双重领导管理体制,进一步明确水文为地方经济社会发展服务的职责,形成省市共同支持水文事业发展的格局。

积极推进县级水文机构的组建。进一步强化水文工作对区域经济社会发展的作用,适应省管县体制的需要,结合水文巡测基地的规划建设,组建县级水文机构并实行双重管理。

7.3　建立稳定的多渠道投入机制

充分发挥公共财政在水文投入中的主渠道作用,建立长期稳定增长的水文投入机制。

保障人员和公用经费。水文事业属于社会公益性事业,所需人员和公用经费,列入省级年度部门预算予以保证,经费定额标准应充分考虑水文工作点多、面广等特点,更加重视和加强委托观测工作,稳步提高委托观测人员的待遇,促进基层测站工作方式的转变。

加大基础设施和监测能力建设投入。合理安排前期工作经费,保证重点项目的启动资金。加强水文发展与建设规划工作,做好项目储备,年度水利重点工程建设经费中,安排一定的比例用于水文设施建设,保障规划的有效实施。水利工程配套水文设施建设经费应列入工程概算,与主体工程同步实施。在国家基本站上下游建设影响水文监测的工程，其工程预算应将恢复水文测站功能所需费用列入，工程建设单位承担相关恢复建设费用。

多渠道解决水文业务专项经费。按照水文设施设备资产总额5%的比例安排水文设施设备运行经费，按照10%的比例安排更新改造经费，保证水文测报、水质监测和水文信息网络等设施设备的日常维护和技术更新改造需要。逐年加大前期工作费、防汛费、水利基金、水资源费、科研资金等专项经费对水文事业的投入，并将投入用于水文报汛、水情预报、水文水资源监测和调查评价、突发性水污染事故跟踪监测等。

7.4 注重人才培养和水文队伍建设

加强人才队伍建设，认真落实科学发展观，坚持以人为本、人才强业的思想，按照分类管理的原则，紧紧抓住吸引人才、培养人才、用好人才3个环节，着力抓好水文系统管理人才、专业技术人才和技能人才3支人才队伍的建设，为水文现代化建设提供坚强的人才保证。

创新人才工作机制，实施水文人才发展战略。建立充满生机与活力的人才成长环境，把竞争激励机制引入各类人才开发、培养、管理、使用全过程。

加强人才引进。通过引进、交流等多渠道引进高素质人才，解决人才瓶颈问题。优化引进人才结构，重点引进水文、环境、生态、计算机、通信及电子等现代应用技术专业的人员。

加强人才培养。强化在岗人员的教育培训、知识更新和能力建设。提高管理人员思想政治素质和领导能力、组织能力、协调能力，特别注重领导班子建设，提高技术人员在专业领域的层次，加强学科带头人、中青年专家的培养，提高操作人员解决实际问题的技能，力争一专多能。

加强人才使用。继续探索和完善用人制度和分配制度改革，建立科学的人才管理和竞争激励机制。大力推进项目管理和岗位责任制度，着力营造尊重劳动、尊重知识、尊重人才、尊重创造的氛围，为职工干事业创造良好的政策环境、生活环境和工作环境，增强水文行业的吸引力和凝聚力。

（三）石梁河水库水文站测站任务书

（江苏省水文水资源勘测局，2018年1月1日起实施）

修订说明

测站任务书是水文测站开展各项水文业务工作的依据，是测报工作严格执行国家标准、相关技术规范的体现，对指导测站开展水文测验等各项工作发挥了应有的作用。

近年来，由于河湖水系的规划调整、水工程建设等人类活动对测验工作的影响不断加剧，新仪器新技术的引进和普及，以及测站功能的拓展，原有的测站任务书已不能满足水利工作和经济社会发展对水文工作的要求，省水文局于2017年年初启动了修编工作。修编工作历时8个月，对原有的测站任务书内容进行了修订、补充和完善，最大限度地体现目前社会发展对水文的需求和水文测站任务的拓展。

本次修订测站任务书的水文测站是指国家基本站网中的各类水文测站，不包括专用站。修订后的任务书，监测项目更加齐全，监测任务更加细化，但今后随着形势的发展和变化，各站测验项目和任务可能还会有变动，各单位在执行过程中应及时与省水文局站网科联系和沟通，以便及时调整和下达测站任务。

1 总 则

为贯彻执行各类技术规范，明确测站任务，加强测站管理，确保水文测报质量，满足设站目的和测站功能要求，特制定本任务书。

本任务书是测站工作安排和部署的主要依据，也是评定测站工作完成情况的标准。测站应按本站任务书的要求，制定岗位责任制，明确工作职责，保证测站任务的圆满完成，总体要求如下：

(1) 测站在执行测站任务书时，应严格执行各种技术标准和规范，遵守各项操作规程，确保安全生产；熟悉测站水文特性，根据本流域情况，按本测站任务书的规定完成各项水文测验、报汛、分析、整编任务；如遇特殊原因难以正常完成任务时，应采取临时补救措施，力争资料系列完整。

(2) 各水文分局（省属水利工程管理处）每年应定期或不定期检查所辖各站测站任务书的执行情况，指导并督促测站完成测站任务书中规定的各项任务，审查测站提交的各项水文监测成果。

(3) 省水文局负责全省水文站网的统一管理，未经省水文局批准，不得任意裁减观测项目、简化测报任务，不得任意撤销各类辅助站、调查站及属站。各站在执行中如发现监测规定不符合实际情况时，应及时与水文分局（省属水利工程管理处）沟通，由水文分局（省属水利工程管理处）起草任务书修订方案，上报省水文局批准后实施，未经修改前仍按原任务书执行。

(4) 本测站任务书中水位采用冻结基面。

(5) 本测站任务书未尽事宜，按相关要求执行。

(6) 本任务书一式四份。省水文局、水文分局（省属水利工程管理处）、监测中心、水文测站各保存一份。

本任务书的解释和修改权属省水文局。上级布置的不在本任务书之列的其他任务，按提出的要求完成。

2 测站概况

2.1 测站基本情况

<table>
<tr><td>站名</td><td colspan="2">石梁河水库</td><td colspan="2">测站编码</td><td colspan="3">51112100</td><td>报汛站码</td><td colspan="2">51112101</td></tr>
<tr><td>流域</td><td colspan="2">淮河</td><td colspan="2">水系</td><td colspan="3">沭河</td><td>河名</td><td colspan="2">新沭河</td></tr>
<tr><td>东经</td><td colspan="2">118°51′46.1″</td><td colspan="2">北纬</td><td colspan="3">34°46′08.3″</td><td>设站日期</td><td colspan="2">1960 年 6 月</td></tr>
<tr><td>集水面积/平方公里</td><td colspan="2">5 464</td><td colspan="2">至河口距离/公里</td><td colspan="3">48</td><td>流入</td><td colspan="2">黄海</td></tr>
<tr><td>绝对基面</td><td colspan="2">1985 国家高程基准</td><td colspan="8">冻结基面以上米数－0.246 米＝1985 国家高程基准基面以上米数</td></tr>
<tr><td>站类</td><td colspan="3">基本站</td><td colspan="4">水库站</td><td colspan="3">一类精度站</td></tr>
<tr><td colspan="3">是否国家重要水文站</td><td colspan="8">是</td></tr>
<tr><td>测站位置</td><td colspan="10">江苏省东海县石梁河水库</td></tr>
<tr><td rowspan="5">历史沿革</td><td>设立或变动</td><td colspan="2">发生年月</td><td colspan="2">站名</td><td>站别</td><td colspan="2">领导机关</td><td colspan="2">说明</td></tr>
<tr><td>设立</td><td colspan="2">1960 年 6 月</td><td colspan="2">石梁河水库</td><td>水文</td><td colspan="2">江苏省水文总站</td><td colspan="2">常年站</td></tr>
<tr><td>上迁 500 米</td><td colspan="2">1976 年 1 月</td><td colspan="2">石梁河水库</td><td>水文</td><td colspan="2">江苏省水文总站</td><td colspan="2">溢洪道断面</td></tr>
<tr><td>石安河改道</td><td colspan="2">2000 年 5 月</td><td colspan="2">石梁河水库</td><td>水文</td><td colspan="2">江苏省水文水资源勘测局</td><td colspan="2"></td></tr>
<tr><td>下迁 280 米</td><td colspan="2">2002 年 6 月</td><td colspan="2">石梁河水库</td><td>水文</td><td colspan="2">江苏省水文水资源勘测局</td><td colspan="2">溢洪道断面</td></tr>
</table>

2.2 测站特性及水文特征

测站特性	水库于1962年12月建成，有正副坝各一处，均为梯形土坝，正坝长5 200米，副坝长3 600米。正坝上现有南、北溢洪闸各一座，南溢洪闸于2001年6月建成，北溢洪闸于2000年6月加固完成。灌溉涵洞四座。电站一座，3孔，装机容量3×400千瓦。翻水站3座，一座石梁河翻水站，为水库补水；另两处为古城翻水站和磨山翻水站，功能是提水灌溉。				
水文特征	项目	历年最高(大)	发生时间	历年最低(小)	发生时间
	水位/米	26.82	1974年8月15日	13.22	1960年6月1日
	流量/立方米每秒	3 510	1974年8月15日		
	年降水量/毫米	1 449.7	1974年	494.8	1988年
	年蒸发量/毫米	1 358.8	1978年	716.1	1998年
	年径流量/亿立方米	20.27	1963年	0.91	1981年

3 设站目的与任务

3.1 设站目的

该站主要监测水位、流量、降水量、蒸发量、含沙量、水温、水质、墒情等水文要素，收集基本水文信息，开展报汛等任务，为控制新沭河干流径流积累资料，分析水文特性，探求流域水文规律，为流域防洪调度提供水文情报预报，为水资源管理、生态环境保护、工程管理等提供数据信息，为区域提供水资源监测信息和考核评价依据，为下游防汛防旱和水利工程调度等提供水文情报服务等。

3.2 测站基本监测任务情况

测站编码	测站名称	监测任务									
		水位	降水量	蒸发量	流量	泥沙	水质	水温	地下水	墒情	气象
51112100	石梁河水库				1					1	
51112101	石梁河水库(坝上)	1					1	1			
51112102	石梁河水库(北溢洪闸)				1	1					
51112104	石梁河水库(南涵洞)				1						
51112105	石梁河水库(电站)				1						
51112106	石梁河水库(孟曹埠干渠)				1						
51112107	石梁河水库(北干渠)				1						
51112108	石梁河水库(石梁河翻水站)				1						
51112109	石梁河水库(古城翻水站)				1						
51112110	石梁河水库(磨山翻水站)				1						
51112111	石梁河水库(南溢洪闸)				1	1					
51131750	石梁河水库		1	1							

3.3 总体要求

3.3.1 测验规范

(1)《水位观测标准》(GB/T50138—2010);

(2)《河流流量测验规范》(GB50179—2015);

(3)《河流悬移质泥沙测验规范》(GB50159—2015);

(4)《水文情报预报规范》(GB/T22482—2008);

(5)《水文测量规范》(SL58—2014);

(6)《声学多普勒流量测验规范》(SL337—2006);

(7)《水工建筑物与堰槽测流规范》(SL537—2011);

(8)《降水量观测规范》(SL21—2015);

(9)《水面蒸发观测规范》(SL630—2013);

(10)《水文调查规范》(SL196—2015);

(11)《土壤墒情监测规范》(SL364—2015);

(12)《水情信息编码标准》(SL330—2011);

(13)《水环境监测规范》(SL247—2012);

(14)《水文资料整编规范》(SL247—2012)。

3.3.2 测站管理

(1) 做好安全生产工作。

(2) 做好水文测站测验、报汛、分析、整编工作。

(3) 做好水文测站监测环境保护。

(4) 做好站容站貌、环境卫生工作。

(5) 做好仪器、设备、设施维护工作。

(6) 发现测验河道水污染,应及时报告分局。

(7) 做好下属委托站的管理。

3.3.3 "四随"工作

总体按"随测算、随发报、随整理、随分析"制度做好水文测报工作。

(1) 水准测量

水准点、水尺零点高程和大断面测量成果必须现场完成计算和一校工序,并与前一次成果对比检查。若出现不一致状况,要查明原因。

(2) 流量测验

单次流量测验结束后,立即完成计算。有条件的,应点绘相关因素关系图,及时完成一校、二校工序。发现测验成果有异常,应进行合理性分析,并及时采取复测等补救措施。

(3) 水位、降水量、蒸发量、墒情

水位、降水量、蒸发量、墒情观测后，现场记载，并及时整理。

(4) 报汛

按照《水情信息编码标准》(SL330—2011)编发报文，做好报文校核工作，按照报汛任务书要求15分钟内把报文报送至分局。

(5) 签名制度

所有工序必须按照规定时间完成，每道工序由测站人员现场在对应的工序栏内签名，签名要签全，并按实际完成时间填写日期。

4　测验项目与要求

4.1　测站考证

工作任务	具体要求
测验河段平面图	① 逢5年份，应开展测验河段及其周边区域的地形测量工作，编制测站说明表和测验河段平面分布图； ② 测验河段地形发生显著变化时，应重测或修测
水文站以上(区间)主要水利工程基本情况表及分布图	逢5年份，应进行水文站以上(区间)主要水利工程调查并填制情况表，绘制分布图
水准点高程	(1) 基本水准点每年检查一次，发现有异常情况时及时校测，逢0、逢5年份必须校测一次； (2) 校核水准点，每年汛前至少检查校测一次，发现有变动迹象随时校测；若被洪水淹没，退水后及时进行校测
水尺零点高程	(1) 汛前对所有水尺进行校测，汛期使用过的水尺汛后再校测一次； (2) 当水尺受外力影响发生变动、损坏或设立临时水尺时，应随时校测
大断面测量	(1) 每年汛前、汛后各施测一次； (2) 在大洪水过后或受外力影响时，应根据断面冲淤变化情况适当增加施测次数

4.2　水位

4.2.1　自动监测

(1) 新安装的自记水位计或改变仪器类型时应进行比测。比测合格后，方可正式使用。比测有关要求按照《水位观测标准》(GB/T 50138—2010)执行。

(2) 每月校核不少于3次,校核间隔时间要基本一致;在水位稳定期或水位变化较小的情况下校核水位时,应对自记水位计进行检查,记录自记值并与校核水位进行对照,若差值超过0.02米时,则对自记仪器进行校正,并根据实际情况对有差错的自记数据进行订正。

(3) 当自记水位计出现故障时,启用人工方案观测水位,直到自记水位计恢复正常为止。

4.2.2 人工观测

(1) 水位观测的段次应根据河流特性及水位涨落变化情况合理分布,以能测得完整的水位变化过程,以及满足日平均水位计算、各项特征值统计、水文资料整编及水情拍报要求为原则。

(2) 每日8时、20时定时观测,洪水及水位变化较大时应增加测次,以观测到水位变化过程为准。

(3) 每次观测水位的同时,应测记风向、风力、水面起伏度。

(4) 当水位的涨落需要更换水尺观测时,应对两支相邻水尺同时比测一次。

4.3 流量

本站共有南、北溢洪闸、南涵洞、电站、孟曹埠干渠、北干渠4个流量测验断面,拟定6个口门系数关系线,流量级以南北溢洪闸行洪流量划分:流量在2 000立方米每秒以上为高水;流量在2 000立方米每秒至1 000立方米每秒之间为中水;流量在1 000立方米每秒以下为低水。一年中南、北溢洪闸的测流次数应根据高、中、低水测验精度及系数线测点分布情况确定,以能够控制相关因素变化为原则,对定好的系数线进行选择性测验(高水流量必须测验),及时掌握系数线有无系统偏离;当发生的洪水超出历年实测流量率定范围时,应对超出部分增加测次;其余供水口门,对定好的系数线进行选择性测验,及时掌握系数线有无系统偏离,当相关因素e/Hu超出历年率定范围时,应对超出部分增加测次。

4.3.1 测验方式及方法

(1) 本站流量测验采用驻测方式,一般采用测流方法为流速仪法,备用测流方法为ADCP法、电波流速仪法 。

(2) 流速仪法:

① 采用一点法,测速历时不低于100秒。

② 左岸边系数为0.7,右岸边系数为0.7。

(3) ADCP法:适当布置测次,进行流量测验。每次施测时,应施测两个测回。

(4) 电波流速仪法：当缆道和 ADCP 无法施测时，采用电波流速仪测验。

4.3.2　其他

(1) 各种方法所使用的仪器在测站正式投入使用前，应与流速仪进行比测，并应符合《河流流量测验规范》(GB 50179—2015)中相关要求。

(2) 上、下游附近发生决口、漫溢、分流、筑坝等影响水流一般规律的事件时，应机动加测流量变化过程，并将发生的情况详细记载于有关表簿中。

(3) 按水情拍报要求加测。

4.4　泥沙

严格执行《河流悬移质泥沙测验规范》(GB 50159—2015)的有关规定。根据河段含沙量特性，合理布置单沙测次，以能控制含沙量变化过程和推算逐日平均含沙量、输沙率、特征值的需要为原则。

(1) 一般采用水边一线、水面一点法取样。

(2) 单沙取样，根据现有的测验条件及规范要求进行。每次小洪水单沙测次不少于 3 次，各转折点必须测到；每次较大洪水测次不少于 5 次，测次应能控制各转折点、最大含沙量。单沙记载簿上要记水清起讫时间。不管水情大小，泥沙测验应控制全年水流过程。复式洪峰、含沙量变化剧烈时，应增加测次。

(3) 水样处理记载表要随时记录清楚，装订成册，认真填全，不要随意空白。滤纸要及时烘称，以便随时分析成果资料。

4.5　降水

4.5.1　自记

(1) 每月对自记雨量计进行一次清洗、维护，确保自记雨量计运行正常。

(2) 在降雪期，自记雨量计停止观测，采用人工观测。

(3) 当自记雨量计发生故障时，按人工观测，直至自记雨量计恢复正常。

4.5.2　人工观测

(1) 当发生降雪或自记雨量计发生故障时，启用人工观测。

(2) 非汛期 2 段制(8 时、20 时)观测，汛期 4 段制(8 时、14 时、20 时、2 时)观测，遇暴雨时应随时增加观测段次，以满足资料整编和水情报汛需要。

(3) 每日观测时，应注意检查仪器状态是否正常。

(4) 遇降雹时，应尽量掌握起讫时间，详细记载雹粒直径，并调查影响范围及灾害情况。

(5) 根据水情拍报要求的规定进行加测。

4.6 蒸发

(1) 每日8时观测一次,精度记至0.1毫米。

(2) 降雨、冰期按水面蒸发规范要求观测。

(3) 计算日蒸发量时,降水量采用人工观测值。

(4) 保持水体清洁,据情换水,宜一个月换水一次。

4.7 水温

(1) 每日8时观测。

(2) 在基本水尺断面岸边水流畅通处观测。

(3) 使用刻度为0.2 ℃的水温计,放入水面下0.5米处,静置5分钟后观测。

4.8 水质

每日观察测站所在区域水色、嗅、味和水面漂浮物等情况,若发现水质异常,要及时上报分局,同时调查污染河段上下游情况,收集导致水质异常原因相关信息,便于水质科开展应急监测。

4.9 墒情

(1) 每月1日、6日、11日、16日、21日、26日施测。

(2) 垂线上取3点,各点取土深度分别为地面下0.1米、0.2米和0.4米。

(3) 同时观测记录作物生长情况(作物种类、生长期、受旱情况和土壤种类)。

(4) 遇冻土、降雨、地面积水则不取样。

5 资料整编与要求

5.1 在站整编要求

(1) 严格执行《水文资料整编规范》(SL247—2012)的有关规定和要求。

(2) 在站资料整编,要求每月10日前完成本站上月原始资料的整理。

(3) 每月15日前将上月原始资料交至东海水文监测中心。

(4) 每月认真完成整编数据录入及一校、二校工作,每季度打印出各种整编成果表并认真完成一校、二校工作。

5.2 整编成果表项

项目	成果表名称	石梁河水库（51112100）	坝上（51112101）	北溢洪闸（51112103）	电站（51112104）	南涵洞（51112105）	孟曹埠干渠（51112106）	北干渠（51112107）	石梁河翻水站（51112108）	古城翻水站（51112109）	磨山翻水站（51112110）	南溢洪闸（51112111）	石梁河水库（51131750）
水位	逐日平均水位表		1										
	洪水水位摘录表												
	逐潮高低潮位表												
	潮位月年统计表												
	逐日最高、最低潮（水）位表												
流量	实测流量成果表												
	实测大断面成果表												
	堰闸流量率定成果表			1		1	1	1				1	
	水电（抽水）站流量率定成果表				1								
	逐日平均流量表	1		1	1	1	1	1	1	1	1	1	
	洪水水文要素摘录表												
	堰闸洪水水文要素摘录表			1								1	
	堰闸实测潮量成果统计表												
	水库水文要素摘录表	1											
	反推入库洪水流量表	1											
	引排水（潮）量表												
输沙率	实测悬移质输沙率成果表												
	逐日平均悬移质输沙率表			1								1	
	逐日平均含沙量表			1								1	
水温	逐日水温表		1										
降水量	逐日降水量表												1
	降水量摘录表												1
	各时段最大降水量表(1)												1
	各时段最大降水量表(2)												
蒸发量	逐日蒸发量表												1
墒情	土壤墒情监测成果表	1											
	人工取土墒情监测站成果表												
	固定埋设自动墒情监测站摘录成果表												

续表

项目	成果表名称	石梁河水库(51112100)	坝上(51112101)	北溢洪闸(51112103)	电站(51112104)	南涵洞(51112105)	孟曹埠干渠(51112106)	北干渠(51112107)	石梁河翻水站(51112108)	古城翻水站(51112109)	磨山翻水站(51112110)	南溢洪闸(51112111)	石梁河水库(51131750)
考证	测站说明表	1											
	测验河段平面分布图	1											
	水文站以上(区间)主要水利工程基本情况表	1											
	水文站以上(区间)主要水利工程分布图	1											
	水位考证表		1										
	三等水准测量成果表		1										
其他	资料整编说明	1											
	降雨量对照表												1
	水位流量关系线			1	1	1	1	1				1	
	大断面成果图												
	水位过程线		1										
	水文调查等成果	1											

6 报汛任务与要求

(1) 严格执行《水文情报预报规范》(GB/T 22482—2008)、《水情信息编码标准》(SL330—2011)和省防办当年下达的水旱情报汛报旱任务。拍报内容及标准,详见当年水情拍报要求一览表。

(2) 要加强管理,汛前全面检查维护,确保设备运行正常。加强自动测报数据校核和监视,一旦发现自动测报数据异常或者设备故障,立即向分局报告,并改用人工观测数据编报;出现降雪冰冻天气时,改用人工报汛标准编报。

(3) 当洪水达到中、高水时,应加报水库洪峰水位、相应下泄流量及各次实测流量;当出现历史前三位洪水或出现历史最低水位时,须及时电话向分局报告水情信息;非汛期发生超警戒水位的洪水时,按汛期标准报汛。

(4) 当发生特大暴雨洪水、溃口、溃坝、分洪等特殊水情以及严重水污染事件时,要按照水情编码标准及时编报特殊水情,并电话通知分局。无法用报文报送的信息应以电话或其他方式报告。

（5）协助分局按批复的预报方案做好水文预报工作。

7　水文调查

（1）逢5、逢0年应对上下游水利工程情况进行调查，填写情况表。流域基本情况有较大变化时，应做补充调查。

（2）点暴雨（含不同历时和次暴雨量）超过100年一遇，水文测站洪水重现期超过50年一遇的相应面暴雨，应做暴雨调查。

（3）排位前三的历史洪水，重现期超过50年一遇的洪水，漏测实测系列的最大洪水，河堤决口、分洪、严重滞洪的洪水，应做洪水调查。

（4）调查本站以上是否有跨流域引排水。

（5）河流发生历年某时段最低、次低水位或最小、次小流量时，做枯水调查。

（6）当测区内出现较大旱情时，应进行受旱面积、受灾程度调查。

（7）认真完成临时下达的调查任务。

8　基础设施设备维护

8.1　主要设施设备

主要测报设施配置一览表

序号	设施名称	主要技术参数	运行状况
1	测流缆道	建设时间2001年1月，跨数　1　跨，总跨度为346米； 支架形式为自立式钢支架，材质为钢； 主索直径为16毫米，最近更换时间2001年1月； 循环索直径为4.2毫米，最近更换时间2001年1月； 操作台生产厂家江苏淮安市水文仪器厂，型号HS-2007-Ⅱ， 安装时间2004年2月10日，最近大型维护时间无	正常
2	水位自记井	建设时间2001年1月，形式为岛式； 连通形式为连通式，测量水位范围为18.00～28.00米	正常
3	降水量观测场	观测场大小11米×11米（地面观测场）； 场内安装的仪器翻斗式雨量计、人工雨量器、蒸发器； 仪器型式20cmJDZ05、20cmJQR01	正常
4	水位雨量自记系统	安装时间2001年；信号传输方式GPRS、CDMA	正常
5	其他测验设施	无	

主要测报设备配置一览表

序号	设备名称	型号	数量	运行状况
1	流速仪	LS68(5 转)	2	正常
		LS78(5 转)	1	正常
2	水准仪	DS3	1	正常
3	烘箱	YXD-10	1	正常
4	电子天平	jj3000	1	正常
5	手持电波测速仪	SVR-Ⅱ	1	正常
6	走航式 ADCP	LinkQuest600	1	正常

8.2 设施保养

(1) 水文缆道主索、循环索、锚锭等每年汛前和汛后各进行除锈、擦油一次,对支架进行检查;绞车以及机械传动部分保持润滑、整洁,润滑油无滴、漏、冒现象。

(2) 断面标志、水准点、水尺桩保持完好,易锈蚀位置每年汛前进行刷油漆一次。

(3) 缆道、通信设施、机房等的避雷设施每年汛前必须细致检查,并测量其接地电阻,如出现异常及时报告并配合分局整改达标。

(4) 及时对自记井、连通管进行清淤。清淤期间,按有关规定要求采取相关措施确保水位观测数据连续性,并能满足资料整编要求。

(5) 降水量观测场保持平整清洁、无积水,周围无超高树木和高秆植物,遮挡率符合要求,栅栏牢固完整、无锈蚀。

8.3 设备维护

(1) 常规流速仪使用后应清洗、上油、保养;流速仪装入箱内时,转子部分应悬空搁置;仪器说明书和检定书应妥善保存;备用流速仪应每季度保养一次。建立流速仪使用档案,按规定进行流速仪的比测和送检。其他类型流速仪应按照要求使用与维护。

(2) 水准仪等测量仪器测量结束后要清洁、保养,按规定进行校验、校正;长期未用应每半年保养一次;电波流速仪、ADCP 的电池要每季度充放电一次。

(3) 每月对自记设备清洗、保养,保持设备干净;太阳能电池板保持清洁;结冰期间,停止使用雨量计,并对其进行全面检查、养护。

(4) 定期检查维护报汛设备,每年汛前全面检查保养一次,保持畅通;备用电池要及时充放电。

(5) 专人负责仪器管理和仓库保管,对库存仪器按规定定期检查、维护。

8.4 汛前准备

(1) 认真落实省局、分局汛前准备有关规定和要求，并在分局规定的时间内完成汛前准备工作。

(2) 对本站的测洪方案及时进行修订，并进行演练。

(3) 认真落实检查组的整改意见，保证汛前准备工作扎实到位。

(4) 严格执行安全生产责任制度，确保安全生产。

9 其他工作任务

根据《中华人民共和国水法》《中华人民共和国水文条例》《江苏省水文条例》依法对测验环境进行保护。

当区域内发生局部特大暴雨洪水和短历时强降雨而引发决口、严重水污染等突发性事件时，应及时向分局上报。

10 测站任务变动记载表

项目	变动原因	省局批准文号、日期

附录三　专业技术咨询服务项目统计

1983—2021年连云港水文分局承担的主要技术咨询项目统计情况

总序号	分类序号	服务类别	项目名称	完成时间
1	1	简报、日月年报	连云港市水情简报(日)	1983—2021年
2	2	简报、日月年报	连云港市水资源公报(年报)	1998—2021年
3	3	简报、日月年报	连云港市重点水功能区水质通报(月报)	2003—2021年
4	4	简报、日月年报	连云港市典型河湖健康评价研究报告(年报)	2014—2021年
5	5	简报、日月年报	河长制水文专报(月报)	2020—2021年
6	6	简报、日月年报	水文服务月报(月报)	2021年
7	1	规划(水资源水环境)	连云港市入河排污口整治规划	2005年
8	2	规划(水资源水环境)	连云港市水资源综合规划	2007年
9	3	规划(水资源水环境)	连云港市水资源保护规划	2013年
10	4	规划(水资源水环境)	连云港市市区主要河道岸线保护利用规划	2014年
11	5	规划(水资源水环境)	连云港市地下水开发利用规划(修订)	2014年
12	6	规划(水资源水环境)	灌南县水资源综合规划	2016年
13	7	规划(水资源水环境)	连云港市水生态文明建设总体规划专题报告	2016年
14	8	规划(水资源水环境)	连云港市水资源综合规划(修编)	2016年
15	9	规划(水资源水环境)	灌云县节水型社会建设“十三五”规划	2017年
16	10	规划(水资源水环境)	灌南县节水型社会建设“十三五”规划	2017年
17	11	规划(水资源水环境)	连云港市水资源综合规划	2020年
18	12	规划(水资源水环境)	赣榆区地下水利用与保护规划	2020年
19	13	规划(水资源水环境)	赣榆区水资源综合规划	2020年
20	14	规划(水资源水环境)	灌南县地下水利用与保护规划	2020年
21	15	规划(水资源水环境)	灌云县地下水利用与保护规划	2021年
22	16	规划(水资源水环境)	灌云县水资源综合规划	2021年
23	17	规划(水土保持)	连云港市水土保持规划(2008—2030)	2008年
24	18	规划(水土保持)	连云港市海州区水土保持规划(2008—2030)	2008年
25	19	规划(水土保持)	连云港市新浦区水土保持规划(2008—2030)	2008年
26	20	规划(水土保持)	连云港市连云区水土保持规划(2008—2030)	2008年
27	21	规划(水土保持)	连云港市开发区水土保持规划(2008—2030)	2008年
28	22	规划(水土保持)	东海县水土保持规划(2011—2030)	2011年
29	23	规划(水土保持)	江苏省水土保持监测规划	2015年
30	24	规划(水土保持)	灌云县水土保持规划(2016—2030)	2016年

续表

总序号	分类序号	服务类别	项目名称	完成时间
31	1	水资源调查评价	连云港市水资源综合规划之连云港市水资源调查评价	2007年
32	2	水资源调查评价	灌南县水资源综合规划之灌南县水资源调查评价	2016年
33	3	水资源调查评价	连云港市水资源综合规划(修编)之连云港市水资源调查评价	2016年
34	4	水资源调查评价	连云港市水资源综合规划之连云港市水资源调查评价	2020年
35	5	水资源调查评价	灌云县水资源综合规划之灌云县水资源调查评价	2020年
36	6	水资源调查评价	赣榆区水资源综合规划之赣榆区水资源调查评价	2020年
37	7	水资源调查评价	灌南地下水利用与保护规划之灌南县水资源调查评价	2020年
38	8	水资源调查评价	连云港市可用水量确定报告书	2021年
39	1	综合水文测验	连云港田湾核电站附近海域水文测验(1997—1999年)	1999年
40	2	综合水文测验	连云港市重点水功能区水质监测及水功能区限制排污总量确定	2004年
41	3	综合水文测验	新沂河糙率测验	2005年
42	4	综合水文测验	新沭河河口段潮流测验	2006年
43	5	综合水文测验	灌河陈家港以下段水文测验	2007年
44	6	综合水文测验	连云港市重点入河排污口水量监测	2007年
45	7	综合水文测验	灌河通榆河地涵段水文测验	2008年
46	8	综合水文测验	沂南小河入境水质监测	2008年
47	9	综合水文测验	淮海工学院水平衡测试报告	2009年
48	10	综合水文测验	浦南农村饮用水水质分析	2009年
49	11	综合水文测验	新沂河海口段水文测验及初步分析报告	2009年
50	12	综合水文测验	连云港港灌河港区海河联运一期工程水文测验成果报告	2011年
51	13	综合水文测验	赣榆县琴岛天籁片区前沿海域水文测验	2011年
52	14	综合水文测验	连云港市及区、县灌溉水利用系数测算分析(2012—2021年)	2012—2021年
53	15	综合水文测验	连云港主港区海域水文测验及水环境调查报告	2013年
54	16	综合水文测验	兴鑫钢铁码头工程段灌河水文测验	2014年
55	17	综合水文测验	蔷薇河治理水文地质勘察水样检测	2014年

续表

总序号	分类序号	服务类别	项目名称	完成时间
56	18	综合水文测验	临洪西泵站流量监测报告	2015年
57	19	综合水文测验	蔷薇河水质保护模型水文监测成果报告	2017年
58	20	综合水文测验	车轴河闸闸下水文测验成果报告	2017年
59	21	综合水文测验	东海县引淮入石更新改造工程流量监测分析报告	2017年
60	22	综合水文测验	江苏新海发电有限公司水平衡测试报告书	2018年
61	23	综合水文测验	江苏省国家水资源监控能力建设项目(2016—2018年)连云港市灌区水资源站点比测率定成果报告	2018年
62	24	综合水文测验	连云港市赣榆区塔山泵站流量监测报告	2018年
63	25	综合水文测验	连云港市企业水量平衡测试报告	2018年
64	26	综合水文测验	连云港市14条河流年入境水量及断面水质月均值和年均值分析成果	2018年
65	27	综合水文测验	东海县沭南泵站更新改造工程试运行流量监测分析报告	2018年
66	28	综合水文测验	灌河治理工程连云港市境内工程2015年度施工1标吴圩闸站工程试运行流量监测分析报告	2018年
67	29	综合水文测验	灌云县开发区及城区污水管网和总排污口建设项目区域概况调查及污水量预测报告	2018年
68	30	综合水文测验	连云港埒子口及附近海域水文测验报告	2019年
69	31	综合水文测验	灌南县灌北干渠工程东门闸站工程泵站流量监测报告	2019年
70	32	综合水文测验	灌南县片区泵站耗电量提水量分析报告	2020年
71	33	综合水文测验	航道水生态环境监测化验	2020年
72	34	综合水文测验	宿城水库水质监测	2020年
73	35	综合水文测验	徐州市骆马湖水源地水质实验室监测项目	2020年
74	36	综合水文测验	东海县东片区泵站耗电量提水量分析成果报告	2020年
75	37	综合水文测验	东海县西片区泵站耗电量提水量分析成果报告	2020年
76	38	综合水文测验	连云港市入境入海河流水质水量同步监测	2021年
77	39	综合水文测验	石梁河水库水质水量同步监测	2021年
78	40	综合水文测验	赣榆水厂苗种繁育和现代化养殖示范中心水文水质监测	2021年
79	1	水文分析计算	桃花涧泄洪沟暴雨洪水分析计算	1996年
80	2	水文分析计算	连云港市区防洪规划五条河流(大浦河、排淡河、烧香河、善后河、蔷薇河)分析计算	1996年

续表

总序号	分类序号	服务类别	项目名称	完成时间
81	3	水文分析计算	白塔埠机场新建民航油库拟选址暴雨洪水分析计算	2001年
82	4	水文分析计算	江苏燕尾港发电厂一期2×600兆瓦机组工程厂址五灌河设计洪水分析报告	2003年
83	5	水文分析计算	新沭河续建工程江苏段水文分析报告	2005年
84	6	水文分析计算	大浦河流域设计洪水及大浦闸规模校核计算	2005年
85	7	水文分析计算	新海电厂设计洪水研究	2005年
86	8	水文分析计算	义泽河闸、武障河闸、龙沟河闸、北六塘河闸、韩口河闸、兴庄河闸闸下潮水位分析计算及调查报告	2005年
87	9	水文分析计算	东部城区防洪规划水文分析计算	2005年
88	10	水文分析计算	连云港港疏港航道水文及减少梯级控制分析	2006年
89	11	水文分析计算	大浦河调尾工程水文分析计算	2007年
90	12	水文分析计算	连云港市水系规划之蔷薇河、鲁兰河、乌龙河、善后河设计暴雨洪水成果报告	2008年
91	13	水文分析计算	中复神鹰碳纤维有限公司厂址设计洪水分析报告	2008年
92	14	水文分析计算	连云港化学工业园区(堆沟)110千伏变电所所址设计洪水分析报告	2008年
93	15	水文分析计算	220千伏墅港变电所工程所址设计洪水分析报告	2008年
94	16	水文分析计算	220千伏龙河变电所工程所址设计洪水分析报告	2008年
95	17	水文分析计算	110千伏柘汪变电所工程所址设计洪水分析报告	2008年
96	18	水文分析计算	东海县房山变电所工程所址设计洪水分析报告	2008年
97	19	水文分析计算	连云港市防汛河道主要节点警戒水位、保证水位分析计算	2008年
98	20	水文分析计算	连云港市水系规划之沭南片区设计暴雨洪水成果报告	2009年
99	21	水文分析计算	连云港市水系规划之沂南片区设计暴雨洪水成果报告	2009年
100	22	水文分析计算	连云港市水系规划之沂北片区设计暴雨洪水成果报告	2009年
101	23	水文分析计算	新沭河三洋港工程施工期水文分析计算	2010年
102	24	水文分析计算	连云港市干线航道网通航水位分析报告	2010年

续表

总序号	分类序号	服务类别	项目名称	完成时间
103	25	水文分析计算	连云港市水系规划之沭北片区设计暴雨洪水成果报告	2009年
104	26	水文分析计算	蔷薇河应急预案水文分析计算	2010年
105	27	水文分析计算	海州区锦屏镇防洪规划分析	2011年
106	28	水文分析计算	连云港市暴雨强度公式修编报告	2013年
107	29	水文分析计算	蔷薇河治理工程水文分析专题报告	2014年
108	30	水文分析计算	花果山机场设计暴雨洪水分析计算	2015年
109	31	水文分析计算	110千伏圩南变电所工程所址设计洪水分析报告	2015年
110	32	水文分析计算	110千伏小沙变电所工程所址设计洪水分析报告	2015年
111	33	水文分析计算	110千伏圩丰变电所工程所址设计洪水分析报告	2015年
112	34	水文分析计算	110千伏张店变电所工程所址设计洪水分析报告	2015年
113	35	水文分析计算	灌云雨量站不同时段系列降水频率分析成果	2019年
114	36	水文分析计算	蔷薇河临洪站点防汛抗旱特征水位核定成果报告	2019年
115	37	水文分析计算	新沂河下段及新沭河行洪能力分析	2019年
116	38	水文分析计算	连云港市重点河湖生态基流与水位方案	2019年
117	39	水文分析计算	江苏省淮河流域盐河灌云站防汛抗旱特征水位核定成果报告	2020年
118	40	水文分析计算	连云港市乌龙河、马河、民主河、前蔷薇河—卓王河生态水位确定方案	2020年
119	41	水文分析计算	连云港市新沂河等9条河道控制站点防汛抗旱特征水位核定成果报告	2021年
120	42	水文分析计算	新沂河、盐河、烧香河、蔷薇河生态水位保障实施方案	2021年
121	43	水文分析计算	青口河控制闸(闸上)防汛抗旱特征水位核定成果报告	2021年
122	44	水文分析计算	连云港市西双湖水库、青口河等7个河库生态水位确定(修订)方案	2021年
123	1	测绘	新沭河北堤(大岭西赤金段)地形测绘	1991年

续表

总序号	分类序号	服务类别	项目名称	完成时间
124	2	测绘	市区西隅、栖霞、东磊等6座大型塘坝地形测绘	1992年
125	3	测绘	淮沭新河沭新闸枢纽工程区域地形测绘	1996年
126	4	测绘	龙尾河地形、断面测绘	1997年
127	5	测绘	连云港市区18座小型水库地形测绘	2000年
128	6	测绘	石梁河水库副坝地形测绘	2001年
129	7	测绘	宋口海堤地形测绘	2001年
130	8	测绘	214省道灌云县城—涟水县高沟段29公里公路地形测绘	2002年
131	9	测绘	无锡180公里长途水准测量	2002年
132	10	测绘	赣榆青口港地形测绘	2002年
133	11	测绘	东海县桃林战备公路30公里地形测绘	2002年
134	12	测绘	泊阳河(连云港市段)20公里河道地形、断面测绘	2003年
135	13	测绘	小徐海公路测绘	2003年
136	14	测绘	花果山10公里截洪沟地形测绘	2003年
137	15	测绘	北京房山高尔夫球场选址地形测绘	2003年
138	16	测绘	新海电厂罗阳输灰管线地形测绘	2003年
139	17	测绘	赣榆海头中心渔港地形测绘	2003年
140	18	测绘	玉带河、东盐河15公里地形、断面测绘	2003年
141	19	测绘	连云港市县乡河道疏浚监理报告	2005—2012年
142	20	测绘	西墅河、老排淡河河道断面及西墅河河道地形数字化制图	2005年
143	21	测绘	灌南环城公路地形测绘	2006年
144	22	测绘	东海县龙源生物质发电有限公司管线地形、建筑物沉降测绘	2007年
145	23	测绘	大浦河调尾工程地形测量及放样	2007年
146	24	测绘	临洪建、构筑物沉降监测	2007年
147	25	测绘	燃料公司收购站地形测量	2007年
148	26	测绘	新海电厂取水管线及断面地形测量数字化成图	2007年
149	27	测绘	蔷薇河综合整治(50公里)地形、断面测绘	2008年
150	28	测绘	灌河地涵测量	2008年
151	29	测绘	界圩河地形测量	2009年
152	30	测绘	东站引河地形测量电子成图	2009年
153	31	测绘	埒子口湿地60平方公里地形测量	2010年
154	32	测绘	五灌河地形测量	2010年
155	33	测绘	善后河50公里河道地形、断面测量	2010年

续表

总序号	分类序号	服务类别	项目名称	完成时间
156	34	测绘	赣榆海洋经济开发区滩涂测量电子化成图	2010年
157	35	测绘	临洪管理处断面测量电子成图	2010年
158	36	测绘	武进污水管线测量电子成图	2010年
159	37	测绘	锦豪船业有限公司地形测量及电子化成图	2010年
160	38	测绘	排淡河、运盐河地形测量	2012年
161	39	测绘	叮当河断面测量	2012年
162	40	测绘	连云港高公岛海滨大道跨海大桥海底地形测量	2013年
163	41	测绘	全市133座小水库水尺接测	2013年
164	42	测绘	大村水库排洪通道、玉女河、淮工河、水岸美食东盐河段地形及断面测量	2013年
165	43	测绘	新沭河治理工程太平庄闸至入海口段断面测量	2013年
166	44	测绘	新沭河治理工程沿线闸、站、涵洞等建筑物水平及垂直位移观测分析	2013年
167	45	测绘	龙尾河、西盐河、玉带河断面测量及电子化成图	2013年
168	46	测绘	新沭河片区洪水风险图编制的外业测量及调查	2014年
169	47	测绘	烧香河香海湖段断面测量电子化成图分析研究	2014年
170	48	测绘	沭新渠地形、断面测量及电子化成图分析研究	2014年
171	49	测绘	石梁河水库砂场面积测量	2016年
172	50	测绘	无锡市梁溪区、八大枢纽三等水准测量成果报告	2017年
173	51	测绘	市区闸水位校核测量	2019年
174	1	水土保持	连云港东疏港高速公路中云台山路堑西侧边坡综合治理水土保持方案报告书	2010年
175	2	水土保持	连云港港连云港区大堤作业区一期工程水土保持方案报告表	2012年
176	3	水土保持	连云港港徐圩港区30万吨级原油码头工程水土保持方案报告表	2013年
177	4	水土保持	连云港市海滨大道连云新城段工程水土保持方案报告书	2013年
178	5	水土保持	连云港市海滨大道(徐圩新区段)工程水土保持方案报告书	2013年
179	6	水土保持	中电投江苏东海马陵山风电场工程水土保持方案报告书	2013年
180	7	水土保持	连云港市海滨大道(平山北路—海棠北路)改扩建工程水土保持方案报告书	2013年

续表

总序号	分类序号	服务类别	项目名称	完成时间
181	8	水土保持	国信连云港抽水蓄能电站勘探平洞工程水土保持方案报告表	2014年
182	9	水土保持	罗盖特(中国)精细化工有限公司热电联产项目水土保持方案报告书	2014年
183	10	水土保持	连云港亚邦供热有限公司热电联产项目水土保持方案报告书	2014年
184	11	水土保持	陇海线连云至连云港东段增建第二线项目水土保持方案报告书	2015年
185	12	水土保持	连云港港中云台国际物流园区专用铁路工程水土保持方案报告书	2015年
186	13	水土保持	连云港内河港连云港区鲁河作业区(善后河北岸)一期工程水土保持方案报告书	2016年
187	14	水土保持	连云港兴鑫钢铁有限公司资源综合利用发电项目水土保持方案报告书	2016年
188	15	水土保持	连云港百通宏达热力有限公司热电联产项目水土保持方案报告书	2016年
189	16	水土保持	连云港长裕置业有限公司水土保持方案报告表	2016年
190	17	水土保持	江苏新海发电有限公司至田申供热管网工程水土保持报告表	2016年
191	18	水土保持	连云港综合客运枢纽站前南广场及配套、人民路及盐河路下穿工程水土保持方案报告书	2016年
192	19	水土保持	上合组织(连云港)国际物流园铁路装卸场站工程水土保持方案报告书	2020年
193	20	水土保持	灌南宏耀环保能源有限公司热电联产项目水土保持方案报告书	2020年
194	21	水土保持	新海发电有限公司2×330兆瓦发电供热机组工程水土保持监测报告	2007年
195	22	水土保持	新海发电有限公司2×330兆瓦发电供热机组工程水土保持工程监理工作报告	2007年
196	23	水土保持	江苏华电灌云风电项目工程水土保持监测总结报告	2010年
197	24	水土保持	通榆河北延送水工程水土保持监测报告	2010年
198	25	水土保持	江苏华电灌云风电项日工程水土保持监测总结报告	2011年
199	26	水土保持	通榆河北延送水工程水土保持监测报告	2011年

续表

总序号	分类序号	服务类别	项目名称	完成时间
200	27	水土保持	临洪河小流域水土保持综合治理工程水土保持监测	2016 年
201	28	水土保持	新海发电有限公司 2×1 000 兆瓦机组“上大压小”工程水土保持监测报告	2018 年
202	29	水土保持	新海发电有限公司 2×1 000 兆瓦机组“上大压小”工程水土保持监理报告	2018 年
203	30	水土保持	新海发电有限公司 2×330 兆瓦发电供热机组工程水土保持设施竣工验收技术报告	2007 年
204	31	水土保持	新海发电有限公司 2×1 000 兆瓦机组“上大压小”工程水土保持设施验收报告	2018 年
205	32	水土保持	上合组织（连云港）国际物流园铁路装卸场站工程水土保持监测报告	2021 年
206	33	水土保持	上合组织（连云港）国际物流园专用铁路工程水土保持监测报告	2021 年
207	34	水土保持	2021 年度东海县水土保持监测监督技术支撑	2021 年
208	1	防洪影响评价	灌云县善后河圩丰港码头防洪影响评价	2004 年
209	2	防洪影响评价	瀛洲桥南侧污水管道穿越龙尾河工程防洪评价	2005 年
210	3	防洪影响评价	大浦河人民桥防洪影响评价	2006 年
211	4	防洪影响评价	连云港市排淡河大桥防洪影响评价	2006 年
212	5	防洪影响评价	东海县西双湖水库综合治理开发项目防洪影响评价	2006 年
213	6	防洪影响评价	连云港市新孔南路玉带河桥防洪影响评价	2006 年
214	7	防洪影响评价	新海发电有限公司 2×1 000 兆瓦发电机组扩建工程防洪评价	2006 年
215	8	防洪影响评价	连云港经济技术开发区大浦开发区污水处理厂一期工程防洪影响评价	2007 年
216	9	防洪影响评价	连云港市南极南路玉带河桥防洪影响评价	2007 年
217	10	防洪影响评价	连云港市连云开发区经十五路桥跨排淡河桥梁工程防洪评价报告	2007 年
218	11	防洪影响评价	佟圩路桥跨排淡河桥工程防洪评价报告	2007 年
219	12	防洪影响评价	经七路桥跨排淡河桥工程防洪评价报告	2007 年
220	13	防洪影响评价	花果山大道盐河桥扩建工程防洪评价	2007 年
221	14	防洪影响评价	船厂工程防洪评价	2007 年
222	15	防洪影响评价	新建路西盐河桥工程防洪评价	2007 年
223	16	防洪影响评价	青抗公路青口河桥改建工程防洪评价	2007 年
224	17	防洪影响评价	连云港市新建路西盐河桥防洪影响评价	2008 年
225	18	防洪影响评价	连云港市青河路玉带河桥防洪影响评价	2008 年

续表

总序号	分类序号	服务类别	项目名称	完成时间
226	19	防洪影响评价	连云港市郁州南路玉带河桥防洪影响评价	2008年
227	20	防洪影响评价	连云港市振海路玉带河桥防洪影响评价	2008年
228	21	防洪影响评价	连云港市振华路东盐河桥防洪影响评价	2008年
229	22	防洪影响评价	连云港市洪门安置小区和物流园区供水线穿越蔷薇河工程防洪评价报告	2008年
230	23	防洪影响评价	连云港港疏港航道沿线十一座桥防洪评价	2008年
231	24	防洪影响评价	江苏灌云经济技术开发区污水处理BOT项目尾水管道入新沂河防洪评价报告	2008年
232	25	防洪影响评价	学院二路东盐河桥新建工程防洪评价	2008年
233	26	防洪影响评价	灌云县图河乡界圩河临时码头防洪评价表	2009年
234	27	防洪影响评价	远征化工码头防洪评价	2009年
235	28	防洪影响评价	东海污水处理厂尾水排放工程防洪评价	2009年
236	29	防洪影响评价	灌南县新港大道跨灌河桥梁工程防洪评价	2009年
237	30	防洪影响评价	三禾置业10千伏供电电缆跨龙尾河防洪评价	2009年
238	31	防洪影响评价	江苏华电灌云燕尾港风电场工程防洪评价报告	2009年
239	32	防洪影响评价	连云港市自来水有限责任公司天N800给水管线跨西墅河、墅港河防洪评价报告	2010年
240	33	防洪影响评价	连云港庆平水泥有限公司厂址防洪评价报告	2010年
241	34	防洪影响评价	核电专家村35千伏供电线路穿越排淡河等防洪评价	2010年
242	35	防洪影响评价	连云港境内十四条河道防洪评价	2010年
243	36	防洪影响评价	天N800给水管线跨西墅河、墅港河防洪评价	2010年
244	37	防洪影响评价	连云港市灌云县天然气高压输气管道穿越蔷薇河、古泊善后河等河流工程防洪评价报告	2011年
245	38	防洪影响评价	新浦至徐圩公路桥梁防洪评价报告	2011年
246	39	防洪影响评价	连云港宝铁投资有限公司码头工程防洪评价报告	2011年
247	40	防洪影响评价	连云港内河港烧香支河纵一作业区码头工程防洪评价报告	2011年
248	41	防洪影响评价	连云港港内河港中云台作业区二期城乡物资服务区码头工程防洪评价报告	2011年
249	42	防洪影响评价	连云港港内河港中云台作业区三期公铁水联运区码头工程防洪评价报告	2011年
250	43	防洪影响评价	赣榆经济开发区天然气利用工程高压输气管道穿越新沭河工程防洪影响评价报告、赣榆经济开发区天然气利用工程高压输气管道穿越乌龙河工程防洪影响评价报告	2011年

续表

总序号	分类序号	服务类别	项目名称	完成时间
251	44	防洪影响评价	灌南县北环路中压天然气管道穿越南六塘河、周口河、盐河工程防洪影响评价报告	2012年
252	45	防洪影响评价	242省道苏鲁交界至赣榆青口段改扩建工程防洪评价报告	2012年
253	46	防洪影响评价	连云港市徐圩新区给水处理厂一期取水工程防洪评价报告	2012年
254	47	防洪影响评价	东部城区防洪安全保障及水体质量管控措施研究	2012年
255	48	防洪影响评价	235省道灌南段扩建工程、长深高速灌南南互通跨老六塘河、南六塘河、公兴河桥梁工程洪评	2012年
256	49	防洪影响评价	灌南新奥燃气办理配管道穿越埒子口、新沂河、五灌河、六塘河、盐河及周口河洪评	2012年
257	50	防洪影响评价	连云港港主体港区北疏港高速跨院前大沟、西墅河工程防洪评价报告	2013年
258	51	防洪影响评价	连云港益美仓储服务有限公司鲁兰河码头防洪评价报告	2013年
259	52	防洪影响评价	连云港徐圩新区善后河北作业区码头工程防洪评价报告	2013年
260	53	防洪影响评价	连云港市板桥工业园二期市政工程纵一路、纵二路、纵四路跨驳盐河桥梁工程防洪评价报告	2013年
261	54	防洪影响评价	连云港市饮用水输水工程防洪影响评价	2013年
262	55	防洪影响评价	海州幸福桥泵站至城南污水处理厂污水管网穿沿西盐河工程防洪评价报告	2013年
263	56	防洪影响评价	解放中路解放桥、和平桥拆建工程防洪评价报告	2013年
264	57	防洪影响评价	朝阳路朝阳桥、瀛洲桥和东盐河桥改建工程防洪评价报告	2013年
265	58	防洪影响评价	田申热电苏宁广场支线蒸汽管道跨龙尾河工程防洪评价报告	2013年
266	59	防洪影响评价	连云港海滨大道徐圩新区段工程防洪评价报告	2013年
267	60	防洪影响评价	连云港204国道新浦连接线(郁洲路)跨东站引河桥梁工程防洪评价报告	2013年
268	61	防洪影响评价	连云港市海滨大道跨西墅闸引河桥梁工程防洪评价报告	2013年
269	62	防洪影响评价	连云港市刘湾垃圾填埋场渗沥液外排管线穿越新沭河工程防洪评价报告	2013年

续表

总序号	分类序号	服务类别	项目名称	完成时间
270	63	防洪影响评价	连云港港灌河港区燕尾港作业区二期工程防洪评价报告	2013年
271	64	防洪影响评价	田申热电苏宁广场支线蒸汽管道工程防洪评价报告	2013年
272	65	防洪影响评价	连云港带式输送机沿宿城南河、排淡河口洪评	2013年
273	66	防洪影响评价	连云港市海滨大道(金海大道—西墅闸段)水土保持方案编制报告书	2013年
274	67	防洪影响评价	连云港海滨大道(226省道—经八路段)新建工程防洪评价报告	2013年
275	68	防洪影响评价	郁州北路跨东站引河(21.5)、同心路跨大浦河(5)桥梁工程防洪评价报告	2013年
276	69	防洪影响评价	连云港市板桥工业园二期市政工程纵一路、纵二路、纵四路跨运盐河桥梁工程防洪评价报告	2013年
277	70	防洪影响评价	朝阳路朝阳桥、瀛洲桥和东盐河桥改造工程防洪评价报告	2013年
278	71	防洪影响评价	青峰路、振华路跨东盐河桥新建工程防洪评价报告	2014年
279	72	防洪影响评价	连云港新城热电有限公司供热管道过高渠道、东盐河工程防洪评价报告	2014年
280	73	防洪影响评价	连云港港灌河港区堆沟作业区一期工程防洪评价报告	2014年
281	74	防洪影响评价	灌南县硕项湖自来水有限公司取水工程防洪评价报告	2014年
282	75	防洪影响评价	344省道连云港段跨河桥梁工程防洪评价报告	2014年
283	76	防洪影响评价	大岛山妇联河码头改建工程防洪评价报告	2014年
284	77	防洪影响评价	连云港204国道新浦连接线(郁洲路)蔷薇河大桥防洪评价报告	2014年
285	78	防洪影响评价	连云港港灌河港区堆沟作业区灌通码头工程防洪评价报告	2014年
286	79	防洪影响评价	徐圩港区集疏运节点一期工程港前大道上跨张圩河路互通立交跨张圩港河、复堆河工程防洪评价报告	2014年
287	80	防洪影响评价	穿、沿东盐河(苍梧路—绿园路段)污水治理工程防洪评价报告	2014年
288	81	防洪影响评价	连云港内河港灌云港区下车作业区阿尔山码头工程防洪评价报告	2014年

续表

总序号	分类序号	服务类别	项目名称	完成时间
289	82	防洪影响评价	滨河新城大浦河段供电线路改造工程防洪评价报告	2014 年
290	83	防洪影响评价	江苏新海发电有限公司供热管网(跨玉带河、沿西盐河)工程防洪评价报告	2014 年
291	84	防洪影响评价	刘湾垃圾填埋场新沭河堤顶道路防洪评价报告	2014 年
292	85	防洪影响评价	江苏新海发电有限公司铁路桥交通桥及玉带河护岸工程防洪评价报告	2014 年
293	86	防洪影响评价	灌南硕项湖取水工程洪评	2014 年
294	87	防洪影响评价	连云港内河港新海港区板浦作业区码头工程防洪评价报告	2014 年
295	88	防洪影响评价	连云港海滨大道跨海大桥工程防洪评价报告	2014 年
296	89	防洪影响评价	连云港市临洪大道(海滨大道—242 省道段)新建工程洪评	2014 年
297	90	防洪影响评价	东盐河(苍梧路—绿园路)沿岸污水治理工程防洪评价报告	2014 年
298	91	防洪影响评价	通灌路跨烧香河桥工程洪评、经二路跨烧香河桥工程洪评	2014 年
299	92	防洪影响评价	连云港 204 国道新浦连接线工程(郁州路)新浦二桥洪评	2014 年
300	93	防洪影响评价	灌南城西污处理厂一期工程(2 万立方米每天)入河排污口设置	2014 年
301	94	防洪影响评价	连云港海滨大道(226 省道至经八路段)工程防洪影响分析报告	2015 年
302	95	防洪影响评价	灌南县田楼自来水有限公司取水工程防洪评价报告	2015 年
303	96	防洪影响评价	中广核光伏发电项目配套 110 千伏线路跨鲁兰河工程防洪评价报告表	2015 年
304	97	防洪影响评价	连云港上航局航道工程有限公司灌南基地配套码头一期工程防洪评价报告	2015 年
305	98	防洪影响评价	连云港内河港新海港区板浦作业区码头工程防洪评价报告	2015 年
306	99	防洪影响评价	连云港经济开发区西北组团污水处理厂尾水管线过新沭河右堤工程防洪评价报告	2015 年
307	100	防洪影响评价	连云港经济开发区西北组团污水处理厂尾水管线穿开泰支河工程防洪评价报告	2015 年

续表

总序号	分类序号	服务类别	项目名称	完成时间
308	101	防洪影响评价	中广核浦南光伏发电项目东铁—陈墩变新建单回110千伏线路跨马河工程防洪评价报告表	2015年
309	102	防洪影响评价	110千伏程圩变进线工程沿东盐河段防洪评价报告	2015年
310	103	防洪影响评价	连云港港中云台国际物流园区专用铁路跨烧香河桥梁工程防洪评价报告	2015年
311	104	防洪影响评价	连云港第三水厂桥梁工程防洪评价报告	2015年
312	105	防洪影响评价	徐圩新区石化产业园公共管廊一期工程—东港污水处理厂接入段跨深港河工程防洪评价报告	2015年
313	106	防洪影响评价	港前大道上跨张圩河路互通立交工程防洪评价报告	2015年
314	107	防洪影响评价	连云港上航局航道工程有限公司灌南基地一期工程防洪评价报告	2015年
315	108	防洪影响评价	蔷薇河张湾大桥码头扩建工程防洪评价报告	2016年
316	109	防洪影响评价	311国道东海改线段跨石安河桥工程防洪评价报告	2016年
317	110	防洪影响评价	204国道淮沭新河大桥跨沭新渠段工程防洪影响评价报告	2016年
318	111	防洪影响评价	连云港内河港连云港区鲁河作业区(善后河北岸)一期工程防洪评价报告	2016年
319	112	防洪影响评价	110千伏程圩变进线工程穿西墅新河防洪评价报告	2016年
320	113	防洪影响评价	江苏新海发电有限公司至田申供热管网工程沿西盐河防洪评价报告	2016年
321	114	防洪影响评价	110千伏程圩变进线穿西墅新河防洪评价报告	2016年
322	115	防洪影响评价	连云港内河港善后河作业区码头工程防洪评价报告	2016年
323	116	防洪影响评价	海州经济开发区经三路(朐凤路—纬五路)跨烧香河桥新建工程防洪评价报告	2017年
324	117	防洪影响评价	连云港港旗台作业区至中云台国际物流园区带式输送机跨沿宿城南河、南中心河、北中心河工程防洪评价报告	2017年
325	118	防洪影响评价	连云港农发置业有限公司供电线路穿沿东盐河工程防洪评价报告	2017年
326	119	防洪影响评价	经二路(玉带河路—秦东门大街)新建工程跨玉带河防洪评价报告	2017年

续表

总序号	分类序号	服务类别	项目名称	完成时间
327	120	防洪影响评价	上合组织(连云港)国际物流园核心区雨污水主干管网改造工程穿烧香河防洪评价报告	2017年
328	121	防洪影响评价	海州经济开发区经三路(朐凤路—纬五路)跨烧香河桥新建工程防洪评价报告	2017年
329	122	防洪影响评价	文昌路(东盐河路—科苑路)跨东盐河桥新建工程防洪评价报告	2017年
330	123	防洪影响评价	徐圩新区应急备用水源取水泵闸工程防洪评价报告	2018年
331	124	防洪影响评价	徐圩新区给水处理厂及厂外配套管网二期工程取水口及泵站工程防洪评价报告	2018年
332	125	防洪影响评价	徐圩新区应急备用水源取水泵闸工程取水口防洪影响评价编制	2018年
333	126	防洪影响评价	连云港浦南门站至徐圩调压站天然气管道工程穿越航道防洪评价报告	2019年
334	127	防洪影响评价	连云港浦南门站至徐圩调压站天然气管道工程(市批河道)防洪评价报告	2020年
335	128	防洪影响评价	连云港浦南门站至徐圩调压站天然气管道工程(东海县批河道)防洪评价报告	2020年
336	129	防洪影响评价	连云港浦南门站至徐圩调压站天然气管道工程(海州区批河道)防洪评价报告	2020年
337	1	水资源论证	连云港田湾核电站一期工程蔷薇河淡水取水工程水资源论证报告	1999年
338	2	水资源论证	江苏新海发电有限公司2×1 000千瓦机组扩建工程水资源论证报告书	2006年
339	3	水资源论证	连云港新城热电有限公司(3×75吨/小时+C15千瓦+B6千瓦)热电工程水资源论证报告书	2006年
340	4	水资源论证	江苏白云纸业有限公司9.6万吨/年杨木P-RC APMP工程水资源论证报告书	2006年
341	5	水资源论证	江苏华夏热电有限公司生物质能热电项目水资源论证报告书	2006年
342	6	水资源论证	连云港连化水务有限公司15万吨/天地表水厂水资源论证报告书	2006年
343	7	水资源论证	东海秸秆发电水资源论证	2006年
344	8	水资源论证	新城热电建设工程水资源论证	2006年

续表

总序号	分类序号	服务类别	项目名称	完成时间
345	9	水资源论证	灌南县5万吨/天自来水厂一期工程水资源论证	2007年
346	10	水资源论证	岗埠农场饮水安全工程地表水资源论证报告书	2008年
347	11	水资源论证	东海县农村饮水安全工程“十一五”实施规划水资源论证	2008年
348	12	水资源论证	灌云县农村饮水安全工程“十一五”实施规划水资源论证	2008年
349	13	水资源论证	灌南县农村饮水安全工程“十一五”实施规划水资源论证	2008年
350	14	水资源论证	赣榆县农村饮水安全工程“十一五”实施规划水资源论证	2008年
351	15	水资源论证	赣榆县财税业务楼水源热泵空调项目水资源论证报告	2009年
352	16	水资源论证	100万吨镍铁合金项目水资源论证	2010年
353	17	水资源论证	赣榆县东温庄水库工程水资源论证报告书	2010年
354	18	水资源论证	江苏双菱化工集团有限公司30吨/天离子膜烧碱项目水资源论证报告书修编	2012年
355	19	水资源论证	灌南县田楼水厂一期工程水资源论证报告	2013年
356	20	水资源论证	连云港亚新钢铁有限公司精品特种优质钢项目一期工程水资源论证报告书	2013年
357	21	水资源论证	“古泊善后河灌云农业用水区”地表水(环境)功能区划调方案论证报告	2013年
358	22	水资源论证	连云港市沭新渠应急水源工程水资源论证报告	2014年
359	23	水资源论证	连云港市海州水厂、茅口水厂扩大取水工程水资源论证报告书	2014年
360	24	水资源论证	连云港市第三水厂二期工程10万立方米/天水资源论证报告	2014年
361	25	水资源论证	罗盖特(中国)精细化工有限公司热电联产项目水资源论证报告书	2014年
362	26	水资源论证	连云港亚邦供热有限公司热电联产项目水资源论证报告书	2014年
363	27	水资源论证	罗盖特(中国)精细化工有限公司热电联产项目水资源论证报告书	2014年
364	28	水资源论证	灌云经济开发区农林生物质产业化利用及开发区集中供热项目水资源论证报告书	2014年

续表

总序号	分类序号	服务类别	项目名称	完成时间
365	29	水资源论证	赣榆县县城城西、城南水厂扩大取水工程水资源论证	2014年
366	30	水资源论证	江苏新海发电有限公司1×1 000兆瓦机组扩建工程水资源论证报告	2015年
367	31	水资源论证	灌云经济开发区农林生物质产业化利用及集中供热项目水资源论证报告书	2015年
368	32	水资源论证	华能燕尾港2×1 000千瓦级燃煤发电机组项目水资源论证报告	2015年
369	33	水资源论证	连云港北欧农庄生猪养殖有限公司五图河分公司年出栏25万头保育猪崽项目水资源论证报告	2015年
370	34	水资源论证	生活垃圾焚烧热电联产项目水资源论证报告书编制技术服务合同	2015年
371	35	水资源论证	光大城乡再生能源(灌云)有限公司生物质热电联产项目水资源论证报告书	2016年
372	36	水资源论证	连云港市赣榆民生水务有限公司塔山水厂取水工程水资源论证报告书	2016年
373	37	水资源论证	连云港石化产业基地总体发展规划水资源论证	2016年
374	38	水资源论证	江苏德邦多菱健康科技有限公司年产10万吨食品级磷酸盐添加剂项目水资源论证报告书	2016年
375	39	水资源论证	连云港市东海县城北水厂一期工程水资源论证报告书	2016年
376	40	水资源论证	连云港市徐圩新区规划水资源论证报告书	2017年
377	41	水资源论证	赣榆区第二水厂一期工程(工业用水)水资源论证报告书	2017年
378	42	水资源论证	连云港市徐圩新区给水处理厂二期工程水资源论证报告	2017年
379	43	水资源论证	灌南宏耀环保能源有限公司热电联产项目水资源论证报告书	2017年
380	44	水资源论证	徐圩新区给水处理厂及场外配套管网二期工程水资源论证报告书编制合同	2017年
381	45	水资源论证	连云港虹洋热电联产扩建项目(公用工程岛场址)水资源论证报告书	2018年
382	46	水资源论证	新建赣榆区莒城湖水厂项目赣榆区青口河莒城湖应急水源水资源论证报告书	2018年

续表

总序号	分类序号	服务类别	项目名称	完成时间
383	47	水资源论证	罗盖特(中国)营养食品有限公司多元醇项目等8条生产线水资源论证报告书	2018年
384	48	水资源论证	路北分公司年出栏50万头保育猪崽项目	2018年
385	49	水资源论证	赣榆区莒城湖水厂一期工程水资源论证报告书	2018年
386	50	水资源论证	江苏省镔鑫钢铁集团有限公司年产600万吨特钢搬迁技改项目水资源论证报告书	2019年
387	51	水资源论证	盛虹炼化(连云港)有限公司炼化一体化项目水资源论证	2019年
388	52	水资源论证	连云港百通宏达热力有限公司热电联产项目水土保持方案	2019年
389	53	水资源论证	华能燕尾港2×1 000千瓦级大容量高效超低排放燃煤发电机组项目水资源论证	2019年
390	54	水资源论证	江苏新海发电有限公司1×1 000千瓦机组扩建工程水资源论证	2019年
391	55	水资源论证	连云港石化产业基地总体发展规划水资源论证报告追加项目	2019年
392	56	水资源论证	连云港虹洋热电联产扩建项目(公用工程岛场址)水资源论证	2019年
393	57	水资源论证	金港水务(一期)及配套供水管网工程水资源论证报告书	2020年
394	58	水资源论证	连云港石化产业基地总体发展规划(修编)水资源论证报告	2020年
395	59	水资源论证	连云港市城市饮用水安全保障工程——茅口水厂三期工程(区域供水水厂扩建)水资源论证报告书	2020年
396	1	排污口设置论证	连云港经济开发区大浦工业区污水处理厂一期工程(5万吨每天)入河排污口设置论证报告	2006年
397	2	排污口设置论证	东海县润发玻璃有限公司年产10万件玻璃工艺品环境影响评价报告表	2006年
398	3	排污口设置论证	大浦工业区污水处理厂入河排污口设置论证	2006年
399	4	排污口设置论证	连云港经济开发区临港西北组团污水处理BOT项目入河排污口设置论证报告	2007年
400	5	排污口设置论证	连云港开发区西北组团污水处理厂 期工程(4.8万吨每天)入河排污口设置论证报告	2012年
401	6	排污口设置论证	连云港市徐圩污水处理厂一期工程3万吨/天项目临时入河排污口设置论证报告	2012年

续表

总序号	分类序号	服务类别	项目名称	完成时间
402	7	排污口设置论证	连云港开发区西北组团污水处理厂入河排污口设置论证报告	2012年
403	8	排污口设置论证	灌南县城西污水处理厂一期工程入河排污口设置论证报告	2014年
404	9	排污口设置论证	连云港开发区西北组团污水处理厂一期工程(4.8万吨每天)入河排污口设置论证报告	2015年
405	10	排污口设置论证	连云港市东港污水处理厂一期工程临时入河排污口设置论证报告	2016年
406	11	排污口设置论证	连云港市东港污水处理一期工程临时入河排污口设置论证报告	2016年
407	12	排污口设置论证	连云港市东港污水处理厂一期污水深度处理及回用工程尾水过渡性排污口设置论证	2016年
408	13	排污口设置论证	灌南宏耀污处理厂入河排污口设置论证报告	2017年
409	14	排污口设置论证	灌南宏耀污水处理厂入河排污口设置论证报告	2017年
410	15	排污口设置论证	灌云县龙苴镇等10座污水处理入河排污口设置对水功能区影响分析评估报告	2018年
411	16	排污口设置论证	灌云县开发区及城区污水管网和总排污口建设项目入河排污口设置论证报告	2018年
412	17	排污口设置论证	连云港绿业污水处理有限公司新建50 000立方米每天污水处理厂建设项目入河排污口设置论证报告	2018年
413	18	排污口设置论证	连云港空港产业园投资开发有限公司新建2 000立方米每天污水处理厂建设项目入河排污口设置论证报告	2020年
414	19	排污口设置论证	连云港空港产业园投资开发有限公司新建20 000立方米每天污水处理厂建设项目一期工程入河排污口设置论证报告	2020年
415	1	方案类	连云港市地下水压采方案	2005年
416	2	方案类	北六塘河地表水(环境)功能区划调整方案论证报告	2008年
417	3	方案类	连云港市水资源管理项目研究	2008年
418	4	方案类	烧香河地表水(环境)功能区划调整方案论证报告	2009年
419	5	方案类	连云港市水资源战略保障措施研究	2010年
420	6	方案类	宿城小流域水土保持综合治理实施方案	2011年
421	7	方案类	连云港深喜嘉瑞宝国际商业广场排洪方案研究	2011年

续表

总序号	分类序号	服务类别	项目名称	完成时间
422	8	方案类	连云港亚新钢铁有限公司复堤方案研究	2012 年
423	9	方案类	多水源联合调度技术研究	2012 年
424	10	方案类	蔷薇河下游出口段工程二期 1 标水环境监测研究	2012 年
425	11	方案类	烧香河水功能区纳污能力及限制排污总量报告	2012 年
426	12	方案类	“古泊善后河灌云农业用水区”地表水(环境)功能区划调整方案论证报告	2013 年
427	13	方案类	东海县沭新河水源地达标建设方案	2013 年
428	14	方案类	小塔山水库水源地达标建设方案	2014 年
429	15	方案类	连云港市地下水压采方案	2014 年
430	16	方案类	临洪河小流域水土保持综合治理工程实施方案	2014 年
431	17	方案类	蔷薇河连云港水源地达标建设方案	2015 年
432	18	方案类	灌云县地下水压采方案	2015 年
433	19	方案类	灌南县地下水压采方案研究	2015 年
434	20	方案类	西墅河排洪综合治理方案可行性论证	2015 年
435	21	方案类	连云港市新增水域地表水功能区划报告	2015 年
436	22	方案类	连申线灌河西段航道放水冲淤四闸联合调度方案	2016 年
437	23	方案类	连云港市蔷薇湖水源地达标建设方案	2017 年
438	24	方案类	赣榆区水功能区达标整治方案(2017—2020 年)	2017 年
439	25	方案类	灌南县水功能区达标整治方案(2017—2020 年)	2017 年
440	26	方案类	东海县水功能区达标整治方案(2017—2020 年)	2017 年
441	27	方案类	灌云县水功能区达标整治方案(2017—2020 年)	2017 年
442	28	方案类	连云港市区水功能区达标整治方案	2017 年
443	29	方案类	灌南县通榆河水源地达标建设方案	2018 年
444	30	方案类	赣榆区青口河莒城湖应急水源地达标建设方案	2018 年
445	31	方案类	灌南县节水型社会示范区建设自评估报告	2018 年
446	32	方案类	灌云县龙苴镇 10 座乡镇污水处理厂入河排污口设置对水功能区影响分析评估报告	2018 年
447	33	方案类	连云港市海州水厂、茅口水厂、第三水厂取水水源调整可行性分析报告(连云港市自来水有限责任公司延续取水评估报告)	2019 年
448	34	方案类	连云港市鲁兰河水量分配方案	2020 年
449	35	方案类	连云港市城市超标洪水防御预案	2020 年
450	36	方案类	连云港市地下水利用与保护	2020 年
451	37	方案类	连云港市水情调度方案修编	2021 年

续表

总序号	分类序号	服务类别	项目名称	完成时间
452	38	方案类	石梁河水库水量分配方案	2021年
453	39	方案类	石梁河水库水量调度方案	2021年
454	40	方案类	鲁兰河水量调度方案	2021年
455	41	方案类	沭新渠水量调度方案	2021年
456	1	水事司法鉴定	关于桃苗种植户诉连云港田湾核电站排水设施致种植户桃苗长时间滞涝枯萎案件的水事司法鉴定	2002年
457	2	水事司法鉴定	关于河鸭养殖户诉宜兴某公司污水排放致鸭子死亡案件的水事司法鉴定	2003年
458	3	水事司法鉴定	关于原告赣榆区青口镇安庄村村委会与被告万某的虾池承包面积纠纷的水事司法鉴定	2013年
459	4	水事司法鉴定	关于原告万某与被告赣榆区青口镇里沙村委会的海域承包面积纠纷的水事司法鉴定	2014年
460	5	水事司法鉴定	关于原告官某与赣榆区欢墩某育苗场的鱼塘承包面积纠纷的水事司法鉴定	2015年
461	6	水事司法鉴定	关于原告张某与柳某对新沭河排洪道罗阳段承包面积纠纷的水事司法鉴定	2016年

编 后 记

《连云港市水文志(1915—2021)》的出版,是连云港水文建设实力和成就的集中展现,是连云港水文事业的盛事、文化事业的硕果。

《连云港市水文志(1915—2021)》的编纂,经历了组织发动、拟订框架及编写原则、征集资料、分章试写、总撰合成、征求意见、专家审查和修订完善等几个阶段。在初稿编写、协调等工作中,均经单位领导和编委会审阅。后期专家审查分为两次,第一次是请水利行业专家参与审查,第二次是请地方史志管理部门的专家牵头审查,参加两次审查的专家提出了宝贵的修改意见,对本志总成增益颇多。

在征集资料的过程中,得到江苏省水文水资源勘测局、连云港市水利局领导的关心和指导,得到徐州、淮安、宿迁、盐城水文分局领导和同志的诸多帮助,得到老一辈水文工作者的大力支持。在技术咨询和审查过程中,得到地方史志办公室、连云港市档案馆、连云港市水利学会等专家的不吝指导。在此一并表示衷心感谢!

由于编者水平有限,志中疏漏在所难免,敬请读者批评指正。

编 者

2022 年 10 月